U0872710

普通高等教育"十二五"规划教材

大学物理学

（下册）

主　编　李文胜　刘国营
副主编　张　琴　朱占武
　　　　贺泽东　熊永臣

机械工业出版社

本书依据教育部高等学校物理基础课程教学指导分委员会制定的《理工科类大学物理课程教学基本要求》，结合作者在多年的教学中所积累的经验编写而成。全书按100~120学时设计，分为上、下两册，共18章。上册共9章，内容包括质点力学、刚体力学、狭义相对论、分子动理论、热力学基础和静电场；下册共9章，内容包括稳恒电流的磁场、电磁感应、振动和波、物理光学和量子力学简介。本书是下册。

本书可作为普通高等学校工科各专业的教科书，也可供文理科有关专业选用和社会读者阅读。

图书在版编目（CIP）数据

大学物理学．下册/李文胜，刘国营主编．—北京：机械工业出版社，2015.1（2018.8重印）
普通高等教育“十二五”规划教材
ISBN 978-7-111-48740-1

Ⅰ．①大…　Ⅱ．①李…②刘…　Ⅲ．①物理学-高等学校-教材　Ⅳ．①O4

中国版本图书馆CIP数据核字（2014）第302002号

机械工业出版社（北京市百万庄大街22号　邮政编码100037）
策划编辑：张金奎　责任编辑：张金奎　任正一
版式设计：霍永明　责任校对：刘秀丽
责任印制：常天培
北京京丰印刷厂印刷
2018年8月第1版·第3次印刷
170mm×227mm·18印张·244千字
标准书号：ISBN 978-7-111-48740-1
定价：39.00元

凡购本书，如有缺页、倒页、脱页，由本社发行部调换
电话服务　　网络服务
服务咨询热线：010-88379833　机工官网：www.cmpbook.com
读者购书热线：010-88379649　机工官博：weibo.com/cmp1952
教育服务网：www.cmpedu.com
封面无防伪标均为盗版　金书网：www.golden-book.com

前　言

物理学是整个自然科学和工程技术的基础，工科物理是高等院校工科各专业的重要基础课。它所阐述的基本思想、基本概念、基本规律和基本方法，不仅是学生学习后续课程的基础，更是全面培养和提高学生的科学素养、科学思维方法和科学研究能力的重要内容。

进入21世纪以来，我国的高等教育已从原来的“精英教育”逐步转向“大众教育”。为适应这种转变，高等教育强化基础课程，实施通才教育，已是大势所趋。为适应新形势下高等教育对大学物理课程改革和实际教学的需要，我们依据教育部高等学校物理基础课程教学指导分委员会制定的《理工科类大学物理课程教学基本要求》的精神，结合教学实际编写了这本《大学物理》教材。

教材以大学物理的基本理论体系为主线，在突出工程应用、展示人文精神、彰显时代特色等方面作了有益的、积极的探讨。

为突出物理学基本原理在工程实际中的应用，我们选取了一些如离心铸造、摩擦式离合器、超级动能武器、空气能热水器、电磁炉、磁流体推进技术、差动变压器式位移传感器、涡电流缓速器、相控阵雷达、红外对抗技术、原子力显微镜、CT和STM等案例。旨在引起读者更大的兴趣，展示物理学的强大生命力。

为展示物理学中所包含的人文思想，我们刻意地发掘了有关物理知识点中所隐含的人文思想。如在积累效应中所含的“锲而不舍”的思想；混沌“蝴蝶效应”中所含的“防微杜渐”的思想；熵增原理中所含的“啬”思想等。其目的是希望读者在学习有关物理知识的同时，还能感受到物理学中所蕴含的人文精神。

为彰显教材的时代特色，教材中引入了数值计算，用C语言或Matlab编程求解有关的物理模型，如平抛运动、简谐振动、阻尼振动、受迫振动、拍、李萨如图、驻波、衍射光强分布、混沌等。其宗旨是希望读者在学习时能更进一步体会到建立物理模型的基本方法。

全书按100～120学时设计，分为上、下两册，共18章。上册共9章，内容包括质点力学、刚体力学、狭义相对论、分子动理论、热力学基础和静电场；下册包括稳恒电流的磁场、电磁感应、振动和波、物理光学和量子力学简介。

参加本书编写的有湖北汽车工业学院的李文胜及段正亚、刘国营、黄海铭、张琴、朱占武、贺泽东、陈杰、杨俊涛、熊永臣、张传坤。湖北汽车工业学院的罗时军教授在本书的编写过程中给予了许多指导和帮助、并担任主审，湖北汽车工业学院的李伟、周原、李新克等演算了全部的习题，机械工业出版社的张金奎担任本书的责任编辑，为本书的出版付出了辛勤的劳动，并作了出色的工作，在此一并表示真诚的感谢。

由于编者水平所限，书中的疏漏和错误之处在所难免，恳请专家、同行和读者不吝赐教。

编　者

目　　录

第 10 章　稳恒电流及真空中的磁场

从第 9 章我们已知，处于静电平衡状态下的导体，其内部电场强度恒为零，因而无带电粒子的宏观运动。但若导体内部的电场强度不为零，带电粒子就要在电场力的作用下发生定向运动，进而在导体内形成电流。本章我们将从电流形成的条件出发，引入电流强度、电流密度和电动势的概念，进而重点讨论稳恒电流在真空中所激发的磁场。其主要内容有：磁感应强度、毕奥-萨伐尔定律、磁场的高斯定理、安培环路定理以及磁场对运动电荷、载流导线的作用等。

10.1　稳恒电流

电流是由电荷的定向运动所形成的。要在导体中形成电流，必须同时满足如下两个条件：导体内部存在能自由运动的电荷；导体内部存在使电荷定向运动的电场。

10.1.1　电流　稳恒电流　电流密度

我们知道，在金属导体中存在大量的自由电子。当这些自由电子作定向运动时就形成电流。这种电流称为**传导电流**。

设想在通电导体内截取任一横截面 S，如图 10-1 所示。若在 $\mathrm{d}t$ 的时间内通过此截面的电量为 $\mathrm{d}Q$，则定义电流为

$$I=\frac{\mathrm{d}Q}{\mathrm{d}t} \tag{10-1}$$

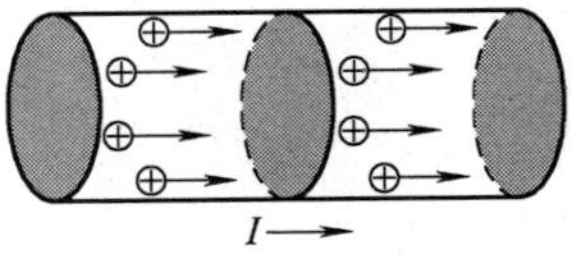

图 10-1　导体中的电流

它表示单位时间通过该横截面的电量。从定义式（10-1）可见，电流是标量。为了说明电流的流向，通常规定正电荷的运动方向为电流的方向。

如果导体中的电流不随时间变化，这种电流称为**稳恒电流**。

在国际单位制中，电流的单位是安培，其符号是 A，1A =

$1C \cdot s^{-1}$。常用的单位还有毫安（mA）和微安（μA）

$$1\mu A = 10^{-3} mA = 10^{-6} A$$

电流强度只能从整体上反映导体内电流的大小，还不能具体说明导体内各处的电流分布情况，而在许多实际问题中，电流的分布往往是不均匀的，如大块导体中的电流、同轴电缆中的漏电流等。为了描述导体中各点的电流分布，引入一新的物理量——电流密度。设想在导体内某点取一与电流方向垂直的截面 $dS_{\perp}$，其法线的单位矢量为 $\boldsymbol{n}_0$，通过该面元的电流为 dI，如图 10-2 所示。定义该点的电流密度为

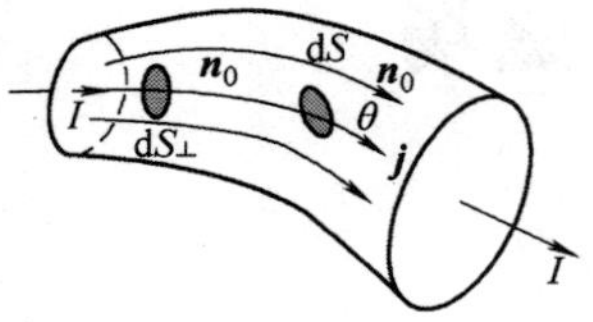

图 10-2　电流密度

$$\boldsymbol{j} = \frac{dI}{dS_{\perp}} \boldsymbol{n}_0 \tag{10-2}$$

由式（10-2）可见，电流密度是矢量，其大小等于通过该点与电流方向垂直平面上单位面积的电流，其方向就是该点正电荷的运动方向。如某点的面元 dS 的方向（即其法线方向）与该点正电荷的运动方向的夹角为 θ，则通过该面元的电流为

$$dI = j dS \cos\theta = \boldsymbol{j} \cdot d\boldsymbol{S}$$

通过导体任一截面 S 的电流为

$$I = \int_S \boldsymbol{j} \cdot d\boldsymbol{S} \tag{10-3}$$

电流密度矢量 $\boldsymbol{j}$ 在导体内各点有确定的大小和方向，因而它们在导体内形成一矢量场，我们称之为**电流场**。由式（10-3）可知，在电流场中选任一曲面，通过该曲面的电流 I 就是场矢量 $\boldsymbol{j}$ 对该曲面的通量，这和电场中的电场强度 $\boldsymbol{E}$ 与其电通量 Φ_e 的关系一样。

在国际单位制中，电流密度的单位为安培每平方米，符号是 $A \cdot m^{-2}$。

我们已经知道，电荷守恒定律是电磁学的一个基本定律。下面讨论电荷守恒定律在电流现象中的体现。

设想在电流场中有一封闭的曲面，如图 10-3 所示。单位时间内从该曲面流出的总电量可表示为

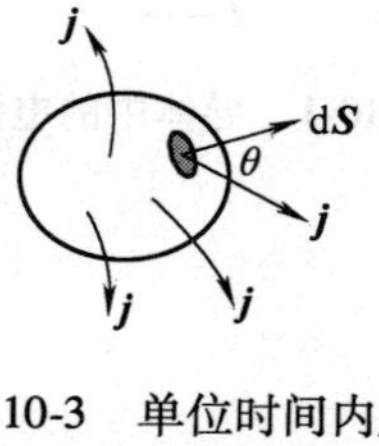

图 10-3　单位时间内从闭合曲面流出的总电量

$$I = \oint_S \boldsymbol{j} \cdot d\boldsymbol{S} = \frac{dQ}{dt} \tag{10-4}$$

式中，d$\boldsymbol{S}$ 的方向为该面元的正法向。如果用 Q_{int} 表示曲面内的电量，根据电荷守恒定律，单位时间从曲面内流出的电量等于单位时间此闭合曲面内减少的电量，故 $\mathrm{d}Q_{\text{int}}/\mathrm{d}t$ 为负值，于是有

$$\frac{\mathrm{d}Q}{\mathrm{d}t}=-\frac{\mathrm{d}Q_{\text{int}}}{\mathrm{d}t}$$

因此，式（10-4）可改写成

$$\oint_S \boldsymbol{j}\cdot\mathrm{d}\boldsymbol{S}=-\frac{\mathrm{d}Q_{\text{int}}}{\mathrm{d}t} \tag{10-5}$$

式（10-5）称为**电流的连续性方程**。它是电荷守恒定律在电流现象中的具体形式。

在一般情况下，电流密度矢量是空间和时间的函数。但是在稳恒电流的情况下，要求电荷的分布不随时间变化，故式（10-5）变为

$$\oint_S \boldsymbol{j}\cdot\mathrm{d}\boldsymbol{S}=0 \tag{10-6}$$

这说明，在稳恒电流的情况下，电流密度矢量对任意闭合曲面的总通量为零。即在相等的时间内，从闭合曲面外流入的电量，等于从该曲面流出的电量。当电流的分布满足此条件时，电流必然是稳恒的，所以式（10-6）称为**稳恒电流条件**。

10.1.2　电源　电动势

要在导体中维持稳恒电流，必须在其两端施加一恒定的电势差。那么，怎样才能施加一恒定的电势差，其性质又如何呢？这是本小节要讨论的主要问题。

在图 10-4 中，A、B 是处于静电平衡的两个导体板，它们之间存在电势差 $U_{AB}=U_A-U_B$，且 A 板的电势比 B 板的高，故 A、B 之间存在静电场。当用导线连接 A、B 时，就会出现由 A 经导线流向 B 的瞬间电流，导致 A 的电势逐渐降低，B 的电势逐渐升高，当 A、B 和导线的电势相等时，电流也就终止了。因此，单纯依靠静电力的作用，在导体任何两点之间都不可能维持恒定的电势差，也就不可能获得稳恒的电流。

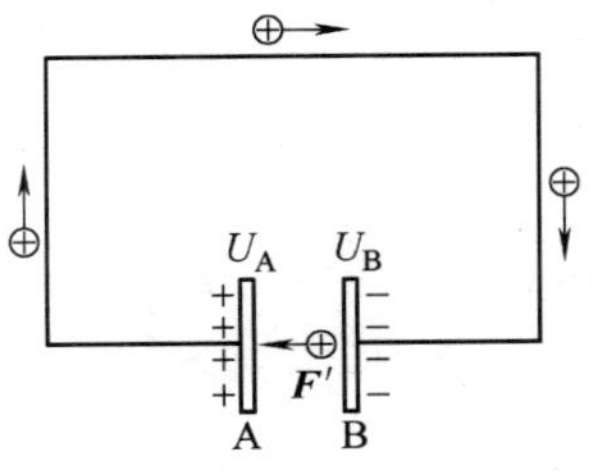

图 10-4　电源内的非静电力

但是，我们如果能把正电荷从负极板 B 沿两极板间的另一路径，移至正极板 A 上，并使 A、B 极板维持正、负电荷不变，这样 A、B 间就有恒定的电势差，导线中也就有稳恒电流通过。显然，要把正电荷从极板 B 移至极板 A，静电场力是绝对不行的，必须是非静电力 $\boldsymbol{F}'$ 作用才行。能够提供这种非静电力的装置称为**电源**，如电池和发电机都是我们所熟悉的电源。电池中的非静电力是化学力，而发电机的非静电力是磁场对运动电荷的作用力（洛伦兹力）。

在电源内部，依靠非静电力 $\boldsymbol{F}'$ 克服静电力 $\boldsymbol{F}$ 对正电荷做功，方能使正电荷从极板 B 经电源内部输送到极板 A 上。由此可见，电源中非静电力 $\boldsymbol{F}'$ 的做功过程，就是把其他形式的能量转变成电能的过程。在不同的电源里，电源将其他形式的能量转换为电能的本领一般是不同的。为了表征不同电源转化能量的本领，我们引入一个物理量——**电动势**。为此定义：**把单位正电荷从电源负极经电源内部到正极绕闭合回路一周非静电力所做的功为电源的电动势**。电荷所受到的非静电力，可类比电荷在静电场中所受到的静电力，设 $\boldsymbol{E}_{\mathrm{k}}$ 是与非静电力对应的非静电场强，则正电荷 q 所受到的非静电力为 $q\boldsymbol{E}_{\mathrm{k}}$，按电源电动势的定义，电源的电动势可表示为

$$\mathscr{E} = \frac{W}{q} = \oint_{l} \boldsymbol{E}_{\mathrm{k}} \cdot \mathrm{d}\boldsymbol{l} \qquad (10\text{-}7)$$

必须指出，在电路中，有时非静电场强集中在部分区域中（如电池、发电机），有时又存在整个回路上（如后续章节将要讨论的感应电动势）。无论哪一种情形，式（10-7）都适用。而对于第一种情形，式（10-7）也可表示为

$$\mathscr{E} = \int_{\mathrm{int}} \boldsymbol{E}_{\mathrm{k}} \cdot \mathrm{d}\boldsymbol{l} \qquad (10\text{-}8)$$

式（10-8）表明：**电源的电动势在数值上等于把单位正电荷从负极经电源内部移至正极非静电力所做的功。**

在实际中，电动势和电流一样，也有规定的方向。我们把从负极经电源内部指向正极的方向规定为电动势的方向。电动势的单位与电势相同，同为伏特，符号为 V。

电源电动势的大小只取决于电源本身的性质，一定的电源具有一定的电动势，而与外电路无关。

10.2　稳恒电流的磁场　磁感应强度

人们对磁现象的认识可以追溯到很早。我国古代地理书籍《三辅黄图》一书中曾有这样的记载：秦始皇在公元前 221 年统一中国后，曾多次遭到政敌的谋刺。因此，在建造阿房宫时，特别命工匠用磁石筑砌阿房宫的北阙门。这是利用磁石吸铁的原理，防被刺客暗藏铁器进宫行刺。指南针是我国古代的伟大发明之一，11 世纪北宋科学家沈括在《梦溪笔谈》中就有关于指南针的记载。

人们对磁学的研究直到 19 世纪 20 年代才得到迅速发展。1820 年，丹麦物理学家奥斯特（H. C. Oersted，1777—1851）发现，载流导线对放在附近的小磁针有力的作用；同年，法国物理学家安培（A. M. Ampere，1775—1836）发现，放在磁铁附近的载流导线及载流线圈，同样会受到力的作用而运动，载流导线之间也有相互作用力。奥斯特和安培的发现揭示了磁和电的相互联系，使人们结束了把磁和电单独研究的历史，进而认识到磁性起源于电流（运动电荷），而电流（运动电荷）会受到磁力的作用。

大量实验说明，无论是永磁铁还是通电导线所显示的磁性，实质上都是运动电荷（电流）产生的，同时运动电荷（电流）又会受到磁力的作用。依近代物理的观点，与电荷周围会产生电场相似，运动电荷（电流）会在其周围激发磁场，磁场的性质则表现为对运动电荷（电流）有力的作用。根据场的观点，上述磁铁和磁铁、电流和磁铁、电流和电流之间的相互作用，都可统一归结为是通过磁场来传递的。

磁场和电场一样，具有质量、动量和能量，是客观存在的一种特殊物质。需要注意的是，无论电荷静止还是运动，它们之间都存在库仑相互作用，但只有运动电荷间才存在磁相互作用。所以研究磁场，必须和运动电荷一起来研究。

与描述电场相似，用运动电荷在磁场中所受的力来描述磁场，从而引入描述磁场性质的物理量——磁感应强度 $\boldsymbol{B}$。

我们用带不同电量的电荷来作探测磁力的实验，结果发现运动电荷所受的磁力有如下特点：在磁场中确定的点，运动电荷在该点的受力情况与电荷的运动方向、速度大小及所带电量有关，当电荷沿某一特殊方向运动时，该电荷受力为零；而当沿垂直此特殊方向运动时，该电荷受力最大；对于确定的点，运动电荷在该点所受的最大力 F_{max} 与电荷的电量 q 和速度大小 v 的乘积之比 F_{max}/qv 恒为常量。

根据运动电荷在磁场中的受力特点，仿照电场强度的定义，可定义磁感应强度的大小为

$$B=\frac{F_{max}}{qv} \tag{10-9}$$

因磁场中各点都有一特殊方向（电荷沿该方向运动时受力为零），这预示着磁场具有方向性。为此人们规定：**磁场中某的磁感应强度的方向，就是小磁针在该点旋转静止后其北极所指的方向**。

从式（10-9）可见，磁感应强度 B 的单位，取决于 F、q 和 v 的单位。在国际单位制中，F 的单位是牛顿，q 的单位是库仑，v 的单位是米每秒，则 B 的单位是 $N\cdot s\cdot C^{-1}\cdot m^{-1}$ 或 $N\cdot A^{-1}\cdot m^{-1}$，称为特斯拉，符号为 T。即

$$1T=N\cdot A^{-1}\cdot m^{-1}$$

在实用中，磁感应强度还有另一个单位——高斯（Gs），它与特斯拉的换算关系是

$$1T=10^4 Gs$$

10.3　毕奥-萨伐尔定律及其应用

10.3.1　毕奥-萨伐尔定律

实验表明，稳恒电流产生的磁场是不随时间变化的，称为静磁场。在静电场中，研究任意带电体所产生的电场时，是先

把带电体分成许多电荷元，并找出电荷元激发电场的规律，然后应用场的叠加原理，求出整个带电体激发的电场。研究稳恒电流所激发的磁场也采用类似的方法，先将任意形状的载流导线分割成许多线电流元，找出电流元产生磁场的规律，然后应用场的叠加原理，原则上就可以求出任意形状载流导线产生的磁场。

线电流元在空间产生磁场的规律，称为**毕奥-萨伐尔定律**：电流元 $I\mathrm{d}\boldsymbol{l}$ 在空间某点 P 产生的磁感应强度 $\mathrm{d}\boldsymbol{B}$ 的大小与 $I\mathrm{d}\boldsymbol{l}$ 的大小成正比，与 $I\mathrm{d}\boldsymbol{l}$ 和由电流元指向场点 P 的矢径 $\boldsymbol{r}$ 之间夹角的正弦成正比，与矢径 $\boldsymbol{r}$ 长度的二次方成反比，磁感应强度 $\mathrm{d}\boldsymbol{B}$ 的方向与 $I\mathrm{d}\boldsymbol{l}\times\boldsymbol{r}$ 的方向一致。即

$$\mathrm{d}B = k\frac{I\mathrm{d}l\sin\theta}{r^2}$$

式中，k 是比例系数。考虑到磁感应强度的大小和方向，并令 $k=\frac{\mu_0}{4\pi}$，则上式的矢量式为

$$\mathrm{d}\boldsymbol{B} = \frac{\mu_0 I\mathrm{d}\boldsymbol{l}\times\boldsymbol{r}^0}{4\pi r^2} \tag{10-10}$$

式中，$\mu_0=4\pi\times10^{-7}\mathrm{T\cdot m\cdot A^{-1}}$，称为真空中的磁导率；$\boldsymbol{r}^0$ 是矢径 $\boldsymbol{r}$ 上的单位矢量。式（10-10）称为毕奥-萨伐尔定律的矢量式。

由叠加原理得知，任意形状的载流导线在场点 P 产生的磁场，等于各段电流元在该点产生的磁场的矢量和，即

$$\boldsymbol{B} = \int_L \frac{\mu_0 I\mathrm{d}\boldsymbol{l}\times\boldsymbol{r}^0}{4\pi r^2} \tag{10-11}$$

积分号下的 L 表示对整个载流导线进行积分。对式（10-11）所示的矢量积分，最基本的方法就是建立坐标取分量式进行计算。

10.3.2　毕奥-萨伐尔定律的应用

毕奥-萨伐尔定律是对大量实验事实进行分析抽象后得出的结果，是计算任意电流的磁场的依据。下面举例说明。

【例 10-1】　载流长直导线的磁场。如图 10-5 所示，一载流长直导线通过的电流为 I，方向沿 y 轴正方向，试计算距导线为 a 的 P 点处的磁感应强度 $\boldsymbol{B}$。

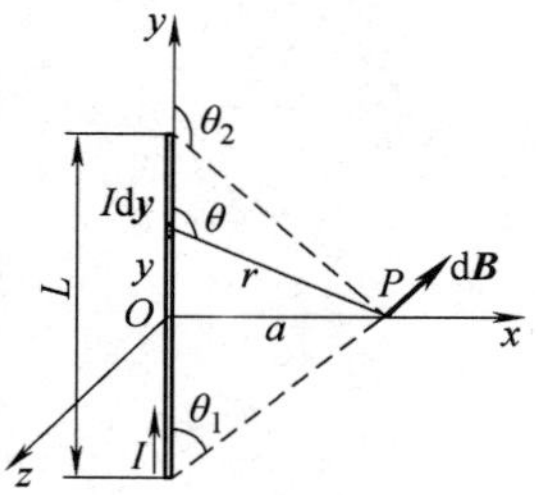

图 10-5　例 10-1 题图

【解】　建立如图所示的坐标，在长直导线上 y 处取电流元 $I\mathrm{d}\boldsymbol{y}$，依式（10-10）该电流元在 P 点产生的磁感应强度的方向沿 z 轴负方向，大小为

$$\mathrm{d}B=\frac{\mu_0 I\mathrm{d}y\sin\theta}{4\pi r^2}$$

因直导线上所有电流元在 P 点产生的磁感应强度的方向都相同，因此，对上式积分，即可求得 $\boldsymbol{B}$ 的大小。上式中 y、r 和 θ 都是变量，我们选 θ 作为积分变量，从图中可见

$$r=\frac{a}{\sin(\pi-\theta)}=\frac{a}{\sin\theta},\quad y=a\cot(\pi-\theta)=-a\cot\theta$$

把上面第二式两边微分得

$$\mathrm{d}y=\frac{a\mathrm{d}\theta}{\sin^2\theta}$$

从而有

$$B=\int_{\theta_1}^{\theta_2}\frac{\mu_0 I\sin\theta\mathrm{d}\theta}{4\pi a}$$

$$=\frac{\mu_0 I}{4\pi a}(\cos\theta_1-\cos\theta_2) \tag{10-12a}$$

写成矢量式为

$$\boldsymbol{B}=\frac{\mu_0 I}{4\pi a}(\cos\theta_2-\cos\theta_1)\boldsymbol{k} \tag{10-12b}$$

讨论：

1）若 P 点到导线的距离 a 远小于导线的长度 l（$a\ll l$），导线可视为无限长，从图 10-5 可见：$\theta_1\to 0$，$\theta_2\to\pi$，进而得到无限长载流直导线外距导线距离为 a 处磁感应强度的大小为

$$B=\frac{\mu_0 I}{2\pi a} \tag{10-12c}$$

2）若 $a\ll l$ 仍满足，但 P 点在导线的端点处，则导线可视

为"半无限长"，对下端点有 $\theta_1=\frac{\pi}{2}$，$\theta_2\to\pi$ $\left(对上端点有 \theta_1\to 0，\theta_2\to\frac{\pi}{2}\right)$，进而得到"半无限长"载流直导线外距导线距离为 a 处磁感应强度的大小为

$$B=\frac{\mu_0 I}{4\pi a} \tag{10-12d}$$

3）对载流长直导线的延长线上的任一点，因 $\theta_1=\theta_2=\pi$ 或 $\theta_1=\theta_2=0$，所以

$$B=0 \tag{10-12e}$$

【例 10-2】 通电圆线圈轴线上的磁场。如图 10-6 所示，半径为 R 的圆线圈，通入电流为 I，试计算其轴线上任一点 P 的磁感应强度 $\boldsymbol{B}$。

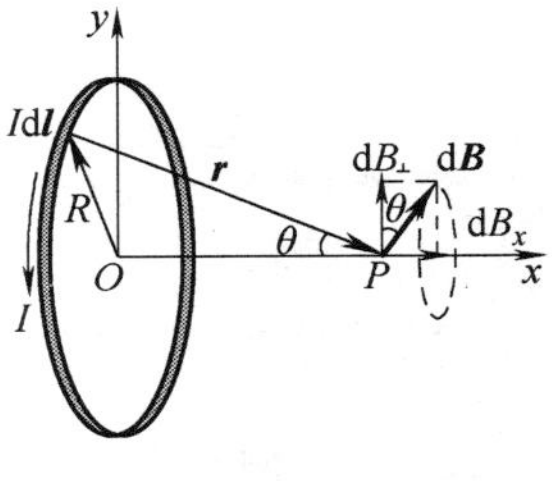

图 10-6　例 10-2 题图

【解】 在线圈上取任一电流元 $I\mathrm{d}\boldsymbol{l}$，因 $I\mathrm{d}\boldsymbol{l}$ 总是和矢径 $\boldsymbol{r}$ 垂直，依式（10-10）该电流元在 P 点产生的磁感应强度的大小为

$$\mathrm{d}B=\frac{\mu_0 I\mathrm{d}l}{4\pi r^2}$$

方向为 $I\mathrm{d}\boldsymbol{l}\times\boldsymbol{r}$，如图所示。把 $\mathrm{d}\boldsymbol{B}$ 分解成 $\mathrm{d}B_x$ 和 $\mathrm{d}B_\perp$，因圆载流线圈的对称性，垂直于 x 轴各分量 $\mathrm{d}B_\perp$ 将相互抵消，而平行于 x 轴各分量 $\mathrm{d}B_x$ 将相互加强。所以，P 点的磁感应强度 $\boldsymbol{B}$ 的方向沿 x 轴方向，大小为

$$B_x=\int_L \mathrm{d}B_x=\int_L \mathrm{d}B\sin\theta=\int_L \frac{\mu_0 I\mathrm{d}l}{4\pi r^2}\sin\theta$$

即

$$B=\frac{\mu_0 I}{4\pi r^2}\sin\theta\int_0^{2\pi R}\mathrm{d}l=\frac{\mu_0 I}{4\pi r^2}2\pi R\sin\theta$$

因 $r^2=R^2+x^2$，$\sin\theta=R/r$，所以圆载流线圈轴线上距圆心 x 处的磁感应强度的大小为

$$B=\frac{\mu_0 IR^2}{2(R^2+x^2)^{3/2}} \tag{10-13a}$$

讨论：

1）圆心 O 处，即 $x=0$，由式（10-13a）得圆载流线圈圆心处的磁感应强度的大小为

$$B=\frac{\mu_0 I}{2R} \tag{10-13b}$$

当线圈有 N 匝时

$$B=N\frac{\mu_0 I}{2R} \tag{10-13c}$$

2）一段圆心角为 β 的通电圆弧在圆心处的磁感应强度的大小为

$$B=\frac{\mu_0 I}{2R}\cdot\frac{\beta}{2\pi} \tag{10-13d}$$

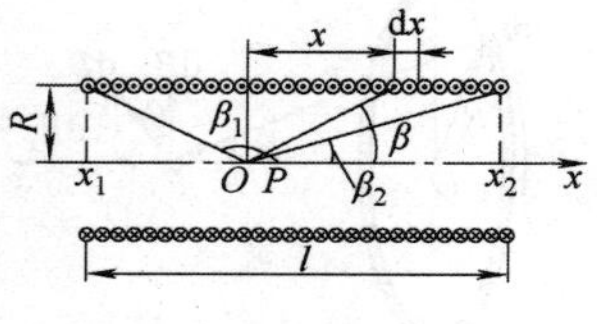

图 10-7　例 10-3 题图

【例 10-3】 载流螺线管内的磁场。均匀绕在圆柱面上的螺旋线圈称为螺线管，如图 10-7 所示。螺线管绕得很密时，每匝线圈相当于一圆形线圈。若螺线管长为 l，半径为 R，通入的电流为 I，单位长度上的匝数为 n，试计算螺线管轴线上任一场点 P 处的磁感应强度 $\boldsymbol{B}$。

【解】 由于直螺线管是密绕的，所以每匝线圈可视为一圆形线圈。所以，轴线上任一点 P 处的磁感应强度 $\boldsymbol{B}$，可以认为是 nl 个圆形线圈在该点各自产生的磁感应强度的叠加。建立如图所示的坐标，并在 x 处取长度为 $\mathrm{d}x$ 微元，该微元所含电流 $\mathrm{d}I=nI\mathrm{d}x$，利用例 10-2 中的结果式（10-13a）可得微元所含电流 $\mathrm{d}I$ 在 Ox 轴上的 P 点处的磁感应强度 $\mathrm{d}\boldsymbol{B}$ 的大小为

$$\mathrm{d}B=\frac{\mu_0 R^2 nI\mathrm{d}x}{2\left(R^2+x^2\right)^{3/2}}$$

$\mathrm{d}\boldsymbol{B}$ 的方向沿 x 轴正向。因各载流线圈在 P 点所激发的磁感应强度的方向均沿 x 轴正向。所以整个载流螺线管在 P 点的磁感应强度，应为所有载流线圈在该点的磁感应强度之和，即

$$B=\int \mathrm{d}B=\int_{x_1}^{x_2}\frac{\mu_0 R^2 nI\mathrm{d}x}{2\left(R^2+x^2\right)^{3/2}}$$

选 β 为积分变量，从 10-7 图中可得

$$x=R\cot\beta,\ \mathrm{d}x=-R\frac{\mathrm{d}\beta}{\sin^2\beta},\ R^2+x^2=\frac{R^2}{\sin^2\beta}$$

把以上关系代入化简得

$$B = -\frac{\mu_0 nI}{2}\int_{\beta_1}^{\beta_2}\sin\beta\mathrm{d}\beta$$

积分得

$$B = \frac{\mu_0 nI}{2}\left(\cos\beta_2 - \cos\beta_1\right) \tag{10-14a}$$

讨论：

1）若 $R \ll l$ 满足，螺线管可视为无限长，此时 $\beta_1 \to \pi$，$\beta_2 \to 0$，则有

$$B = \mu_0 nI \tag{10-14b}$$

即无限长螺线管内部的磁场是均匀的。

2）对螺线管的端点，如左端点 $\beta_1 \to \pi/2$，$\beta_2 \to 0$。所以有

$$B = \frac{1}{2}\mu_0 nI \tag{10-14c}$$

10.4　磁场中的高斯定理

10.4.1　磁感应线

我们已经知道，磁感应强度 $\boldsymbol{B}$ 是空间的点函数，即磁场是在场空间分布的一个矢量场，为形象地描绘磁场，人们引入了磁感应线。磁感应线是一组假想的空间曲线，因磁感应线要表示空间磁感应强度的方向和大小，所以要求：

1）曲线上任一点的切线方向就是该点磁感应强度 $\boldsymbol{B}$ 的方向。

2）通过磁场中某点垂直于 $\boldsymbol{B}$ 的单位面积的磁感应线的条数，等于该点 $\boldsymbol{B}$ 的大小。

按上述要求作出的磁感应线，形象地描述了磁场的分布情况：磁场较强处，磁感应线较密；磁场较弱处，磁感应线较疏。图 10-8 中所示为几种载流导线的磁感应线。

由图 10-8 所示的几种典型载流导线磁感应线的分布可以看出，磁感应线具有如下特性：

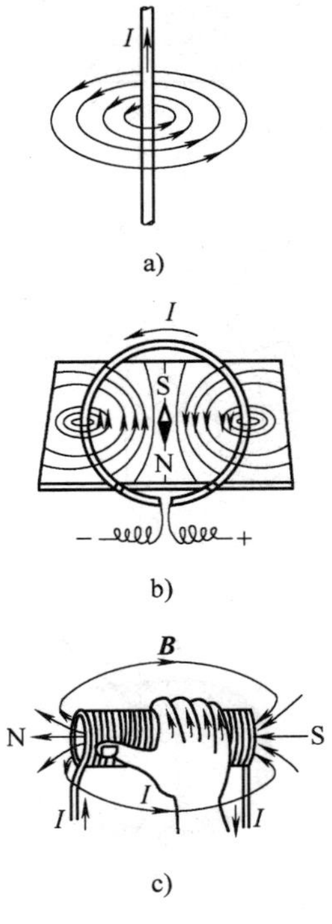

图 10-8　几种载流导线的磁感

a）载流直导线

b）载流圆线圈

c）载流螺旋管

1）由于磁场中某点的磁场方向是确定的，所以磁场中的磁感应线不会相交。磁感应线的这一特征和电场线是一样的。

2）载流导线周围的磁感应线都是围绕电流的闭合曲线，既无起点，也无终点。磁感应线的这一特征和静电场中的电场线绝对不同，这也预示着磁场和静电场的性质是完全不同的。

按磁感应线的要求（2），在磁场中任一点，通过垂直于磁场的单位面积的磁感应线的数目，等于该点磁感应强度的量值 B。即

$$B=\frac{\mathrm{d}\Phi_{\mathrm{m}}}{\mathrm{d}S_{\perp}} \tag{10-15}$$

式（10-15）中，$\mathrm{d}S_{\perp}$ 表示与该点磁场垂直的面元，$\mathrm{d}\Phi_{\mathrm{m}}$ 是通过面元 $\mathrm{d}S_{\perp}$ 的磁感应线的条数。此式使磁感应线的疏密与磁感应强度的大小建立了定量的关系。

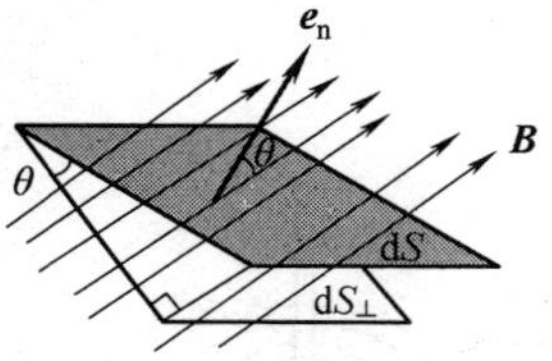

a)

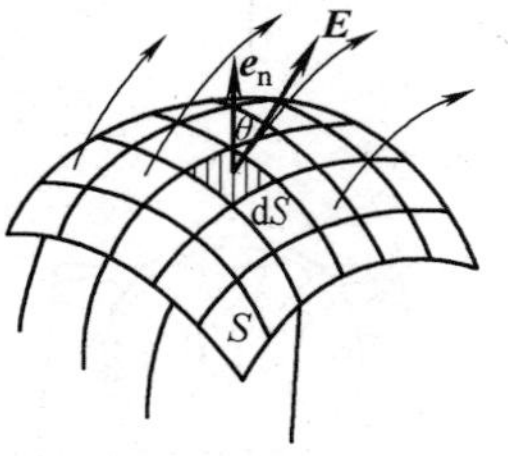

b)

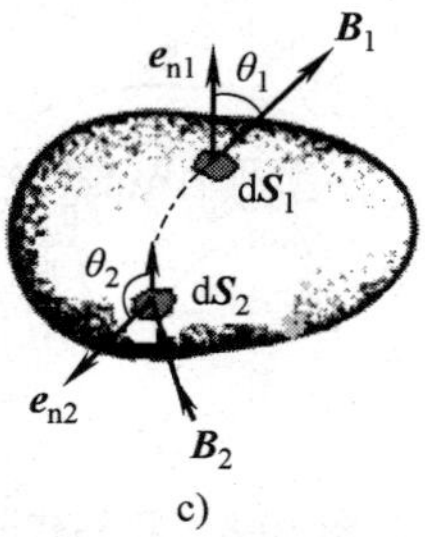

c)

图 10-9　磁通量

a）穿过任一平面的磁通量

b）穿过任一曲面的磁通量

c）穿过闭合曲面的磁通量

10.4.2　磁通量　磁场中的高斯定理

磁感应线既然是磁场中的有向曲线，则可以想象，在磁场中若作一曲面，就可能会有一定条数的磁感应线穿过这一曲面。为此，我们定义**穿过磁场中某一曲面磁感应线的条数称为通过此面的磁通量**，用符号 Φ_{m} 表示。为了计算通过某一面积上 $\mathrm{d}S$ 的磁通量，我们考虑此面在垂直于磁感应强方向的投影 $\mathrm{d}S_{\perp}$，如图 10-9a 所示。从图中可见，通过 $\mathrm{d}S_{\perp}$ 和 $\mathrm{d}S$ 的磁感应线的条数是相等的，且 $\mathrm{d}S_{\perp}=\mathrm{d}S\cos\theta$。把此关系代入式（10-15），可得通过 $\mathrm{d}S$ 面积的磁感应线或磁通量为

$$\mathrm{d}\Phi_{\mathrm{m}}=B\mathrm{d}S_{\perp}=B\mathrm{d}S\cos\theta \tag{10-16}$$

考虑到面元的法向单位矢量 $\boldsymbol{e}_{\mathrm{n}}$ 和矢量标积的定义，式（10-16）可写成

$$\mathrm{d}\Phi_{\mathrm{m}}=\boldsymbol{B}\cdot\mathrm{d}\boldsymbol{S} \tag{10-17}$$

注意，由式（10-17）决定的磁通量 $\mathrm{d}\Phi_{\mathrm{m}}$ 有正、负之别。当 $0\leqslant\theta<\frac{\pi}{2}$ 时，$\mathrm{d}\Phi_{\mathrm{m}}$ 为正；当 $\pi/2<\theta\leqslant\pi$ 时，$\mathrm{d}\Phi_{\mathrm{m}}$ 为负。

为了计算在非均匀磁场中穿过任一曲面的磁通量，可将曲面分割成许多小面元 $\mathrm{d}S$，当面元足够小时，面元处的磁感应强

度可以视为常矢 $\boldsymbol{B}$，因而穿过面元的磁通量是 $\boldsymbol{B}\cdot d\boldsymbol{S}$，则穿过整个曲面的磁通量为

$$\Phi_{m}=\int d\Phi_{m}=\int_{S}\boldsymbol{B}\cdot d\boldsymbol{S} \tag{10-18a}$$

式（10-18a）的积分遍及整个曲面。

如果曲面是闭合的，式（10-18a）变为

$$\Phi_{m}=\oint_{S}\boldsymbol{B}\cdot d\boldsymbol{S} \tag{10-18b}$$

必须指出，对于闭合曲面，整个空间划分为内、外两部分。磁感应线就有“穿进”和“穿出”的区别，为了反映这两种情况，我们规定：对于闭合曲面，总是取外法线矢量为正。从图 10-9c 可见，在磁感应线穿出的地方，$\theta_1<\pi/2$，$\cos\theta_1>0$，磁通量为正；在磁感应线穿入的地方，$\theta_2>\pi/2$，$\cos\theta_2<0$，磁通量为负。由于磁感应线是闭合的，对于任一闭合曲面来说，有多少条磁感应线穿入，就有多少条穿出。因此，通过任一闭合曲面的磁通量必等于零，即

$$\Phi_{m}=\oint_{S}\boldsymbol{B}\cdot d\boldsymbol{S}=0 \tag{10-19}$$

式（10-19）称为**磁场的高斯定理**。

需要指出，式（10-19）与静电学中的高斯定理 $\oint_{S}\boldsymbol{D}\cdot d\boldsymbol{S}=\sum_{i}q_i$ 形式上相似，但两者所反映的场在性质上却有本质的差别。由于自然界有单独存在的自由电荷，因此通过闭合曲面的电通量可以不为零；但在自然界这至今尚未发现有单独存在的磁极，所以，通过任何闭合曲面的磁通量必为零。两个高斯定理数学形式上的差异揭示了静磁场和静电场的本质区别，即静电场是保守场，而磁场是非保守场。

在国际单位制中，B 的单位是特斯拉，S 的单位是平方米，$\boldsymbol{\Phi}$ 单位为韦伯，其符号是 Wb，即

$$1\,\mathrm{Wb}=1\,\mathrm{T}\times1\,\mathrm{m}^2$$

10.5　真空中恒定磁场的环路定理及其应用

10.5.1　真空中恒定磁场的环路定理

在静电场的环路定理中曾指出：电场强度 $\boldsymbol{E}$ 沿任意闭合路径的积分等于零，即 $\oint_l \boldsymbol{E}\cdot \mathrm{d}\boldsymbol{l}=0$ ，这是静电场的一个重要特征。那么，磁场中的磁感应强度 $\boldsymbol{B}$ 沿任意闭合路径的积分 $\oint_l \boldsymbol{B}\cdot \mathrm{d}\boldsymbol{l}$ 等于什么呢？设有一无限长载流直导线，闭合路径 l 在一平面内且包围该导线，如图 10-10 所示。为计算积分 $\oint_l \boldsymbol{B}\cdot \mathrm{d}\boldsymbol{l}$ ，在积分路径 l 上取任意微元 $\mathrm{d}\boldsymbol{l}$，微元到导线的距离为 r，则微元处的磁感应强度的大小为

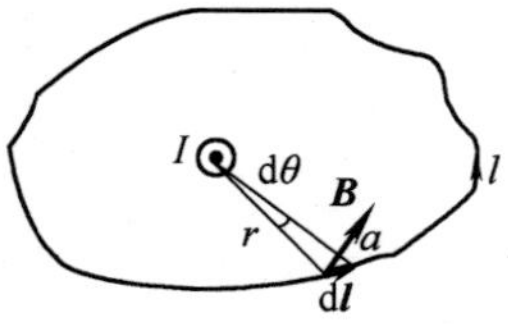

图 10-10　安培环路定理

$$B=\frac{\mu_0 I}{2\pi r}$$

方向如图中所示，从图中可见

$$\boldsymbol{B}\cdot \mathrm{d}\boldsymbol{l}=B\cdot \mathrm{d}l\cdot \cos\alpha$$

而 $\mathrm{d}l\cos\alpha=\mathrm{d}r=r\mathrm{d}\theta$，所以

$$\oint_l \boldsymbol{B}\cdot \mathrm{d}\boldsymbol{l}=\oint_l \frac{\mu_0 I}{2\pi r}r\cdot \mathrm{d}\theta=\frac{\mu_0 I}{2\pi}\oint_l \mathrm{d}\theta$$

因沿闭合路径，$\oint_l \mathrm{d}\theta=2\pi$ ，所以

$$\oint_l \boldsymbol{B}\cdot \mathrm{d}\boldsymbol{l}=\mu_0 I \tag{10-20a}$$

如电流方向相反，积分路径方向不变，因 $\boldsymbol{B}$ 的方向与图示方向相反，所以

$$\oint_l \boldsymbol{B}\cdot \mathrm{d}\boldsymbol{l}=-\mu_0 I \tag{10-20b}$$

由此可见，积分结果与电流的方向有关。为此规定：**若电流方向与积分路径的绕向符合右手螺旋法则时，此电流为正，否则为负。**据此把 $\boldsymbol{B}$ 的环路积分可统一写成式（10-20a）。

如闭合路径不包围电流，如图 10-11 所示，l 是垂直导线平面内的任一闭合路径，则总可以从导线与上述平面的交点作 l 的切线，把 l 分成 l_1 和 l_2，取如图所示的绕向，仿上讨论，于是有

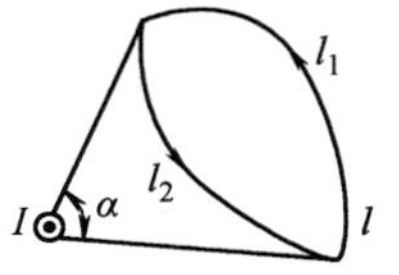

图 10-11 回路不包围电流的情况

$$
\begin{aligned}
\oint_l \boldsymbol{B} \cdot \mathrm{d}\boldsymbol{l} &= \int_{l_1} \boldsymbol{B} \cdot \mathrm{d}\boldsymbol{l} + \int_{l_2} \boldsymbol{B} \cdot \mathrm{d}\boldsymbol{l} \\
&= \frac{\mu_0 I}{2\pi}\left(\int_{l_1} \mathrm{d}\alpha + \int_{l_2} \mathrm{d}\alpha\right) \\
&= \frac{\mu_0 I}{2\pi}[\alpha + (-\alpha)] \\
&= 0
\end{aligned}
$$

可见，闭合路径 l 不包围电流时，该电流的磁场对此闭合路径的积分为零。

上面的讨论只涉及在垂直于长直载流导线的平面内的闭合路径，对于非平面内的闭合路径，上述讨论也适用。还可以进一步证明：对于任意闭合稳恒电流，上述关系仍然成立。当有若干闭合稳恒电流存在时，根据磁场的叠加原理可以得到，所有电流产生的合磁场 $\boldsymbol{B}$ 沿任一闭合路径 l 的积分为

$$\oint_l \boldsymbol{B} \cdot \mathrm{d}\boldsymbol{l} = \mu_0 \sum_{i=1}^{n} I_i \tag{10-21}$$

式（10-21）表明：**在稳恒电流的磁场中，磁感应强度 $\boldsymbol{B}$ 沿任何闭合路径 l 的线积分等于路径 l 所围的电流代数和的 μ_0 倍**。这就是磁场的**安培环路定理**。

对安培环路定理的理解应注意：

1）式（10-21）等号左边的 $\boldsymbol{B}$ 是闭合路径 l 上各点的磁感应强度，它是空间**全部电流**（既包括闭合路径内的又包括路径外的电流）共同产生的合磁感应强度。而 $\boldsymbol{B}$ 沿 l 的积分结果只和它所包围的电流有关，而和 l 外的电流无关。

2）如式（10-21）左边积分为零，只能表明闭合路径内电流的代数和为零，并不意味着闭合路径上各点的磁感应强度 $\boldsymbol{B}$ 都是零。

由安培环路定理还可以看出，由于 $\boldsymbol{B}$ 沿闭合路径 l 的积分

一般不为零，所以恒定磁场的基本性质和静电场是不同的：静电场是保守场，磁场是非保守场。

10.5.2　安培环路定理的应用

正如利用高斯定理，可以方便地计算某些具有对称分布电荷的电场一样，利用安培环路定理，也可以方便地计算某些具有一定对称载流导体的磁场分布。

【例 10-4】　无限长均匀载流圆柱面的磁场分布。设圆柱面的半径为 R，圆柱面上均匀分布的轴向总电流为 I。

【解】　由于无限长圆柱面所载电流具有沿轴线平移的对称性，所以在与轴线垂直的平面内，该电流的磁场分布是一样的。又因为该载流圆柱面具有绕轴线旋转的对称性，即圆柱面绕轴线任意旋转前后，其电流对空间的分布不变，因而该电流所产生的磁场在空间的分布在旋转前后也不变。而磁感应线是闭合的，且与相应的电流套连，所以磁感应线应是绕圆柱面轴线的一组同心圆。设 P 为距圆柱面轴线为 r 的一点，在垂直于轴线的平面内，以轴线和该平面的交点 O 为圆心，以 r 为半径作一圆，如图 10-12a 所示，则该圆上的磁感应强度的大小为常量。取图 10-12 中所示的方向为积分路径的方向，依安培环路定理，则有 $\oint_l \boldsymbol{B}\cdot \mathrm{d}\boldsymbol{l} = \mu_0 \sum_{i=1}^{n} I_i$。因在积分路径上，$\boldsymbol{B}$ 与 $\mathrm{d}\boldsymbol{l}$ 的方向始终一致，且 $\boldsymbol{B}$ 的大小为常量，所以

$$\oint_l \boldsymbol{B}\cdot \mathrm{d}\boldsymbol{l} = \oint_l B\cdot \mathrm{d}l = B\cdot 2\pi r$$

由式(10-21) 可得
$$B = \frac{\mu_0 \sum_{i}^{n} I_i}{2\pi r}$$

当 $r<R$ 时，$\sum_{i}^{n} I_i=0$，$B=0$；当 $r>R$ 时，$\sum_{i}^{n} I_i=I$，$B=\dfrac{\mu_0 I}{2\pi r}$。所以无限长均匀载流圆柱面的磁场分布如图 10-12b 所示，可表示为

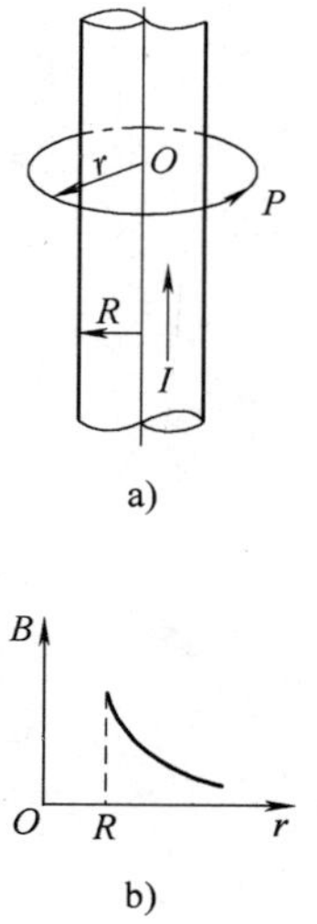

图 10-12　例 10-4 题图

$$B=\begin{cases}0 & (r<R)\\ \dfrac{\mu_0 I}{2\pi r} & (r>R)\end{cases} \tag{10-22}$$

【例 10-5】 无限长均匀载流圆柱体的磁场分布。设圆柱体的半径为 R，圆柱体截面上均匀分布的轴向总电流为 I。

【解】 无限长均匀载流圆柱体和例 10-4 中圆柱面具有同样的对称性，仿上分析可知，所求磁场的磁感应线是绕圆柱体轴线的一组同心圆。设 P 为距圆柱体轴线为 r 的一点，在垂直于轴线的平面内，以轴线和该平面的交点 O 为圆心，以 r 为半径作一圆，如图 10-13a 所示，则该圆上的磁感应强度的大小为常量。取如图中所示的方向为积分路径的方向，依安培环路定理，则有

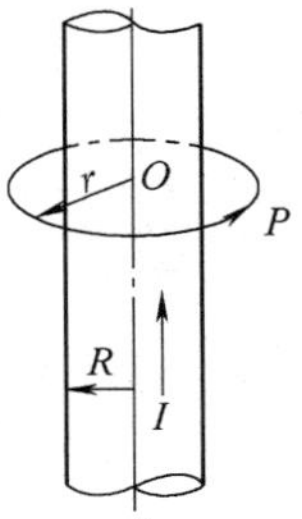

a)

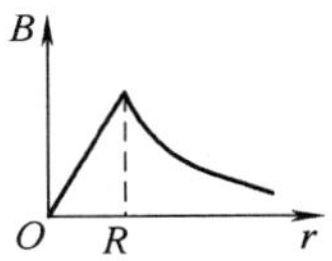

b)

图 10-13　例 10-5 题图

$$\oint_l \boldsymbol{B}\cdot \mathrm{d}\boldsymbol{l}=\mu_0\sum_{i=1}^{n} I_i$$

因在积分路径上，$\boldsymbol{B}$ 与 $\mathrm{d}\boldsymbol{l}$ 的方向始终一致，且 $\boldsymbol{B}$ 的大小为常量，所以

$$\oint_l \boldsymbol{B}\cdot \mathrm{d}\boldsymbol{l}=\oint_l B\cdot \mathrm{d}l=B\cdot 2\pi r$$

$$B=\frac{\mu_0\sum_i^n I_i}{2\pi r}$$

当 $r<R$ 时，$\sum_i^n I_i=\dfrac{I}{\pi R^2}\pi r^2$，所以

$$B=\frac{\mu_0 I r}{2\pi R^2}\quad (r<R)$$

当 $r>R$ 时，$\sum_i^n I_i=I$，所以

$$B=\frac{\mu_0 I}{2\pi r}\quad (r>R)$$

故无限长均匀载流圆柱体的磁场分布如图 10-13b 所示，可表示为

$$B=\begin{cases}\dfrac{\mu_0 Ir}{2\pi R^2} & (r<R)\\[2ex] \dfrac{\mu_0 I}{2\pi r} & (r>R)\end{cases} \tag{10-23}$$

【例 10-6】 长直载流螺线管内的磁场分布。设长直载流螺线管中通有电流为 I，单位长度上密绕 n 匝线圈。

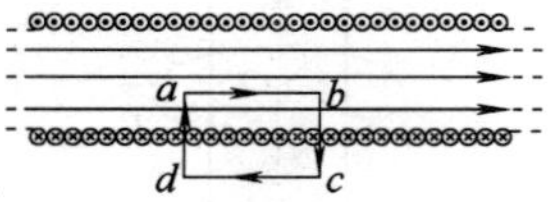

图 10-14　例 10-6 题图

【解】 真空中长直载流螺线管内外的磁场分布与管上各匝线圈的疏密程度及管的尺寸有关。当螺线管绕得很密，且管的长度 l 比管的直径 d 大很多（$l \gg d$）时，可将此螺线管视为无限长，在此条件下，螺线管外的磁场近似为零。考虑到无限长载流直螺线管具有沿轴线平移和绕轴线旋转的对称性，即螺线管沿轴线任意平移或绕轴线任意旋转前后，电流在空间的分布不变。所以，管内的磁感应强度的方向应平行于轴线，且到轴线等距离的点的磁感应强度的大小相等。作一矩形闭合路径 $abcda$，如图 10-14 所示。依安培环路定理，则有

$$\oint_l \boldsymbol{B}\cdot \mathrm{d}\boldsymbol{l}=\int_{ab}\boldsymbol{B}\cdot \mathrm{d}\boldsymbol{l}+\int_{bc}\boldsymbol{B}\cdot \mathrm{d}\boldsymbol{l}+\int_{cd}\boldsymbol{B}\cdot \mathrm{d}\boldsymbol{l}+\int_{da}\boldsymbol{B}\cdot \mathrm{d}\boldsymbol{l}=\mu_0\sum_i^n I_i$$

对 cd 段，由于它处于螺线管的外面，磁感应强度 $\boldsymbol{B}=0$，所以 $\int_{cd}\boldsymbol{B}\cdot \mathrm{d}\boldsymbol{l}=0$；而对 bc 和 da 段，一部分在管内，一部分在管外，管内虽 $\boldsymbol{B}\neq 0$，但因 $\boldsymbol{B}$ 和 $\mathrm{d}\boldsymbol{l}$ 垂直，所以 $\int_{bc}\boldsymbol{B}\cdot \mathrm{d}\boldsymbol{l}=0$，$\int_{da}\boldsymbol{B}\cdot \mathrm{d}\boldsymbol{l}=0$；而对 ab 段，磁感应强度 $\boldsymbol{B}$ 的大小均相等，且方向与 $\mathrm{d}\boldsymbol{l}$ 相同，所以 $\int_{ab}\boldsymbol{B}\cdot \mathrm{d}\boldsymbol{l}=B\,\overline{ab}$。因此上式改写为

$$\oint_l \boldsymbol{B}\cdot \mathrm{d}\boldsymbol{l}=B\,\overline{ab}=\mu_0\sum_i^n I_i$$

因螺线管单位长度上有 n 匝线圈，每匝中的电流为 I，且流向与回路方向 $abcda$ 构成右手螺旋关系，所以，$\mu_0\sum I_i=\mu_0\,\overline{ab}\cdot nI$，由此得到无限长载流直螺线管内的磁场为

$$B=\mu_0 nI$$

上式表明，上述螺线管内的磁场是均匀的，其大小与通过螺线管的电流 I、单位长度线圈的匝数 n 成正比。这与用毕奥-萨伐

尔定律计算的结果式（10-14b）完全一致，但要简捷得多。

【例 10-7】 载流螺绕环的磁场分布。环形螺线管称为螺绕环，如图 10-15 所示，设螺绕环的轴线半径为 R，线圈的直径为 d，环上均匀密绕 N 匝线圈，通有电流为 I。

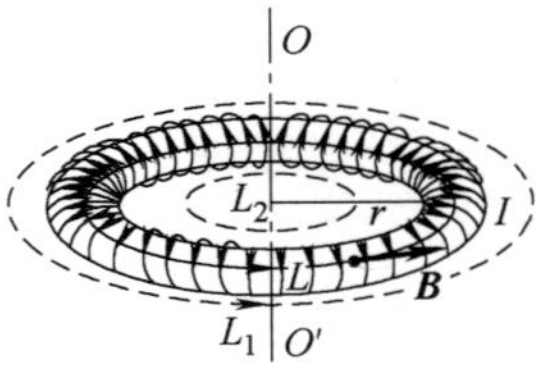

图 10-15　例 10-7 题图

【解】 因载流螺绕环具有绕 OO' 轴旋转的对称性，即螺绕环绕 OO' 轴任意旋转前后，其电流对空间的分布不变，因而该电流所产生的磁场在空间的分布在旋转前后也不变。因磁感应线是闭合的，且与相应的电流套连，所以磁感应线应是绕该轴线的一组同心圆。作如图中所示的半径为 r 的圆为积分回路 L，仿上分析可知，此回路上各点的磁感应强度 $\boldsymbol{B}$ 的大小相等，方向如图中所示。若取逆时针（从上向下观察）为积分路径方向，则有

$$\oint_l \boldsymbol{B} \cdot \mathrm{d}\boldsymbol{l} = \oint_l B \cdot \mathrm{d}l = B \cdot 2\pi r$$

$$B = \frac{\mu_0 \sum_i^n I_i}{2\pi r}$$

当 $r < R - \frac{d}{2}$时，对应回路 L_2；而当 $r > R + \frac{d}{2}$时，对应回路 L_1。

在这两种情况下都有 $\sum_i^n I_i = 0$ ，所以

$$B = 0 \quad \left(r < R - \frac{d}{2} \quad 或 \quad r > R + \frac{d}{2}\right)$$

当 $R - \frac{d}{2} < r < R + \frac{d}{2}$时，对应回路 L，$\sum_i^n I_i = NI$ ，所以

$$B = \frac{\mu_0 NI}{2\pi r} \left(R - \frac{d}{2} < r < R + \frac{d}{2}\right)$$

在环管横截面积的半径 $d/2$ 比螺绕环半径 R 小得多的情况下，可以忽略从环心到管内各点的 r 的差别而取 $r = R$，若设 $n = N/2\pi R$，则螺绕环内磁感应强度为

$$B = \frac{\mu_0 NI}{2\pi R} = \mu_0 nI \tag{10-24}$$

从式（10-24）可见，在上述条件下，载流螺绕环内的磁场是均

匀的，与无限长载流直螺线管内的相同。

从上几例看出，当载流导体具有某种对称性时，利用安培环路定理计算这类电流的磁感应强度分布是很方便的，关键是选适当的积分回路：回路上的磁感应强度 $\boldsymbol{B}$ 要么为常矢，且方向与对应积分路径的方向一致，使 $\boldsymbol{B}$ 可从积分号中移出，进而使对应的积分计算简化为相应积分路径长度的计算；若部分积分路径上 $\boldsymbol{B}$ 为变量，则一定要求此部分路径上磁感应强度的方向与对应积分路径的方向垂直，从而使这部分积分为零。

10.6　磁场对运动电荷和载流导线的作用

前面已解决了恒定磁场的计算问题。下面将讨论电流（运动电荷）在磁场中受力的规律。我们以带电粒子在磁场中受力的实验为基础，寻找运动电荷和载流导体在磁场中受力的规律。

10.6.1　磁场对运动电荷的作用

实验表明，当带有电荷 q 的粒子，在磁感应强度为 $\boldsymbol{B}$ 的磁场中以速度$\boldsymbol{v}$ 运动时，它所受到的磁力——洛伦兹力 $\boldsymbol{F}$ 的大小为

$$F = qvB\sin\theta$$

式中，θ 是速度$\boldsymbol{v}$ 和磁感应强度 $\boldsymbol{B}$ 之间的夹角。$\boldsymbol{F}$ 的方向垂直于运动电荷的$\boldsymbol{v}$ 和磁感应强度 $\boldsymbol{B}$ 所组成的平面，且符合右手螺旋法则：以右手四指由$\boldsymbol{v}$ 经小于 180°的角转向 $\boldsymbol{B}$，此时拇指的指向就是正电荷所受洛伦兹力的方向，如图 10-16a 所示。根据洛伦兹力的大小和方向，若用矢量式表示，则

$$\boldsymbol{F} = q\boldsymbol{v} \times \boldsymbol{B} \tag{10-25}$$

利用式（10-25）计算时，电荷的符号一同代入，所以正、负运动电荷在磁场的同一点所受的洛伦兹力方向相反，如图 10-16b 所示。由于洛伦兹力总是和速度垂直的，因此洛伦兹力不做功，也不改变电荷运动的快慢，只改变其运动方向，使其路径发生弯曲。

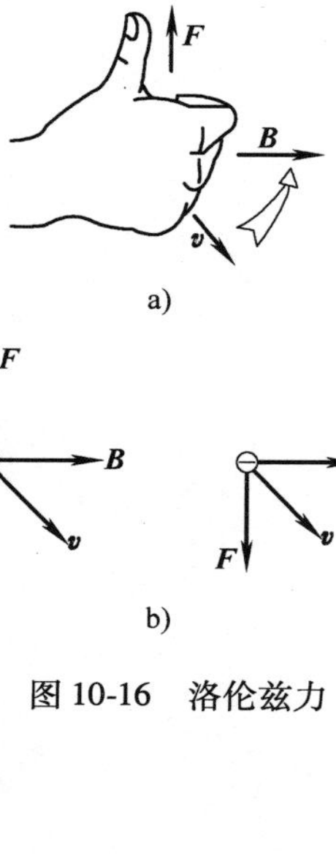

图 10-16　洛伦兹力

【例 10-8】　粒子的质量为 m，所带电荷为 q，以速度$\boldsymbol{v}$ 入射

到磁感应强度为 $\boldsymbol{B}$ 的均匀磁场中，若速度方向与磁感应强度的夹角为 θ，试讨论该粒子进入磁场后的运动轨迹。

【解】 将速度 $\boldsymbol{v}$ 分解成与磁感应强度 $\boldsymbol{B}$ 垂直的 $\boldsymbol{v}_{\perp}$ 和平行的 $\boldsymbol{v}_{/\!/}$，如图 10-17 所示。由于 $\boldsymbol{v}_{/\!/}$ 方向不受磁场的作用，该带电粒子在此方向以速度 $\boldsymbol{v}_{/\!/}$ 作匀速直线运动；而 $\boldsymbol{v}_{\perp}$ 方向所受洛伦兹力与 $\boldsymbol{v}_{\perp}$ 和 $\boldsymbol{B}$ 的方向都垂直，所以，该带电粒子又在垂直磁场的平面内作圆周运动。因此，其轨迹为一螺旋线，螺旋线的半径 R 为

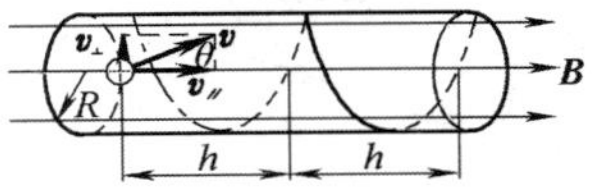

图 10-17 例 10-8 题图

$$R=\frac{mv_{\perp}}{qB}=\frac{mv\sin\theta}{qB} \tag{10-26}$$

螺旋线的螺距为 $h=v_{/\!/}T$，T 为电荷作圆周运动的周期，$T=2\pi R/v_{\perp}$，由式（10-26）得 $T=2\pi m/qB$，所以螺距为

$$h=\frac{2\pi m}{qB}v\cos\theta \tag{10-27}$$

运动电荷在磁场中的螺旋运动，广泛地应用于“磁聚焦”技术。图 10-18 为磁聚焦原理图，系统主要由电子枪和产生均匀磁场的螺线管组成。K 是发射电子的阴极，G 是控制极，A 是加速阳极，它们组成电子枪。为提高聚焦质量，圆筒形阳极内装有小圆孔的共轴限制膜片。

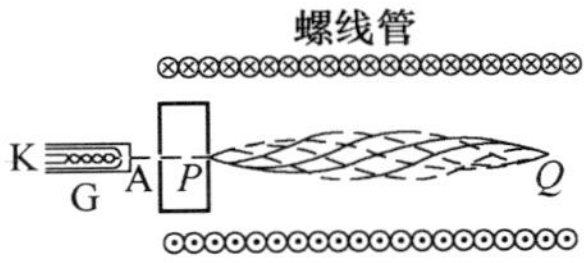

图 10-18 磁聚焦原理图

磁聚焦的原理如下：电子枪发射的电子以速度 $\boldsymbol{v}$ 并与磁感应强度 $\boldsymbol{B}$ 成 θ 角进入磁场，由于限制膜片的作用，θ 角很小，所以，电子沿磁场方向和垂直磁场方向的分速度分别是

$$v_{/\!/}=v\cos\theta\approx v$$

$$v_{\perp}=v\sin\theta\approx v\theta$$

因电子流的速度大小 v 由阳极的电压决定而大致相等，故所有电子的 $v_{/\!/}$ 也大致相等，但 $v_{\perp}$ 因 θ 不同而各不相等。在洛伦兹力的作用下，电子将沿不同半径的螺旋线前进。但由于 $v_{/\!/}$ 近似相等，而电子作圆周运动的周期仅和磁感应强度 $\boldsymbol{B}$ 的大小有关，所以，电子流从 P 点经过一个螺距之后又重新汇聚于 Q 点。这与透镜将光束聚焦成像的作用类似，故称为“磁聚焦”，磁聚焦在电子光学中有着广泛的应用。

磁镜和磁瓶 在非均匀磁场中，速度方向和磁场不同的带

电粒子也要作螺旋运动，但半径和螺距都将不断发生变化。特别是当粒子具有一分速度 $\boldsymbol{v}$ 向磁场较强处螺旋前进时，它所受到的洛伦兹力 $\boldsymbol{F}$ 将有一个和前进方向相反的分量 $\boldsymbol{F}_2$。此分力有可能最终使粒子的前进速度减小到零，并继续沿反方向前进，如图 10-19 所示。强度逐渐增加的磁场能使带电粒子发生“反射”，因而把这种磁场分布称为**磁镜**。

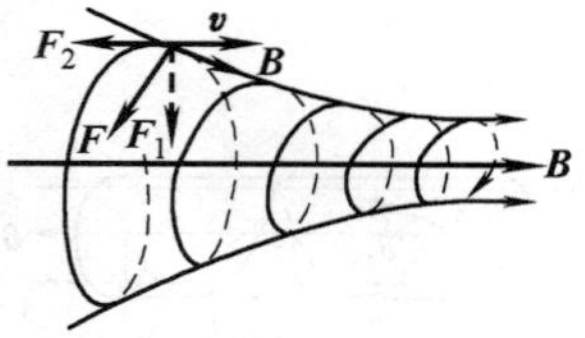

图 10-19　磁镜原理图

可以用两个电流方向相同的线圈产生一个中间弱两端强的磁场。这一磁场区域的两端就形成两个磁镜，平行于磁场方向的速度分量不太大的带电粒子将被约束在两个磁镜间的磁场内来回运动而不能逃脱，如图 10-20 所示。这种能约束带电粒子的磁场分布称为**磁瓶**。在现代研究受控热核反应的实验中，需要把温度高达 $10^7 \sim 10^8$K 的等离子体限制在一定的区域内。在这样的高温下，所有固体材料都将熔化而不能作为容器。故常采用磁瓶将处于高温的等离子体约束在某一区域。

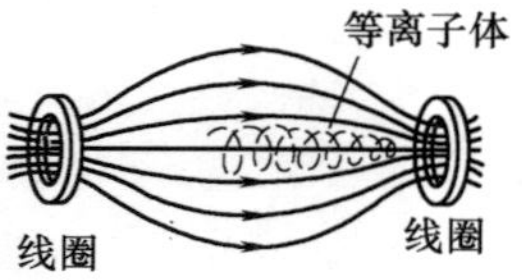

图 10-20　磁瓶原理图

霍尔效应　1879 年，美国 24 岁的研究生霍尔（E. H. Hall，1855—1938）发现，如果在磁感应强度为 $\boldsymbol{B}$ 的均匀磁场中放一金属板，板面与 $\boldsymbol{B}$ 垂直，板宽为 l，厚度为 d。当板中通有与 $\boldsymbol{B}$ 垂直的电流 I 时，在平行于 $\boldsymbol{B}$ 和 I 的两个表面 ab 间就会出现横向电势差 U_H，如图 10-21 所示。这一现象称为**霍尔效应**。U_H 叫霍尔电势差，相应的横向电场叫霍尔电场 $\boldsymbol{E}_H$。实验表明，在磁场不太强时，霍尔电势差 U_H 与电流 I 和磁感应强度的大小 B 成正比，与金属板的厚度 d 成反比，若以 R_H 表示比例系数——霍尔系数，则有

$$U_H = R_H \frac{IB}{d} \tag{10-28}$$

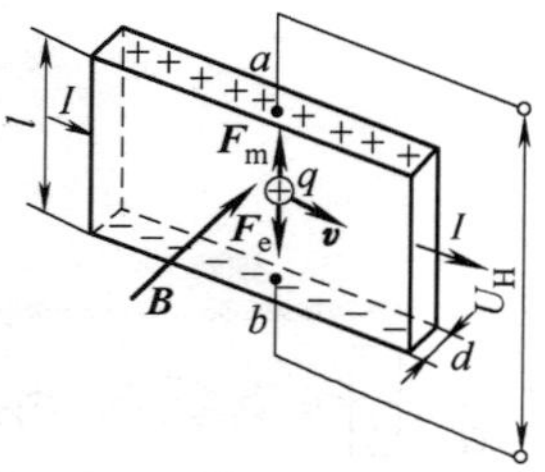

图 10-21　霍尔效应

霍尔效应可用洛伦兹力来解释，导体中的电流是带电粒子作定向运动形成的，在磁场中运动的带电粒子（称载流子）要受到洛伦兹力的作用。设载流子的电量为 q，定向运动的速度为 $\boldsymbol{v}$。如载流子为正电荷，则其定向运动的方向与电流的方向相同，由式（10-25）可知，载流子所受洛伦兹力的大小为 $F_m = qBv$，方向向上，如图 10-21 所示。此力使载流子向上偏转，结果金属板的上端面积聚正电荷，下端面积聚负电荷。上下两端面的

量子霍尔效应

从式(10-28)可见，在给定电流 I 和导体厚度 d 的情况下，霍尔电压与磁感应强度呈线性关系。然而，1980 年德国物理学家克利青（Klaus von Klitzing，1943—）在研究低温和强磁场下的半导体霍尔效应时，发现霍尔电压 U_H 与 B 的关系不再是线性的，而是量子化的，克利青因此荣获 1985 年诺贝尔物理学奖。按霍尔效应的量子理论，霍尔电阻应为

正负电荷在金属板内产生向下的电场 $\boldsymbol{E}_H$，此电场对载流子的电场力大小为 $F_e = qE_H$，方向与洛伦兹力 $\boldsymbol{F}_m$ 相反，该力是阻碍载流子向上偏转的。随着上下两端面积聚电荷的增多，电场力 $\boldsymbol{F}_e$ 增大。当电场力增大到与洛伦兹力相平衡时，上下两端面积聚的电荷不再增加，上下两端间的电势差就到达一定值 U_H，这就是霍尔电势差。在此情况下有

$$qBv = qE_H$$

得

$$E_H = Bv$$

于是有

$$U_H/l = vB$$

依电流 I 的定义，不难得到 I 与 v 的关系 $I = qnvld$，由此上式可改写成

$$U_H = \frac{IB}{nqd} \tag{10-29}$$

对于确定的材料，载流子数的密度 n 和电荷 q 都是一定的。比较式（10-28）、式（10-29）可得霍尔系数为

$$R_H = \frac{1}{nq} \tag{10-30}$$

以上我们讨论了载流子带正电的情况，所得霍尔电压和霍尔系数都是正的。如果载流子带负电，则产生的霍尔电压和霍尔系数便都是负的。所以从霍尔电压的正负，可以判断载流子所带电荷的正负。

在金属导体中，因自由电子的密度 n 很大，故其霍尔系数很小，相应的霍尔电压也很弱。而在半导体中，其载流子的密度要比金属的低得多，因而半导体的霍尔系数比金属的大得多，所以半导体能产生很强的霍尔效应。

利用霍尔效应制成的霍尔元件，可以用来测量磁场、电流和功率、温度等，也可以用来转换调制信号。

10.6.2　磁场对载流导线的作用

导线中的电流是大量电子的定向运动形成的，每个电子在磁场中运动均要受到洛伦兹力的作用。作用于所有电子的洛伦兹力的总和，就表现为导线所受的磁力。载流导线所受的磁力

$$R_H' = U_H/I = R_K/n$$

式中，n 为正整数；R_K 称为克利青常量，它和基本常量 h 和 e 有关，即

$$R_K = \frac{h}{e^2} = 25\ 812.806\Omega$$

由于 R_K 的测定可以准确到 10^{-10}，所以量子霍尔效应被用来定义电阻的标准。从 1990 年开始，“欧姆”就根据霍尔电阻精确地等于 25 812.806Ω来定义了。

其后，美籍华裔物理学家崔琦（D. C. Tsui，1939—）和另一位美国物理学家施特默（H. L. Stomer，1949—）在研究量子霍尔效应时，发现在更强的磁场下，上式中的 n 可以是分数如 1/3 等。这种现象称为分数量子霍尔效应。它的发现，使人们对宏观量子现象的认识更深入了一步。崔琦、施特默等也因此荣获 1998 年诺贝尔物理学奖。

磁流体推进技术

磁流体推进是一种全新的推进技术，其原理如图 10-22 所示。

它把海水作为导电体，利用电极在海水中产生电流，并利用超导线圈产生一个和电流垂直的磁场。此时载流海水在流经上述磁场时就会受到安培力的作用，海

水受力沿安培力方向高速喷出，其反作用力推进舰艇运动。在磁场一定的情况下，电流大，安培力大，推力也大，舰艇运动的速度就快；当电极的极性改变时，电流方向改变，电磁力和推力的方向也改变，舰艇运动的方向也随之改变。这样就可以利用调节电流大小的方法来控制舰艇的速度，利用改变电极的极性来操纵舰艇的方向。舰艇采用磁流体推进后，具有以下特点。

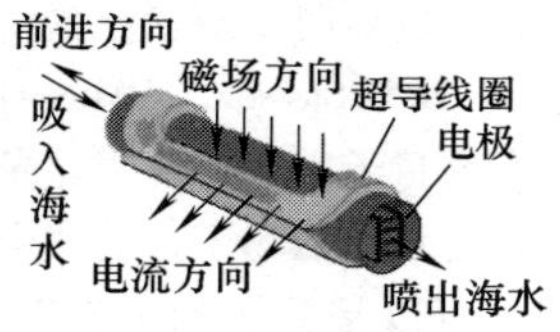

图 10-22　磁流体推进原理

（1）振动和噪声小。磁流体推进取消了螺旋桨及其附属系统，消除了由此引起的振动和噪声，其辐射噪声也比螺旋桨推进器小，使得舰艇几乎在安静的状态下航行。

（2）高效。磁流体推进器是一个静止设备，它既克服了转动机械的功率限制，也克服了螺旋桨高速转动形成的空泡，因而可以大大提高设备的功率。

（3）布置方便。磁流体

称为安培力。

在载流 I 的导线上取一段长度为 $\mathrm{d}l$，截面积为 S 的电流元 $I\mathrm{d}\boldsymbol{l}$。若导体的自由电子体密度数是 n，则 $\mathrm{d}l$ 长度元内共有 $N=nS\mathrm{d}l$ 个自由电子。这些电子所受洛伦兹力的总和为

$$\mathrm{d}\boldsymbol{F}=N\boldsymbol{f}=nS\mathrm{d}l(-e\boldsymbol{v}\times\boldsymbol{B})\qquad(10\text{-}31)$$

因式（10-31）中 $enS|\boldsymbol{v}|$ 表示单位时间内通过导体截面的电量，即导体中电流 I 的大小，$I\mathrm{d}\boldsymbol{l}$ 矢的方向与 $\boldsymbol{v}$ 的方向相反，所以

$$-nSe\mathrm{d}l\boldsymbol{v}=I\mathrm{d}\boldsymbol{l}$$

把上式代入式（10-31）得到电流元 $I\mathrm{d}\boldsymbol{l}$ 在磁感应强度为 $\boldsymbol{B}$ 处的磁场中所受的安培力为

$$\mathrm{d}\boldsymbol{F}=I\mathrm{d}\boldsymbol{l}\times\boldsymbol{B}\qquad(10\text{-}32)$$

以式（10-32）为基础，应用力的叠加原理，不难写出任意形状的载流导线在磁场中所受的安培力为

$$\boldsymbol{F}=\int_L I\mathrm{d}\boldsymbol{l}\times\boldsymbol{B}\qquad(10\text{-}33)$$

利用式（10-33）计算时，应根据矢量积分的特点，注意投影。

【例 10-9】　如图 10-23 所示，长直导线通有电流为 I，外有一共面的导线 ab，其长度为 L，通过的电流为 i，其延长线和长直导线的夹角是 θ，两导线的最近点的距离是 r，求其相互作用力。

【解】　两导线间的相互作用力就是导线 ab 所受的安培力，取如图所示的微元 $I\mathrm{d}\boldsymbol{l}$，则微元处磁感应强度的大小为

$$B=\frac{\mu_0 I}{2\pi y}$$

微元 $I\mathrm{d}\boldsymbol{l}$ 所受的安培力大小为

$$\mathrm{d}F=\frac{\mu_0 Ii}{2\pi y}\mathrm{d}l$$

方向如图 10-23 中所示，从图中可见

$$y=r+l\sin\theta$$

$$\mathrm{d}y=\sin\theta\mathrm{d}l$$

则有

$$\mathrm{d}l=\mathrm{d}y/\sin\theta$$

$$\mathrm{d}F=\frac{\mu_0 iI\mathrm{d}y}{2\pi y\sin\theta}$$

$$F=\int_r^{r+L\sin\theta}\frac{\mu_0 iI\mathrm{d}y}{2\pi y\sin\theta}$$

所以有

$$F=\frac{\mu_0 iI}{2\pi\sin\theta}\ln\frac{r+L\sin\theta}{r}$$

讨论：

（1）当两导线垂直时，$\theta=\pi/2$，将此代入上式得

$$F=\frac{\mu_0 iI}{2\pi}\ln\frac{r+L}{r}$$

（2）当两导线平行时，$\theta=\pi$，应用罗必塔法则有

$$F=\frac{\mu_0 iI}{2\pi}\lim_{\theta\to 0}\frac{\ln\dfrac{r+L\sin\theta}{r}}{\sin\theta}$$

$$=\frac{\mu_0 iI}{2\pi}\lim_{\theta\to 0}\frac{\dfrac{r}{r+L\sin\theta}\cdot\dfrac{L\cos\theta}{r}}{\cos\theta}=\frac{\mu_0 Iil}{2\pi r}$$

这就是两相距为 r，分别通有电流 I 和 i 的两平行直导线 L 长度上的相互作用力，显然，单位长度上的作用力为

$$F_0=\frac{\mu_0 Ii}{2\pi r}\tag{10-34}$$

当电流 I 和 i 方向相同时，两导线相互吸引；相反时，则相互排斥。

在国际单位制中，电流的单位安培就是根据式（10-34）规定的。设在真空中两平行的长直导线相距 1m，通以大小相等的恒定电流，如果导线每米长度所受的作用力为 2×10^{-7}N，则每根导线中的电流就规定为 1A。

【例 10-10】 在均匀磁场 $\boldsymbol{B}$ 中，有一段弯曲的导线 ab，通有电流 I，如图 10-24 所示，求此段导线所受的安培力。

【解】 由式（10-33），所求安培力为

$$\boldsymbol{F}=\int_a^b I\mathrm{d}\boldsymbol{l}\times\boldsymbol{B}$$

推进器装置中各部件，如发电机、推进器、辅助及控制等设备之间没有刚性连接，它可以集中或分散安装在舱室内任何一个位置，布置方便。

（4）操纵性好。磁流体推进易于实现由驾驶人员在驾驶室中通过控制推进器的输入电压或电流对舰艇进行操纵，通常通过调节电压（电流）的大小来控制舰艇的推力及速度；通过改变电压的极性（即电流的方向），来操纵舰艇的运行方向。

磁流体推进技术已在潜艇上使用，其理论航行速度可达 100 节。

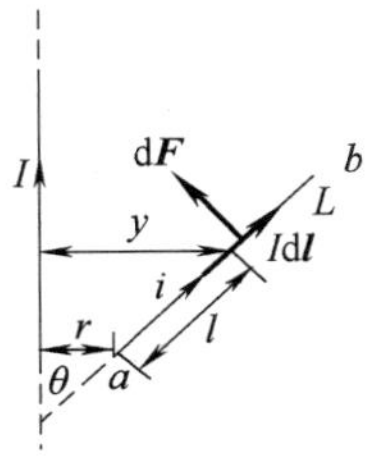

图 10-23　例 10-9 题图

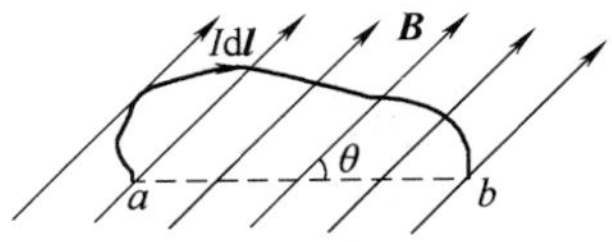

图 10-24　例 10-10 题图

因电流 I 是常量可移至积分号外，考虑到磁感应强度 $\boldsymbol{B}$ 为常矢和矢量叉乘的分配律，所以上式可改写成

$$\boldsymbol{F} = I\left(\int_a^b \mathrm{d}\boldsymbol{l}\right) \times \boldsymbol{B}$$

式中的积分是弯曲导线上各段矢量长度元 $\mathrm{d}\boldsymbol{l}$ 的矢量和，按多个矢量求和的规则，它等于从 a 到 b 的矢量 $\boldsymbol{l}_{ab}$，因此得

$$\boldsymbol{F} = I\boldsymbol{l}_{ab} \times \boldsymbol{B}$$

结果说明，**一段弯曲导线在均匀磁场中所受的安培力，等于从电流起点到终点的直导线通有相等电流时所受到的安培力**。在此题中，$\boldsymbol{l}_{ab}$在纸面内，且 $\boldsymbol{B}$ 的方向均与纸面平行，因此

$$F = Il_{ab}B\sin\theta$$

此力的方向垂直纸面向外。

如果 a、b 两点重合，则 $l_{ab}=0$，则 $F=0$。即**在均匀磁场中的闭合载流回路整体所受的安培力为零**。

【例 10-11】 设想有这样一种电磁推进模型：平行导轨由两个半径为 R，相距为 a 的“无限长”圆柱体构成，如图 10-25 所示。若导轨上有一可平行滑动的垂直导线 MN，设有电流 I 沿其中一导轨流入，从另一导轨流回，导轨上电流可视为沿圆柱截面均匀分布，若其中部分电流 I_1（$I_1 << I$）流经垂直导线 MN。求垂直导线 MN 所受的安培力。

【解】 导线 MN 在导轨所产生的磁场中受到的安培力为

$$\boldsymbol{F} = \int_R^{a-R} I_1 \mathrm{d}\boldsymbol{r} \times \boldsymbol{B}$$

式中，$\boldsymbol{B}$ 是导线 MN 上任一电流元 $I_1\mathrm{d}\boldsymbol{r}$ 处的磁感应强度，其大小为

$$B = \frac{\mu_0 I}{2\pi r} + \frac{\mu_0 I}{2\pi(a-r)}$$

方向垂直纸面向内。所以导线 MN 所受力水平向右，如图 10-25 所示，大小为

$$F = \int_R^{a-R}\left[\frac{\mu_0 I_1 I}{2\pi r} + \frac{\mu_0 I_1 I}{2\pi(a-r)}\right]\mathrm{d}r$$

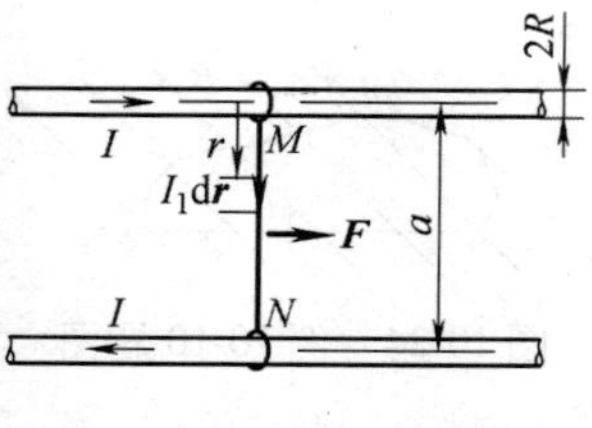

图 10-25　例 10-11 题图

$$= \frac{\mu_0 I_1 I}{\pi} \ln \frac{a - R}{R}$$

由于高温超导材料的研究取得迅速进展，使输送极大电流（$10^5 \sim 10^6$A）而无损耗成为可能。许多与此类模型类似的应用安培力作为驱动力的方案已被设计出。如用海水代替上述垂直导线可作为舰船的电磁推进器；用金属弹丸代替上述垂直导线可作电磁炮等。

【例 10-12】 在磁感应强度为 $\boldsymbol{B}$ 的均匀磁场中，有一半径为 R，载有电流为 I 的圆线圈，若线圈平面和磁感应强度平行，如图 10-26 所示。求线圈所受的力矩。

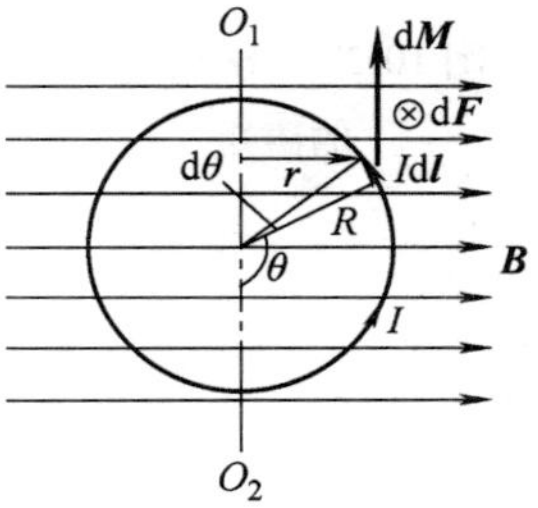

图 10-26　例 10-12 题图

【解】 由式（10-33）可知，在图示状态下，以 O_1O_2 为界，线圈左侧受力方向垂直纸面向外，右侧受力垂直纸面向内。两边所受力的大小相等，所以整个线圈受力为零。这和例 10-10 题的结论一致。

为求此线圈所受的力矩，在线圈上取如图所示的电流元 $I\mathrm{d}\boldsymbol{l}$，依式（10-33）可知，该电流元所受的安培力的大小为

$$\mathrm{d}F = I\mathrm{d}lB\sin\theta$$

方向垂直纸面向内。此安培力 $\mathrm{d}\boldsymbol{F}$ 对 O_1O_2 轴的力矩为

$$\mathrm{d}\boldsymbol{M} = \boldsymbol{r} \times \mathrm{d}\boldsymbol{F}$$

其大小为

$$\mathrm{d}M = I\mathrm{d}lB\sin\theta R\sin\theta$$

因 $\mathrm{d}l = R\mathrm{d}\theta$，且左、右两侧的力矩均垂直 $\boldsymbol{B}$ 向上，大小相等，所以整个线圈所受力矩的大小为

$$\begin{aligned} M &= 2\int_0^{\pi} IBR^2 \sin^2\theta \mathrm{d}\theta \\ &= 2IBR^2 [\theta/2 - \sin 2\theta/4]_0^{\pi} \\ &= I\pi R^2 B \end{aligned}$$

即

$$M = ISB \tag{10-35}$$

式（10-35）中 S 为载流线圈所围的面积。力矩是矢量，为了同时表示上述力矩的大小和方向，下面定义载流线圈的磁矩（磁偶极矩）

$$\boldsymbol{m} = SI\boldsymbol{e}_{\mathrm{n}} \tag{10-36}$$

式中，$\boldsymbol{e}_{\mathrm{n}}$ 是载流线圈平面的单位法向矢量，它和电流的方向满足右手螺旋关系，如图 10-27 所示。引入矢量磁矩后，式（10-35）可改写为

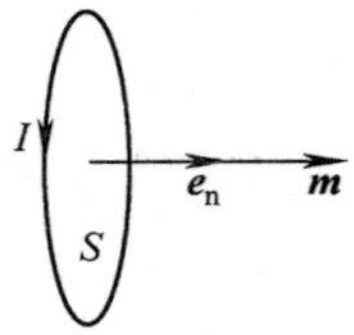

图 10-27　载流线圈的磁矩

$$\boldsymbol{M}=\boldsymbol{m}\times\boldsymbol{B} \tag{10-37a}$$

如果载流线圈是 N 匝，则线圈所受的力矩为

$$\boldsymbol{M}=N\boldsymbol{m}\times\boldsymbol{B} \tag{10-37b}$$

式（10-37）虽然是在特殊情况下导出的，但对均匀磁场中的任意形状的平面线圈都适用。

需要说明的是，不只是载流线圈有磁矩，电子、质子等微观粒子也有磁矩。磁矩是粒子本身的特征之一。它们在磁场中所受的力矩也均由式（10-37a）决定。

至此，我们已讨论了磁场对运动电荷、对载流导线及均匀磁场对载流线圈的作用，三种作用的数学表达式

$$\boldsymbol{F}=q\boldsymbol{v}\times\boldsymbol{B}$$

$$\mathrm{d}\boldsymbol{F}=I\mathrm{d}\boldsymbol{l}\times\boldsymbol{B}$$

$$\boldsymbol{M}=\boldsymbol{m}\times\boldsymbol{B}$$

具有某种相似性，这既反映了自然规律的对称美，也表现了物理界的古圣先哲们在处理物理问题时所展示出的高超的数学技巧。

在非均匀磁场中，载流线圈除受到磁力矩的作用外，还要受到安培力的作用。因其情况复杂，在此不再讨论。

习　题　10

10-1　电源中的非静电力和静电力有什么不同？

10-2　如果导线中的电流为 8.2A，在 10s 内有多少电子通过导线的横截面？

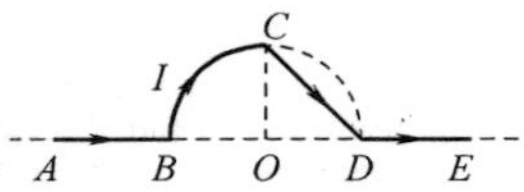

图 10-28　习题 10-3 图

10-3　一长直载流导线弯成如图 10-28 所示的形状，其中 BC 为 1/4 圆弧，半径为 R，圆心 O 在 AB、DE 的延长线上。求 O 点的磁感应强度。

10-4　边长为 a 的等边三角形导线通过的电流为 I，求此三角形中心的磁感应强度的大小。

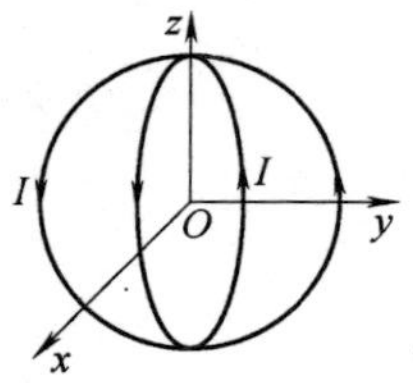

图 10-29　习题 10-5 图

10-5　两垂直交叉放置的载流线圈，半径均为 R，通入的电流均为 I，设线圈接触处相互绝缘，如图 10-29 所示。求在图示坐标下圆心处的磁感应强度。

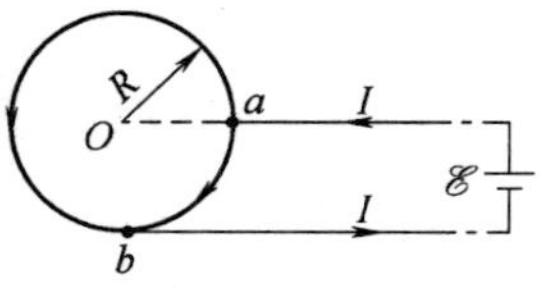

图 10-30　习题 10-6 图

10-6　用两根彼此平行的长直导线把半径为 R 的均匀导体圆环连到电源上，如图 10-30 所示，b 点为切点，求圆心 O 处的磁感应强度。

10-7　两长直导线相互平行，且相距为 $d=10.0\text{cm}$，分别通有同方向的电流 $I_1=12\text{A}$ 和 $I_2=10\text{A}$。P 点到导线的距离分别为 $r_1=6.0\text{cm}$ 和 $r_2=8.0\text{cm}$，如图 10-31 所示。求 P 点的磁感应强度。

10-8　有一线圈如图 10-32 所示，AB、DC 为两同心圆弧，圆心角均为 θ，BD 长为 r_1，DO 长为 r_2。若线圈通有电流为 I，求圆心 O 处的磁感应强度。

10-9　研究受控热核反应的托卡马克装置中，用螺绕环产生的磁场来约束其中的等离子体。设某一托卡马克装置中环管的轴线的半径为 2.00m，管截面是半径为 1.00m 的圆，环上均匀绕有 10.00km 长的水冷铜线。求铜线内通入峰值为 $7.30\times10^4\text{A}$ 的脉冲电流时，管内中心的磁场峰值为多大？

10-10　有一无限长金属薄片，宽为 a，电流 I 沿片长均匀流过。求在与薄片共面，距薄片边缘为 b 的 P 点处磁感应强度的大小。

10-11　一长直圆柱状导体，半径为 R，其中通有电流 I，且电流均匀分布在导体截面上。求导体内、外磁感应强度的分布。

10-12　两同轴的长直金属圆筒，内、外筒的半径分别为 R_1 和 R_2，如图 10-33 所示，若两圆筒通有反向的电流 I，且电流均匀分布。求空间磁场的分布。

10-13　一空心金属圆柱体的横截面是一圆环，其内外半径分别为 R_1 和 R_2，若电流 I 在截面上均匀分布，求磁场的分布。

10-14　一无限大导体薄平板均匀通有电流，若导体平面垂直纸面，电流沿平行板垂直纸面向外，设电流沿平板横截面方向单位宽度的电流为 j，如图 10-34 所示。试计算空间磁场的分布。

10-15　一半径为 R 的半圆长直圆片，有电流 I 自上而下均匀通过，如图 10-35 所示。求圆轴线上任一点磁感应强度的大小。

10-16　一半径为 R 的薄圆片，均匀带有电荷 Q，若圆片绕过圆心且垂直于圆片的轴以角速度 ω 旋转，求圆心处的磁感应强度。

10-17　一曲面的开口为半径为 R 的圆，放置在均匀磁感应强度为 $\boldsymbol{B}$ 的磁场中，曲面与磁场的相对位置如图 10-36 所示。求通过曲面的磁通量。

10-18　一长直导线垂直放置，外有一宽为 a、高为 b 的矩形单匝线圈，若线圈与导线共面，且高与导线平行，最近处与导线相距为 d，当导线中通有电流 I 时，求通过线圈中的磁通量。

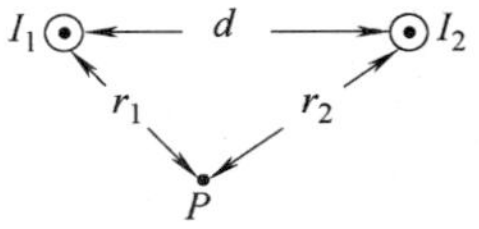

图 10-31　习题 10-7 图

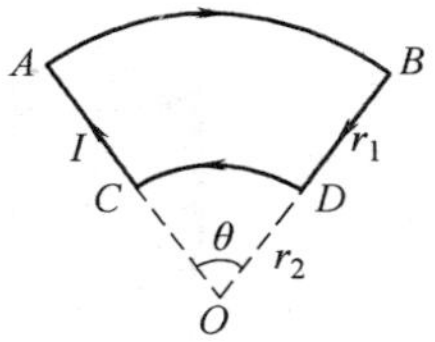

图 10-32　习题 10-8 图

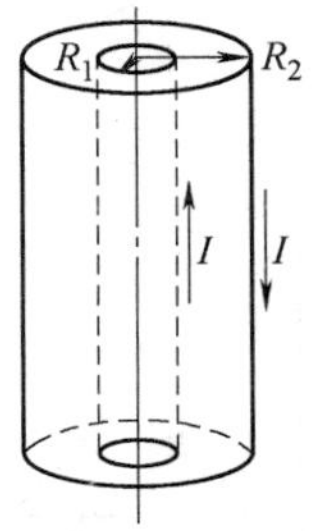

图 10-33　习题 10-12 图

图 10-34　习题 10-14 图

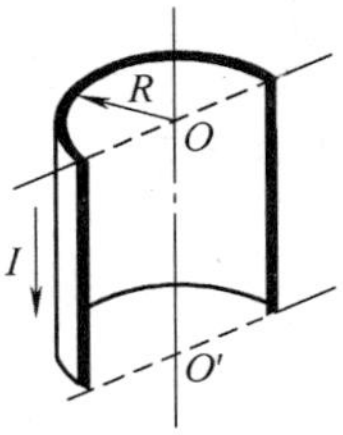

图 10-35　习题 10-15 图

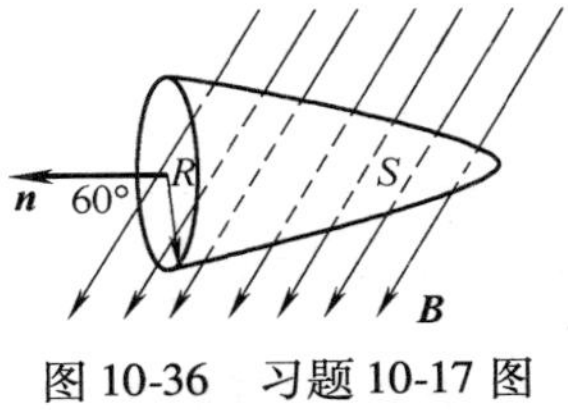

图 10-36　习题 10-17 图

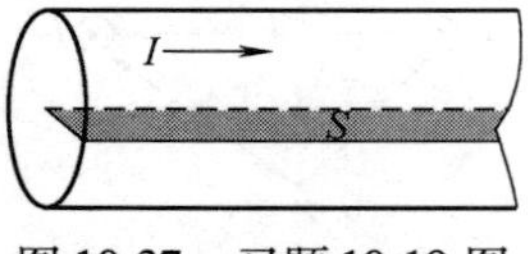

图 10-37　习题 10-19 图

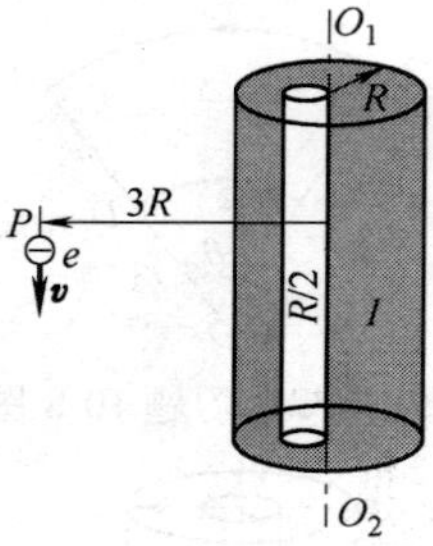

图 10-38　习题 10-21 图

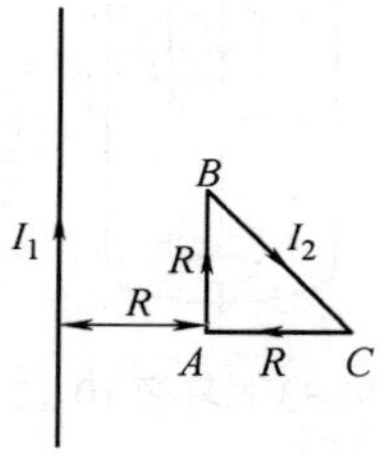

图 10-39　习题 10-22 图

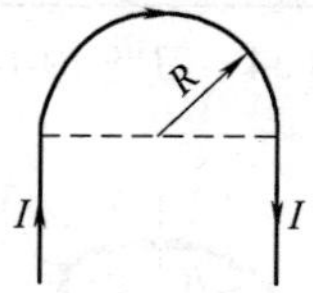

图 10-40　习题 10-23 图

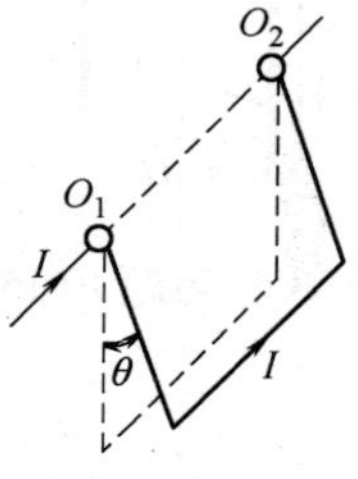

图 10-41　习题 10-24 图

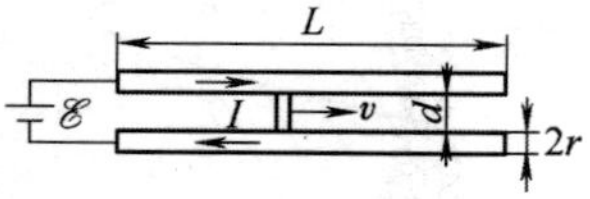

图 10-42　习题 10-26 图

10-19　一长直圆柱体，均匀载有电流 10A，在圆柱体内作一平面 S，如图 10-37 所示。试计算单位长度上 S 面积内通过的磁通量。

10-20　把 2000eV 的一个正电子射入磁感应强度为 0.10T 的匀强磁场中，其速度 $\boldsymbol{v}$ 与 $\boldsymbol{B}$ 成 60°角。求正电子运动的周期 T、螺距 h 和半径 r。

10-21　空气中有一半径为 R 的长直圆柱导体，其轴线为 O_1O_2。现在圆柱体内挖去一直径为 $R/2$ 的圆柱空洞，空洞侧面与轴线 O_1O_2 相切，在剩余部分通以均匀分布的沿 O_1O_2 向下的电流 I，如图 10-38 所示。在距轴线 $3R$ 处有一电子沿平行于 O_1O_2 方向，在空洞轴线和 O_1O_2 所决定的平面内以速度 $\boldsymbol{v}$ 向下飞经 P 点。求电子飞经 P 点所受的力。（忽略重力）

10-22　一无长直导线通有电流 I_1，有一等腰三角形与长直导线共面，且直角边分别与导线垂直和平行，线圈通有电流 I_2，相关尺寸如图 10-39 所示。求线圈 CA、AB、BC 各边所受的安培力。

10-23　一通有电流 I 的导线，弯成如图 10-40 所示的形状，放在磁感应强度为 $\boldsymbol{B}$ 的均匀磁场中，$\boldsymbol{B}$ 的方向垂直纸面向内。求此导线所受到的安培力。

10-24　截面积为 S，密度为 ρ 的铜导线，被弯成正方形的三边，可以绕水平轴 O_1O_2 转动，如图 10-41 所示。导线放置在方向竖直向上的均匀磁场中，当导线中的电流为 I 时，导线离开原来的竖直位置偏转一角度 θ 而平衡。求磁感应强度的大小。

10-25　一半径为 R 的薄圆片，均匀带有电荷 Q，现把此圆片放入均匀的磁场中，且使磁场方向与圆片平行。若圆片绕过圆心且垂直于圆片的轴以角速度 ω 旋转，求此圆片的磁矩和所受力矩的大小。

10-26　图 10-42 所示是一种电磁轨道炮原理图。该装置可用于发射速度高达 $10\text{km}\cdot\text{s}^{-1}$ 的炮弹。炮弹置于两条长直平行轨道之间并与轨道相接触，轨道是半径为 r 的圆柱形导体，两轨道间距为 d，炮弹沿轨道可以自由滑动。恒定电源 $\mathscr{E}$、炮弹及轨道构成一闭合回路，回路电流为 I。

（1）证明作用在炮弹上的安培力的大小为

$$F=\frac{1}{2}\left(\frac{\mu_0 I^2}{\pi}\right)\ln\frac{d+r}{r}$$

（2）假设 $I=4500\text{kA}$，$d=120\text{mm}$，$r=6.7\text{cm}$，炮弹的质量 $m=10.0\text{kg}$。求炮弹从静止经过一段路程 $L=4.00\text{m}$ 的加速后的速率。

第 11 章　磁场中的磁介质

上一章我们主要讨论了真空情况下的磁现象，都假设载流导体处于真空中，而在实际问题中，导体周围总是存在由原子、分子组成的物质，而这些物质既要受磁场的作用，又对磁场有影响。本章我们将从实物物质的电结构出发，讨论顺磁质、抗磁质和铁磁质的磁化机理及其对磁场的影响，重点讨论磁介质中磁场的高斯定理和安培环路定理及场量之间的关系。

11.1　磁介质及其磁化

11.1.1　磁介质

在第 9 章曾介绍过，处于静电场中的电介质要被电场极化；同时极化了的电介质反过来会以激发的附加电场对原电场产生影响。与此相似，处于磁场中的物质也要受磁场的作用而被磁化。**一切能够被磁化的物质称为磁介质**。而磁化了的磁介质也要激发附加磁场，从而对原磁场产生影响。

然而，磁介质对磁场的影响比电介质对电场的影响更复杂，我们知道，无论是有极分子电介质还是无极分子电介质，当它们处于电场中时，电介质中的电场强度 $\boldsymbol{E}$ 和原来电场相比总是有所减弱。但不同的磁介质在磁场中的表现则有很大的差别。

若真空中某点的磁感应强度为 $\boldsymbol{B}_0$，充入磁介质后，因磁介质的磁化而激发的附加磁场的磁感应强度为 $\boldsymbol{B}'$，根据场的叠加原理，则该点的磁感应强度 $\boldsymbol{B}$ 应为

$$\boldsymbol{B} = \boldsymbol{B}_0 + \boldsymbol{B}'$$

实验表明，附加磁感应强度 $\boldsymbol{B}'$的方向随磁介质而异。有一类磁介质，$\boldsymbol{B}'$的方向与 $\boldsymbol{B}_0$ 的方向相同，从而使得 $B > B_0$，这类磁介质称为**顺磁质**，如铝、氧、锰、铂等；还有一类磁介质 $\boldsymbol{B}'$

的方向与 $\boldsymbol{B}_0$ 的方向相反，从而使得 $B<B_0$，这类磁介质称为**抗磁质**，如铜、汞、铋、氢等。但无论是顺磁质还是抗磁质，其附加磁感应强度的值 B'都只是 B_0 的几万分之一甚至几十万分之一，对原磁场的影响极为微弱。所以它们统称为弱磁性物质，一般技术中不考虑弱磁物质的影响。然而还有一类磁介质，$\boldsymbol{B}'$ 的方向与 $\boldsymbol{B}_0$ 的方向也相同，但 $\boldsymbol{B}'$的值却是 $\boldsymbol{B}_0$ 的值的 $10^2 \sim 10^4$ 倍，且不是常量，这类磁介质称为**铁磁质**，如铁、镍、钴、硅钢等。铁磁质能显著地增强原磁场，也称强磁性物质。

11.1.2　顺磁质和抗磁质的磁化机理

弱磁性物质的磁化机理和与强磁性物质的磁化机理显著不同。弱磁性物质（顺磁质和抗磁质）的磁化机理，其严格理论解释需应用量子力学，在这里我们只是用半经典理论加以简要解释。

近代科学实验证明，电子在原子或分子中的运动包括轨道运动和自旋运动两部分。绕原子核旋转的电子相当于一个环形电流，因而有一定的磁矩，我们称之为**轨道磁矩** $\boldsymbol{m}_{\mathrm{L}}$。而与电子自旋运动相联系的磁矩，我们称之为**自旋磁矩** $\boldsymbol{m}_{\mathrm{s}}$。轨道运动和自旋运动都要产生磁效应。如果把分子作为一个整体，每个分子中各个电子对外界产生的磁效应的总和，可以用一个等效的圆电流来表示，此圆电流 I_{s} 称为**分子电流**，与之对应的磁矩 $\boldsymbol{m}$ 称为**分子磁矩**。

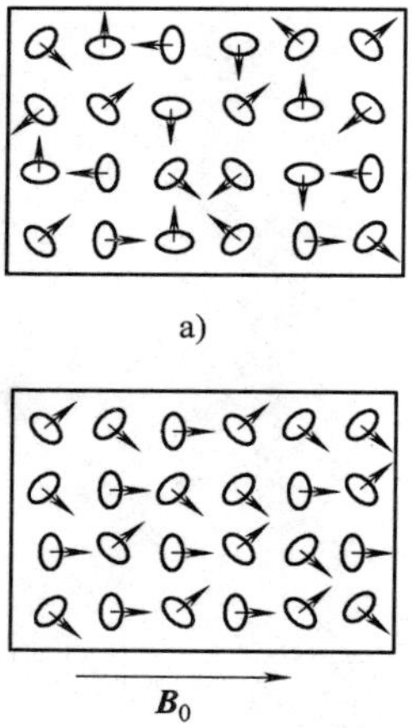

图 11-1　顺磁质中的分子磁矩的取向
a）无外磁场时
b）有外磁场时

有些磁介质分子，当没有外磁场时，分子磁矩 $\boldsymbol{m}$ 不为零，但由于热运动，各分子电流的取向和与之对应的分子磁矩 $\boldsymbol{m}$ 杂乱无章，在任一宏观体积元内，分子磁矩的矢量和为零，所以对外不显磁性，介质处于未磁化状态，如图 11-1a 所示。然而，加上外磁场 $\boldsymbol{B}_0$ 后，每个分子的分子磁矩都将受到力矩 $\boldsymbol{M}=\boldsymbol{m}\times\boldsymbol{B}_0$ 的作用，此力矩使各分子磁矩的取向都具有转到与外磁场方向相同的趋势，因而各分子磁矩的矢量和 $\sum \boldsymbol{m}_i \neq 0$，$\sum \boldsymbol{m}_i$ 与外磁场 $\boldsymbol{B}_0$ 同向。结果对外显磁性，产生与外磁场方向相同的附加磁场 $\boldsymbol{B}'$，从而使原磁场稍稍加强。这就是顺磁质的磁化机理。需要注意的是分子的热运动对磁矩的规则排列有扰乱作用，因此温度越高，顺磁质的顺磁效应越弱。

对抗磁质，在没有外磁场作用时，虽然分子中每个电子的轨道磁矩与自旋磁矩都不为零，但分子中全部电子的轨道磁矩与自旋磁矩的矢量和却等于零，即分子磁矩 $\boldsymbol{m}=0$。所以，在没有外磁场时，抗磁质并不显现磁性。但给抗磁质加上外磁场后，分子中各电子的轨道运动将发生变化，从而引起附加轨道磁矩 $\Delta\boldsymbol{m}_{\mathrm{L}}$，而且附加轨道磁矩 $\Delta\boldsymbol{m}_{\mathrm{L}}$ 的方向总是与外磁场 $\boldsymbol{B}_0$ 的方向相反。下面予以简单说明。

设一电子以 r 为半径，以速度 $\boldsymbol{v}$ 绕核作圆周（轨道）运动，电子的轨道磁矩 $\boldsymbol{m}_{\mathrm{L}}$ 的方向与外磁场 $\boldsymbol{B}_0$ 的方向相同。由于电子受到的洛伦兹力 $\boldsymbol{F}_{\mathrm{m}}$ 的方向沿径向向外，与提供向心力的库仑力 $\boldsymbol{F}_{\mathrm{e}}$ 相反，因而向心力减小。而在运动半径 r 不变的情况下，其速度 $\boldsymbol{v}$ 减小，相当于增加了 $-\Delta\boldsymbol{v}$，从而使电子的轨道磁矩减小，即相当于产生了一个和外磁场 $\boldsymbol{B}_0$ 方向反向的附加的轨道磁矩 $\Delta\boldsymbol{m}_{\mathrm{L}}$，如图 11-2a 所示。

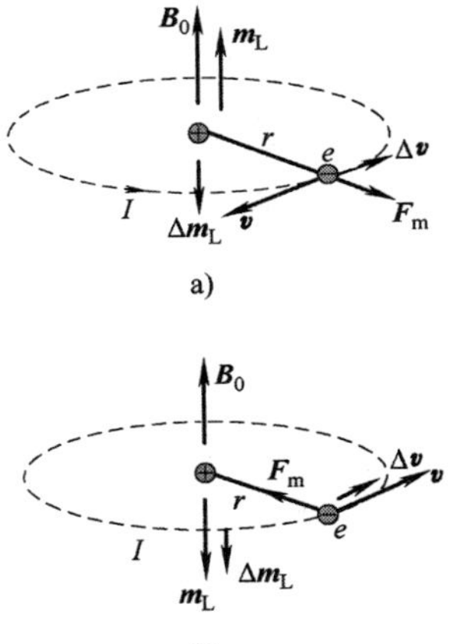

图 11-2　抗磁质的磁化机理

a）$\boldsymbol{m}_{\mathrm{L}}/\!/\boldsymbol{B}_0$ 的情况

b）$\boldsymbol{m}_{\mathrm{L}}/\!/-\boldsymbol{B}_0$ 的情况

若电子的轨道磁矩 $\boldsymbol{m}_{\mathrm{L}}$ 的方向与外磁场 $\boldsymbol{B}_0$ 的方向相反，可作类似的分析，也可得出附加轨道磁矩 $\Delta\boldsymbol{m}_{\mathrm{L}}$ 的方向与外磁场 $\boldsymbol{B}_0$ 的方向相反的结论，如图 11-2b 所示。

因此，对抗磁质，只要加上外磁场，抗磁质中就要出现与外磁场 $\boldsymbol{B}_0$ 方向相反的附加磁矩 $\Delta\boldsymbol{m}_{\mathrm{L}}$，与 $\Delta\boldsymbol{m}_{\mathrm{L}}$ 对应的附加磁场 $\boldsymbol{B}'$ 和外磁场 $\boldsymbol{B}_0$ 的方向也相反，从而使抗磁质内磁感应强度 B 的值要比 B_0 略小。这就是抗磁质的磁化机理。

由以上分析可知，只要电子作轨道运动，就有这种抗磁性，所以抗磁性不只是抗磁质所独有的特性，即使是顺磁性物质也应具有这种抗磁性。只不过是顺磁性物质中其顺磁性效应占主导地位而已，因此，在研究顺磁性物质的磁化时可以不计其抗磁性。

铁磁质是强磁性物质，其磁化机理和特性稍后再介绍。

11.1.3　磁化强度

从上述讨论可知，磁介质的磁化，实质上是分子磁矩的取向以及在外磁场作用下产生附加磁矩的作用。无论哪种作用，

我们都可以用 $\boldsymbol{m}$ 来表示介质磁化后分子电流的磁矩，这和电介质中分子在外电场作用下极化的情况相似。仿照描述电介质极化程度的方法，我们用**磁介质中单位体积内分子的分子磁矩来表示磁介质的磁化程度**，称之为**磁化强度**。如磁介质的磁化是均匀的，以 $\sum \boldsymbol{m}_i$ 表示宏观体积元 ΔV 内的磁介质的所有分子磁矩的矢量和，用符号 $\boldsymbol{M}$ 表示磁化强度，则有

$$\boldsymbol{M} = \frac{\sum \boldsymbol{m}_i}{\Delta V} \tag{11-1}$$

如磁化是不均匀的，则介质中某点的磁化强度为

$$\boldsymbol{M} = \lim_{\Delta V \to 0} \frac{\sum \boldsymbol{m}_i}{\Delta V} \tag{11-2}$$

上两式中 $\boldsymbol{m}_i$ 表示在磁介质中体积元内第 i 个分子的磁矩。

在国际单位制中，磁化强度的单位是安培每米，符号是 $\mathrm{A \cdot m^{-1}}$。

当外磁场为零时，分子磁矩的排列杂乱无章，它们的矢量和 $\sum \boldsymbol{m}_i = \boldsymbol{0}$，因此 $\boldsymbol{M} = \boldsymbol{0}$。当外磁场不为零时，在顺磁质中，$\boldsymbol{M}$ 与外磁场的方向一致；在抗磁质中，$\boldsymbol{M}$ 与外磁场的方向相反。

11.2　磁场强度　磁介质中的安培环路定理

11.2.1　磁场强度　磁介质中的安培环路定理

在第 10 章我们曾讨论过真空中的安培环路定理，当在磁场中引入磁介质后，由于介质的磁化，其中分子电流也要产生磁场。如果考虑到分子电流对磁场的贡献，则安培环路定理应写成

$$\oint_l \boldsymbol{B} \cdot \mathrm{d}\boldsymbol{l} = \mu_0 \left(\sum I + \sum I_s \right) \tag{11-3}$$

式中，$\boldsymbol{B}$ 是磁介质中的总磁感应强度，$\sum I$ 和 $\sum I_s$ 则分别表示穿过闭合回路 l 的传导电流的总和与分子电流的总和。但分子电流 I_s 无法由实验测量，下面利用磁介质磁化后表现出来的某些宏观特性，寻找不可测量的 I_s 和可测量量之间的关系，从而给

出介质中安培环路定理的一般形式。

设有一无限长螺线管，管内充满均匀的磁介质，当电流通过螺线管时，管内的圆柱形介质被均匀磁化，且磁化强度为 $\boldsymbol{M}$。观察磁介质中任一横截面上分子电流的排列情况，如图 11-3 所示。由于分子电流的环绕方向一致，在磁介质内部任一点，两个相邻的分子电流通过该点的方向总是相反，它们的效应相互抵消。只有在截面的边缘上，各点分子电流的效应未被抵消，于是任一截面内所有分子的总效果就相当于分布在截面边缘的圆形电流（也称为束缚电流、磁化面电流）。而整个圆柱体内的分子电流就相当于绕在圆柱体表面的另一长螺线管。设单位长度上的分子电流为 i_s（i_s 称为表面分子电流的线密度），则在长为 Δl 的一段圆柱体上的分子电流为 $i_s\Delta l$，若圆柱体的截面积为 S，则这段柱体内的分子电流的总磁矩大小为

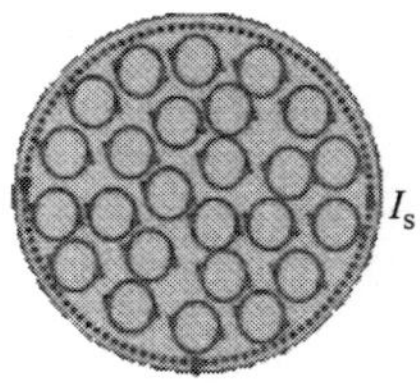

图 11-3　圆柱截面内所有分子电流的等价效果

$$\left|\sum \boldsymbol{m}_i\right| = i_s \Delta l S$$

$\sum \boldsymbol{m}_i$ 也就是体积为 $\Delta V = \Delta l S$ 的这段圆柱形磁介质中所有分子磁矩的矢量和。根据磁化强度的定义式（11-1），磁介质的磁化强度矢量 $\boldsymbol{M}$ 的大小为

$$M = \frac{\left|\sum \boldsymbol{m}_i\right|}{\Delta V} = \frac{i_s \Delta l S}{\Delta V} = i_s \tag{11-4}$$

式（11-4）表示圆柱形介质在沿轴线方向均匀磁化后，表面分子电流的线密度 i_s 和磁化强度 M 的数值相等。

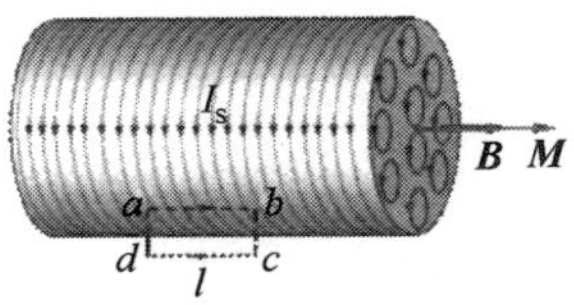

图 11-4　介质中的环路定理

为给出介质中环路定理的一般形式，对上述充满均匀磁介质的载流长直螺线管，作一矩形闭合回路，且回路的长边与圆柱体的轴线平行，如图 11-4 所示。为代替式（11-3）中分子电流的总和，先计算 $\oint_l \boldsymbol{M}\cdot \mathrm{d}\boldsymbol{l}$ 的值，由图 11-4 可知

$$\oint_l \boldsymbol{M}\cdot \mathrm{d}\boldsymbol{l} = \int_a^b \boldsymbol{M}\cdot \mathrm{d}\boldsymbol{l} + \int_b^c \boldsymbol{M}\cdot \mathrm{d}\boldsymbol{l} + \int_c^d \boldsymbol{M}\cdot \mathrm{d}\boldsymbol{l} + \int_d^a \boldsymbol{M}\cdot \mathrm{d}\boldsymbol{l}$$

因磁化强度只存在磁介质（螺线管）中，且方向平行轴线由 a 指向 b（与 $\boldsymbol{B}$ 的方向相同），而 cd 段积分在螺线管外，$\boldsymbol{M}=\boldsymbol{0}$，所以此段积分 $\int_c^d \boldsymbol{M}\cdot \mathrm{d}\boldsymbol{l} = 0$。$bc$ 和 da 两段积分路径上，对

螺线管外的部分，$\boldsymbol{M}=0$，而对螺线管内的部分，虽 $\boldsymbol{M}\neq 0$，但 $\boldsymbol{M}$ 与积分路径垂直，所以此两段积分 $\int_b^c \boldsymbol{M}\cdot \mathrm{d}\boldsymbol{l}=0$，$\int_d^a \boldsymbol{M}\cdot \mathrm{d}\boldsymbol{l}=0$。对 ab 段积分，因积分路径上 $\boldsymbol{M}$ 的值为常量，且方向和积分路径一致，所以

$$\int_a^b \boldsymbol{M}\cdot \mathrm{d}\boldsymbol{l} = M\,\overline{ab}$$

利用式（11-4），则有

$$\oint_l \boldsymbol{M}\cdot \mathrm{d}\boldsymbol{l} = \int_a^b \boldsymbol{M}\cdot \mathrm{d}\boldsymbol{l} = M\,\overline{ab} = i_s\,\overline{ab}$$

而 $i_s\,\overline{ab}$ 就是穿过闭合回路所有分子电流的总和，即

$$\oint_l \boldsymbol{M}\cdot \mathrm{d}\boldsymbol{l} = i_s\,\overline{ab} = \sum I_s$$

把上式代入式（11-3），有

$$\oint_l \boldsymbol{B}\cdot \mathrm{d}\boldsymbol{l} = \mu_0 \sum \mathrm{I} + \mu_0 \oint_l \boldsymbol{M}\cdot \mathrm{d}\boldsymbol{l}$$

$$\oint_l \left(\frac{\boldsymbol{B}}{\mu_0} - \boldsymbol{M}\right)\cdot \mathrm{d}\boldsymbol{l} = \sum I$$

令

$$\boldsymbol{H} = \frac{\boldsymbol{B}}{\mu_0} - \boldsymbol{M} \tag{11-5}$$

则上式可改写成

$$\oint_l \boldsymbol{H}\cdot \mathrm{d}\boldsymbol{l} = \sum I \tag{11-6}$$

上两式中的 $\boldsymbol{H}$ 称为磁场强度，是描述磁场的一个辅助量。式（11-6）就是磁介质中的安培环路定理，它表明：**磁场强度沿任何闭合回路的线积分，等于该回路所包围的传导电流的代数和。**

在国际单位制中，磁场强度 $\boldsymbol{H}$ 的单位是安培每米，符号是 $\mathrm{A\cdot m^{-1}}$。

式（11-6）中不含分子电流，在传导电流的分布具有对称性时，可以很方便地求解磁场强度 $\boldsymbol{H}$，但要求解磁感应强度 $\boldsymbol{B}$，还必须找出两者之间的关系。实验表明，在各向同性的磁介质中，任一点的磁化强度 $\boldsymbol{M}$ 和磁场强度 $\boldsymbol{H}$ 成正比，即

$$\boldsymbol{M}=\chi_m\boldsymbol{H} \tag{11-7}$$

式中，比例系数 χ_m 称为磁介质的**磁化率**，其量值只与磁介质的性质有关。把上式代入 $\boldsymbol{H}$ 的定义式，有

$$\boldsymbol{H}=\frac{\boldsymbol{B}}{\mu_0}-\boldsymbol{M}=\frac{\boldsymbol{B}}{\mu_0}-\chi_m\boldsymbol{H}$$

即

$$\boldsymbol{B}=\mu_0(1+\chi_m)\boldsymbol{H}$$

令 $1+\chi_m=\mu_r$，且称 μ_r 为磁介质的**相对磁导率**，则上式可写成

$$\boldsymbol{B}=\mu_0\mu_r\boldsymbol{H} \tag{11-8a}$$

再令 $\mu_0\mu_r=\mu$，并称 μ 为磁导率，上式写为

$$\boldsymbol{B}=\mu\boldsymbol{H} \tag{11-8b}$$

在真空中，$\boldsymbol{M}=0$，故 $\chi_m=0$，$\mu_r=1$，$\boldsymbol{B}=\mu_0\boldsymbol{H}$。对顺磁质，实验表明，其 $\chi_m>0$，故 $\mu_r>1$；对抗磁质，其 $\chi_m<0$，故 $\mu_r<1$。

需要说明的是，式（11-8a、b）虽然是从特例得出的，但对各向同性的磁介质都成立，即该式是各向同性的磁介质中，磁感应强度 $\boldsymbol{B}$ 和磁场强度 $\boldsymbol{H}$ 间的普遍关系。引入磁场强度 $\boldsymbol{H}$，如同在求解电介质问题中引入电位移 $\boldsymbol{D}$ 一样。这样，使得求解磁介质中磁场问题变得较为简便。

11.2.2　磁介质中安培环路定理的应用

磁介质中的安培环路定理同样反映了静磁场的性质，它对静磁场普遍适用，同时也提供了在已知传导电流和磁介质分布的情况下，求解静磁场问题的一种方法。当传导电流分布具有对称性、且磁介质各向同性时，可循下列步骤求解：

1）根据已知的传导电流分布，作适合的闭合回路，依式（11-6）计算出磁场强度 $\boldsymbol{H}$，其具体方法同用真空中的安培环路定理求 $\boldsymbol{B}$。

2）根据磁介质的特性，依式（11-8）$\boldsymbol{B}=\mu_0\mu_r\boldsymbol{H}$，计算出介质中的磁感应强度 $\boldsymbol{B}$。

3）由式(11-7)$\boldsymbol{M}=(\mu_r-1)\boldsymbol{H}$，计算磁化强度 $\boldsymbol{M}$。

4）由式(11-4)$M=i_s$，计算分子电流线密度 i_s(磁化电流)。

【例 11-1】　在一个螺绕环中充满均匀的磁介质，磁介质的

相对磁导率 $\mu_r=600$，环上均匀密绕着线圈，单位长度上的匝数为 $n=1000$，导线中通有电流 $I=3.0\text{A}$。求（1）磁介质中的磁场强度 $\boldsymbol{H}$；（2）磁介质中的磁感应强度。

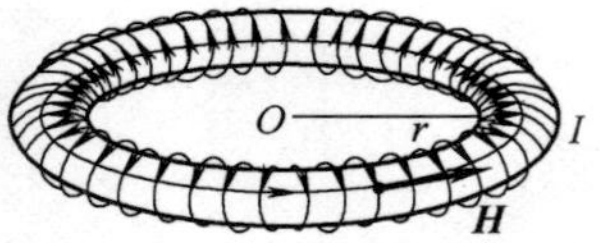

图 11-5　例 11-1 题图

【解】（1）设螺绕环的环心为 O，根据电流分布的对称性可知，在以 O 为圆心的圆周上，磁场强度 $\boldsymbol{H}$ 的大小相等，且方向沿圆周的切线方向。现以 O 为圆心，作一半径为 r 的圆为闭合环路，如图 11-5 所示。根据安培环路定理

$$\oint_l \boldsymbol{H}\cdot \mathrm{d}\boldsymbol{l} = \sum I$$

因 $\boldsymbol{H}$ 的方向与回路的方向相同，所以有

$$H\cdot 2\pi r = n\cdot 2\pi r I$$

$$H = nI = (1000\times 3.0)\text{A}\cdot\text{m}^{-1} = 3.0\times 10^3\text{A}\cdot\text{m}^{-1}$$

（2）$B=\mu_0\mu_r H=(12.57\times10^{-7}\times600\times3.0\times10^3)\text{T}=2.26\text{T}$

【例 11-2】　一电缆由半径为 R_1 的长直圆柱导体和套在外面的内、外半径分别为 R_2 和 R_3 的同轴导体圆筒组成，其间充满相对磁导率为 μ_r 的各向同性的磁介质。电流 I 由圆柱体中心流出纸面，由外面的圆筒流入纸面，如图 11-6 所示。若导体的磁导率为 μ_1，求磁场的分布。

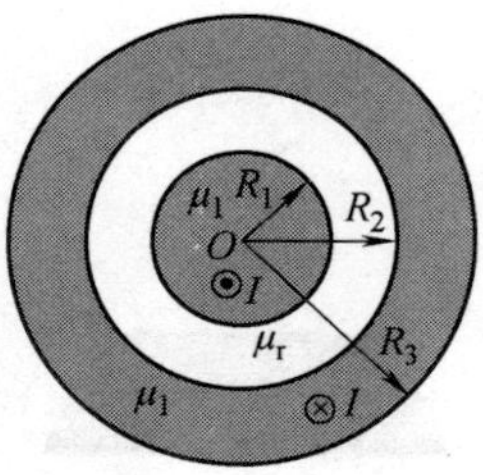

图 11-6　例 11-2 题图

【解】　由于电流和磁介质的分布都具有轴对称，可知磁场分布也具有轴对称：$\boldsymbol{H}$ 线和 $\boldsymbol{B}$ 线都是在垂直于轴线的平面内，并以轴线上 O 点为圆心的同心圆。以轴线上 O 点为圆心，r 为半径作一圆为环路 l，并取逆时针方向为回路方向，应用式(11-6)，则有

$$\oint_l \boldsymbol{H}\cdot \mathrm{d}\boldsymbol{l} = \sum I$$

因环路上 $\boldsymbol{H}$ 的大小为常量，且方向与回路一致，所以有

$$H\cdot 2\pi r = \sum I$$

即

$$H=\frac{\sum I}{2\pi r}$$

当 $r<R_1$ 时，$\sum I=\dfrac{I}{\pi R_1^2}\pi r^2$，所以

$$H_1=\frac{Ir}{2\pi R_1^2}$$

$$B_1=\mu_1H_1=\frac{\mu_1Ir}{2\pi R_1^2}$$

当 $R_1<r<R_2$ 时，$\sum I=I$，所以

$$H_2=\frac{I}{2\pi r}$$

$$B_2=\mu_0\mu_r H_2=\frac{\mu_0\mu_r I}{2\pi r}$$

当 $R_2<r<R_3$ 时，$\sum I=I-\frac{I\pi\ (r^2-R_2^2)}{\pi\ (R_3^2-R_2^2)}$，所以

$$H_3=\frac{I}{2\pi r}\ \frac{R_3^2-r^2}{R_3^2-R_2^2}$$

$$B_3=\mu_1H_3=\frac{\mu_1 I}{2\pi r}\ \frac{R_3^2-r^2}{R_3^2-R_2^2}$$

当 $r>R_3$ 时，$\sum I=0$，所以

$$H_4=0$$

$$B_4=\mu_0H_4=0$$

【例 11-3】 半径为 R 的无限长圆柱导体，其相对磁导率为 μ_{r1}，其中均匀流过电流 I，在导体外有半径 R_1、相对磁导率为 μ_{r2}的无限长圆筒形磁介质，再外是相对磁导率为 μ_{r3}的另一种磁介质，如图 11-7 所示。求各区域的 $\boldsymbol{H}$、$\boldsymbol{B}$、$\boldsymbol{M}$ 的大小。

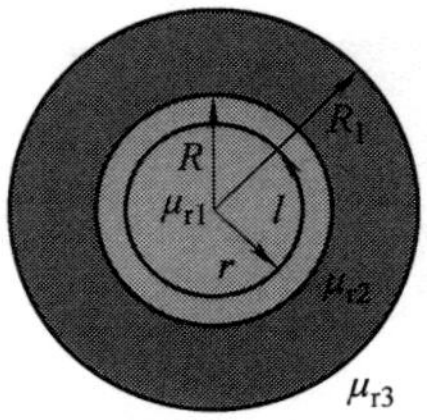

图 11-7　例 11-3 题图

【解】 传导电流和磁介质分布具有圆柱对称，磁场分布也有相应的对称性，在和导体同轴的圆柱面上 $\boldsymbol{H}(\boldsymbol{B})$ 的大小相等，方向沿柱面切向并和轴线垂直。设电流方向垂直纸面向外，在垂直轴线的平面内，取如图所示的圆为安培环路 l，则有

$$\oint_l \boldsymbol{H}\cdot \mathrm{d}\boldsymbol{l}=\sum I$$

$$H=\frac{\sum I}{2\pi r}$$

当 $r<R$ 时，$\sum I=\frac{I}{\pi R^2}\pi r^2$，所以

$$H_1=\frac{Ir}{2\pi R^2}$$

$$B_1 = \mu_0\mu_{r1}H_1 = \frac{\mu_0\mu_{r1}Ir}{2\pi R^2}$$

$$M_1 = \chi_{m1}H_1 = (\mu_{r1} - 1)\frac{Ir}{2\pi R^2}$$

当 $R < r < R_1$ 时，$\sum I = I$，所以

$$H_2 = \frac{I}{2\pi r}$$

$$B_2 = \mu_0\mu_{r2}H_2 = \frac{\mu_0\mu_{r2}I}{2\pi r}$$

$$M_2 = \chi_{m2}H_2 = (\mu_{r2} - 1)\frac{I}{2\pi r}$$

当 $r > R_2$ 时，$\sum I = I$，所以

$$H_3 = \frac{I}{2\pi r}$$

$$B_3 = \mu_0\mu_{r3}H_3 = \frac{\mu_0\mu_{r3}I}{2\pi r}$$

$$M_3 = \chi_{m3}H_3 = (\mu_{r3} - 1)\frac{I}{2\pi r}$$

11.3　铁磁质

11.3.1　磁畴

对顺磁质和抗磁质，其磁化率 χ_m 都很小，在外磁场中只能引起外磁场的微弱变化。这是由于这些物质中，原子的满电子壳层中电子轨道运动和自旋运动形成的磁矩互相抵消，没有电子或仅余下少数外层电子来形成磁矩。而对属于铁磁质的铁、钴、镍等，它们属于过渡族元素。这些原子的电子排布不完全遵守内层排满后再排外层的原则，在某一内壳层尚未填满电子之前，次外层就开始排布电子，从而减弱了因壳层填满造成的电子磁矩的抵消，因此这些原子具有较大的磁矩 $\boldsymbol{m}$。此外，这些原子的磁矩间还存在一种特殊的相互作用，此种相互作用力

图使相邻原子的磁矩趋于平行排列，造成局部自发磁化的小区域，称之为**磁畴**。磁畴的边界称为磁畴壁，如图 11-8 所示。热运动会造成磁畴取向的混乱，使铁磁质在无外磁场时，原子磁矩的矢量和$\sum \boldsymbol{m}=\mathbf{0}$，故对外不显磁性。

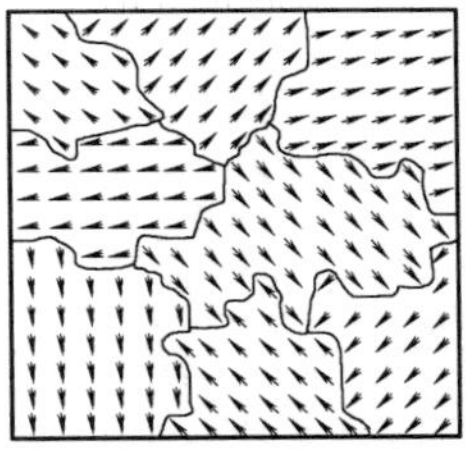

图 11-8　磁畴

铁磁质置于外磁场中，磁化通过两种方式进行：一是通过磁畴壁的移动；二是磁畴磁矩的方向转动到与外磁场一致。当外磁场不太强时，那些磁矩取向与外磁场同向或近于同向的磁畴趁势扩大，而那些取向与外磁场相反的磁畴趋于缩小，这就伴随着畴壁的移动。当外磁场足够强时，便发生磁畴磁矩取向的转动，最后所有磁畴磁矩顺外磁场排列，磁化达饱和状态。

由于原子中电子结构的特殊性和原子磁矩间特殊相互作用所形成的磁畴，使铁磁质具有特别大的相对磁导率μ_r和磁化率χ_m，它们置于外磁场中，会引起磁场成百上千倍的增强。

11.3.2　磁滞回线

铁磁质的磁化过程，可由磁化曲线（B-H 曲线）来描述。和顺磁质、抗磁质不同，铁磁质的 B 与 H 间呈非线性关系，磁导率不再是常量，而是 H 的函数。

研究铁磁质的 B-H 曲线，可用下述实验装置。用没有磁化过的待研究的铁磁质作一个有缝隙环，并在环上绕上线圈，便成了一有铁心的螺绕环，如图 11-9 所示。当线圈中通入电流 I 时，由安培环路定理可求得铁心内的磁场强度的大小为

$$H=nI$$

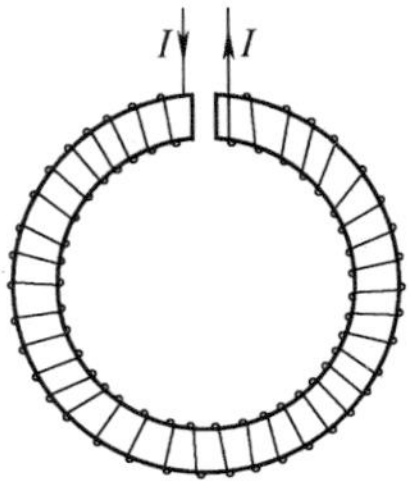

图 11-9　研究铁磁质磁化现象的实验装置

式中，n 为螺绕环单位长度上线圈的匝数。把高斯计的霍尔探头插入环上的狭缝中，就可测出缝中的磁感应强度。因为环上缝很窄，缝中和铁心中的磁感应强度 $\boldsymbol{B}$ 大小相等。如应用公式

$$\mu=\frac{B}{H}\quad \text{和} \quad M=\frac{B-\mu_0 H}{\mu_0}$$

还可以计算出对应的 μ 和 M 的值。

在测定 B-H 曲线时，随着 H 的增大，铁心中的 B 和 M 不断增大，当 H 增大到某一值 H_m（对应的 B、M 为 B_m、M_m）时，再增大 H，B 和 M 不再增大，磁化进入饱和状态，如图 11-

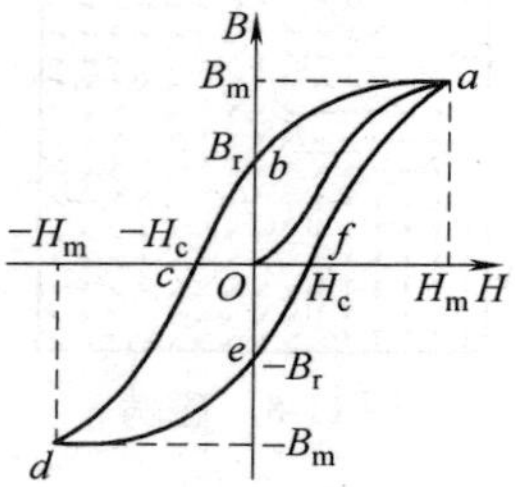

图 11-10　铁磁质的磁滞回线

10 中 Oa 段曲线。此状态下，如减少 H，这时 B 也减小，但并不沿原来的曲线下降，而是沿另一条曲线 ab 下降，对应的 B 值都比原来的值大，这说明铁磁质的磁化过程是不可逆的。当 $H=0$ 时，磁感应强度 $B\neq0$，而是保留一定的大小 B_r，这就是铁磁质的剩磁现象。要使 B 继续减小，必须在线圈中通入反向电流，即加上反向的 H。当 H 等于某一定值 H_c 时，如图 11-9 中 c 点，B 才等于零，这个 H_c 值，称为**矫顽力**。矫顽力 H_c 的大小反映了铁磁材料保存剩磁状态的能力。如再增强反向磁场，又可达到反向的饱和状态。以后再逐渐减小反向磁场至 e 点，这时改变线圈中的电流方向，即又引入正向磁场，则形成闭合曲线，如图 11-10 所示。从图中可以看出，磁感应强度 B 值的变化总是落后于磁场强度 H 的变化，这种现象称为磁滞，它是铁磁质的重要特性之一。所以，上述闭合曲线称为**磁滞回线**。磁滞现象说明铁磁质的磁化与其“历史”有关，这种材料具有“记忆功能”。从磁滞回线可以看出铁磁质的主要特性。

11.3.3　铁磁质的主要特点及分类

根据铁磁质的磁滞回线，可知铁磁质的主要特点：

（1）高 μ 值　在传导电流所激发的磁场 B_0 的作用下，可产生非常大的附加磁场 B'，从而使总磁场成百上千培增加，因而广泛应用在电工设备中。如在线圈中插入由铁磁质做成的铁心后，就可以用比较小的电流获得很强的磁场，这就大大减少了电能损耗。

（2）非线性　利用铁磁质中 B-H 的非线性关系，可以制成各种非线性元件，如铁磁功率放大器、铁磁信频器等。

（3）磁滞　从磁滞回线可见，当 $H=0$ 时，磁感应强度 $B\neq0$，即有剩磁。利用这种特性可制造永久磁铁。

（4）居里温度　实验表明，当温度升高后，铁磁质在外磁场中获得磁性的能力将减弱。这时相应于任意磁感应强度的 μ 值都减小，磁滞现象减弱，饱和磁化的值也减小。对任何铁磁质来说，各有一特定的温度 T_c，当铁磁质的温度高于 T_c 时，铁磁性则完全消失而成为普通的顺磁质，这一温度称为**居里温度**

（居里点）。如铁的 $T_c = 1040K$，镍的 $T_c = 631K$ 等。

不同的铁磁材料有不同形状的磁滞回线，按磁滞回线的形状及矫顽力、剩磁的大小将铁磁质分为三类。

（1）软磁材料　矫顽力 H_c 很小（$1A \cdot m^{-1}$ 量级）的磁性材料称为软磁材料，如软铁、硅钢、坡莫合金等。它们的磁滞回线细而窄，所围的面积小，如图 11-11 所示。因其 H_c 很小，所以适用于交变磁场中，常用作变压器、镇流器、电动机的铁心等。

（2）硬磁材料　矫顽力 H_c 较大（$10^2 A \cdot m^{-1}$ 量级），磁滞回线较宽，所围的面积较大，磁滞现象显著，撤除外磁场后仍能保持很大的剩磁，并能将剩磁长久地保留，如图 11-12 所示。常见的碳钢、钨钢、铁镍钴 5 号钢等都是硬磁材料，硬磁材料适合制作永久磁铁和磁记录介质。

（3）矩磁材料　还有一种磁性材料，其剩磁大，$B_r \approx B_m$，矫顽力 H_c 较小，磁滞回线似矩形，故名矩磁材料，如图 11-13 所示。磁化后，它们可处于 B_s 或 $-B_s$ 状态之一，可用它制作计算机二进制数 0 和 1 的双稳态器件。

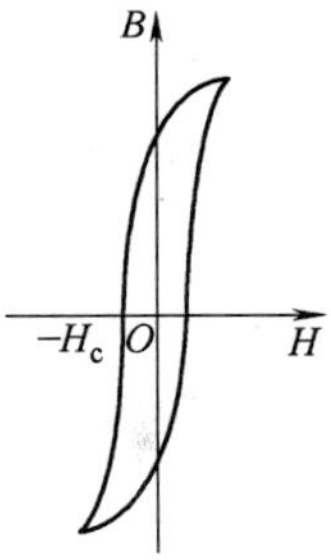

图 11-11　软磁材料的磁滞回线

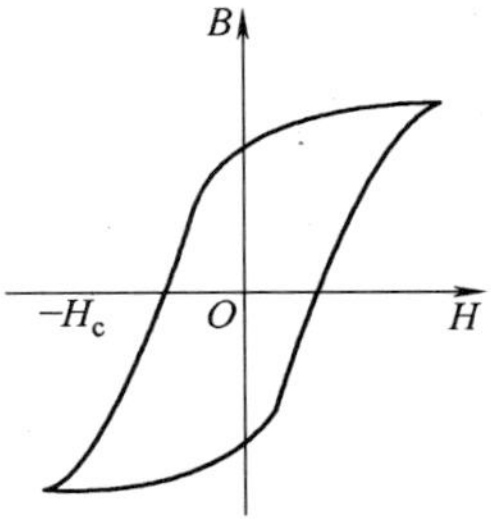

图 11-12　硬磁材料的磁滞回线

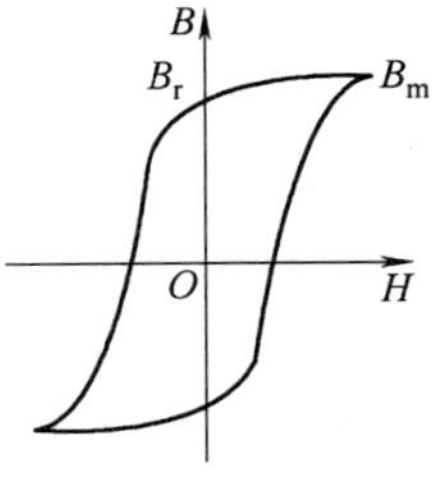

图 11-13　矩磁材料的磁滞回线

习　题　11

11-1　在半径为 R 的无限长圆柱体中通有电流 I，设电流均匀地分布在柱体的横截面上，圆柱体的相对磁导率为 μ_{r1}，圆柱体外面充满均匀磁介质，其相对磁导率为 μ_{r2}。求空间磁感应强度的分布。

11-2　设长 $L = 5.0cm$，截面积 $S = 1.0cm^2$ 的铁棒中所有铁原子的磁矩都沿轴向整齐排列，且每个铁原子的磁偶极矩 $m_0 = 1.8 \times 11^{-23} A \cdot m^2$。求（1）铁棒的总磁偶极矩；（2）如果要使铁棒与磁感应强度 $B_0 = 1.5T$ 的外磁场正交，需用多大的力矩？设铁的密度 $\rho = 7.8g \cdot cm^{-3}$，铁的摩尔质量 $M_0 = 55.85g \cdot mol^{-1}$。

11-3　在相对磁导率 $\mu_r = 5.00 \times 10^{-4}$ 的磁介质圆环上，每米长度上均匀密绕着 1000 匝的线圈，绕组中通有电流 $I = 2.00A$。求环内的磁感应强度。

11-4　一螺绕环单位长度上的线圈匝数 $n = 1000$，线圈中的电流 $I = 3.0A$。当螺绕环内充满磁介质时，测得其中磁感应强度的大小为 $B = 1.0 \times 10^{-2}T$。求（1）磁介质存在和不存在时，环内的磁场强度分别为多少；

（2）磁介质的相对磁导率；（3）磁介质存在和不存在时，环内的磁化强度的大小分别为多少。

11-5　一根长直同轴电缆，可视为半径为 R_1 的长圆柱体和内、外半径分别为 R_2、R_3 的同轴长圆筒构成，其截面如图 11-14 所示。若内、外导体之间充满磁介质，磁介质的相对磁导率为 μ_r，导体的磁化可以略去不计，电缆沿轴向通有稳恒电流 I，内、外导体上电流的方向相反，且在截面上均匀分布。求（1）空间各区域的磁感应强度和磁化强度；（2）磁介质外表面的磁化电流。

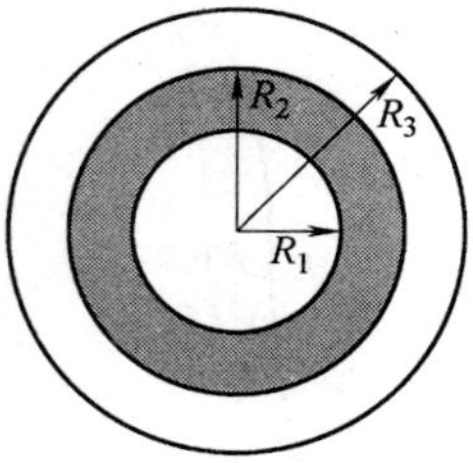

图 11-14　习题 11-5 图

11-6　在实验室，为了测定某种材料的相对磁导率，常将这种材料做成横截面积为矩形的环形样品，然后用漆包线绕成一螺绕环，设圆环的平均周长为 0.10m，横截面积为 $5.0\times10^{-3}\mathrm{m}^2$，线圈的匝数为 200 匝，当线圈通有 0.10A 的电流时，测得穿过圆环横截面积的磁通量为 $6.00\times10^{-5}\mathrm{Wb}$。求该材料的相对磁导率 μ_r。

11-7　一个截面积为正方形的环形铁心，其磁导率为 μ。若在此环形铁心上绕有 N 匝线圈，线圈中的电流为 I，求此铁心的磁化强度。（设环的平均半径为 r）

第 12 章　电 磁 感 应

电流能产生磁场，根据物质世界的对称性，磁场也应能产生电流，关键是要找到相应的条件。人们经过长期的实践和研究，终于发现了电磁感应现象。电磁感应现象的发现，是电磁学中最重大的成就，它的发现在理论和技术上都具有划时代的意义。它推动了电磁学理论的发展，加深了人类对电磁现象本质的认识，奠定了现代电工技术的基础，为人们广泛利用电能开辟了道路，为人类进入信息时代创造了条件。

本章我们将从电磁感应的几个实验出发，讨论电磁感应现象及其规律。在此基础上，对电磁感应的几种类型，包括自感和互感进行讨论。最后介绍磁场能量。其主要内容有：法拉第电磁感应定律、动生电动势、感生电动势、自感、互感、磁场能量、位移电流和麦克斯韦方程组等。

12.1　电磁感应的基本定律

12.1.1　电磁感应现象

电磁感应定律是建立在广泛的实验基础上的，因此，我们首先回顾一下几个典型的电磁感应实验。

实验一　一线圈 A 与电流计 B 连成闭合回路。回路中没有电流，电流计指针也不偏转。当把条形磁铁插入线圈 A 中时，发现电流计指针向一边偏转；若把磁铁再从线圈中拔出，又发现在此过程中，电流计的指针向另一边偏转，如图 12-1 所示。实验中还观察到，插入或拔出磁铁的速度越大，电流计指针的偏转角度也越大。若磁铁在线圈中不动，则电流计的指针也不偏转。如固定磁铁，而把线圈推向或拉离磁铁，结果与上面一样。此实验表明：只要当磁铁与线圈有相对运动时，回路中就

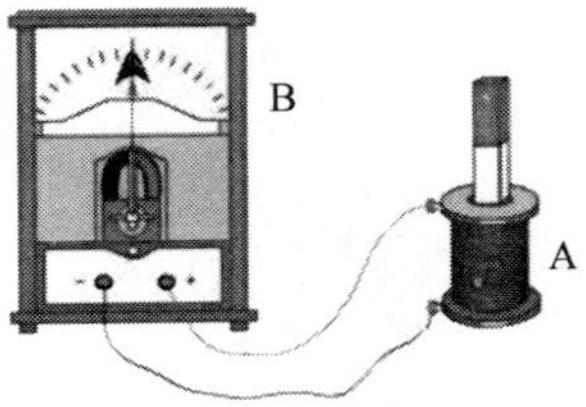

图 12-1　磁铁与线圈有相对运动时的电磁感应现象

有电流，电流的大小和方向分别与相对运动的快慢和方向有关。

实验二　把接有电流计的导体线框 $abcd$ 放在恒定磁场中，使线框平面与磁场方向垂直，线框的 ab 边可沿 da、cb 边滑动，且在滑动中 a、b 两点保持良好接触。实验发现：当 ab 边向右滑动时，电流计指针偏向一方；当 ab 边向左滑动时，电流计指针偏向另一方，如图 12-2 所示。此实验表明：只要 ab 边滑动，回路中就有电流，电流的大小和方向分别与 ab 边滑动的速度大小和方向有关。

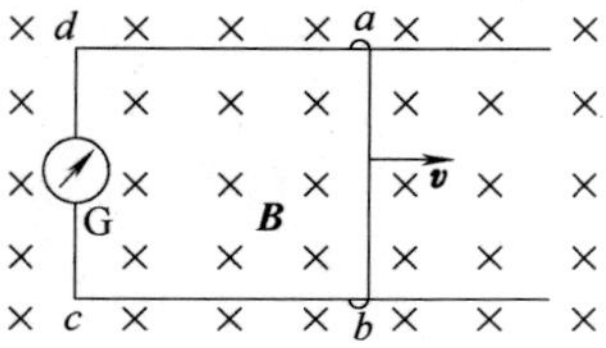

图 12-2　导线切割时的电磁感应现象

在以上两个典型实验中，使回路中产生电流的原因，表面上看，前者是回路中磁场发生了变化，后者是导线切割了磁感应线。但稍加分析不难发现，无论是磁场变化，还是导体运动而使线框面积变化，均有一个共同点：即两者都是穿过回路的磁通量发生了变化。因此我们可以得出如下结论：

当穿过闭合回路的磁通量发生变化时，回路中就有电流产生。这种现象称为**电磁感应**现象。产生的电流称为**感应电流**。

我们知道，通过任一闭合回路的磁通量为

$$\Phi_m = \int_S \boldsymbol{B} \cdot d\boldsymbol{S} = \int_S B\cos\theta dS$$

由上式可知，只要 B、S 或 θ 中任一个量发生变化，都会引起磁通量 Φ_m 的变化，从而都会产生感应电流。根据上式，可以设想很多能产生感应电流的新实验，如闭合线圈在均匀磁场中旋转，虽 $\boldsymbol{B}$、$\boldsymbol{S}$ 都未变，但它们之间的夹角 θ 在不断变化，使回路中的磁通量发生了变化，所以回路中必有感应电流，这一设想早已用在发电机的设计中。

12.1.2　法拉第电磁感应定律

我们知道，闭合回路中有电流时，回路中必有电动势存在。同样，当回路中有感应电流时，回路中也同样有相应的电动势存在。这种由于磁通量变化而引起的电动势称为**感应电动势**。实验发现，即使电路不闭合，虽然没有感应电流，但仍可以产生感应电动势。所以，感应电动势比感应电流更能反映电磁感应现象的本质，因此，我们经常讨论的是感应电动势。

在上述实验中观察到，穿过回路的磁通量变化越快，感应电流越大，感应电动势也就越大。更精确的实验给出了感应电动势与磁通量变化快慢间的定量关系：**回路中感应电动势的大小和通过回路的磁通量的变化率成正比**，若取适当的单位，则

$$\mathscr{E} = -\frac{\mathrm{d}\Phi_{\mathrm{m}}}{\mathrm{d}t} \tag{12-1}$$

式（12-1）是法拉第电磁感应定律的一般表达式。其中 Φ_{m} 是通过闭合回路的磁通量；$\mathscr{E}$ 是磁通量变化时在回路中产生的感应电动势；负号反映了感应电动势的方向与磁通量变化的关系，是我们所熟知的楞次定律的数学表示，是能量守恒定律在电磁学中的具体体现。关于感应电动势的方向与磁通量变化的关系，我们以下例说明。

【例 12-1】 在均匀磁场中有一线圈，若线圈平面与磁场方向垂直，且磁场随时间增强，求线圈中感应电动势的方向。

【解】 设（顺着磁场方向看）顺时针方向为线圈回路 L 的方向，如图 12-3 所示。因磁感应线的方向和回路正向满足右手螺旋关系，所以穿过线圈的磁通量 Φ_{m} 为正值。因磁感应强度 $\boldsymbol{B}$ 随时间增强，即 $\mathrm{d}\Phi_{\mathrm{m}}/\mathrm{d}t>0$，由式（12-1）则有 $\mathscr{E}<0$，这表明在此条件下，线圈中的感应电动势的方向与所设回路 L 的方向相反，即逆时针方向。

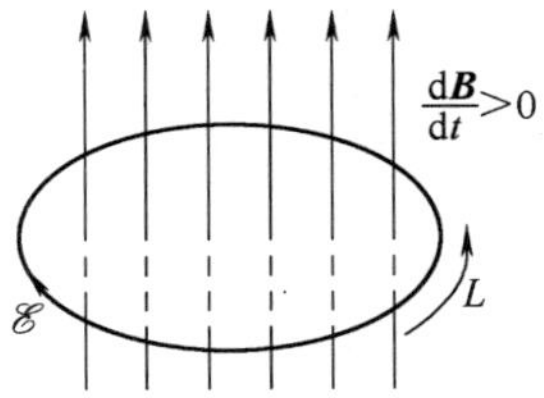

图 12-3　例 12-1 题图

若设逆时针方向为回路的方向，同样可以分析出回路中感应电动势的方向仍是逆时针方向，请读者自行分析。

实际中用到的线圈通常是许多匝串联而成的，在此情况下，在整个线圈中产生的感应电动势应是每匝线圈中产生的感应电动势之和。当穿过各匝线圈的磁通量分别为 $\Phi_{\mathrm{m}1}$，$\Phi_{\mathrm{m}2}$，…，$\Phi_{\mathrm{m}n}$时，则总电动势应为

$$\begin{aligned}\mathscr{E} &= -\left(\frac{\mathrm{d}\Phi_{\mathrm{m}1}}{\mathrm{d}t}+\frac{\mathrm{d}\Phi_{\mathrm{m}2}}{\mathrm{d}t}+\cdots+\frac{\mathrm{d}\Phi_{\mathrm{m}n}}{\mathrm{d}t}\right)\\ &= -\frac{\mathrm{d}}{\mathrm{d}t}\left(\sum_{i=1}^{n}\Phi_{\mathrm{m}i}\right) = -\frac{\mathrm{d}\psi}{\mathrm{d}t}\end{aligned} \tag{12-2}$$

式中，$\psi = \sum_i \Phi_{\mathrm{m}i}$ 是穿过各匝线圈的磁通量的总和，称为穿过

线圈的**全磁通**。当穿过各线圈的磁通量相等时，N 匝线圈的全磁通为 $\psi = N\Phi_m$，称作**磁链**，则式（12-2）可写成

$$\mathscr{E} = -\frac{d\psi}{dt} = -N\frac{d\Phi_m}{dt} \tag{12-3}$$

式（12-1）、式（12-2）和式（12-3）中各量的单位都需用国际单位制，即 ψ 或 Φ_m 的单位用 Wb，t 的单位用 s，$\mathscr{E}$ 的单位用 V。

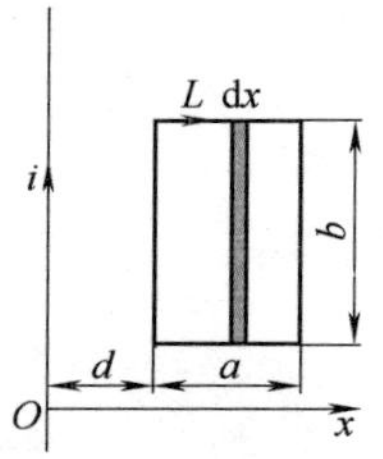

图 12-4　例 12-2 题图

【例 12-2】　一长直导线通有电流 $i = I_0\sin\omega t$，其旁有一共面的矩形线圈，若线圈共有 N 匝，电阻为 R，长宽分别为 a、b，且长边和导线平行，相距为 d，如图 12-4 所示。求线圈中感应电流的大小和方向。

【解】　因长直导线中电流变化，它在空间产生的磁场是随时间变化的，因而线圈中穿过的磁通量是时间的函数，所以线圈中有感应电动势和感应电流。设 $t=0$ 时，直导线中电流方向如图所示，取如图所示的坐标，并设顺时针方向为线圈的正向，在线圈中取如图所示的面积微元 $dS = bdx$，因磁感应线的方向和回路正向满足右手螺旋关系，所以微元中通过的磁通量 $d\psi = NBbdx$，则穿过整个线圈的磁通量为

$$\psi = \int_d^{a+d} N\frac{\mu_0 i}{2\pi x}bdx = \frac{N\mu_0 ib}{2\pi}\ln\frac{a+d}{d}$$

由法拉第电磁感应定律，线圈中的感应电动势为

$$\mathscr{E} = -\frac{d\psi}{dt} = -\frac{N\mu_0 b}{2\pi}\ln\frac{a+d}{a}\cdot\frac{di}{dt}$$

$$\mathscr{E} = -\frac{N\mu_0 b}{2\pi}\ln\frac{a+d}{a}\cdot\frac{d\ (I_0\sin\omega t)}{dt} = -\frac{N\mu_0 b}{2\pi}\ln\frac{a+d}{a}\cdot I_0\omega\cos\omega t$$

相应的感应电流为

$$I = \frac{\mathscr{E}}{R} = -\frac{Nb\mu_0}{2\pi R}I_0\omega\ln\frac{a+d}{a}\cdot\cos\omega t$$

式中，“－”表示：当 $\cos\omega t > 0(\pi/2\omega > t > 0)$ 时，线圈中感应电流的方向与回路方向相反，即逆时针方向；在 $\cos\omega t < 0(3\pi/2\omega > t > \pi/2\omega)$ 时，线圈中感应电流的方向与回路方向相同，即顺时针方向。

12.2 动生电动势与感生电动势

在第10章中我们已知道，电源的电动势一定是和某一非静电力相联系的。那么，感应电动势所对应的非静电力是什么呢？下面以法拉第电磁感应定律为基础，按磁通量变化原因的不同，分两种情况来讨论。

12.2.1 动生电动势

首先讨论磁场不变，导体在磁场中运动时所产生的感应电动势。设在均匀磁场中，有一矩形回路 $abcd$，回路平面和磁场方向垂直，回路的 ab 边可在 da、cb 边上无摩擦地滑动，如图12-5所示。当导体 ab 向右滑动时，回路面积发生变化，引起通过回路磁通量变化，回路中产生感应电动势。设 ab 边的长度为 l，取如图所示的坐标，当 ab 边在任意位置 x 时，回路面积为 lx，取逆时针方向为回路的正向，则穿过回路的磁通量

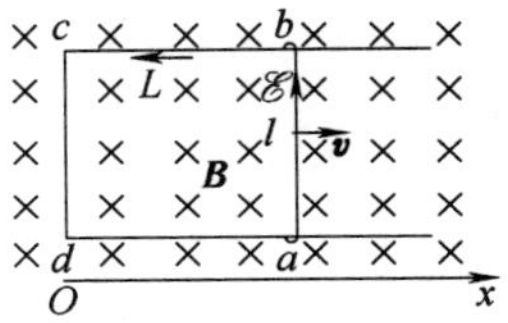

图12-5 动生电动势

$$\boldsymbol{\Phi}_{\mathrm{m}} = -Blx$$

由式（12-1）可得，回路中的感应电动势为

$$\mathscr{E} = -\frac{\mathrm{d}\Phi_{\mathrm{m}}}{\mathrm{d}t} = Bl\frac{\mathrm{d}x}{\mathrm{d}t}$$

因为 $\mathrm{d}x/\mathrm{d}t = v$，所以上式可改写为

$$\mathscr{E} = Blv$$

上式中 $\mathscr{E}$ 为正值表明，回路中感应电动势的方向与回路的方向相同，即感应电动势沿逆时针方向。上述电动势是由于导体在磁场中运动而产生的，因此又称为**动生电动势**。

如第10章所述，电动势是非静电力作用的表现。引起动生电动势的非静电力究竟是什么力呢？下面来具体讨论这一问题。

如图12-5所示，当导体 ab 以速度 $\boldsymbol{v}$ 向右运动时，导体内的自由电子也以同一宏观速度 $\boldsymbol{v}$ 随导体一起向右运动，按洛伦兹力公式（10-25），自由电子受到的洛伦兹力为

$$\boldsymbol{F}_{\mathrm{m}} = e\,\boldsymbol{v} \times \boldsymbol{B}$$

式中，e 为电子的电荷，因电子的电荷为负，所以 $\boldsymbol{F}_{\mathrm{m}}$ 的方向与

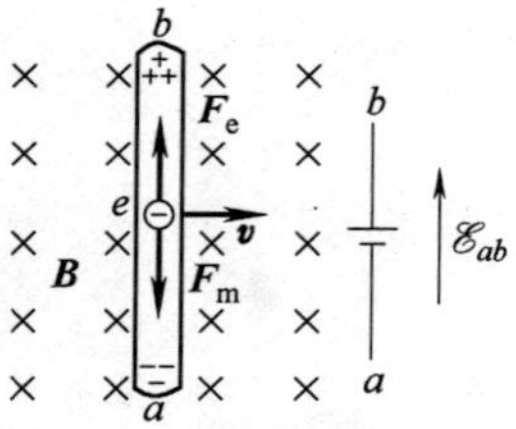

图 12-6　动生电动势与洛伦兹力

$\boldsymbol{v}\times\boldsymbol{B}$ 的方向相反，即由 b 指向 a。此力是非静电力，它使电子沿导体由 b 向 a 移动，致使 a 端积累负电荷，b 端则积累正电荷。从而在导体内建立起相应的静电场，此静电场对电子的作用力 $\boldsymbol{F}_e$ 与洛伦兹力 $\boldsymbol{F}_m$ 的方向相反。开始时，静电场较弱，$\boldsymbol{F}_e$ 的量值比 $\boldsymbol{F}_m$ 的小，两端的电荷继续积累，静电场不断增强，$\boldsymbol{F}_e$ 的量值也不断增大。当作用在电子上的静电力 $\boldsymbol{F}_e$ 与洛伦兹力 $\boldsymbol{F}_m$ 相平衡时，a、b 两端间便有了稳定的电势差，如图 12-6 所示。由于洛伦兹力 $\boldsymbol{F}_m$ 是非静电力，所以，如以 $\boldsymbol{E}_k$ 表示对应的非静电场的电场强度，则有

$$\boldsymbol{E}_k=\frac{\boldsymbol{F}_m}{e}=\boldsymbol{v}\times\boldsymbol{B}$$

$\boldsymbol{E}_k$ 的方向与$\boldsymbol{v}\times\boldsymbol{B}$ 的方向相同。由电动势的定义式（10-8）可得，在磁场中运动导体 ab 的动生电动势为

$$\mathscr{E}_{ab}=\int_{ab}\boldsymbol{E}_k\cdot \mathrm{d}\boldsymbol{l}=\int_a^b(\boldsymbol{v}\times\boldsymbol{B})\cdot \mathrm{d}\boldsymbol{l}\qquad(12\text{-}4)$$

对图 12-5 中的导体，由于$\boldsymbol{v}\perp\boldsymbol{B}$，且$\boldsymbol{v}\times\boldsymbol{B}$ 的方向与 $\mathrm{d}\boldsymbol{l}$ 的方向相同，及$\boldsymbol{v}$、$\boldsymbol{B}$ 均是恒矢量，故式（12-4）可改写成

$$\mathscr{E}_{ab}=\int_{ab}(\boldsymbol{v}\times\boldsymbol{B})\cdot \mathrm{d}\boldsymbol{l}=\int_a^b vB\mathrm{d}l=vBl$$

$\mathscr{E}_{ab}>0$ 表示 b 点的电势高，a 点的电势低，即回路中的电动势方向是逆时针方向，这与上面计算的结果一致。

需要说明的是，式（12-4）虽然是从直导体在均匀磁场中运动这一特殊情况所推导出的，但对在非均匀磁场中运动的任意形状的导体也都适用。

【例 12-3】 在均匀磁场中，磁感应强度 $\boldsymbol{B}=B\boldsymbol{k}$，磁场中有一直导线 ab，其长为 L，与 z 轴成 β 角，如图 12-7 所示。求导体绕 z 轴以角速度 ω 旋转时，导线中的电动势。

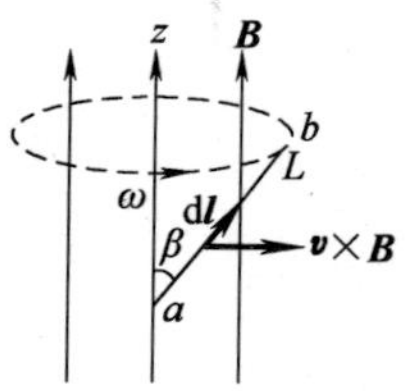

图 12-7　例 12-3 题图

【解】 在导线 ab 取积分元 $\mathrm{d}\boldsymbol{l}$，则微元处速度$\boldsymbol{v}$ 的大小为 $\omega l\sin\beta$，$\boldsymbol{v}\times\boldsymbol{B}$ 的方向与 $\mathrm{d}\boldsymbol{l}$ 的夹角为$\left(\frac{\pi}{2}-\beta\right)$，如图中所示。由式（12-4）可得

$$\mathscr{E}_{ab} = \int_a^b (\boldsymbol{v} \times \boldsymbol{B}) \cdot \mathrm{d}\boldsymbol{l} = \int_a^b \omega l \sin\beta B\cos\left(\frac{\pi}{2} - \beta\right)\mathrm{d}l$$

$$= \int_0^L B\omega \sin^2\beta l \mathrm{d}l = \frac{1}{2}B\omega\sin^2\beta L^2$$

$\mathscr{E}_{ab} > 0$ 表示 a 点的电势低，b 点的电势高。由上述结果可知：

1）当导线 ab 与磁场平行时，$\beta = 0$，$\mathscr{E}_{ab} = 0$；

2）当导线 ab 与磁场垂直时，$\beta = \pi/2$，$\mathscr{E}_{ab} = B\omega L^2/2$。

【例 12-4】 一长直导线载有电流 I，在导线旁有一与其共面的半径为 R 的四分之一圆弧 ab，圆弧圆心到导线的距离为 $2R$。当圆弧以速度 $\boldsymbol{v}$ 平行导线运动时，如图 12-8 所示，求圆弧中的感应电动势。

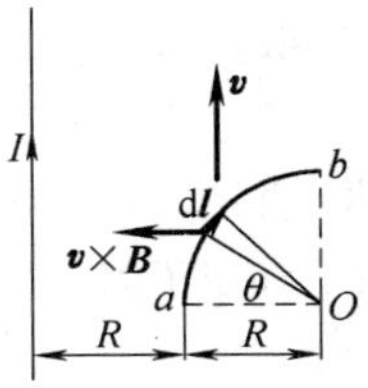

图 12-8 例 12-4 题图

【解】 在圆弧上取微元 $\mathrm{d}\boldsymbol{l}$，从图中可见，微元处磁感应强度的大小为

$$B = \frac{\mu_0 I}{2\pi(2R - R\cos\theta)}$$

由式（12-4）可得，圆弧运动时，微元上感应电动势为

$$\mathrm{d}\mathscr{E} = (\boldsymbol{v} \times \boldsymbol{B}) \cdot \mathrm{d}\boldsymbol{l}$$

从图中可见，$\boldsymbol{v} \times \boldsymbol{B}$ 的方向垂直长直导线向左，与 $\mathrm{d}\boldsymbol{l}$ 的夹角为 $\left(\frac{\pi}{2} + \theta\right)$，考虑到微元的长度 $\mathrm{d}l = R\mathrm{d}\theta$，所以有

$$\mathrm{d}\mathscr{E} = (\boldsymbol{v} \times \boldsymbol{B}) \cdot \mathrm{d}\boldsymbol{l} = \frac{\mu_0 I}{2\pi(2R - R\cos\theta)} vR\cos\left(\frac{\pi}{2} + \theta\right)\mathrm{d}\theta$$

则整个圆弧上的感应电动势 $\mathscr{E}_{ab}$ 为

$$\mathscr{E}_{ab} = \int_a^b \frac{-\mu_0 I v R\sin\theta}{2\pi R(2 - \cos\theta)}\mathrm{d}\theta = \int_0^{\pi/2} \frac{-\mu_0 I v\sin\theta}{2\pi(2 - \cos\theta)}\mathrm{d}\theta$$

$$\mathscr{E}_{ab} = \frac{-\mu_0 I v}{2\pi}[\ln(2 - \cos\theta)]_0^{\pi/2} = \frac{-\mu_0 I v}{2\pi}\ln 2$$

$\mathscr{E}_{ab} < 0$ 说明，ab 圆弧上感应电动势的方向由 b 指向 a，即 a 点电势高，b 点电势低。

上例题也可分别把 a、b 两端点和圆弧的圆心 O 相连构成一闭合回路 $abOa$，因圆弧在上述运动中，穿过回路 $abOa$ 中的

磁通量不变，所以整个回路的感应电动势为零，即

$$\mathscr{E}_{abOa}=\mathscr{E}_{ab}+\mathscr{E}_{bO}+\mathscr{E}_{Oa}=0$$

因 $\mathscr{E}_{bO}=0$，所以

$$\mathscr{E}_{ab}+\mathscr{E}_{Oa}=0$$

$$\mathscr{E}_{ab}=-\mathscr{E}_{Oa}=\mathscr{E}_{aO}$$

最后把 $\mathscr{E}_{ab}$的计算转换成 $\mathscr{E}_{aO}$的计算（即把对曲线的积分转换成对直线的积分），有兴趣的读者可自行演算。

若块状导体在磁场中切割磁力线，将在块状导体中产生环状电流（电涡流）。电涡流在工程技术中有广泛的应用，汽车上使用的电涡流缓速器便是其中一例。

12.2.2　感生电动势

动生电动势是磁场不变而导体运动时所产生的感应电动势，下面再讨论另一种情况，即线圈不动而磁场变化时所产生的感应电动势，这种电动势称为**感生电动势**。从前面的讨论已知，产生动生电动势的非静电力是洛伦兹力，那么产生感生电动势的非静电力又是什么呢？显然它再不会是洛伦兹力了，因为线圈回路未动。由于这时的感应电流是原来宏观静止的电荷受非静电力作用而形成的，而静止的电荷受到的力只能是电场力，所以这时的非静电力也只能是一种电场力。由于这种电场是由变化的磁场所激发的，所以称为**感生电场**。它就是产生感生电动势的“非静电场”。若以 $\boldsymbol{E}_{\mathrm{k}}$ 表示感生电场，则根据电动势的定义，在一个回路 L 中产生的感生电动势应为

$$\mathscr{E}=\oint_L \boldsymbol{E}_{\mathrm{k}}\cdot\mathrm{d}\boldsymbol{l}$$

由法拉第电磁感应定律

$$\mathscr{E}=-\frac{\mathrm{d}\Phi_{\mathrm{m}}}{\mathrm{d}t}=-\frac{\mathrm{d}}{\mathrm{d}t}\int_S \boldsymbol{B}\cdot\mathrm{d}\boldsymbol{S}$$

则有

$$\oint_L \boldsymbol{E}_{\mathrm{k}}\cdot\mathrm{d}\boldsymbol{l}=-\frac{\mathrm{d}}{\mathrm{d}t}\int_S \boldsymbol{B}\cdot\mathrm{d}\boldsymbol{S}=-\int_S \frac{\partial \boldsymbol{B}}{\partial t}\cdot\mathrm{d}\boldsymbol{S}\qquad(12\text{-}5)$$

式中，$\mathrm{d}\boldsymbol{l}$ 表示空间任一静止回路 L 上的积分元，S 是该回路所

电涡流缓速器

电涡流缓速器是一种汽车辅助制动系统，其实物图如12-9a所示，它主要由前、后转子1、5及装配在定子4上的铁芯2和线圈3组成，如图12-9b所示。前后转子由法兰盘穿过定子而组成一个整体，并随汽车传动轴一起旋转，而定子固定在汽车的底盘上。

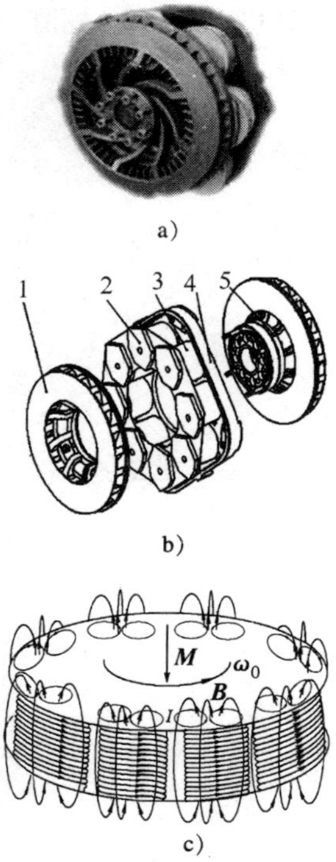

图12-9　电涡流缓速器

缓速器工作时，定子线圈通电产生磁场，转子随传动轴旋转切割该磁场，从而在转子盘内部产生涡旋状的

限定的面积。此式表明：**感生电场的电场强度沿任意闭合回路的积分（环流），等于以此回路为边界的任意曲面上穿过的磁通量对时间的变化率，$\boldsymbol{E}_k$ 与 $-\partial \boldsymbol{B}/\partial t$ 成右手螺旋关系**。由于感生电场的环路积分不为零，所以又称它为涡旋电场。为加深对感生电场的理解，我们把感生电场和静电场加以对比。它们的相同点是对电荷都有力的作用。不同点是前者是变化的磁场所激发的，是非保守场；而后者是静止的电荷所激发的，是保守场。式（12-5）是电磁场的基本方程之一，此式表明，只要存在变化的磁场，就一定会有感生电场。它既反映了感生电场与变化磁场间的数量关系，也反映了两者间的方向关系。

在许多情况下，由式（12-5）求感生电场 $\boldsymbol{E}_k$，在数学上会遇到很多困难，但对少数具有对称性的感生电场，可以方便地求出其大小和方向。下面我们来讨论一种典型情况下的感生电场。

设均匀磁场被局限在半径为 R 的圆柱形空间内（如载流长直密绕螺线管内的磁场），其横截面如图 12-10 所示。若磁场随时间的变化率$\partial B/\partial t>0$，且为常数，那么圆柱体内、外的感生电场分布如何呢？

由于磁场分布具有柱对称性，因而由此磁场变化所激发的感生电场也具有柱对称性，即感生电场的电场线是以 O 为圆心的一组同心圆，且同一圆周上各点电场强度的大小相等，方向沿圆周逆时针方向。依感生电场的对称性，以 O 为圆心、r（$r<R$）为半径作一圆为积分回路，并取逆时针方向为其正向。因积分回路的方向与感生电场的方向一致，所以有

$$\oint_L \boldsymbol{E}_k \cdot \mathrm{d}\boldsymbol{l} = 2\pi r E_k$$

按式（12-5），$\boldsymbol{E}_k$ 沿回路 L 的环流，等于以此回路为边界的任意曲面上通过的磁通量对时间的变化率。因磁场均匀，且回路的绕向与磁场方向不满足右手螺旋关系，所以对应的磁通量为负，即 $\Phi=-\pi r^2 B$，进而有

$$-\int_S \frac{\partial \boldsymbol{B}}{\partial t} \cdot \mathrm{d}\boldsymbol{S} = \pi r^2 \frac{\mathrm{d}B}{\mathrm{d}t}$$

此式和上式联立得到

感应电流 I（电涡流），并在转子上产生一个与转子转动方向相反的力，从而产生制动力矩 $\boldsymbol{M}$，如图 12-9c 所示。

电涡流缓速器是一种新型非接触式减速装置，与传统制动相比，能极大地改善汽车的制动性能，有效提高汽车行驶的安全性；完全消除传统制动时的尖锐噪声和粉尘对环境的污染；具有价格便宜、结构简单、可靠性高、维修方便的特点。

图 12-10 感生电场

$$E_k = \frac{r}{2}\frac{dB}{dt} \quad (r < R)$$

对圆柱外的点，以 O 为圆心、r（$r > R$）为半径作一圆为积分回路，仍取逆时针方向为其正向。同理有

$$\oint_L \boldsymbol{E}_k \cdot d\boldsymbol{l} = 2\pi r E_k$$

而对应面积上的磁通量对时间的变化率为

$$-\int_S \frac{\partial \boldsymbol{B}}{\partial t} \cdot d\boldsymbol{S} = \pi R^2 \frac{dB}{dt}$$

联立上两式得到

$$E_k = \frac{R^2}{2r}\frac{dB}{dt} \ (r \geqslant R)$$

考虑到 $\boldsymbol{E}_k$ 与 $-d\boldsymbol{B}/dt$ 的方向关系，则圆柱体内、外感生电场的分布可写成

$$\boldsymbol{E}_k = \begin{cases} -\dfrac{r}{2}\dfrac{d\boldsymbol{B}}{dt} & (r < R) \\ -\dfrac{R^2}{2r}\dfrac{d\boldsymbol{B}}{dt} & (r \geqslant R) \end{cases} \tag{12-6}$$

在已知感生电场分布的情况下，原则上可以计算该感生电场中给定路径上两点间的电动势。

【例 12-5】 在半径为 R 的圆形区域有均匀磁场，其大小随时间的变化率 $\partial B/\partial t > 0$，有一长为 L 的直导线 ab，导线的中点到圆心 O 的距离为 d。求直导线 ab 上的感生电动势 $\mathscr{E}_{ab}$，并指出哪点的电势高。

【解】 因导线 ab 均处在磁场区域外，所以导线所在区域的感生电场的大小为

$$E_k = \frac{R^2}{2r}\frac{dB}{dt}$$

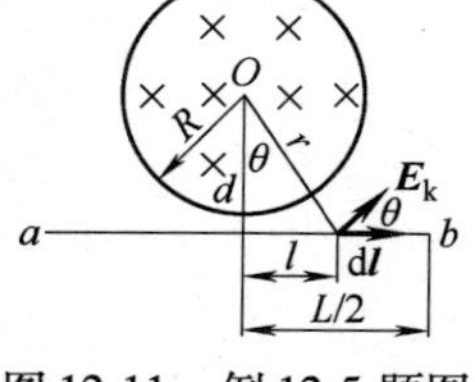

图 12-11　例 12-5 题图

方向如图 12-11 所示。因 $\boldsymbol{E}_k$ 的分布已知，故可用电动势的定义式（10-8）计算感应电动势，即

$$\mathscr{E}_{ab} = \int_a^b \boldsymbol{E}_k \cdot d\boldsymbol{l}$$

在导线 ab 上取微元 $d\boldsymbol{l}$，设微元到圆心的距离为 r，微元处 $\boldsymbol{E}_k$ 与 $d\boldsymbol{l}$ 的夹角为 θ，考虑到对称性，则有

$$\mathscr{E}_{ab} = 2\int_0^{L/2} \frac{R^2}{2r}\frac{\mathrm{d}B}{\mathrm{d}t}\cos\theta \mathrm{d}l$$

从图中可见 $d/r=\cos\theta$，$l=d\tan\theta$，所以有

$$\mathrm{d}l = d\sec^2\theta\mathrm{d}\theta$$

利用三角关系式 $1/\sec\theta=\cos\theta$，上积分可改写成

$$\mathscr{E}_{ab} = 2\int_0^{\theta_0} \frac{R^2}{2}\frac{\mathrm{d}B}{\mathrm{d}t}\mathrm{d}\theta$$

$$\mathscr{E}_{ab} = R^2\theta_0\frac{\mathrm{d}B}{\mathrm{d}t}$$

式中，$\theta_0=\arctan\left(\frac{L/2}{d}\right)$，$b$ 点的电势高。

例 12-5 也可以作辅助线 Oa、Ob，构成一闭合回路 $aOba$，然后利用式（12-1）计算整个回路的电动势，再根据辅助线上积分路径与 $\boldsymbol{E}_\mathrm{k}$ 垂直而积分为零的条件，最后可得到同样的结果。有兴趣的读者可自行演算。

从上面的计算可知，磁场变化引起的感生电场分布在空间各处。如果大块导体置于变化的磁场中，导体内产生的涡旋状闭合感生电流，称为涡电流。因块状导体的电阻很小，所以涡电流会很大，从而产生大量的焦耳热，这就会在诸如变压器、电动机等电器设备的铁心中造成涡流损耗。为了减少这种损耗，变压器、电动机等不适合用整块的铁磁质作为铁心，而是扎成片状，并喷涂绝缘漆再叠合起来作为铁心，以切断涡流通路，减少能量损失。涡流损耗也可以用来制作金属涡流探测器，用来探测金属物品等，这就是金属探测器的原理。如上所述，涡流的热效应有时要避免，但有时却要利用。如利用涡流的热效应，可以用来熔化金属或半导体，加热反应釜中的反应物，这就是感应电炉进行感应加热的原理；利用涡流的热效应来烹饪食物，这就是电磁炉的原理，如图 12-12 所示。

电磁炉

电磁炉是利用电磁感应原理将电能转换为热能的厨房电器。

电磁炉的主要部件是线圈盘，其工作原理如图 12-12 所示。当电磁炉在工作时，由整流电路将 50Hz 的交流电压变成直流电压，再经过控制电路将直流电压转换成频率为 20～40kHz 的高频电压，此高频电压加在电磁炉的线圈盘上，就会产生交变磁场。磁场频繁变化，使含铁质锅具底部产生环状电流（涡流）。因锅底电阻很小，所以对应的电流很大。利用这种小电阻大电流的短路热效应所产生热量直接使锅底迅速发热，然后再加热锅内的食材。故电磁炉烹饪食材的热源来自于锅具底部，而不是电磁炉本身发热传导给锅具，所以具有升温快、热效率高的特点。此外，电磁炉还具有无明火、无烟尘、无有害气体、对周围环境不产生热辐射，并具有体积小巧、安全性好和外观美观等优点，能完成家庭的绝大多数烹饪任务。

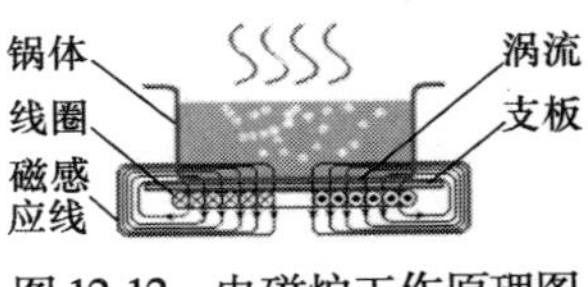

图 12-12 电磁炉工作原理图

12.3 自感与互感

前一节我们讨论了电磁感应的普遍规律，分析了磁转化为

电的两种机制——动生电动势和感生电动势，而产生感生电动势的方式一般有两类，即自感和互感。自感和互感现象在电工和无线电技术中有着广泛的应用。

12.3.1　自感现象与自感系数

电流通过线圈时，其磁感应线将穿过线圈本身的回路，如果此电流随时间变化，则穿过线圈的磁通量也随时间变化，线圈中便会出现感生电动势。这种**由自身电流变化引起的电磁感应现象称为自感现象**。自感现象中出现的感生电动势称为**自感电动势**。下面来讨论影响自感电动势的有关因素。

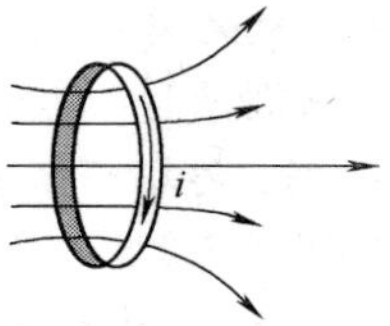

图 12-13　自感现象

考虑图 12-13 所示线圈，设其中通入的电流为 i。当空间没有铁磁质时，由毕奥-萨伐尔定律，此电流在空间任意点的磁感应强度都与 i 成正比（空间有铁磁质时，因 μ_r 不是常量，所以上关系不成立）。因此，穿过线圈回路本身所围面积的磁通量也与 i 成正比，即

$$\Phi_m = Li \tag{12-7}$$

式中，L 是比例系数，称为**自感系数**，简称**自感**。实验表明，线圈的自感 L 与回路的形状、大小、匝数以及周围介质的磁导率有关，是描述线圈回路电磁惯性的特征量。

在式（12-7）中，如果令 $i=1\text{A}$，则 $\Phi_m = L$。由此可见，**线圈回路的自感在数值上等于回路中的电流为 1A 时，通过此回路的磁通量的量值**。当线圈回路中有铁磁质介质时，虽然对应每一电流值 i 也有相应的 Φ_m 值，但 Φ_m 与 i 之间并不是简单的线性关系。

由法拉第电磁感应定律，线圈回路中的自感电动势可写成

$$\mathscr{E}_L = -\frac{\mathrm{d}\Phi_m}{\mathrm{d}t} = -\frac{\mathrm{d}(Li)}{\mathrm{d}t} = -\left(L\frac{\mathrm{d}i}{\mathrm{d}t} + i\frac{\mathrm{d}L}{\mathrm{d}t}\right)$$

如果线圈的形状、大小、匝数和周围介质的磁导率都不随时间变化，则 L 是常量，即 $\mathrm{d}L/\mathrm{d}t=0$，则上式可改写成

$$\mathscr{E}_L = -L\frac{\mathrm{d}i}{\mathrm{d}t} \tag{12-8}$$

由式（12-8），自感 L 也可写成

$$L = -\frac{\mathscr{E}_L}{\mathrm{d}i/\mathrm{d}t} \tag{12-9}$$

式（12-9）表明：**回路的自感，在数值上等于回路中电流对时间的变化率为1个单位时，在回路中产生的自感电动势的大小。**

一般讨论时，常把式（12-9）作为 L 的定义式。此式无论线圈是否密绕、回路中是否有铁磁质都适用，它比式（12-7）的适用范围要大。但当 L 不变时，式（12-9）和式（12-7）是等价的。

自感的单位为亨利，用符号 H 表示，常用的单位还有毫亨（mH）和微亨（μH），它们之间的换算关系是

$$1\,\mathrm{H} = 10^3\,\mathrm{mH} = 10^6\,\mu\mathrm{H}$$

【例 12-6】 设有一无铁心的长直螺线管，长为 l，半径为 R，总匝数为 N，试计算其自感。

【解】 对于一细长的螺线管，可以忽略漏磁和线圈两端磁场的不均匀性，把管内磁场视为均匀分布，此条件下，线圈内各点的磁感应强度大小是

$$B = \mu_0 \frac{N}{l} I$$

则穿过线圈的磁通量为

$$\Phi_{\mathrm{m}} = BN\pi R^2 = \frac{\mu_0 NI}{l} N\pi R^2$$

由式（12-7）可得，长直螺线管的自感为

$$L = \frac{\Phi}{I} = \frac{\mu_0 N^2}{l}\pi R^2$$

设 $n = N/l$ 为螺线管上单位长度的匝数，上式可写为

$$L = \mu_0 n^2 \pi R^2 l = \mu_0 n^2 V \tag{12-10}$$

式中，V 是长直螺线管的体积。

【例 12-7】 设有一电缆，由两个"无限长"同轴的圆筒状导体组成，两筒间充满磁导率为 μ 的均匀磁介质，设内、外圆筒的半径分别为 R_1 和 R_2，如图 12-14 所示。求电缆 l 长度的自感。

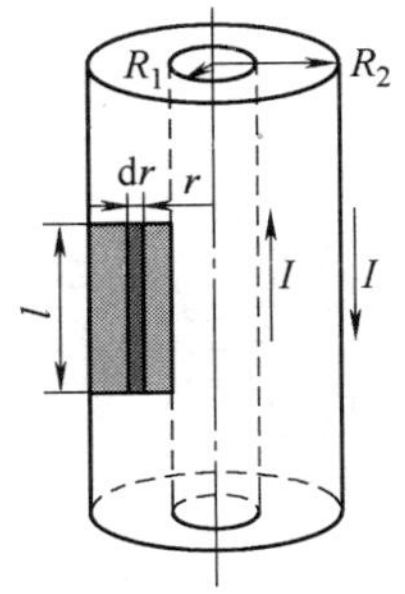

图 12-14　例 12-7 题图

【解】 设电流 I 从电源经内圆筒流到用电器，再经外圆筒

流回，因而构成回路。由安培环路定理可知，此电缆在内圆筒之内和外圆筒之外空间的磁感应强度为零，而在内、外圆筒间，离轴线为 r 处磁感应强度的大小为

$$B = \frac{\mu I}{2\pi r}$$

考虑长为 l 的部分电缆，通过面积元 $l\mathrm{d}r$ 的磁通量为

$$\mathrm{d}\Phi_{\mathrm{m}} = B\mathrm{d}S = \frac{\mu Il}{2\pi r}\mathrm{d}r$$

所以两圆筒间 l 长度的总磁通量为

$$\Phi_{\mathrm{m}} = \int_{R_1}^{R_2} \frac{\mu Il}{2\pi r}\mathrm{d}r = \frac{\mu Il}{2\pi}\ln\frac{R_2}{R_1}$$

由式（12-7）可得，上述电缆 l 长度上的自感为

$$L = \frac{\Phi}{I} = \frac{\mu l}{2\pi}\ln\frac{R_2}{R_1}$$

12.3.2　互感现象与互感系数

两个邻近的回路，当一个回路中的电流发生变化时，该回路在周围产生的磁场也要变化，则在邻近的其他回路中要产生感生电动势，这种现象称为**互感现象**，互感现象中出现的感生电动势称为**互感电动势**。应该指出，互感是相互的，第一个回路电流发生变化，在第二个回路中引起感生电动势；第二个回路电流发生变化，也可在第一个回路中引起感生电动势。互感现象和自感现象一样，都是由电流的变化而引起的电磁感应现象，所以可用与讨论自感现象类似的方法来进行探讨。

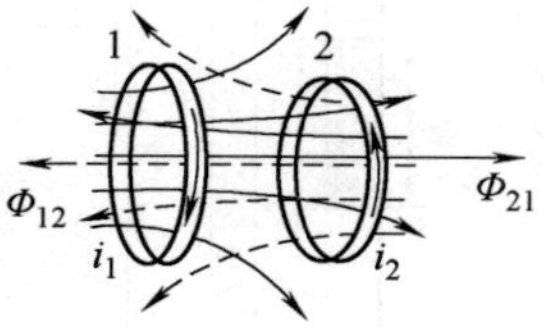

图 12-15　互感现象

设有两个回路 1 和 2，总匝数分别是 N_1 和 N_2，如图 12-15 所示。若回路 1 中通有电流 i_1，两回路中无铁磁质时，由它所激发的磁场穿过回路 2 的磁通量为 Φ_{21}，与 i_1 成正比，即

$$\Phi_{21} = M_{21}i_1$$

式中，M_{21}是比例系数。

同理，若回路 2 中通有电流 i_2 时，由它所激发的磁场穿过回路 1 的磁通量为 Φ_{12}，与 i_2 成正比，即

$$\Phi_{12} = M_{12}i_2$$

式中，M_{12}是比例系数。

比例系数 M_{21} 和 M_{12} 应与两个回路的形状、大小、匝数、相对位置及周围的磁介质有关，所以称之为两回路的**互感系数**，简称**互感**。理论和实验都证明，在两回路的形状、大小、匝数、相对位置及周围磁介质的磁导率都不变时，M_{21} 和 M_{12} 是相等的。如果令 $M_{21}=M_{12}=M$，则上述两式可简化为

$$\Phi_{21}=Mi_1 \tag{12-11a}$$

$$\Phi_{12}=Mi_2 \tag{12-11b}$$

由式（12-11）式可知，**两个回路的互感 M，在数值上等于其中一个回路中的电流为 1 个单位时，穿过另一个回路所围面积的磁通量的量值**。

当回路 1 中的电流 i_1 发生变化时，依法拉第电磁感应定律，在回路 2 中引起的互感电动势为

$$\mathscr{E}_{21}=-\frac{\mathrm{d}\Phi_{21}}{\mathrm{d}t}=-M\frac{\mathrm{d}i_1}{\mathrm{d}t} \tag{12-12a}$$

同理，当回路 2 中的电流 i_2 发生变化时，在回路 1 中引起的互感电动势为

$$\mathscr{E}_{12}=-\frac{\mathrm{d}\Phi_{12}}{\mathrm{d}t}=-M\frac{\mathrm{d}i_2}{\mathrm{d}t} \tag{12-12b}$$

从式（12-12）可见，**两个回路间的互感 M，在数值上等于一个回路中的电流随时间的变化率是一个单位时，在另一个回路中引起的互感电动势的大小**。

同样，一般讨论时，常把式（12-12）作为 M 的定义式。此式无论线圈是否密绕、线圈中是否有铁磁质都适用，它比式（12-11）的适用范围要大。但当 M 不变时，定义式（12-11）和定义式（12-12）是等价的。

另外，从式（12-12）还可看出，当一个回路中的电流随时间的变化率一定时，互感越大，则在另一个回路中引起的互感电动势就越大；反之亦然。所以，互感是表明回路间感应强弱的物理量，或者是两个电路耦合程度的量度。互感的单位与自感一样也是亨利。

式（12-12）中的负号表示，在一个回路中所引起的互感电

动势，要反抗另一个回路中电流的变化。

互感一般不易计算，因此，除一些较简单的情况外，通常多用实验方法来测量。

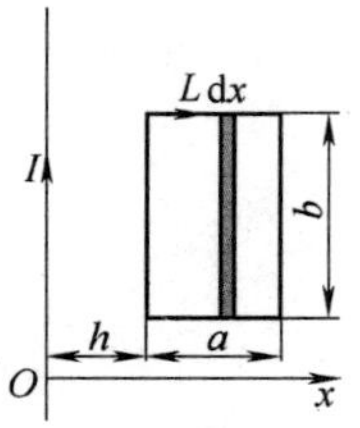

图 12-16　例 12-8 题图

【例 12-8】　一矩形线框长为 a，宽为 b，共有 N 匝。有一长直导线与线框共面，且与线框长边平行，与最近的长边相距为 h，如图 12-16 所示。求线框与长直导线间的互感；当线框中通有电流 $i=I_0\sin\omega t$ 时，长直导线中的感应电动势。

【解】　先设长直导线中通有电流 I，由此计算通过线框中的磁通量，再由式（12-11）求出导线与线框间的互感，以上步骤是计算互感（自感）的基本步骤。

（1）设长直导线通有电流 I，取如图所示的坐标系，则通过线框中的磁通量为

$$\Phi_m = \int_h^{a+h} \frac{N\mu_0 I}{2\pi x} b\mathrm{d}x = \frac{N\mu_0 I}{2\pi} b\ln\frac{a+h}{h}$$

由式（12-11）可得所求的互感为

$$M = \frac{\Phi_m}{I} = \frac{N\mu_0 b}{2\pi}\ln\frac{a+h}{h}$$

（2）当线框中通有电流 $i=I_0\sin\omega t$ 时，由式（12-12）可得长直导线中的感应电动势为

$$\mathscr{E} = -M\frac{\mathrm{d}i}{\mathrm{d}t} = -\frac{N\mu_0 b}{2\pi}\ln\frac{a+h}{h}\frac{\mathrm{d}}{\mathrm{d}t}(I_0\sin\omega t)$$

$$= -\frac{N\mu_0 b I_0\omega}{2\pi}\ln\frac{a+h}{h}\cos\omega t$$

上结果中的“－”表示，长直导线中感应电流的磁场总是阻碍线框中原磁场的变化。

【例 12-9】　两个长度均为 l 的同轴空心长直螺线管，外管的半径为 R_1，匝数为 N_1，自感为 L_1；内管的半径为 R_2，匝数为 N_2，自感为 L_2。求它们之间的互感 M 及与 L_1、L_2 的关系。

【解】　按计算互感的步骤，设外管通有电流 I_1，则管内的磁感应强度大小 B_1 为

$$B_1 = \mu_0 n_1 I_1 = \mu_0\frac{N_1 I_1}{l}$$

差动变压器式位移传感器

电感传感器是传感器的一大类，其基本特点是把其他物理量转变为电学量来测

通过内管的全磁通为

$$\psi_{21} = N_2 B_1 S_2 = \frac{\mu_0 N_1 N_2 I_1}{l} \pi R_2^2$$

所以

$$M = \frac{\psi_{21}}{I_1} = \frac{\mu_0 N_1 N_2}{l} \pi R_2^2$$

根据例12-6的结果式（12-10）

$$L_1 = \mu_0 n_1^2 V_1 = \mu_0 \frac{N_1^2}{l} \pi R_1^2$$

$$L_2 = \mu_0 n_2^2 V_2 = \mu_0 \frac{N_2^2}{l} \pi R_2^2$$

所以有

$$M = \frac{R_2}{R_1} \sqrt{L_1 L_2}$$

应该指出，上式是在题设条件下得到的结果。而在一般情况下，两回路间的互感 M 与回路各自的自感 L_1、L_2 之间的关系为

$$M = K\sqrt{L_1 L_2} \tag{12-13}$$

式中，$K \leqslant 1$，称为耦合系数。从例12-9可见，当 $R_1 = R_2$，且每一回路自身的全磁通都通过另一回路，或说无漏磁时，才有 $K = 1$。而在有漏磁的情况下，即使 $R_1 = R_2$，仍然有 $K < 1$，即 $M < K\sqrt{L_1 L_2}$。耦合系数 K 决定于两线圈的相对位置和绕法。在电工和无线电技术中，有时要求耦合系数 K 值越大越好，如在变压器中，其值常常达到0.98以上。

互感现象在一些电器及电子线路中时常遇到，有时要利用互感现象，如变压器、感应圈和电感传感器等。有时互感现象也会带来不利的一面，如电子线路、电力输送线之间，都会因互感现象产生有害的干扰，应尽量避免。掌握了互感现象的物理本质，就可以在实际中趋利避害。需要时，加大回路间的相互影响，否则，尽量减少这种影响。

量。差动变压器式位移传感器就是电感传感器中的一种。

差动变压器式位移传感器工作原理如图12-17所示，图中 N_1 为初级线圈，而次级线圈分成匝数相等的 N_2 和 N_2'。连接时，使这两部分的感生电动势反向串联，这样，输出端的感生电动势便为两部分电动势之差，即 $\Delta V = V_1 - V_2$。当铁心在正中位置时，$V_1 = V_2$，从而 $\Delta V = 0$，此位置称为电中性点。当铁心从电中性点离开，次级一个线圈的感生电动势增大，另一个减小，从而输出差动电压 ΔV。差动电压 ΔV 的大小与铁心离开中性点的距离成正比。差动电压的极性由铁心移动的方向决定。

这种位移传感器具有测量方便，准确度高等特点，在长度测微仪上有着广泛应用。如测量机械工件的粗细、平行度的电感测微仪等。

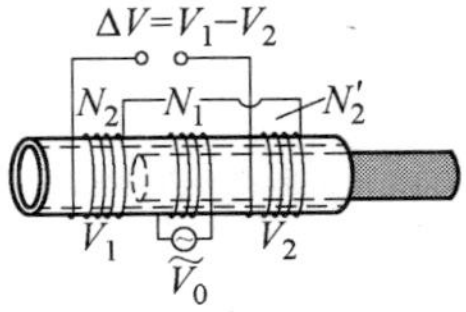

图12-17　差动变压器式位移传感器原理

12.4 磁场的能量 能量密度

12.4.1 自感线圈的磁能

在第 9 章我们已经知道，电容器充电至电压 U 后，所储存的电场能量为

$$W_e = \frac{1}{2}CU^2$$

用能量密度可表示为

$$w_e = \frac{1}{2}\varepsilon E^2 = \frac{1}{2}DE$$

那么，磁场的能量和能量密度应如何表示呢？为此，我们可以仿照研究静电场能量的方法来讨论磁场的能量。

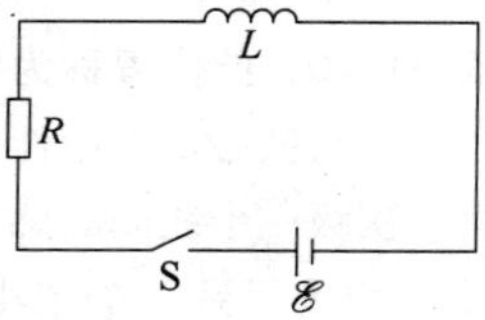

图 12-18 含有自感的电路

设电路由一个自感为 L 的线圈、阻值为 R 的电阻、电动势为 $\mathscr{E}$ 的电源及电键 S 组成，如图 12-18 所示。在 S 未闭合时，电路中没有电流，线圈内也没有磁场。而 S 闭合后，由于线圈的自感，线圈中的电流逐渐增大，最后达到稳定值。在此过程中，线圈中有自感电动势，它会阻碍磁场的建立，与此同时，在电阻 R 上释放出焦耳热。因此，从能量转换的角度看，电流在线圈内建立磁场的过程中，电源提供的能量分成两部分：一部分转换为焦耳热，另一部分则克服自感电动势做功而转换为线圈内的磁场能量。下面来定量讨论电路中电流增加时能量的转换情况。

设回路中电流为 i 时，线圈中的自感电动势为 $\mathscr{E}_L$，由闭合回路的欧姆定律有

$$\mathscr{E} + \mathscr{E}_L = iR$$

利用式（12-8），上式变为

$$\mathscr{E} - L\frac{\mathrm{d}i}{\mathrm{d}t} = iR$$

上式两边同乘 $i\mathrm{d}t$，有

$$\mathscr{E}i\mathrm{d}t - Li\mathrm{d}i = Ri^2\mathrm{d}t$$

若 $t=0$ 时，$i=0$；$t=t$ 时，电流增长至 $i=I$，则有

$$\int_0^t \mathscr{E} i \mathrm{d}t = \frac{1}{2}LI^2 + \int_0^t Ri^2 \mathrm{d}t \qquad (12\text{-}14)$$

式中，$\int_0^t \mathscr{E} i \mathrm{d}t$ 是电源在 0 到 t 这段时间内所做的功，也就是电源提供的能量；$\int_0^t Ri^2 \mathrm{d}t$ 是 0 到 t 内回路中电阻所释放的焦耳热；而 $\frac{1}{2}LI^2$ 是电源反抗自感电动势所做的功。正是此功使电能转变成磁能，按能量守恒定律，螺线管中储存的磁能为

$$W_{\mathrm{m}} = \frac{1}{2}LI^2 \qquad (12\text{-}15)$$

式（12-15）与力学中动能的表达式类似，L 与质量 m 对应，I 与速度 v 对应。从类比中，可看到线圈的自感 L 是线圈电磁惯性——保持原有电流能力的量度。该式也表明自感是线圈储存磁能能力的量度。

12.4.2 磁场能量和磁能密度

磁场与电场一样，也是物质存在的一种形式，它具有物质的各种属性，也具有能量，其能量储存在磁场之中。因此，磁场能量也可用描述磁场的物理量——磁感应强度 B 来表示。

我们从长直螺线管这一特例出发，导出磁能的一般表示形式。考虑一长为 l 的长直螺线管，管内充满磁导率为 μ 的均匀磁介质，螺线管的横截面积为 S，体积为 V，线圈共有 N 匝，管内磁场可视为均匀的，且全部集中在管内。

依式（12-10）长直螺线管的自感可表示为

$$L = \mu n^2 V$$

管内磁感应强度的大小为

$$B = \mu n I$$

由上式得 $I = B/\mu n$，把 $L = \mu n^2 V$ 和 $I = B/\mu n$ 代入式（12-15），便可得磁能的另一种表达式

$$W_m = \frac{1}{2}\frac{B^2}{\mu}V$$

考虑到 $B=\mu H$，上式可写成

$$W_m = \frac{1}{2}BHV \tag{12-16}$$

则单位体积内的磁场能量为

$$w_m = \frac{W_m}{V} = \frac{1}{2}BH \tag{12-17}$$

式（12-17）给出了单位体积内的磁场能量，即磁能密度的表达式。

上述磁能密度的表达式虽是从长直螺线管中均匀磁场的特例导出的，但结果适用于一切磁场。当磁场不均匀时，有限体积 V 内总的磁场能量为

$$W_m = \int_V w_m \mathrm{d}V = \int_V \frac{1}{2}BH\mathrm{d}V \tag{12-18}$$

联立上式和式（12-15）可得

$$\frac{1}{2}LI^2 = \int_V \frac{1}{2}BH\mathrm{d}V$$

用上式可求解线圈的自感 L，此方法称磁能法。

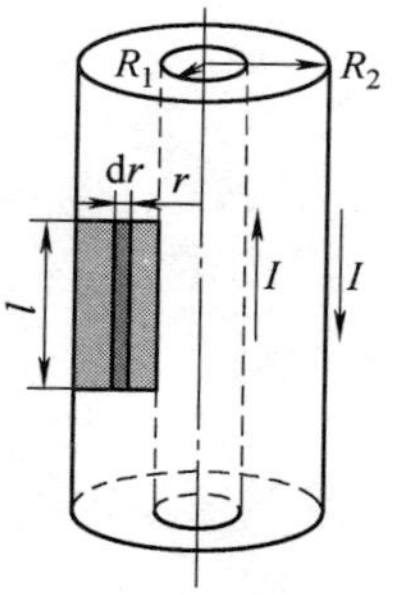

图 12-19　例 12-10 题图

【例 12-10】 在电信号的传输中，广泛使用的同轴电缆是由半径分别为 R_1 和 R_2 的同轴圆筒构成，两者之间充满磁导率为 μ 的磁介质，电流 I 由信号源经内圆筒流向负载，再经外圆筒导体流回，如图 12-19 所示。试求长度为 l 的一段电缆内所储存的磁场能量及其自感。

【解】 根据安培环路定理不难推知，在外圆筒之外及内圆筒之内，磁场均为零。而在两圆筒之间离轴线 r 处的磁场强度和磁感应强度的大小分别为

$$H = \frac{I}{2\pi r},\ B = \frac{\mu I}{2\pi r} \quad (R_1 < r < R_2)$$

则此区域内的磁场能量密度为

$$w_m = \frac{1}{2}BH = \frac{\mu I^2}{8\pi^2 r^2}$$

在半径为 r 到 $r+\mathrm{d}r$ 之间，长为 l 的圆筒形体积元 $\mathrm{d}V=2\pi rl\mathrm{d}r$ 内的磁能为

$$\mathrm{d}W_{\mathrm{m}}=w_{\mathrm{m}}\mathrm{d}V=\frac{\mu I^2}{8\pi^2r^2}2\pi rl\mathrm{d}r=\frac{\mu I^2 l}{4\pi r}\mathrm{d}r$$

故所求磁能为

$$W_{\mathrm{m}}=\int_V w_{\mathrm{m}}\mathrm{d}V=\int_{R_1}^{R_2}\frac{\mu I^2 l}{4\pi r}\mathrm{d}r=\frac{\mu I^2 l}{4\pi}\ln\frac{R_2}{R_1}$$

设该段电缆上的自感为 L，则磁场能量可表示为

$$W_{\mathrm{m}}=\frac{1}{2}LI^2$$

比较上两式，可得所求自感系数为

$$L=\frac{2W_{\mathrm{m}}}{I^2}=\frac{\mu l}{2\pi}\ln\frac{R_2}{R_1}$$

上述方法所得结果和例 12-7 中直接计算的结果完全相同。

12.5 位移电流 电磁场基本方程的积分形式

人类对电与磁的本质及其相互联系的认识，经历了一个不断深化的漫长过程。早期，电和磁的研究是彼此独立的。奥斯特的发现和法拉第电磁感应定律的建立，揭示了电和磁的内在联系。英国物理学家麦克斯韦（J. C. Maxwell，1831—1879）在总结了大量实验和理论研究的基础上，提出了涡旋电场和位移电流的概念，导出了反映电磁场基本规律的一组完美的方程——麦克斯韦方程组。麦克斯韦方程组完整地反映了电场和磁场的本质及内在联系，为电磁理论奠定了坚实的基础。

12.5.1 位移电流

在第 11 章我们得到，稳恒电流的磁场的安培环路定理的形式为

$$\oint_l \boldsymbol{H}\cdot\mathrm{d}\boldsymbol{l}=\sum_i I_i$$

式中，$\sum_i I_i$ 是穿过以 l 为边界的任意曲面的传导电流。对稳恒

电流，根据电流的连续性原理，在无分支的闭合回路里，任意时刻通过各截面的电流强度是相等的。因此，只要回路 l 确定，以回路 l 为边界的任意曲面上通过的传导电流总是相等的。

但在含有电容器 C 的非稳恒电路中，情况就不同了，如图 12-20 所示。对于以回路 l 为边界的曲面 S_1，环路定理的表达结果为

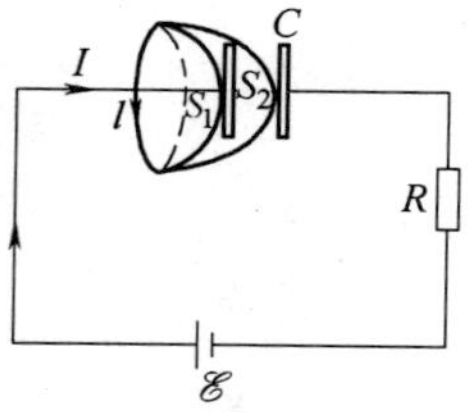

图 12-20　含电容的电路中传导电流不连续

$$\oint_l \boldsymbol{H} \cdot \mathrm{d}\boldsymbol{l} = I$$

而对以回路 l 为边界的曲面 S_2，环路定理的表达结果为

$$\oint_l \boldsymbol{H} \cdot \mathrm{d}\boldsymbol{l} = 0$$

显然，这两者是相互矛盾的。因为回路是一定的，回路上的 $\boldsymbol{H}$ 也是确定的，所以回路上的环流是一定的，不应该与以 l 为边界的曲面的选取有关。由此可见，在非稳恒的电路中，安培环路定理原来的表达式是不适用的，必须寻找新的形式。

在科学史上，解决这类问题一般有两个途径：一是在大量实验事实的基础上，提出新概念，建立与实验事实相符合的新理论；或是在原有理论的基础上，提出合理的假设，对原有的理论作必要的修改，并用实验检验其合理性。在科学发展的初期，往往走前一途径，而在科学发展到一定阶段时，却常常采用后一种方法。麦克斯韦提出的位移电流的假设，就是为了修正安培环路定理，使之符合非稳恒电流的情况而采用的后一种方法。

我们知道，对含有电容的电路，无论电容器是充电还是放电，电路中的电流都是变化的；导线中的传导电流在极板处中断而导致回路中传导电流不连续。电容器极板上积累的电荷不能跨越两极板的空间形成传导电流，但它们仍对极板间的电场和介质产生影响。由第 9 章的静电场公式可知，极板间的电位移矢量的大小为

$$D = \sigma_0 = \frac{Q_0}{S}$$

式中，Q_0 和 σ_0 分别为极板上自由电荷和自由电荷面密度；S

是极板的面积。则穿过极板间任意截面的电位移通量的大小为

$$\Phi_D = DS = Q_0$$

在充、放电过程中，极板上的电荷 Q_0 随时间变化，所以 D 和 Φ_D 也随时间变化，且有

$$\frac{\mathrm{d}D}{\mathrm{d}t}=\frac{\mathrm{d}\sigma_0}{\mathrm{d}t},\quad \frac{\mathrm{d}\Phi_D}{\mathrm{d}t}=\frac{\mathrm{d}Q_0}{\mathrm{d}t}$$

按电荷守恒定律，电容器极板上自由电荷随时间的变化率应等于导线中的传导电流 I，即

$$I=\frac{\mathrm{d}Q_0}{\mathrm{d}t}$$

所以，极板间的 $\mathrm{d}\Phi_D/\mathrm{d}t$ 和导线中的传导电流值 I 相等，即

$$\frac{\mathrm{d}\Phi_D}{\mathrm{d}t}=I$$

这一结果表明，虽然在电容器两极板间没有传导电流 I，但其中存在着变化的电位移通量 Φ_D，而其变化率 $\mathrm{d}\Phi_D/\mathrm{d}t$ 在任何时刻都和导线中的传导电流 I 相等，且 I 与 $\mathrm{d}\boldsymbol{D}/\mathrm{d}t$ 的方向也始终相同。如充电时，电容器两极板间的电场增大，$\mathrm{d}\boldsymbol{D}/\mathrm{d}t$ 的方向和 $\boldsymbol{D}$ 的方向相同，与导线中传导电流的方向一致，如图 12-21a 所示；放电时，电容器两极板间的电场减小，$\mathrm{d}\boldsymbol{D}/\mathrm{d}t$ 的方向和 $\boldsymbol{D}$ 的方向相反，但还是与导线中传导电流的方向一致，如图 12-21b 所示。可以设想，如果把原来的环路定理修改为

$$\oint_l \boldsymbol{H}\cdot \mathrm{d}\boldsymbol{l} = \sum_i I_i + \frac{\mathrm{d}\Phi_D}{\mathrm{d}t} \tag{12-19}$$

上述矛盾就可以解决。因为环路定理写成式（12-19）的形式后，穿过上述曲面 S_2 传导电流虽为零，但式（12-19）右端第二项 $\mathrm{d}\Phi_D/\mathrm{d}t$ 在曲面 S_2 上却不为零，其值和曲面 S_1 上的传导电流 I 一样。而曲面 S_1 上，因 $\boldsymbol{D}$ 处处为零，所以穿过该曲面的电位移通量恒为零，也即 $\mathrm{d}\Phi_D/\mathrm{d}t$ 为零。因此，无论从哪个曲面看，沿 l 的环路积分的值都是确定的。

为此，麦克斯韦提出了位移电流的假设，令

$$I_\mathrm{d}=\frac{\mathrm{d}\Phi_D}{\mathrm{d}t} \tag{12-20}$$

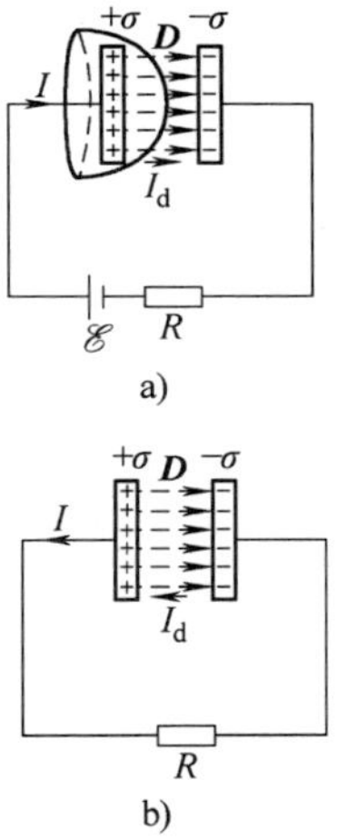

图 12-21　位移电流

式中，I_d 称为位移电流。式（12-20）表明：**通过电场中某一截面的位移电流等于通过该截面的电通量对时间的变化率。**

和传导电流一样，由位移电流也可以引入电流密度的概念。由

$$I_d = \frac{d\Phi_D}{dt} = \int_S \frac{d\boldsymbol{D}}{dt} \cdot d\boldsymbol{S} = \int_S \boldsymbol{j}_d \cdot d\boldsymbol{S}$$

则位移电流密度为

$$\boldsymbol{j}_d = \frac{d\boldsymbol{D}}{dt} \tag{12-21}$$

$\boldsymbol{j}_d$ 称为位移电流密度。式（12-21）表明：**电场中某点处的位移电流密度，等于该点的电位移矢量对时间的变化率。**

引入了位移电流的概念后，对于上述电路，如果把导线中的传导电流和电容器极板间的位移电流都考虑在内，那么，电流就是连续的。因此，麦克斯韦又引入了全电流的概念。传导电流和位移电流之和称为**全电流**。在电容器中，传导电流中断的地方，恰好由位移电流来接通，所以全电流总是连续的。引入全电流的概念后，安培环路定理可修正为

$$\oint_l \boldsymbol{H} \cdot d\boldsymbol{S} = \iint_S \left(\boldsymbol{j}_c + \frac{\partial \boldsymbol{D}}{\partial t}\right) \cdot d\boldsymbol{S} \tag{12-22}$$

式（12-22）称为全电流安培环路定理，式中右边第一、二项积分分别表示穿过相应曲面上的传导电流和位移电流，所以该定理表明，**磁场强度 $\boldsymbol{H}$ 沿任意闭合回路的环流等于穿过此回路所围曲面的全电流。**

为了更好地理解位移电流，我们把位移电流和传导电流作一比较。由式（12-19）可见，位移电流和传导电流在激发磁场方面是等效的，它们以同样的规律激发涡旋磁场。但二者其他方面是截然不同的：传导电流是导体中自由电荷定向移动形成的，它在导体中要产生焦耳热。而位移电流一般由两部分组成，根据式（9-9）可知

$$\boldsymbol{D} = \varepsilon_0 \boldsymbol{E} + \boldsymbol{P}$$

则位移电流密度为

$$\boldsymbol{j}_d = \frac{d\boldsymbol{D}}{dt} = \varepsilon_0 \frac{d\boldsymbol{E}}{dt} + \frac{d\boldsymbol{P}}{dt} \tag{12-23}$$

第一部分 $\varepsilon_0 \mathrm{d}\boldsymbol{E}/\mathrm{d}t$ 是电场强度随时间的变化而形成的，不伴有电荷的任何运动，因此不产生焦耳热。第二部分 $\mathrm{d}\boldsymbol{P}/\mathrm{d}t$ 只在有电介质时才出现，又称为极化电流，它是介质在变化的电场中极化时由束缚电荷的规则运动形成的。极化电流也会使介质发热，特别是在高频时，电介质由于反复极化，会放出较大热量，但它和传导电流产生的焦耳热的规律不同。

麦克斯韦关于位移电流假设的中心思想，是变化的电场要激发涡旋磁场，这是产生电磁波的必要条件之一。而在实验中所证实的电磁波，为麦克斯韦的位移电流假设提供了有力的证据。

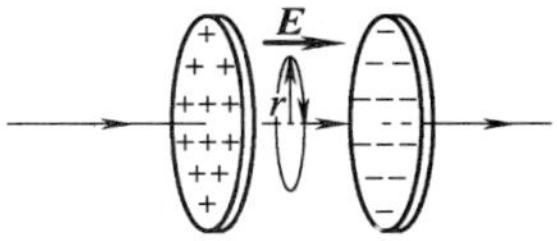

图 12-22 例 12-11 题图

【例 12-11】 半径 $R=0.10\mathrm{m}$ 的两块圆形极板，构成平板电容器，现以匀速充电使电容器两极板间电场的变化率为 $\dfrac{\mathrm{d}E}{\mathrm{d}t}=10^{13}\mathrm{V\cdot m^{-1}\cdot s^{-1}}$，如图 12-22 所示。求电容器两极板间的位移电流，并计算电容器内离轴线 r 处磁感应强度的大小。

【解】 把电容器两极板间的电场视为均匀的，依位移电流的定义式（12-20），可得电容器两极板间的位移电流的大小为

$$I_\mathrm{d}=\frac{\mathrm{d}\Phi_D}{\mathrm{d}t}=S\frac{\mathrm{d}D}{\mathrm{d}t}=\pi R^2\varepsilon_0\frac{\mathrm{d}E}{\mathrm{d}t}$$

$$=(3.14\times0.10^2\times8.85\times10^{-12}\times10^{13})=2.8\mathrm{A}$$

从这个正在充电的电容器来说，两极板之外的导线中有传导电流，两极板之间有位移电流，所产生的磁场对于极板的轴线具有对称性（相当均匀通电圆柱体所生产的磁场），因此，离轴线 r 处各点的磁感应线上，磁感应线方向和电流方向之间满足右手螺旋关系，这些点上磁感应强度的大小都相等。所以取如图所示的回路，应用全电流安培回路定理则有

$$\oint_l \boldsymbol{H}\cdot\mathrm{d}\boldsymbol{l}=\frac{\mathrm{d}\Phi_D}{\mathrm{d}t}$$

$$H\cdot2\pi r=\varepsilon_0\frac{\mathrm{d}}{\mathrm{d}t}\int_S\boldsymbol{E}\cdot\mathrm{d}\boldsymbol{S}$$

$$\frac{1}{\mu_0}B\cdot2\pi r=\varepsilon_0\frac{\mathrm{d}E}{\mathrm{d}t}\pi r^2$$

所以
$$B=\frac{\varepsilon_0\mu_0}{2}r\frac{\mathrm{d}E}{\mathrm{d}t}$$

当 $r=R$ 时

$$\begin{aligned}B&=\frac{\varepsilon_0\mu_0}{2}R\frac{\mathrm{d}E}{\mathrm{d}t}\\&=\left(\frac{1}{2}\times4\pi\times10^{-7}\times8.85\times10^{-12}\times0.10\times10^{13}\right)\mathrm{T}\\&=5.6\times10^{-6}\mathrm{T}\end{aligned}$$

计算结果表明，虽然位移电流相当大，但它所产生的磁场却很弱，一般很难测量。这与变化磁场所激发的感生电场截然不同，感生电场通常比较强，很容易显示出来。

12.5.2 电磁场基本方程的积分形式

麦克斯韦引入了涡旋电场和位移电流的概念，对静电场和稳恒磁场所遵从的方程作了修改和推广，使之成为概括电磁现象普遍规律的四个方程，通常称之为**麦克斯韦方程组**。麦克斯韦方程组是人类对电磁规律认识的高度总结，是经典电磁理论的核心和基础。

电场的高斯定理 到目前为止，我们既讨论了静电场也讨论了涡旋电场，与上述电场强度 $\boldsymbol{E}$ 相对应的也有相应的电位移矢量 $\boldsymbol{D}$，它既包括静止的电荷所激发的，也包括变化磁场激发的。前者为有源场，对闭合面的通量等于面内自由电荷的代数和；后者为涡旋电场，对闭合面的通量恒为零。因此，综合两者则有

$$\oint_S\boldsymbol{D}\cdot\mathrm{d}\boldsymbol{S}=\int_V\rho\mathrm{d}V \tag{12-24}$$

式（12-24）表明：**在任何电场中，穿过任意闭合曲面的电位移通量，等于该曲面内自由电荷的代数和。**

电场的环路定理 在静电场中，我们曾讨论过静电场的环路定理

$$\oint_l\boldsymbol{E}\cdot\mathrm{d}\boldsymbol{l}=0 \tag{12-25a}$$

本章我们又知道，在磁场随时间变化的条件下，有涡旋电场产生，且有关系式

$$\oint_l \boldsymbol{E}_k \cdot \mathrm{d}\boldsymbol{l} = -\int_S \frac{\partial \boldsymbol{B}}{\partial t} \cdot \mathrm{d}\boldsymbol{S} \qquad (12\text{-}25\text{b})$$

而在一般情况下，电场既包括静止电荷激发的静电场，又包括变化磁场激发的涡旋电场，综合以上分析，则可得

$$\oint_l \boldsymbol{E} \cdot \mathrm{d}\boldsymbol{l} = -\int_S \frac{\partial \boldsymbol{B}}{\partial t} \cdot \mathrm{d}\boldsymbol{S} \qquad (12\text{-}25)$$

注意式（12-25a）和（12-25）中的 $\boldsymbol{E}$ 意义不同，前者仅表示静电场的电场强度，而后者表示的电场既含静电场又含涡旋电场。式（12-25）表明：**对任何电场，电场强度沿任何闭合回路 $\boldsymbol{l}$ 的环流，等于穿过以 $\boldsymbol{l}$ 为边界的任意曲面 $\boldsymbol{S}$ 的磁通量变化的负值**。此方程的重要性在于揭示了变化磁场激发电场的规律，是电磁场理论的中心思想之一。

磁场的高斯定理　磁场无论由传导电流激发，还是由位移电流激发，都是涡旋场，即磁感应线是闭合的，所以进入闭合曲面的磁感应线的数目恒等于穿出该面的数目，所以通量恒为零。即

$$\oint_S \boldsymbol{B} \cdot \mathrm{d}\boldsymbol{S} = 0 \qquad (12\text{-}26)$$

式（12-26）表明：**在任何磁场中，穿过任意闭合曲面的磁通量恒等于零**。

磁场的环路定理　传导电流和位移电流都要激发磁场，其规律由全电流环路定理表示

$$\oint_l \boldsymbol{H} \cdot \mathrm{d}\boldsymbol{S} = \int_S \left(\boldsymbol{j}_c + \frac{\partial \boldsymbol{D}}{\partial t}\right) \cdot \mathrm{d}\boldsymbol{S} \qquad (12\text{-}27)$$

式（12-27）表明：磁场强度 $\boldsymbol{H}$ **沿任意闭合回路的环流，等于穿过此回路所围曲面上的全电流**。此方程的重要性在于揭示了变化电场激发磁场的规律，而这也是电磁场理论的中心思想之一。

至此，我们得到了麦克斯韦方程的积分形式

$$\oint_S \boldsymbol{D} \cdot \mathrm{d}\boldsymbol{S} = \int_V \rho \mathrm{d}V$$

$$\oint_l \boldsymbol{E} \cdot d\boldsymbol{l} = -\int_S \frac{\partial \boldsymbol{B}}{\partial t} \cdot d\boldsymbol{S}$$

$$\oint_S \boldsymbol{B} \cdot d\boldsymbol{S} = 0$$

$$\oint_l \boldsymbol{H} \cdot d\boldsymbol{S} = \iint_S \left(\boldsymbol{j}_c + \frac{\partial \boldsymbol{D}}{\partial t} \right) \cdot d\boldsymbol{S}$$

可以看出，以上四个积分方程具有优美的对称性，这也反映了麦克斯韦的电磁场理论是一个和谐的、自洽的理论。麦克斯韦方程组的形式既简洁又优美，全面地反映了电场和磁场的基本性质，并把电磁场作为一个整体，用统一的观点阐明了电场和磁场之间的联系。因此，麦克斯韦方程组是对电磁场基本规律所作的总结性、统一性的简明而完美的描述。麦克斯韦电磁理论的建立是 19 世纪物理学史乃至科学史上又一个重要的里程碑。正如爱因斯坦所说："这是自牛顿以来物理学所经历的最深刻和最有成果的一项真正观念上的变革。"所以，人们常把麦克斯韦称为电磁学上的牛顿。由此，我们不得不惊叹：一是造物主怎么把电磁规律造得如此和谐、对称！二是物理学的古圣先哲们又怎么把电磁规律表示得如此简洁、优美！

习　题　12

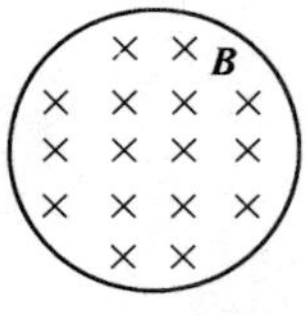

图 12-23　习题 12-2 图

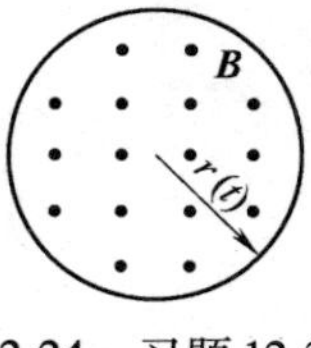

图 12-24　习题 12-3 图

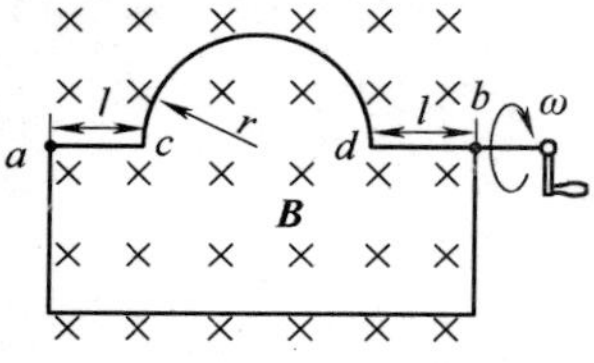

图 12-25　习题 12-4 图

12-1　电阻为 $R = 1.90\Omega$ 的闭合回路，处于变化的磁场中，通过回路的磁通量与时间 t 的关系为 $\Phi_m = (5t^2 + 8t + 2) \times 10^{-3}$（SI）。求（1）$t = 2s$ 时，回路中的感应电动势；（2）$t = 3s$ 时，回路中的感应电流。

12-2　一半径 $r = 0.10m$ 的圆形导体回路，置于均匀磁场中，且磁场方向与回路平面垂直，如图 12-23 所示。若磁场与时间的关系为 $B = (5t^2 + 8t + 2) \times 10^{-6}$（SI）。求 $t = 1s$ 时，回路中感生电动势的大小和方向。

12-3　一半径 $r = 1.00m$ 的圆形导体回路，置于磁感应强度大小 $B = 0.080T$ 的均匀磁场中，且磁场方向与回路平面垂直，如果 12-24 所示。若圆形回路的半径从 $t = 0$ 开始以恒定的速率 $dr/dt = 0.010m \cdot s^{-1}$ 收缩，求 $t = 0$ 时回路中感生电动势的大小和方向。

12-4　一导线 ab 弯成如图 12-25 所示的形状，其中 cd 是一半径 $r = 0.10m$ 的半圆，ac 和 db 两段的长度均为 $l = 0.10m$，在 $B = 0.50T$ 的均匀磁场中绕轴线 ab 转动，转速 $\omega = 60r \cdot s^{-1}$。设电路的总电阻为 1000Ω，求

导线中的感应电动势和感应电流的最大值各为多少？

12-5　一圆形均匀刚性线圈，总电阻为 R，半径为 r，在均匀磁场 $\boldsymbol{B}$ 中以匀角速度 ω 绕其轴 O_1O_2 转动，如图 12-26 所示，转轴垂直于 $\boldsymbol{B}$。不计线圈自感，当线圈平面转至与 $\boldsymbol{B}$ 平行时，求 $\mathscr{E}_{ab}$、$\mathscr{E}_{ac}$ 并指出电势的高低。

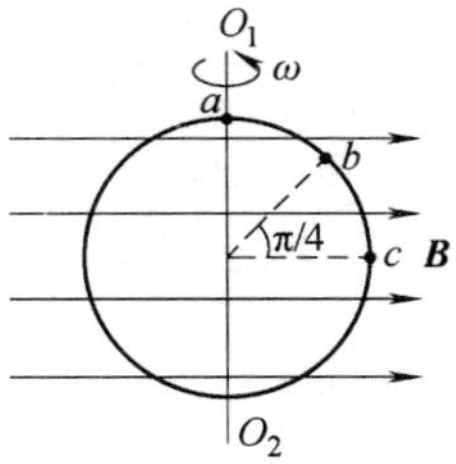

图 12-26　习题 12-5 图

12-6　一无长直导线通有电流 I，有一线圈为四分之一圆与长直导线共面，且直角边分别与导线垂直和平行，相关尺寸如图 12-27 所示。当线圈以速度 $\boldsymbol{v}$ 平行直导线向上运动时，求线圈 OA、AB、BO 各边中的感应电动势。

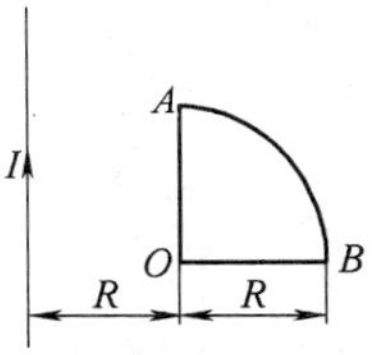

图 12-27　习题 12-6 图

12-7　一边长为 a 的正方形线圈，以速度 $\boldsymbol{v}$ 通过一“约束”在宽度为 $2a$ 内的匀强磁场，如图 12-28 所示。以线圈一边进入磁场为计时的起点，并以顺时针为线圈中电动势的正方向，试写出线圈中感应电动势 $\mathscr{E}$ 与时间 t 的函数关系。

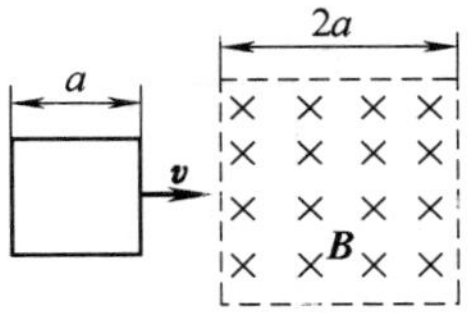

图 12-28　习题 12-7 图

12-8　AB 和 CD 为两均匀导体金属棒，各长为 1.0m，放在均匀恒定磁场中，若磁感应强度的大小 $B=2.0\text{T}$，方向垂直纸面向外，两金属棒的电阻均为 4.0Ω，如图 12-29 所示。当两金属棒在导轨上分别以 $v_1=4.0\text{m}\cdot\text{s}^{-1}$ 和 $v_2=2.0\text{m}\cdot\text{s}^{-1}$ 向左作匀速运动时，求（1）两金属棒上的动生电动势的大小和方向；（2）若不计导轨电阻，求两金属棒中点 O_1O_2 之间的电势差。

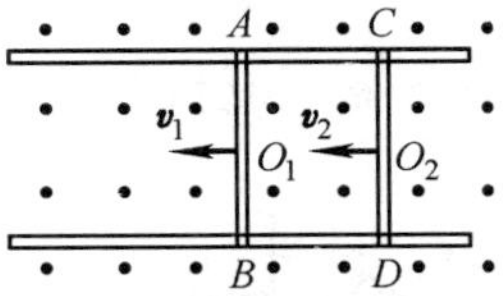

图 12-29　习题 12-8 图

12-9　在半径为 $R=0.10\text{m}$ 的圆筒内，有方向与轴线平行的均匀磁场 $\boldsymbol{B}$，磁场以 $10^{-2}\text{T}\cdot\text{s}^{-1}$ 的速率减小。a、b、c 三点分别在轴线上、离轴线 $r=0.05\text{m}$ 和 $r=0.15\text{m}$ 处，如图 12-30 所示。求电子在上述三点受力的大小和方向。

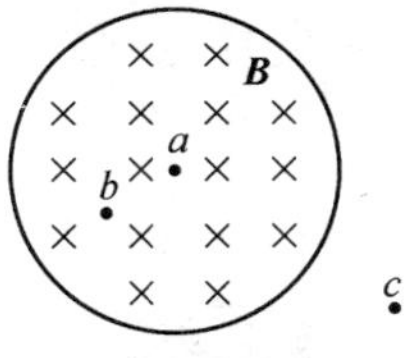

图 12-30　习题 12-9 图

12-10　一电子在电子加速器中沿半径为 $R=1.00\text{m}$ 轨道作圆周运动，如电子每转一周动能增加 700eV。试计算轨道内磁感强度的变化率。

12-11　在半径为 R 的圆筒内，有方向与轴线平行的均匀磁场 $\boldsymbol{B}$，磁场以 $10^{-2}\text{T}\cdot\text{s}^{-1}$ 的速率减小。磁场内放置一等腰梯形金属框 $ABCD$，已知 $AB=R$，$CD=R/2$，如图 12-31 所示。求（1）各边产生的感应电动势；（2）线框总电动势的大小和方向。

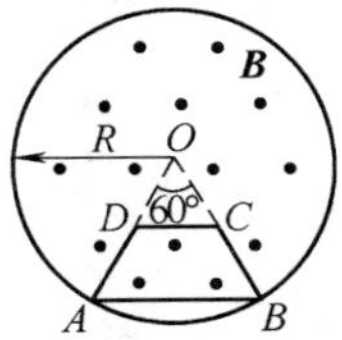

图 12-31　习题 12-11 图

12-12　如图 12-32 所示，在虚线所示的圆内，存在磁感应强度为 0.50T 的均匀磁场，磁场方向垂直纸面向外，且每秒减少 0.10T。虚线圆内有一半径为 0.10m 的粗细均匀的同心金属圆环。（1）若金属圆环的电阻 $R=2.0\Omega$，求环中的感应电流；（2）求圆环任意两点 a、b 间的电势差。

12-13　一纸筒长 30.0cm，截面直径为 3.00cm，筒上绕有 500 匝线圈，求此线圈的自感；如果在纸筒中充满相对磁导率 $\mu_r = 5.0$ 的磁介质，再求线圈的自感。

12-14　一截面为矩形的螺绕环，绕有线圈 N 匝，内、外半径分别为 a、b，厚度为 h，如图 12-33 所示。求此螺绕环的自感。

12-15　一矩形线框宽为 b，高为 c，共有 N 匝。有一长直导线与线框共面，且与线框长边平行，最近的距离为 a，如图 12-34 所示。求线框与长直导线间的互感。

12-16　一圆形线圈 c_1 由 50 匝漆包线绕成，圆面积 $S = 4.0\text{cm}^2$。把此线圈放在另一半径为 $R = 20.0\text{cm}$ 的圆形大线圈 c_2 的中心，且两者同心共面。大线圈由 100 匝漆包线绕成，若小线圈内的磁场视为均匀。求这两个线圈的互感。

12-17　一截面为矩形的螺绕环，绕有线圈 N 匝，内、外半径分别为 a、b，厚度为 h，螺绕环轴线上有一无限长导线，如图 12-35 所示。求（1）此螺绕环和导线之间的互感；（2）若螺绕环中通入电流 $i = I_0 \sin\omega t$，求直导线中的感应电动势的大小。

12-18　两无限长直导线，相距 $2a$，两导线中通有反向电流，若电流的大小为 I，求两导线间正中间的磁场能量密度。

12-19　一空心金属圆柱体的横截面是一圆环，其内外半径分别为 a 和 b，若电流 I 在截面上均匀分布。求此圆柱体在 $r \leqslant b$ 的区域内单位长度上所包含的磁场能量。（设导体的磁导率为 μ）

12-20　两同轴的长直金属圆筒，内、外筒的半径分别为 R_1 和 R_2，两圆筒中充满相对磁导率为 μ_r 的磁介质，如图 12-36 所示，若两圆筒通有反向的电流，且电流均匀分布。求单位长度上磁介质中所包含的磁场能量。

12-21　在玻尔氢原子模型中，电子绕原子核作圆周运动，圆轨道半径为 $r = 5.3 \times 10^{-11}\text{m}$，频率 $f = 6.58 \times 10^{15}\text{Hz}$。求轨道中心磁场的能量密度。

12-22　一半径为 R 的长直圆柱体通有电流 I，I 在导体截面上均匀分布，求导线内部单位长度上所储存的磁场能量。

12-23　半径为 $R = 0.10\text{m}$ 的两块圆板，构成平行板电容器，放在真空中。今对此电容器匀速充电，使两极板间电场的变化率保持为 $\dfrac{dE}{dt} = 1.00 \times 10^{13}\text{V} \cdot \text{m}^{-1} \cdot \text{s}^{-1}$，求（1）两极板间的位移电流密度；（2）两极板间的位移电流；（3）离两极板轴线 $r = 0.050\text{m}$ 处的磁感应强度。

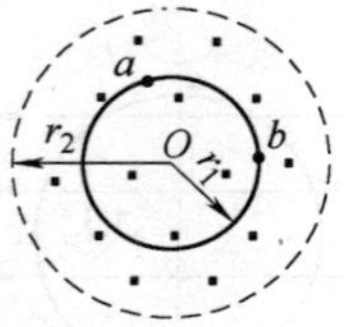

图 12-32　习题 12-12 图

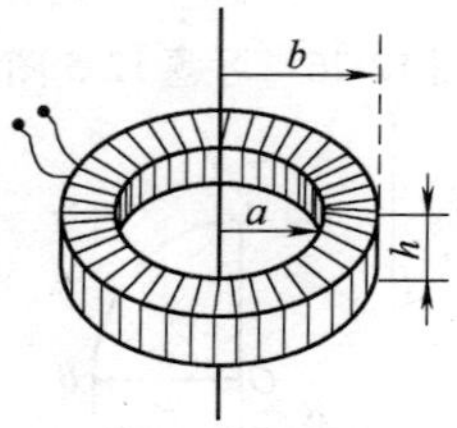

图 12-33　习题 12-14 图

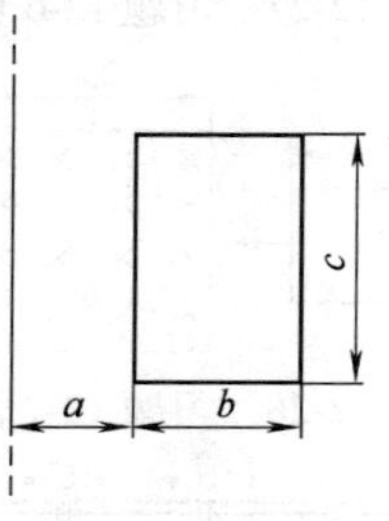

图 12-34　习题 12-15 图

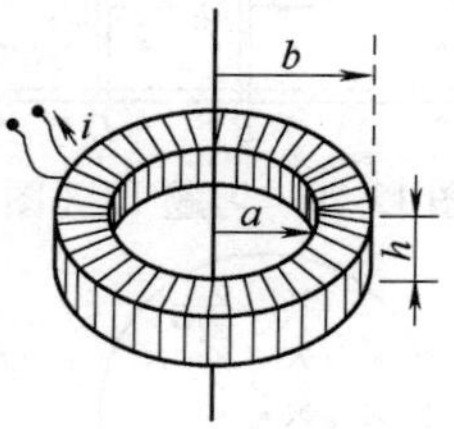

图 12-35　习题 12-17 图

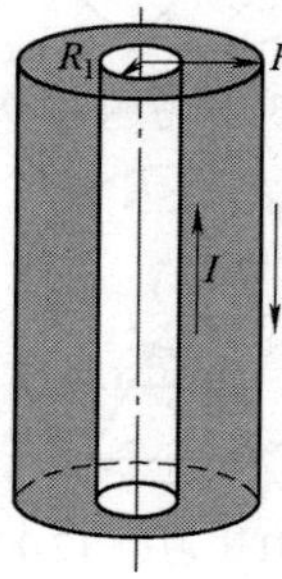

图 12-36　习题 12-20 图

12-24　一金属圆盘，电阻率为 ρ，厚度为 d。在转动过程中，在离转轴为 r 处面积为 a^2 的小方形区域内加以垂直于圆盘的磁场 $\boldsymbol{B}$，如图 12-37 所示。试导出当圆盘转速为 ω 时，阻碍圆盘的电磁阻力矩的近似表达式。

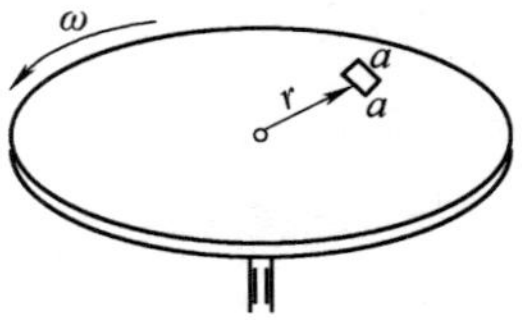

图 12-37　习题 12-24 图

第 13 章　机 械 振 动

振动是一种普遍的运动形式，振动的最主要特征在于它具有重复性。广义地说，任何一个物理量，如位矢、能量、压强、温度、电流、电场强度等，当它在某个定值附近作反复变化时，都可以认为该物理量在进行振动。若物体的位矢作反复变化，则称物体作机械振动。上述绝大部分广义振动和机械振动虽然在本质上是不同的，但对这类运动的描述，却有许多相似之处，它们的运动具有相同的数学表达式。

本章将讨论机械振动的一些基本内容，重点讨论简谐振动的基本规律，简单介绍阻尼振动、受迫振动及共振现象。主要内容有：简谐振动及其旋转矢量表示法，简谐振动的能量，简谐振动的合成，阻尼振动、受迫振动及共振。

13.1　简谐振动

在振动中，最简单、最基本的振动是简谐振动。而一切复杂的振动都可以分解成有限个或无限多个简谐振动，因此，讨论简谐振动具有特殊的意义。

13.1.1　简谐振动的一般描述

简谐振动可以用一个弹簧振子来演示。如图 13-1 所示，把一质量为 m 的物体（视为质点）系于一端固定的轻弹簧的自由端，置于光滑的水平面上，不计空气阻力，就构成了一个理想的弹簧振子。把物体稍移离开平衡位置后释放，此弹簧振子便作自由振动。下面我们来分析其运动特点。

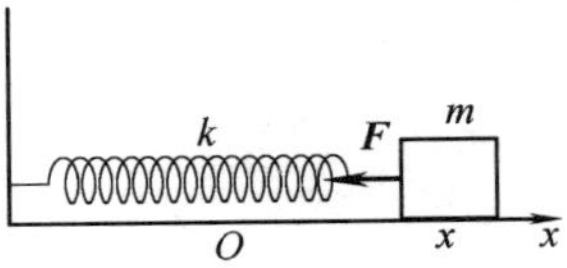

图 13-1　弹簧振子的简谐振动

为表示物体的位置，沿水平方向取坐标轴 Ox，并将坐标原点 O 取在弹簧未发生形变时自由端的端点处。显然，当物体在原点时，弹簧无形变，物体所受合外力为零。在讨论物体的运

*注：一维运动中的位矢，可用标量表示。

动时，把合外力为零的位置即 O 点定为坐标的原点。则物体的位矢为 x 时*，物体所受的弹性力为

$$F = -kx \tag{13-1}$$

式中，k 为弹簧的劲度系数。

由式（13-1）可见，在上述坐标系中，物体所受的弹性力与其位矢成正比，方向与位矢相反，始终指向平衡位置，如图 13-1 所示。显然物体在运动时所受的合外力就是弹性力，所以，依牛顿运动定律，物体运动的微分方程为

$$m\frac{d^2x}{dt^2} = -kx$$

令 $\omega = \sqrt{k/m}$，则上式可写为

$$\frac{d^2x}{dt^2} + \omega^2 x = 0 \tag{13-2}$$

式中，x 表示位矢。

若一物体在运动中所受的合外力满足式（13-1），或微分方程满足式（13-2），则称该物体作**简谐振动**。显然这两式是等价的，我们称之为简谐振动的**动力学特征**。需要说明的是，若其他物理量如电流、电压、电量、电场强度、磁感应强度等也满足式（13-2），则可断定该物理量也作简谐振动。

简谐振动的微分方程，实质上是牛顿第二定律对简谐振动的具体表示，其解为

$$x = A\cos(\omega t + \varphi) \tag{13-3}$$

式中，A、φ 为积分常数。式（13-3）描述了简谐振动的全过程，表明了物体任意时刻 t 所在的位置，称为简谐振动的运动方程，我们称之为简谐振动的**运动学特征**。同理，任意一物理量与时间的关系满足式（13-3），则也可断定该物理量作简谐振动。

由式（13-3）可以方便地得到物体运动的速度和加速度分别为

$$v = \frac{dx}{dt} = -\omega A\sin(\omega t + \varphi) = \omega A\cos\left(\omega t + \varphi + \frac{\pi}{2}\right) \tag{13-3a}$$

$$a=\frac{d^2x}{dt^2}=-\omega^2A\cos(\omega t+\varphi) \qquad (13\text{-}3b)$$

以上两式表明，作简谐振动的物体其速度和加速度也是按简谐振动方式变化的。结合式（13-3），从（13-3b）可以看出，作简谐振动的物体，其加速度与其位矢成正比，方向与位矢相反。这显然是其受力特点所导致的必然结果。为使简谐振动图像明晰，下面来讨论式（13-3）中的物理量 A、ω 和 φ 的意义，以及决定它们的条件。

13.1.2 简谐振动的特征量

1. 振幅

从式（13-3）可见，因 $\cos(\omega t+t)$ 的值介于 ±1 之间，所以，物体的位矢也在 $+A$ 和 $-A$ 之间。我们把作简谐振动的物体最大位矢 * 的绝对值 A，称为振幅。

*注：一般称简谐振动物体离开平衡位置最大位移的绝对值为振幅。因物体相对原点的位矢和相对原点的位移是一致的。但考虑到式（13-3a）和式（13-3b），即速度、加速度的定义，把振幅定义中的最大位移改称为最大位矢较为妥当。

2. 周期 频率

从式（13-3）可得

$$x=A\cos(\omega t+\varphi)=A\cos(\omega t+\varphi+2\pi)=A\cos\left[\omega\left(t+\frac{2\pi}{\omega}\right)+\varphi\right]$$

由此可见，物体在 t 时刻和 $t+\frac{2\pi}{\omega}$ 时刻的振动状态完全相同。我们把物体完成一次全振动所需要的时间称为振动周期，若以 T 表示，则

$$T=\frac{2\pi}{\omega} \qquad (13\text{-}4)$$

对于弹簧振子，因 $\omega=\sqrt{k/m}$，所以弹簧振子的周期为

$$T=2\pi\sqrt{\frac{m}{k}} \qquad (13\text{-}5)$$

单位时间内，物体所作的完全振动的次数称为频率，并以 ν 表示，显然，它等于周期的倒数，即

$$\nu=\frac{1}{T} \qquad (13\text{-}6)$$

频率的单位为赫兹，符号为 Hz。

由式（13-4）和式（13-6）可得

$$\omega = 2\pi\nu \tag{13-7}$$

式中，ω 称为**角频率（或圆频率）**，它等于振动频率 ν 的 2π 倍。其单位为弧度每秒，符号为 $rad \cdot s^{-1}$。

对于弹簧振子，其角频率 $\omega = \sqrt{k/m}$，完全由弹簧振子的质量 m 和劲度系数 k 决定，所以周期和频率只和振动系统本身的固有性质有关。故称 T 和 ν（ω）为系统的固有周期和固有频率（角频率）。

3. 相位

在力学中，物体在某一时刻的运动状态，可用位矢和速度来描述。从式（13-3）可见，作简谐振动的物体，在其振幅和角频率分别给定的情况下，物体的运动状态完全由（$\omega t + \varphi$）决定。所以称（$\omega t + \varphi$）为振动系统在 t 时刻的**相位**，其中，φ 为 $t=0$ 时的相位，称之为**初相位**。相位在讨论振动的问题中是一个非常重要的概念。如前所述，在振幅和角频率给定的情况下，相位除能完全决定物体的运动状态外，还能方便地比较两个同频率简谐振动是否同步。如对两个同频率的简谐振动 $x_1(t)$ 和 $x_2(t)$，即使它们的振幅不同，只要其相位相同，它们的运动就是同步的，即同时达到位矢最大，同时回到平衡位置，如图 13-2a 所示。同理，若两个简谐振动的相位不同，即使其频率和振幅分别相同，它们的运动也是不同步的，如图 13-2b 所示。

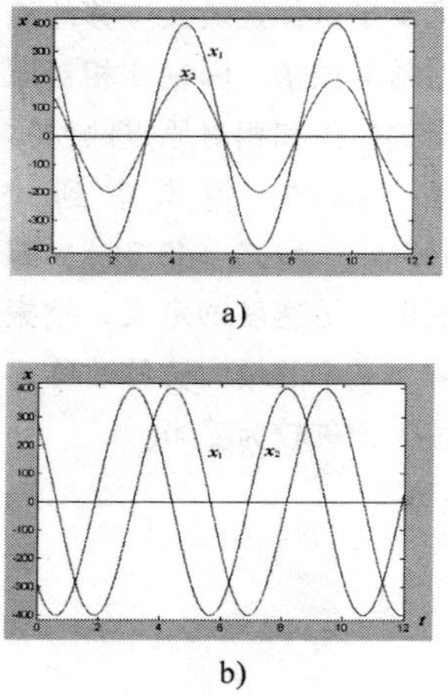

图 13-2　谐振振动的相位
a）两相位相同的简谐振动
b）两相位不同的简谐振动

4. 常数 A 和 φ 的确定

对于一给定的振动系统（固有频率已知），其振幅 A 和初相位 φ 由运动的初始条件决定。设 $t=0$ 时，物体的初始位置和初速度分别为 $x=x_0$，$v=v_0$。由式（13-3）和式（13-3a）得

$$x_0 = A\cos\varphi$$
$$v_0 = -\omega A\sin\varphi$$

联立以上两式得

$$A = \sqrt{x_0^2 + \frac{v_0^2}{\omega^2}} \tag{13-8}$$

$$\varphi = \arctan\left(-\frac{v_0}{\omega x_0}\right) \tag{13-9}$$

式中，φ 有两个值，其所在象限由 x_0 和 v_0 的正负综合确定。

【例 13-1】 如图 13-1 所示的弹簧振子，其质量 $m = 2.0 \times 10^{-2}$kg，弹簧的劲度系数为 $k = 0.72\text{N} \cdot \text{m}^{-1}$。若把物体从平衡位置向右拉到 $x = 0.050$m 处停下后再释放，求其简谐振动方程。

【解】 设物体的振动方程为 $x = A\cos(\omega t + \varphi)$，显然，只要求出 ω、A 和 φ 代入即可。

对弹簧振子 $\omega = \sqrt{\frac{k}{m}} = \sqrt{\frac{0.72}{0.020}}\text{rad} \cdot \text{s}^{-1} = 6.0\text{rad} \cdot \text{s}^{-1}$

由题意可知，$x_0 = 0.050$m，$v_0 = 0$，由式（13-8）和式（13-9）可得

振幅 $$A = \sqrt{x_0^2 + \frac{v_0^2}{\omega^2}} = x_0 = 0.050\text{m}$$

初相位 $$\varphi = \arctan\left(-\frac{v_0}{\omega x_0}\right) = \arctan(0)$$

即 $$\varphi = 0 \quad 或 \quad \varphi = \pi$$

因 $x_0 = 0.050$m，所以，取 $\varphi = 0$，把 ω、A 和 φ 代入所设运动方程得

$$x = 0.050\cos(6.0t) \quad (\text{SI})$$

13.2　旋转矢量法

13.2.1　旋转矢量法

前几节已讨论了简谐振动的数学表达式。下面我们从几何的角度介绍简谐振动的另一种表示方法——旋转矢量法。用旋转矢量法，不仅可以形象地描述简谐振动中的各物理量，还能方便地分析简谐振动的有关问题。

对于简谐振动 $x = A\cos(\omega t + \varphi)$，先建立一 Ox 轴，自坐标

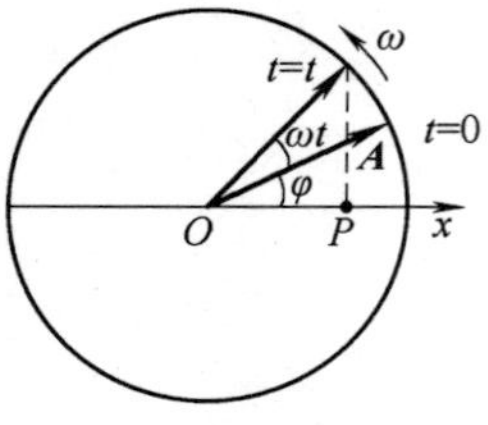

图 13-3　旋转矢量法

原点 O 作一矢量 $\boldsymbol{A}$，其长度等于简谐振动的振幅 A。$t=0$ 时，矢量 $\boldsymbol{A}$ 与 x 轴正向的夹角为 φ，且绕原点 O 以恒定角速度 ω 逆时针旋转，如图 13-3 所示，因此，称 $\boldsymbol{A}$ 为旋转矢量。从图 13-3 可见，在 t 时刻，旋转矢量 $\boldsymbol{A}$ 的端点在 Ox 轴上投影点 P 的坐标所满足的方程正好是 $x=A\cos(\omega t+\varphi)$，即旋转矢量 $\boldsymbol{A}$ 绕原点 O 以恒定角速度 ω 逆时针旋转时，则投影点 P 在 Ox 轴上将以 O 点为平衡点作简谐振动。这种表示简谐振动的方法称为**旋转矢量法**。由于矢量 $\boldsymbol{A}$ 的端点的轨迹是一个圆，故旋转矢量法又称**参考圆法**。

13.2.2　旋转矢量法的应用

旋转矢量法是表示简谐振动的一个十分重要的方法，特别是当相位是特殊角时，可以快捷地求解简谐振动的角频率 ω、初相位 φ、两简谐振动的相位关系和两简谐振动的合成等有关问题。下面举例说明。

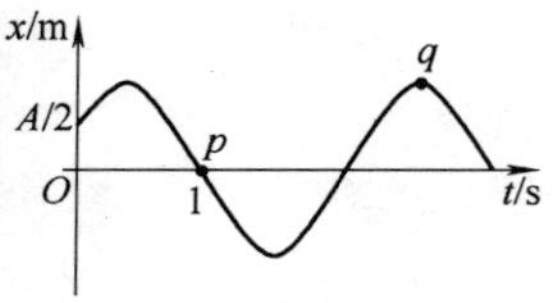

图 13-4　例 13-2 题图

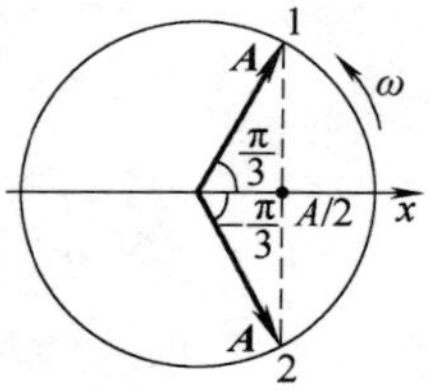

图 13-5　$t=0$ 时的旋转矢量

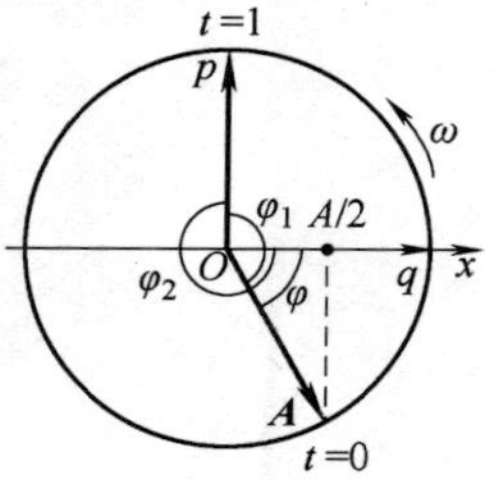

图 13-6　例 13-2 题旋转矢量图

【例 13-2】　一物体作简谐振动，其 x-t 曲线如图 13-4 所示，求（1）物体作简谐振动的初相位；（2）物体的振动方程；（3）物体从 p 状态运动到 q 状态所需的最短时间。

【解】　对此问题，可用旋转矢量法方便求解。

（1）由图 13-4 可见，$t=0$ 时，$x_0=A/2$，$v_0>0$，依旋转矢量法可得如图 13-5 的旋转矢量图。从图中可见，$x_0=A/2$ 对应有 1 和 2 两个位置，对应的初相位分别是 $\pi/3$ 和 $-\pi/3$。究竟取哪一个，还必须由初速度的正负来取舍。对位置 1，因投影点此刻向 Ox 轴负方向运动，所以其速度小于 0，即 $v_0<0$；而对位置 2，因投影点此刻向 Ox 轴正方向运动，所以其速度大于 0，即 $v_0>0$。故所求物体作简谐振动的初相位是 $\varphi=-\pi/3$。

（2）设所求运动方程为 $x=A\cos(\omega t+\varphi)$，从图 13-4 可见，物体从初始位置运动到平衡位置处所需时间为 $t=1\text{s}$，由此可得对应的旋转矢量图 13-6。从图 13-6 可见，物体在初始位置和平衡位置所对应的两旋转矢量间的夹角为

$$\varphi_1=\frac{\pi}{3}+\frac{\pi}{2}=\frac{5\pi}{6}$$

因 $t=1$，所以可得

$$\omega=\frac{\varphi_1}{t}=\frac{5\pi}{6}$$

所求振动方程为

$$x=A\cos\left(\frac{5\pi}{6}t-\frac{\pi}{3}\right)\ \text{(SI)}$$

（3）设物体从 p 状态运动到 q 状态所需的最短时间为 t，从图 13-6 可见，p、q 两状态所对应的旋转矢量间的夹角 φ_2 为 $3\pi/2$。所以

$$t=\frac{\varphi_2}{\omega}=\frac{3\pi/2}{5\pi/6}\text{s}=1.8\text{s}$$

即物体从 p 状态运动到 q 状态所需的最短时间为 1.8s。

通过上例，我们讨论了利用旋转矢量法求解初相位 φ、角频率 ω 等问题的具体方法。下面我们再利用旋转矢量法来讨论两个同频率简谐振动的相位关系。设有两个简谐振动：

$$x_1=A_1\cos(\omega t+\varphi_1)$$
$$x_2=A_2\cos(\omega t+\varphi_2)$$

它们的相位之差称为相位差，用 $\Delta\varphi$ 表示

$$\Delta\varphi=(\omega t+\varphi_2)-(\omega t+\varphi_1)=\varphi_2-\varphi_1 \tag{13-10}$$

由式（13-10）可见，两个同频率的简谐振动在任意时刻的相位差，都等于其初相差。

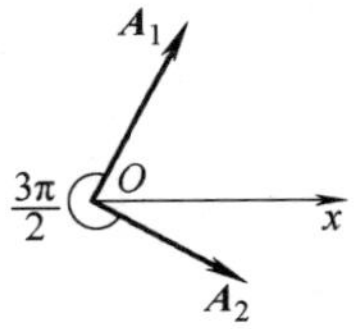

图 13-7　谐振动的相位差

若 $\Delta\varphi>0$，我们就说振动 x_2 比振动 x_1 超前 $\Delta\varphi$，或者说振动 x_1 比振动 x_2 滞后 $\Delta\varphi$。由于简谐振动的连续性，为方便起见，常把超前或滞后的相位均以小于 π 值表示。如当 $\Delta\varphi=3\pi/2$ 时，我们通常不说振动 x_2 比振动 x_1 超前 $3\pi/2$，而说振动 x_2 比振动 x_1 滞后 $\pi/2$，或者说振动 x_1 比振动 x_2 超前 $\pi/2$，如图 13-7 所示。

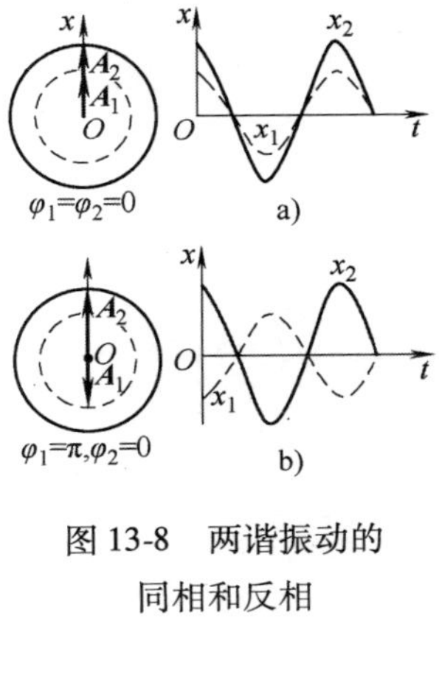

图 13-8　两谐振动的同相和反相

若 $\Delta\varphi=2k\pi$（$k=0$，±1，…），则我们说两个振动是同相的，它们运动的“步调”是完全一致的，即同时到达正最向大位置处，同时回到平衡位置等，如图 13-8a 所示。

若 $\Delta\varphi=(2k+1)\pi(k=0,\ \pm1,\ \cdots)$，则我们说两个振动是反相的，它们运动的“步调”是相反的，即一个振动到达正

向最大位置处，则另一个到达负向最大位置，如图 13-8b 所示。

仿上，我们可以方便地讨论简谐振动物体的位矢、速度和加速度三者间的相位关系。由式（13-3a）可得

$$v=\frac{\mathrm{d}x}{\mathrm{d}t}=\omega A\cos\left(\omega t+\varphi+\frac{\pi}{2}\right)$$

再把式（13-3b）改写成

$$a=\frac{\mathrm{d}^2x}{\mathrm{d}t^2}=-\omega^2A\cos(\omega t+\varphi)=\omega^2A\cos(\omega t+\varphi+\pi)$$

由此可以看出：加速度与位矢反相，速度比位矢超前 $\pi/2$，而比加速度滞后 $\pi/2$。

13.3　简谐振动的能量

13.3.1　简谐振动的势能

下面以弹簧振子为例来讨论谐振动系统的能量。弹簧振子在振动过程中有两种能量：弹簧的弹性势能 E_p 和物体的动能 E_k。由于弹簧的弹性势能为

$$E_p=\frac{1}{2}kx^2$$

把 $x=A\cos(\omega t+\varphi)$ 代入，得其任意时刻系统的势能为

$$E_p=\frac{1}{2}kA^2\cos^2(\omega t+\varphi) \tag{13-11}$$

由式（13-11）可见，振动系统的势能在 0 到最大值 $\frac{1}{2}kA^2$ 之间作周期变化，其变化的周期是系统振动周期的一半。

13.3.2　简谐振动的动能

在任意时刻，振动系统的动能为

$$E_k=\frac{1}{2}mv^2$$

把 $v=-\omega A\sin(\omega t+\varphi)$ 代入得

$$E_k = \frac{1}{2}m\omega^2 A^2 \sin^2(\omega t + \varphi)$$

因 $\omega^2 = k/m$，所以其任意时刻系统的动能为

$$E_k = \frac{1}{2}kA^2 \sin^2(\omega t + \varphi) \tag{13-12}$$

由式（13-12）可见，振动系统的动能也是在0到最大值 $\frac{1}{2}kA^2$ 之间作周期变化，其变化的周期同样是系统振动周期的一半。

13.3.3 简谐振动的机械能

振动系统的机械能为其动能和势能之和，即

$$E = E_k + E_p$$

$$E = \frac{1}{2}kA^2 \sin^2(\omega t + \varphi) + \frac{1}{2}kA^2 \cos^2(\omega t + \varphi)$$

即

$$E = \frac{1}{2}kA^2 \tag{13-13}$$

由此可见，弹簧振子作简谐振动时，系统的机械能与其振幅成正比。在振动过程中，系统的动能和势能不断转换，但机械能保持不变，如图13-9所示（图中设初相 $\varphi = 0$）。

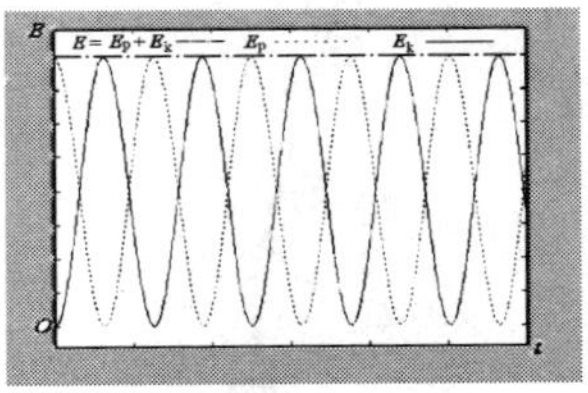

图 13-9 弹簧振子的能量和时间的关系曲线

对一定的振动系统来说，振动的总能量与振幅的平方成正比，这一结论不仅对弹簧振子，而且对其他简谐振动系统也是成立的。简谐振动的总能量保持恒定，体现在振动过程中就是其振幅保持不变，即简谐振动是等幅的。在前面我们曾讨论过振幅 A 的值由初始条件决定，即初始条件决定了系统的总能量。设初始时刻的动能 $E_{k0} = \frac{1}{2}mv_0^2$，势能 $E_{p0} = \frac{1}{2}kx_0^2$，则总能量为

$$E = E_{k0} + E_{p0} = \frac{1}{2}mv_0^2 + \frac{1}{2}kx_0^2 = \frac{1}{2}kA^2$$

因为 $\omega^2 = k/m$，由此可以得到

$$A=\sqrt{x_0^2+\frac{v_0^2}{\omega^2}}$$

上式与式（13-8）一致。

13.4　几种常见的简谐振动

前面讨论了弹簧振子的振动，下面再讨论几种简谐振动。

13.4.1　单摆

把一长为 l 的细线上端固定于 A 点，下端系一质量为 m 的小球，设细线的质量与小球的质量相比可忽略不计，细线的伸长量及小球的直径与细线的长度相比也可忽略不计。当小球静止时，其位置在 O 点，此时小球所受的合外力为零，位置 O 点即为平衡点。若不计阻力，把小球从平衡点略微拉开后释放，则小球就在平衡点附近作往复运动，这一系统称为单摆。通常把小球称为摆锤，细线称为摆线。

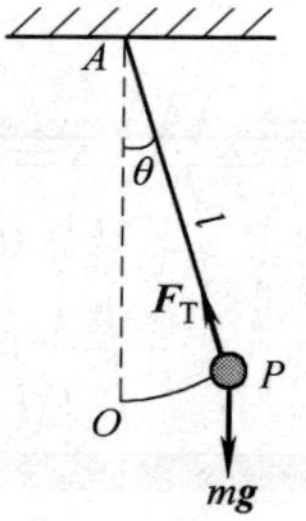

图 13-10　单摆

设摆锤在任意位置 P 时，摆线 AP 与铅直线 AO 的夹角为 θ，以 θ 角描述摆锤的位置，称其为角位矢，并规定：以铅直线 AO 为基准，摆线 l 绕 A 点逆时针旋转 θ 为正，顺时针旋转 θ 为负。当摆锤的角位矢为 θ 时，则其重力 mg 对 A 点的力矩为 $M=-mgl\sin\theta$，其中的负号表示力矩的方向与角位矢的方向相反，拉力 $\boldsymbol{F}_T$ 对 A 点的力矩为零，如图 13-10 所示。当 $\theta<5°$时，有 $\sin\theta\approx\theta$，则摆锤所受的力矩为

$$M=-mgl\theta$$

设摆锤对 A 点的转动惯量为 J，依转动定律，则有

$$M=J\frac{\mathrm{d}^2\theta}{\mathrm{d}t^2}$$

把 $M=-mgl\theta$ 代入上式，化简则有

$$\frac{\mathrm{d}^2\theta}{\mathrm{d}t^2}=-\frac{mgl}{J}\theta$$

把摆锤视为质点，则它对 A 点的转动惯量 $J=ml^2$ 代入，并令 $\omega^2=g/l$，则上式可写成

$$\frac{\mathrm{d}^2\theta}{\mathrm{d}t^2}+\omega^2\theta=0 \tag{13-14}$$

式（13-14）与式（13-2）形式完全相同，就是简谐振动的微分方程，这表明单摆的运动就是简谐振动。

由式（13-14）可知，单摆的角频率和周期分别为

$$\omega=\sqrt{\frac{g}{l}} \tag{13-15}$$

$$T=2\pi\sqrt{\frac{l}{g}} \tag{13-16}$$

由式（13-16）可见，单摆的周期决定于摆长和所在处的重力加速度。利用该式，通过测量单摆的周期就可以确定该处的重力加速度。

13.4.2　复摆

一质量为 m 的任意形状的物体，可绕水平轴 O 在铅直面内转动。让物体偏离平衡位置一微小角度 θ 后释放，若不计一切阻力，物体将绕 O 轴作微小的自由摆动，则此装置称为复摆，如图 13-11 所示。对复摆的运动完全可以仿照分析单摆运动的方法，推导其运动微分方程。下面我们用另一方法导出其微分方程。

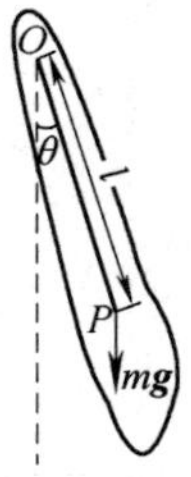

图 13-11　复摆

设复摆对转轴 O 的转动惯量为 J，其质心到转轴的距离为 l。取物体平衡时，其质心处为物体重力势能的零点，当物体偏离平衡位置一小角度 θ 时，其动能为 $\frac{1}{2}J\dot{\theta}^2$，势能为 $mgl(1-\cos\theta)$，故总能量为

$$E=\frac{1}{2}J\dot{\theta}^2+mgl(1-\cos\theta)$$

因不计一切阻力，故复摆在运动中能量守恒，上式两边对时间 t 求导，则有

$$0=J\dot{\theta}\ddot{\theta}+mgl\sin\theta\cdot\dot{\theta}$$

当 $\theta<5°$ 时，$\sin\theta\approx\theta$，则上式简化为

$$\ddot{\theta}+\frac{mgl}{J}\theta=0$$

令 $\omega^2=mgl/J$，则上式可改写成

$$\frac{d^2\theta}{dt^2}+\omega^2\theta=0 \tag{13-17}$$

式（13-17）与式（13-2）形式完全相同，就是简谐振动的微分方程，这表明复摆的运动也是简谐振动。上述分析方法称为**能量法**。

由式（13-17）可知，复摆的角频率和周期分别为

$$\omega=\sqrt{\frac{mgl}{J}} \tag{13-18}$$

$$T=2\pi\sqrt{\frac{J}{mgl}} \tag{13-19}$$

由式（13-19）可见，如已知复摆对轴 O 的转动惯量 J 和复摆质心到该轴的距离 l，通过实验测出复摆的周期 T，则可求出相应位置的重力加速度；或已知 g 和 l，由实验测出周期 T，可得出该物体绕轴 O 的转动惯量 J。

13.4.3 *LC* 振荡

LC 振荡是一个非力学的简谐振动的例子。

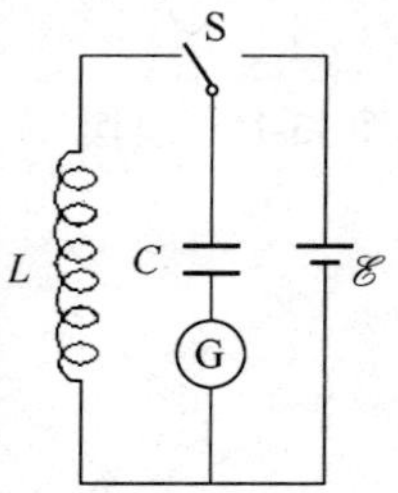

图 13-12　*LC* 振荡

如图 13-12 所示，用电源 $\mathscr{E}$、电容 C 和电感 L 组成电路。先把电键 S 接到电源一侧，使电源给电容器充电，然后把电键打向另一侧接通 *LC* 回路。此后，即可通过电流计 G 观察到回路中有大小和方向都交替变化的电流。若不计电流计和导线的电阻，则系统的电磁能量没有耗散，系统的能量守恒。设某一瞬时，电容器极板上的电量为 q，电路中的电流为 i，则此时系统的电磁能量可表示为

$$E=\frac{1}{2}\frac{q^2}{C}+\frac{1}{2}Li^2$$

由于系统的能量不变，于是有

$$\frac{dE}{dt}=\frac{q}{C}\frac{dq}{dt}+Li\frac{di}{dt}=0 \tag{13-20}$$

因电路中的电流等于电容器极板上电荷的减少，故有

$$i=-\frac{\mathrm{d}q}{\mathrm{d}t},\ \frac{\mathrm{d}i}{\mathrm{d}t}=-\frac{\mathrm{d}^2q}{\mathrm{d}t^2}$$

把上两式代入式（13-20）消除电流 i，可得

$$\frac{\mathrm{d}^2q}{\mathrm{d}t^2}+\frac{1}{LC}q=0 \qquad (13\text{-}21)$$

令 $\omega^2=1/LC$，则式（13-21）改写为

$$\frac{\mathrm{d}^2q}{\mathrm{d}t^2}+\omega^2q=0 \qquad (13\text{-}22)$$

式（13-22）与式（13-2）形式完全一致。因此，极板上的电量按简谐规律变化。

【例 13-3】 边长为 a，体密度为 ρ_0 的立方体木块，放入密度是 ρ 的液体中，平衡时其体积有 4/5 在液面之下，如图 13-13 所示。现将其用力按至上平面与液面相平后撤除外力，试证明其后的运动为简谐振动；以外力撤除时为计时起点，求其运动方程。

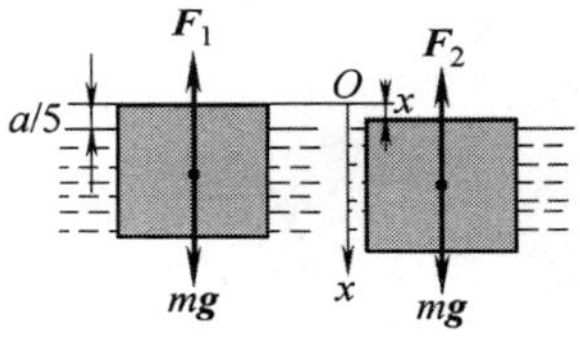

图 13-13　例 13-3 题图

【解】 取木块平衡时上端面所处的位置为坐标的原点，垂直向下为坐标轴正向，因平衡时，木块所受的浮力 F_1 与其重力相等，所以有

$$mg-F_1=0$$

$$mg-\frac{4}{5}a^3\rho g=0 \qquad (1)$$

木块的上端面在任意位置 x 处所受的浮力为 $F_2=\left(\frac{4}{5}a+x\right)a^2\rho g$，依牛顿运动定律，则有

$$mg-\left(\frac{4}{5}a+x\right)a^2\rho g=m\ddot{x} \qquad (2)$$

把式（1）代入式（2）化简得

$$-xa^2\rho g=m\ddot{x}$$

把 $m=a^3\rho_0$ 代入上式，并令 $\omega^2=\rho g/a\rho_0$，则有

$$\frac{\mathrm{d}^2x}{\mathrm{d}t^2}+\omega^2x=0 \qquad (3)$$

由式（3）可见，木块作简谐振动。式（3）的解为

$$x = A\cos(\omega t + \varphi)$$

依题意可知，$t=0$ 时，$v_0=0$，$x_0=a/5$，由

$$A = \sqrt{x_0^2 + \frac{v_0^2}{\omega^2}},\ \varphi = \arctan\left(-\frac{v_0}{\omega x_0}\right)$$

得木块作简谐振动的振幅和初相分别为

$$A = a/5,\ \varphi = 0$$

所以，在上述条件下，木块的运动方程为

$$x = \frac{a}{5}\cos\left(\sqrt{\frac{\rho g}{a\rho_0}}t\right)$$

13.5　简谐振动的合成

上一节所讨论的是质点只参与一个振动的情形，实际上，常常会遇到一个质点同时参与两个或多个振动的情况。如两列声波同时传播到空间的某一点时，该点的空气分子质元就同时参与两个振动。即此时质元的运动就是两个振动的合成。又如，在波的干涉中，实质上就是研究振动的合成问题。所以，研究振动的合成是很重要的。由于一般振动的合成问题比较复杂，本节只研究几种特殊情况下简谐振动的合成。

13.5.1　两个同方向同频率简谐振动的合成

设某质点在一直线上同时参与两个简谐振动，两个简谐振动的频率相同，但振幅、初相位各不相同。若取此直线为 Ox 轴，且以质点的平衡位置为原点，其运动方程分别是

$$x_1 = A_1\cos(\omega t + \varphi_1)$$

$$x_2 = A_2\cos(\omega t + \varphi_2)$$

由于这两个振动是在同一直线上，所以，合振动仍在同一直线上，且等于两个分振动位矢的和，即

$$x = x_1 + x_2$$

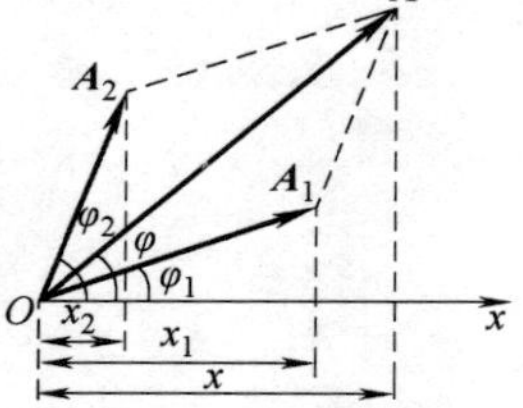

图 13-14　两个同方向同频率简谐振动合成的旋转矢量

合位矢 x 可以用旋转矢量法求得。如图 13-14 所示，两分振动

的旋转矢量分别为 $\boldsymbol{A}_1$ 和 $\boldsymbol{A}_2$，$t=0$ 时，它们与 Ox 的夹角分别为 φ_1 和 φ_2，以相同的角速度 ω 绕 O 点逆时针旋转，合矢量 $\boldsymbol{A}$ 也绕 O 点以 ω 逆时针旋转。由于 $\boldsymbol{A}_1$ 和 $\boldsymbol{A}_2$ 间的夹角始终保持为 $\varphi_2-\varphi_1$，所以合矢量 $\boldsymbol{A}$ 的大小也保持不变，且其端点在 Ox 轴上投影点的坐标 x 满足

$$x=A\cos(\omega t+\varphi)$$

式中的振幅 A 和初相位 φ，可从图 13-14 求出

$$A=\sqrt{A_1^2+A_2^2+2A_1A_2\cos(\varphi_2-\varphi_1)} \tag{13-23}$$

$$\tan\varphi=\frac{A_1\sin\varphi_1+A_2\sin\varphi_2}{A_1\cos\varphi_1+A_2\cos\varphi_2} \tag{13-24}$$

从式（13-23）可见，合振动的振幅不仅与分振动的振幅有关，还与两分振动的相位差有关。下面分几种情况来讨论。

1）当位相差 $\Delta\varphi=\varphi_2-\varphi_1=2k\pi$（$k=0,\ \pm1,\ \pm2,\ \pm3,\ \cdots$）时，$\cos(\varphi_2-\varphi_1)=1$，则有

$$A=\sqrt{A_1^2+A_2^2+2A_1A_2}=A_1+A_2 \tag{13-25}$$

即当两分振动的相位相同或相位差为 2π 的整数倍时，合振幅等于两分振动的振幅之和，合成结果相互加强。

2）当位相差 $\Delta\varphi=\varphi_2-\varphi_1=(2k+1)\pi$（$k=0,\ \pm1,\ \pm2,\ \pm3,\ \cdots$）时，$\cos(\varphi_2-\varphi_1)=-1$，则有

$$A=\sqrt{A_1^2+A_2^2-2A_1A_2}=|A_1-A_2| \tag{13-26}$$

即当两分振动的相位相反或相位差为 π 的奇数倍时，合振幅等于两分振动的振幅之差，合成结果相互减弱。特别是当 $A_1=A_2$ 时，$A=0$，即质点处于静止状态。

3）当 $\Delta\varphi=\varphi_2-\varphi_1$ 为任意值时，即两分振动的相位既不相同，也不相反，则合振动的振幅取值在 A_1+A_2 和 $|A_1-A_2|$ 之间，这是一般的情况。

13.5.2 两个同方向不同频率简谐振动的合成

若质点同时参与两个同方向不同频率的简谐振动时，由于这两个分振动的频率不同，因而它们的相位差会随时间改变，合振动一般不再是简谐运动，情况比较复杂。下面只讨论两个

简谐振动的频率 ν_1、ν_2 都比较大，而两频率之差却很小，即 $|\nu_2-\nu_1| \ll \nu_1+\nu_2$的特殊情况。

为简单起见，设两分振动的振幅相同且初相位均为零，则它们的运动方程为

$$x_1 = A\cos\omega_1 t$$

$$x_2 = A\cos\omega_2 t$$

于是，合振动的运动方程为

$$x = x_1 + x_2 = A\cos\omega_1 t + A\cos\omega_2 t$$

利用三角函数的和差化积公式，并考虑到 $\omega=2\pi\nu$，上式可改写成

$$x = 2A\cos 2\pi\left(\frac{\nu_2-\nu_1}{2}t\right)\cos 2\pi\left(\frac{\nu_2+\nu_1}{2}t\right) \tag{13-27}$$

由此可见，合振动与两分振动仍在同一直线上，但合振动已不是简谐振动。式（13-27）可看作由两部分组成，第一部分为振动的“振幅”

$$2A\cos 2\pi\left(\frac{\nu_2-\nu_1}{2}t\right)$$

第二部分为振动的变化规律

$$\cos 2\pi\left(\frac{\nu_2+\nu_1}{2}t\right)$$

这两部分都是随时间 t 作周期性变化的。因$|\nu_2-\nu_1| \ll \nu_1+\nu_2$，所以，第一部分随时间 t 变化的周期比第二部分随时间的变化要缓慢得多，故合运动可视为以频率$\dfrac{\nu_2+\nu_1}{2}$作“简谐性”的振动，如图 13-15 所示。从图中可见，合振幅的数值在 0 ~ $2A$ 内变化，当两分振动同相时，合振幅为 $2A$，如图中 t_1 时刻；当两分振动反相时，合振幅为 0，如图中 t_2 时刻。

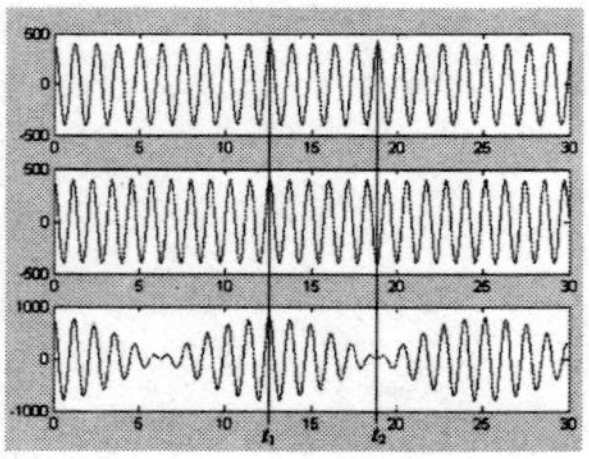

图 13-15　拍

两个频率都较大，而频率之差很小的同方向简谐振动合成时，合振幅周期性地时而加强、时而减弱的现象称为**拍**。合振幅的变化频率叫作**拍频**。由于余弦函数的绝对值的变化周期为 π，所以有

$$\left|2A\cos 2\pi\frac{\nu_2-\nu_1}{2}t\right| = \left|2A\cos\left(2\pi\frac{\nu_2-\nu_1}{2}t+\pi\right)\right|$$
$$= \left|2A\cos 2\pi\frac{\nu_2-\nu_1}{2}\left(t+\frac{1}{\nu_2-\nu_1}\right)\right|$$

可见，合振幅变化的周期 $T=1/(\nu_2-\nu_1)$。所以其变化的频率，即拍频为

$$\nu=\nu_2-\nu_1 \tag{13-28}$$

拍频之值为两个分振动的频率之差。

上述结果也可用旋转矢量法合成求得。如图 13-16 所示，旋转矢量 $\boldsymbol{A}_1$、$\boldsymbol{A}_2$ 分别以角速度 ω_1 和 ω_2 绕原点 O 逆时针旋转。因为 $\omega_1<\omega_2$，所以在旋转中，$\boldsymbol{A}_1$ 和 $\boldsymbol{A}_2$ 的方向有时一致(即同相)，合振幅最大，如图 13-15 中 t_1 时；有时相反(即反相)，合振幅最小，如图 13-15 中 t_2 时。而在一般情况下，两者的相位差为 $\Delta\varphi=(\omega_2-\omega_1)t$，由式(13-13)可得合振幅为

$$A=\sqrt{A_1^2+A_2^2+2A_1A_2\cos\Delta\varphi}$$

如 $A_1=A_2$，利用半角公式，并考虑到 $\omega=2\pi\nu$，上式可写成

$$A=A_1\sqrt{2(1+\cos\Delta\varphi)}=\left|2A_1\cos\left(2\pi\frac{\nu_2-\nu_1}{2}t\right)\right|$$

即合振幅 A 是变化的，其变化的频率即拍频为 $\nu=\nu_2-\nu_1$。

由图 13-16 可见，合矢量 $\boldsymbol{A}$ 与 Ox 的夹角为 $\omega t=(\omega_2-\omega_1)t$，且

$$x_1=A_1\cos\omega_1 t$$
$$x_2=A_1\cos\omega_2 t$$
$$x=A\cos\omega t$$

因 $x=x_1+x_2$，由上三式有

$$\cos\omega t=\frac{x_1+x_2}{A}=\frac{A_1\cos\omega_1 t+A_1\cos\omega_2 t}{2A_1\cos\frac{\omega_2-\omega_1}{2}t}$$

由三角函数和差化积公式，上式可改写为

$$\cos\omega t=\frac{2A_1\cos\frac{\omega_2-\omega_1}{2}t\cos\frac{\omega_2+\omega_1}{2}t}{2A_1\cos\frac{\omega_2-\omega_1}{2}t}=\cos 2\pi\frac{\nu_1+\nu_2}{2}t$$

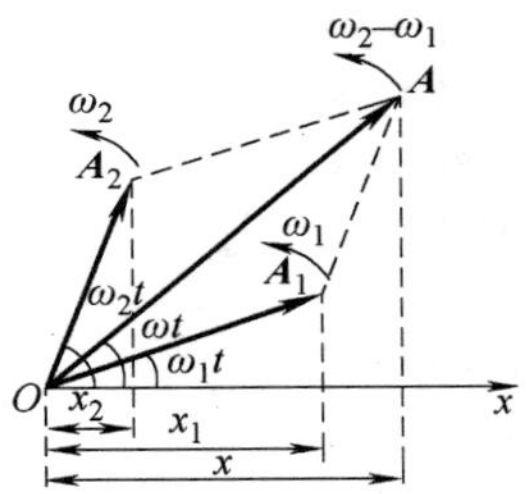

图 13-16 两个同方向不同频率简谐振动合成的旋转矢量

拍的模拟程序

```
# include <stdlib. h>
# include <math. h>
# include <graphics. h>
# include <dos. h>
# include <conio. h>
# include <stdio. h>
# define PI 3. 1415926
int main( )
{
int i,n,m,q;
float
k = 80, x = 1, a = 40, y1, y2,
y3, u = 1, t = 0.01;
int gdriver = DETECT, gmode;
initgraph(&gdriver, &gmode," f:
\\tc\\bgi");
setbkcolor(1);
for(i = 0;i < 400;i ++)
{ if(kbhit()) break;
setfillstyle(1,1); bar(0,0,
640,480);
for(n = 0;n < 6400;n ++)
{
y1 = a * cos(5 * PI * (u + 0.2)
* (i * t - n * x/k)) + 90;
y2 = a * cos(5 * PI * u * (i *
t - n * x/k)) + 200;
```

```
y3 = y1 + y2 + 80;
circle(n * x, y1, 1);
circle(n * x, y2, 1);
circle(n * x, y3, 1);
}}
delay (2);
getch();
closegraph();
}
```

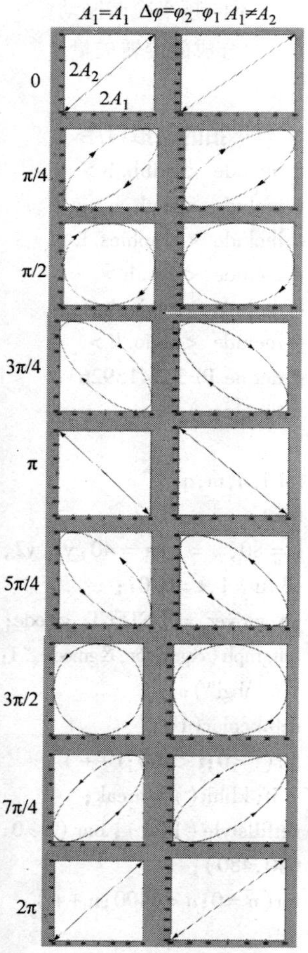

图 13-17　两个相互垂直的同频率的简谐振动的合成

由上式可见，合振动的频率为$\dfrac{\nu_2+\nu_1}{2}$。

13.5.3　两个相互垂直的简谐振动的合成

设一质点同时参与两个简谐振动，这两个振动分别在相互垂直的 x、y 轴进行，当其频率相同时，它们振动的表达式分别为

$$x=A_1\cos(\omega t+\varphi_1)$$
$$y=A_2\cos(\omega t+\varphi_2)$$

消除时间参数 t，可得到质点的轨迹方程为

$$\frac{x^2}{A_1^2}+\frac{y^2}{A_2^2}-\frac{2xy}{A_1A_2}\cos(\varphi_2-\varphi_1)=\sin^2(\varphi_2-\varphi_1) \qquad (13\text{-}29)$$

从式(13-29)可见，这是一个椭圆方程。即一个质点同时参与两个相互垂直的同频率的简谐振动时，在 Oxy 面上，其轨迹是一个椭圆；在 A_1 和 A_2 给定的情况下，椭圆的具体形状由两个分振动的相位差 $\Delta\varphi=\varphi_2-\varphi_1$ 决定。下面讨论几种特殊情况。

1）当 $\Delta\varphi=\varphi_2-\varphi_1=0$ 时，式(13-29)变为

$$y=\frac{A_2}{A_1}x$$

此时合振动的轨迹是一条通过原点，斜率为 A_2/A_1 的直线。

2）当 $\Delta\varphi=\varphi_2-\varphi_1=\pi$ 时，式(13-29)变为

$$y=-\frac{A_2}{A_1}x$$

此时合振动的轨迹是一条通过原点，斜率为 $-A_2/A_1$ 的直线。

3）当 $\Delta\varphi=\varphi_2-\varphi_1=\pm\dfrac{\pi}{2}$时，式(13-29)变为

$$\frac{x^2}{A_1^2}+\frac{y^2}{A_2^2}=1$$

此时合振动的轨迹是一个正椭圆，当 $A_1=A_2$ 时，轨迹是一个圆。当 $\Delta\varphi=\varphi_2-\varphi_1=\pi/2$ 时，y 超前 x 的相位 $\pi/2$，质点按顺时针沿相应轨迹运动；当 $\Delta\varphi=\varphi_2-\varphi_1=-\pi/2$ 时，y 滞后 x 的相位 $\pi/2$，质点按逆时针沿相应轨迹运动。$\Delta\varphi$ 为特殊值时的合

振动的轨迹如图 13-17 所示。

以上所讨论的两相互垂直振动的频率是相同的。若它们的频率不同，一般说来合成的运动是比较复杂的。这是因为两分振动的相位差始终是变化的，所以合成后轨迹不能形成稳定的图像。但是，当两分振动的频率成简单的整数比时，合振动的轨迹则可形成稳定的图形。这些图形称之为**李萨如图形**。需要强调的是：两个相互垂直的不同频率简谐振动合成的轨迹，不仅与两分振动的频率比有关，还和各自的初相位有关。图 13-18 给出了具有不同频率比，且 $\varphi_1=0$，φ_2 分别等于 0、$\pi/4$、$\pi/2$ 时的李萨如图形。

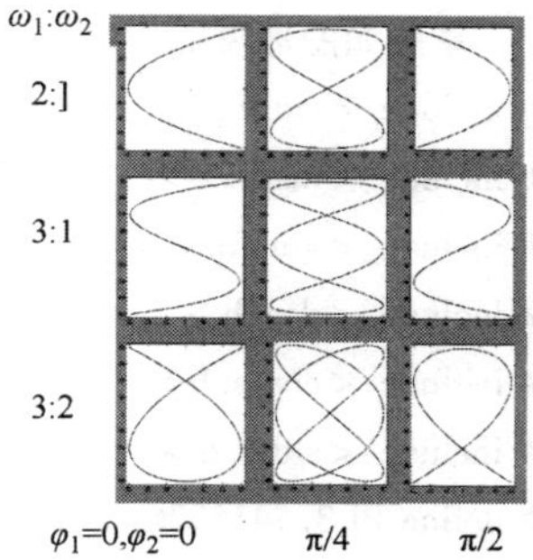

图 13-18　李萨如图形($\varphi_1=0$)

在技术上，利用李萨如图形可以从一个已知振动的频率，测另一未知振动的频率；或已知两振动的频率比，测彼此的相位关系。

13.6　阻尼振动　受迫振动　共振　大角度摆

13.6.1　阻尼振动

简谐振动是一种等幅振动，这种振动一旦发生，就将永不停息地进行下去，但这只是一种理想的情形。实际的振动总是要受到阻力的影响，系统在振动过程中要不断克服阻力做功，从而使系统的能量不断减少。同时，振动系统与周围的弹性介质作用，使振动以波的形式向外传播，随着波的传播，系统的能量将以波的形式向四周辐射。在这两种情形下，系统的能量都将不断消耗，因振动系统的能量与其振幅的二次方成正比，因此系统振动的振幅将逐渐减小，最终为零。这种振幅随时间减小的振动，叫做**阻尼振动**。

下面讨论振动物体受黏滞阻力作用的情况。实验指出，当物体在黏性介质中以不太大的速度运动时，介质对物体的阻力与物体的速度成正比，方向与速度方向相反，即

$$F=-\gamma v$$

式中，γ 称为阻力系数，它与物体的形状、大小和介质的性质

李萨如图形模拟程序

```
# include <stdlib. h>
# include <math. h>
# include <graphics. h>
# include <dos. h>
# include <conio. h>
# include <stdio. h>
# define PI 3. 1415926
int main( )
{
int i,n,x=5,y=4;
float y1,y2,a=100,t=0.01;
int gdriver = DETECT, gmode;
initgraph ( &gdriver, &gmode,"
");
setbkcolor(1);
for(i=0;i<400;i++)
{ if(kbhit()) break;
setfillstyle(1,1);bar(0,20,
640,480);
gotoxy(5,3);
printf("fx is:%d",x);
gotoxy(15,3);
printf("fy is:%d",y);
for(n=0;n<800;n++)
{
y1=a*cos(PI*i*t+n*x
+(PI+1)/2)+320;
y2=a*cos(PI*i*t+n*
y)+240;
circle(y1,y2,1);
}
delay(20);
}
closegraph();
}
```

有关。对于弹簧振子，设其质量为 m，那么在弹性力和黏滞阻力的作用下，振子运动的微分方程为

$$m\frac{d^2x}{dt^2}=-kx-\gamma\frac{dx}{dt}$$

或

$$\frac{d^2x}{dt^2}+\frac{\gamma}{m}\frac{dx}{dt}+\frac{k}{m}x=0 \tag{13-30}$$

对于给定的系统和介质，m、k 及 γ 都是常数，故令

$$\frac{k}{m}=\omega_0^2,\qquad \frac{\gamma}{m}=2\beta$$

于是式(13-30)变为

$$\frac{d^2x}{dt^2}+2\beta\frac{dx}{dt}+\omega_0^2x=0 \tag{13-31}$$

这是一个常系数二阶齐次线性微分方程。式中，β 称为**阻尼系数**，它由系统本身的性质及介质的黏滞性决定；ω_0 称为振动系统的固有角频率，由系统本身的性质决定。显然，阻尼系数越大，系统所受的阻力也越大。根据 β^2 与 ω_0^2 的相对大小，方程(13-31)有以下三种形式的解。

1）若 $\beta^2<\omega_0^2$，称为小阻尼振动，此时方程(13-31)的解为

$$x=Ae^{-\beta t}\cos(\omega t+\varphi) \tag{13-32}$$

式中，$\omega=\sqrt{\omega_0^2-\beta^2}$；$A$ 和 φ 为积分常数，由初始条件决定。若 $t=0$ 时，$x=x_0$，$v=v_0$，把初始条件代入式(13-31)可解得

$$A=\sqrt{x_0^2+\frac{(v_0+\beta x_0)^2}{\omega^2}} \tag{13-33}$$

$$\varphi=\arctan\left(-\frac{v_0+\beta x_0}{\omega x_0}\right) \tag{13-34}$$

从式(13-32)可见，其因子 $Ae^{-\beta t}$ 可视为是随时间衰减的振幅；而另一个因子 $\cos(\omega t+\varphi)$ 则表示振动的变化规律，两因子相乘表示阻尼振动是一种振幅不断减小的往复运动。因此，阻尼振动不是简谐振动，随着时间 t 的推移，振幅将趋于零，这表示物体最终将趋于静止。物体趋于静止的快慢，由阻尼系数 β 决定，β 越大其振动趋于静止的时间就越短，反之亦然。小阻

尼振动的曲线如图 13-19 所示。

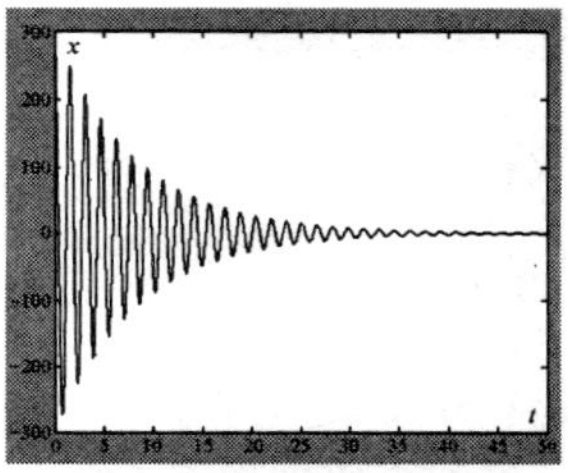

图 13-19　小阻尼振动

由于阻尼振动的振幅随时间不断减少，所以每隔一定时间后，物体再也不能回复到原来的位置上，它也不再是严格意义下的周期运动。若把因子 $\cos(\omega t+\varphi)$ 的相位变化 2π 所经历的时间称为周期。则阻尼振动的周期为

$$T=\frac{2\pi}{\omega}=\frac{2\pi}{\sqrt{\omega_0^2-\beta^2}}>T_0$$

由上式可见，由于阻力的影响，小阻尼振动的周期比系统振动的固有周期 T_0 要长。

设在 t 时刻，小阻尼振动的振幅为 $A\mathrm{e}^{-\beta t}$，相隔一个周期 T 后，其振幅变为 $A\mathrm{e}^{-\beta(t+T)}$，于是

$$\frac{A\mathrm{e}^{-\beta t}}{A\mathrm{e}^{-\beta(t+T)}}=\mathrm{e}^{\beta T}$$

取对数得
$$\lambda=\ln\mathrm{e}^{\beta T}=\beta T$$

λ 为相隔一个周期的两个相续振动的振幅比的对数，称为**对数衰减**。通过实验测量对数衰减，可以确定阻尼系数。

2）若 $\beta^2>\omega_0^2$，称为过阻尼振动，此时方程(13-31)的解为

$$x=c_1\mathrm{e}^{-(\beta-\sqrt{\beta^2-\omega_0^2})t}+c_2\mathrm{e}^{-(\beta+\sqrt{\beta^2-\omega_0^2})t}\tag{13-35}$$

式中，c_1 和 c_2 为积分常数，由初始条件决定。此式表明，在过阻尼状态下，物体不再作往复运动，而是从最大位置处缓慢地趋于平衡位置，其振动曲线如图 13-20 中(a)所示。如把振子置于黏滞性很大的油中，拉动物体离开平衡位置后释放，则物体便缓慢地回到平衡位置。这便是过阻尼振动。

3）若 $\beta^2=\omega_0^2$，称为临界阻尼振动，此时方程(13-31)的解为

$$x=(c_1+c_2t)\mathrm{e}^{-\beta t}\tag{13-36}$$

式中，c_1 和 c_2 为积分常数，由初始条件决定。在此情况下，振动系统刚好不能作周期性的往复运动，而是从最大位置处快速地回到平衡位置，其振动曲线如图 13-20 中(b)所示。比较图中(a)和(b)可见，作临界阻尼振动的物体从最大位置处回到平衡位置所需要的时间，比相应的过阻尼振动的短。

小阻尼振动的模拟

```
clear
clc
count = 1;
a = 0.3; b = 10; c = 15; d = 16;
L = 0.75; w = 3; x = 1.5; t1 = 0.01;
t = 0.1;
for i = 1:1:5000;
q(i) = 0;
L = (d * cos(w * i * t - a * l - b * x - c * x^3) * ti + L;
x = L * t1 + x;
q(i) = x;
count = count + 1;
end
i = 1:1:5000;
plot(i * t, q(i), 'b - ');
```

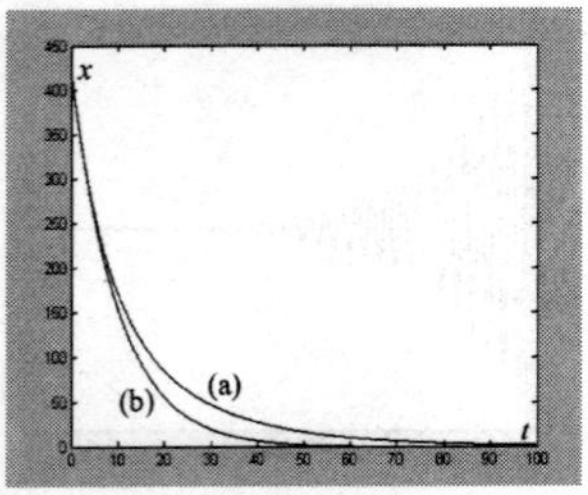

图 13-20　过阻尼和临界阻尼振动

在生产和技术中，常用改变阻尼大小的方法来控制系统的振动。如精密天平、灵敏电流计等，为使其在较短的时间内停止下来，都加有阻尼装置。

13.6.2　受迫振动

实际的振动系统总免不了阻尼而消耗能量，从而使振幅不断衰减。在振动系统存在阻尼的情况下，要维持等幅的振动，必须给系统施加周期性的外力，对系统做功，不断地为系统补充能量，当补充的能量与耗散的能量相等时，系统便能作等幅振动。给系统施加的这种周期性外力叫策动力，在策动力作用下系统的振动称为**受迫振动**。

现在讨论质量为 m 的物体在弹性力 $-kx$、阻力 $-\gamma\nu$ 和策动力 $H\cos pt$ 作用下的受迫振动。根据牛顿运动定律有

$$m\frac{\mathrm{d}^2x}{\mathrm{d}t^2}=-kx-\gamma\frac{\mathrm{d}x}{\mathrm{d}t}+H\cos pt \tag{13-37}$$

式中，H 是策动力的最大值，称之为力幅；p 是策动力的角频率。因 m、k、γ 和 H 均为常数，故令

$$\frac{k}{m}=\omega_0^2,\quad \frac{\gamma}{m}=2\beta,\quad \frac{H}{m}=h$$

把上述关系代入式(13-37)，则得到受迫振动的微分方程

$$\frac{\mathrm{d}^2x}{\mathrm{d}t^2}+2\beta\frac{\mathrm{d}x}{\mathrm{d}t}+\omega_0^2x=h\cos pt \tag{13-38}$$

式(13-38)是一个非齐次常系数二阶常微分方程。根据微分方程的理论，其通解为

$$x=A_0\mathrm{e}^{-\beta t}\cos\left(\sqrt{\omega_0^2-\beta^2}\,t+\varphi'\right)+A\cos(pt+\varphi) \tag{13-39}$$

式(13-39)表明，受迫振动由阻尼振动 $A_0\mathrm{e}^{-\beta t}\cos\left(\sqrt{\omega_0^2-\beta^2}\,t+\varphi'\right)$ 和稳态振动 $A\cos(pt+\varphi)$ 两部分合成。在振动的初始阶段，振子运动的速度不是很大，因而系统所受的阻力较小，系统从外界获得的能量大于所消耗的能量，于是振动能量逐渐增加，振幅也逐渐增大，此阶段称为暂态振动。当振动速度达到一定值时，系统克服阻力做功所耗的能量，恰好等于策动力补充给

系统的能量，振动能量为稳定值。此时，受迫振动的振幅达到某一稳定值，称为稳态振动，受迫振动的振动曲线如图 13-21 所示。

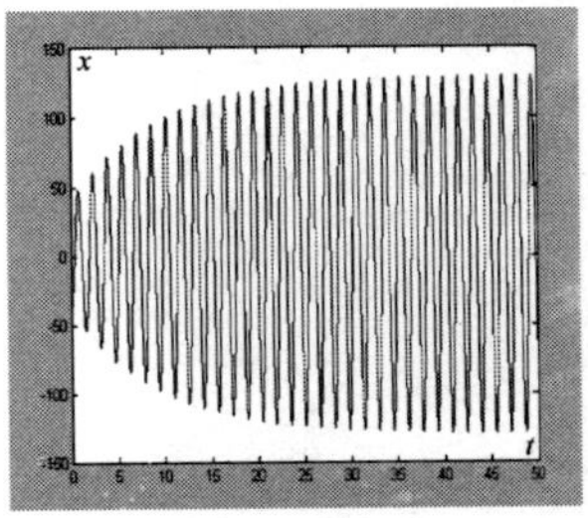

图 13-21 受迫振动

实验证明，当策动力作用于系统上时，暂态过程是很短暂的，系统很快就达到稳态振动。这时因为受迫振动中的阻尼部分随时间很快衰减为零，只有稳态振动部分起作用。从式(13-39)可见，稳态振动的方程为

$$x = A\cos(pt + \varphi) \tag{13-40}$$

应该指出，式(13-40)虽然和简谐振动的表达式完全相同，但本质是不同的。第一，其振动的角频率不再是系统的固有频率，而是策动力的角频率；第二，其振幅和初相位不再由振子的初始条件决定，而是由振子的性质(k、m)、阻尼的大小(β)和策动力的特征(H、p)等诸多因素决定。把式(13-40)代入式(13-38)可得稳态振动的振幅 A 和初相位 φ 分别为

$$A = \frac{h}{\sqrt{(\omega_0^2 - p^2)^2 + 4\beta^2 p^2}} \tag{13-41}$$

$$\varphi = \arctan\left(-\frac{2\beta p}{\omega_0^2 - p^2}\right) \tag{13-42}$$

由式(13-41)可见，当 ω_0、β 及 h 都给定时，振幅 A 仅为策动力的角频率 p 的函数。特别是当 $p \approx \omega_0$ 时，由式(13-41)可得

$$A = \frac{h}{2\beta p}$$

这时，阻尼系数 β 对振幅的控制起决定性的作用，因此在实际中，调整 β 的大小，可使振幅满足技术上的要求。

13.6.3 共振

由式(13-41)可知，一个振动系统，当 ω_0、h 以及 β 给定时，稳态受迫振动的振幅 A 随策动力的角频率 p 而改变。下面讨论振幅 A 取极值的条件。为此，把式(13-41)对 p 求一阶导数，并令其为零，则

$$\frac{dA}{dp} = \frac{d}{dp}\left(\frac{h}{\sqrt{(\omega_0^2 - p^2)^2 + 4\beta^2 p^2}}\right)$$

$$\frac{4hp(\omega_0^2-2\beta^2-p^2)}{[(\omega_0^2-p^2)^2+4\beta^2p^2]^{3/2}}=0$$

由此得
$$(\omega_0^2-2\beta^2-p^2)=0$$

即当 $p=\sqrt{\omega_0^2-2\beta^2}$ 时，受迫振动的振幅有极大值。策动力的角频率为某一定值，受迫振动的振幅达到极大值的现象叫作**共振**。共振时，策动力的角频率称为**共振频率**，以 p_r 表示，则有

$$p_r=\sqrt{\omega_0^2-2\beta^2} \tag{13-43}$$

上式说明，系统的共振频率由系统本身的性质和阻力系数决定，且略小于系统的故有频率 ω_0。

把式(13-43)代入式(13-41)得共振时受迫振动的振幅为

$$A_r=\frac{h}{2\beta\sqrt{\omega_0^2-\beta^2}} \tag{13-44}$$

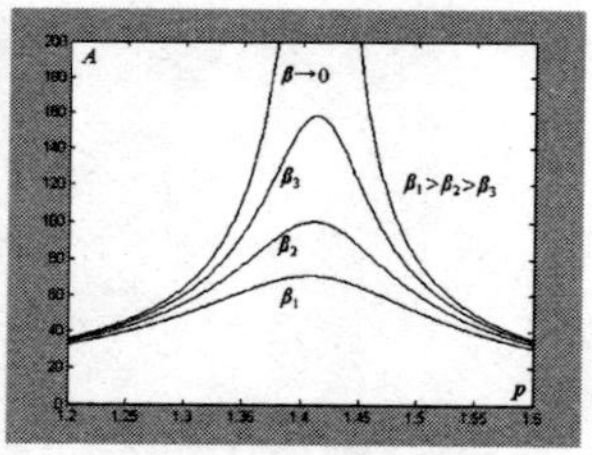

图 13-22　不同阻尼下的共振振幅

从式(13-43)、式(13-44)可见，阻尼系数 β 越小，共振频率 p_r 就越接近振动系统的固有角频率 ω_0，共振时的振幅 A_r 也越大。特别是当 β 趋于零时，$p_r\approx\omega_0$，A_r 趋于无穷大，此状态称为**尖锐共振**。在不同阻尼下，受迫振动的振幅随策动力角频率的变化曲线如图 13-22 所示。从图 13-22 可见，在共振频率附近，阻力的作用特别突出；当策动力的频率 p 远离共振频率时，阻力的作用很小。这就为我们控制受迫振动的振幅提供了理论依据：要在策动力的作用下产生较大的振幅，就应使策动力的频率接近系统的固有频率；反之，要在策动力的作用下产生较小的振幅，就应使策动力的频率远离系统的固有频率。另一方面，在策动力的频率接近系统的共振频率时，若希望振动加强，就应减小阻尼，反之亦然。

共振现象具有广泛的应用。如苯胺不能直接由苯和胺化合而得，但在二氧化碳激光的照射下，就能直接生成苯胺。这是因为二氧化碳激光的频率与胺的频率接近，使之在共振吸收下活力加强，从而引起苯胺的直接合成。共振在声学、原子物理学和其他科学技术领域中都有广泛应用。当然，共振也有危害的一面，共振时因系统振幅过大会造成事故甚至灾难。例如，1940 年 7 月 1 日，竣工仅四个月的美国塔科马大桥在一次大风

中，因共振而坍塌，造成了巨大的经济损失。共振现象有利有弊，科技工作者需要掌握其规律，趋利避弊。因此，工程实际中，常常通过改变系统的固有频率 ω_0 或阻尼系数 β 或策动力的力幅 H 及角频率 p 这些物理量，去控制策动力对振动系统的作用。如机器和精密仪器都有一个很厚重的基础，这除了是为提高其稳定性外，更是为了改变基础的固有频率，从而使机器的振动频率或仪器所受外来干扰的扰动频率远离基础的固有频率，以免因共振而损坏机器或影响仪器的测量精度。

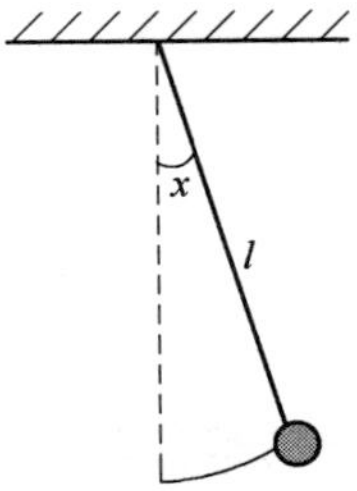

图 13-23 大角度摆动

13.6.4 大角度摆

在单摆和复摆的讨论中，都要求最大的摆角 $\theta<5°$，以便利用 $\sin\theta\approx\theta$ 的条件。下面我们将讨论摆最一般的运动。设有一摆，其摆长为 l，摆球质量为 m，如图 13-23 所示。此摆球在运动中除受重力和摆线拉力作用外，还受到阻力及策动力的作用，其中阻力的大小与角速度大小成正比，方向与角速度反向。仍取垂直向外为角坐标的正向，则在任意位置 x 处，该摆所受的重力矩、阻尼力矩和驱动力矩依次为：$-mgl\sin x$，$-kl\dot{x}$，$p\cos\omega t$，考虑摆球的直径远小于摆长，视其为质点，故摆球对悬挂点的转动惯量为 ml^2。由转动定律，其运动方程为

$$-mgl\sin x-kl\frac{\mathrm{d}x}{\mathrm{d}t}+p\cos\omega t=ml^2\frac{\mathrm{d}^2x}{\mathrm{d}t^2} \qquad (13\text{-}45)$$

把 $\sin x$ 展开 $\sin x=x-x^3/3!+x^5/5!+\cdots$，取前两项代入式(13-45)并化简得

$$ml^2\ddot{x}+kl\dot{x}+mglx-\frac{mgl}{3!}x^3=p\cos\omega t$$

$$\ddot{x}+a\dot{x}+bx+cx^3=d\cos\omega t \qquad (13\text{-}46)$$

式中，$a=k/ml$，$b=g/l$，$c=-g/6l$，$d=p/ml^2$。式(13-46)是一个非线性方程，其精确的解析解不易求得，可用数值计算求解。

为了考查初始条件对摆球运动的影响，特设定初始位置稍有差别，而其他条件都相同的两个摆，数值计算的结果如图 13-24所示。从图中可见，初始位置稍有差异而其他条件都相

大角度摆的模拟程序

```
clear
clc
count = 1;
a = 0.8; b = -6; c = 5; d = 4;
L = 2.5; L1 = 2.5; w = 3;
x = 0.65; y = 0.60; t = 0.1; t
 = 0.1;
for i = 1:1:4000;
q(i) = 0; p(i) = 0;
L = (d * cos(w * t) - a * L -
b * x - c * x^3) * t1 + L;
x = L * t1 + x;
q(i) = x; p(i) = 1;
q1(i) = 0; p1(i) = 0;
L1 = L = (d * cos(w * t) - a
 * L - b * x - c * x^3) * t1 +
L1;
y = L1 * t1 + y;
q1(i) = y; p1(i) = L1;
count = count + 1
end
i = 1:1:40000;
plot(i * t, q(i), 'k - ', i * t,
q1(i), 'k:');
axis([1 25 -2.2 2.0])
```

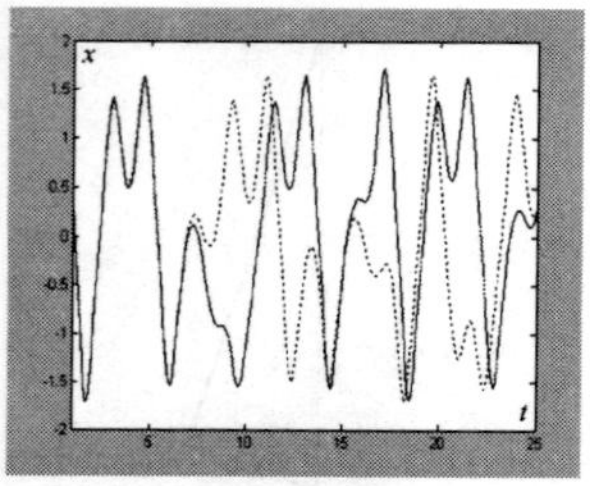

图 13-24　初始条件稍有差别的大角度摆的运动曲线

同的两个摆，仅在前几个“周期”内运动相同，而随后的运动却出现了极大的差异，这种“差之毫厘，失之千里”的现象，便是所谓“混沌”中有名的“蝴蝶效应”。“混沌”是确定性系统中存在的一种随机性运动，“蝴蝶效应”表明了非线性系统对初始条件的极度敏感性，是非线性系统的固有特性。

“蝴蝶效应”对我们有现实的指导意义，提示我们在日常的生活和学习中要“大处着眼，小处着手”，规范自己的行为举止，注意修身养性，防微杜渐，生活中“不以善小而不为，不以恶小而为之”；学习上锲而不舍，积硅步以成千里，逐渐成为一个比较完善的人。若能如此，这将是我们通过学习物理而获得的物理知识以外的最大收获。

习　题　13

13-1　若简谐振动方程 $x=0.20\cos(10\pi t+\pi/3)$（SI），试画出振动曲线，并求(1)振幅、频率、角频率、周期和初相位；(2) $t=2$s 时的位置、速度和加速度。

13-2　质量为 2.0kg 的物体，按方程 $x=0.20\cos(5t-\pi/3)$（SI）沿 x 轴运动，求(1) $t=0$ 时，作用在物体上力的大小和方向；(2) 物体所受力的大小和最大值。

13-3　如何判断一个物体是否作简谐振动？试分析以下运动是否是简谐振动。若是，试计算其振动周期：(1) 一质量为 m 的小球在一半径 R 很大的光滑凹面底部附近来回运动；(2) 皮球在地面上作完全弹性的上下跳动。

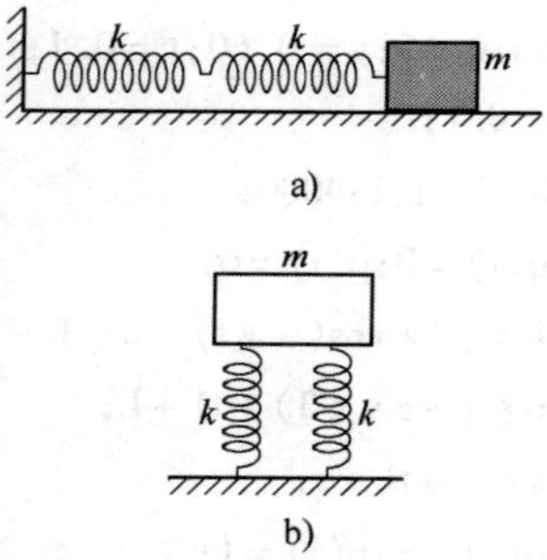

图 13-25　习题 13-4 图

13-4　把质量为 m 的木块，与劲度系数为 k 的两根轻弹簧分别按图 13-25a、b 两种方式连接。若不计一切阻力，把木块拉离平衡位置后释放。(1) 试证明木块作简谐振动；(2) 振动周期各为多少？

13-5　一质量为 m 的物体挂在劲度系数为 k 的弹簧下端，振动角频率为 ω，若把此弹簧分割成两等分，再将物体挂在分割后的一根弹簧下端，求此情况下振子的角频率。

13-6　周期为 T 的简谐振动，在 $t=0$ 时，$x_0=a$，$v_0=0$。求此简谐振动的运动方程。

13-7　有一劲度系数为 $4.0\times10^{-1}\mathrm{N\cdot m^{-1}}$ 的弹簧振子，其质量为 4.0×10^{-3}kg。$t=0$ 时，$x_0=2.0\times10^{-2}$m，$v_0=-2\sqrt{3}\times10^{-1}\mathrm{m\cdot s^{-1}}$。求振动

的初相位和运动方程。

13-8 在一轻弹簧下端悬挂质量 $m_0=100g$ 的砝码时，弹簧伸长 8.0cm。现在此弹簧下悬挂一质量 $m=250g$ 的物体构成弹簧振子，将物体从平衡位置向下拉 4.0cm，并给以向上的 $21cm\cdot s^{-1}$ 的初速度，以此时为计时起点，选 x 轴向下为正，求振动方程。

13-9 一简谐振动的物体，振动曲线如图 13-26 所示。(1) 试写出其运动方程；(2) 求物体从 a 位置运动到 b 位置所需的最短时间。

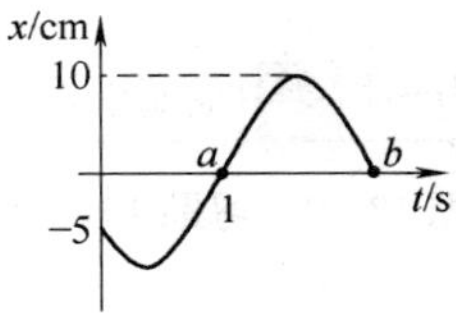

图 13-26 习题 13-9 图

13-10 一质点沿 x 轴作简谐振动，振动方程为 $x=4.0\times10^{-2}\cos(2\pi t+\pi/3)$(SI)。求从 $t=0$ 时刻起，到质点位置在 $x=-2.0cm$ 处，并向 x 轴正方向运动的最短时间。

13-11 一单摆的角振幅 $\theta_0=0.010\pi$，周期 $T=0.50s$，求(1) 摆动角速度的最大值；(2) 当角坐标是角振幅一半时角速度的大小。

13-12 有一个和轻弹簧相连的小球，沿 x 轴作振幅为 A 的简谐振动。该振动表达式用余弦函数表示。若 $t=0$ 时，小球的运动状态分别为：(1) $x_0=-A$；(2) 过平衡位置向 x 轴正方向运动；(3) $x_0=A/2$ 处，且向 x 轴负方向运动。试用旋转矢量法分别确定相应的初相位。

13-13 一根长 $l=1.0m$ 的米尺，可绕通过其一端点的水平轴在铅直面内作小角度摆动。若不计一切阻力，试求其摆动的角频率和周期。

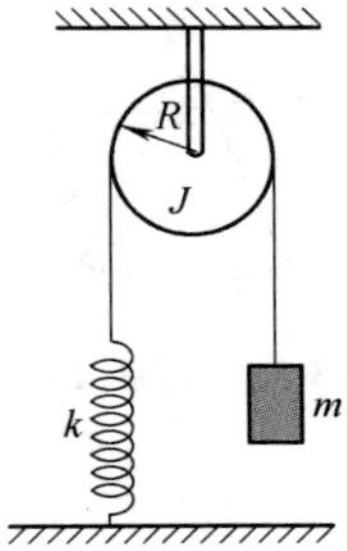

图 13-27 习题 13-14 图

13-14 一定滑轮的半径为 R，转动惯量为 J，其上挂一轻绳，绳一端系一质量为 m 的物体，另一端与一固定的轻弹簧相连，如图 13-27 所示。设弹簧的劲度系数为 k，绳与滑轮间无滑动，不计一切阻力。现将物体从平衡位置拉下一微小距离后释放，证明物体作简谐振动，并求出其角频率。

13-15 一粗细均匀、横截面积为 S 的 U 形管中装有一定量的水银，水银在管中的长度为 l，如图 13-28 所示。平衡后由于扰动，使水银在 U 形管中振动，若不计阻力，试证明其振动为简谐振动，并求其振动周期。

图 13-28 习题 13-15 图

13-16 设细圆环质量为 m，半径为 R，挂在墙上的钉子上，若不计阻力，求它作微小振动的周期。

13-17 在一平板上放一质量为 2.0kg 的物体，平板在竖直方向作简谐振动，其振动周期 $T=0.50s$，振幅 $A=4.0cm$。求(1) 物体对平板的压力；(2) 平板以多大的振幅振动时，物体开始离开平板。

13-18 有一水平的弹簧振子，弹簧的劲度系数为 $k=24N\cdot m^{-1}$，物体的质量 $m=6.0kg$，物体静止在平衡位置上，如图 13-29 所示。现以一水平恒力 $F=10.0N$ 向左作用于物体，使之由平衡位置向左运动了 0.050m，此时撤除力 F，当物体运动到最左边位置开始计时，求物体的运

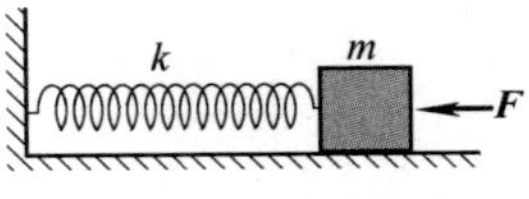

图 13-29 习题 13-18 图

动方程。

13-19　如图 13-30 所示，质量为 $m_1=1.00\times10^{-2}$kg 的子弹，以 500m · s^{-1}的速度射入木块并嵌在其中，同时使弹簧压缩从而作简谐振动。设木块的质量为 $m_2=4.99$kg，弹簧的劲度系数 $k=8.00\times10^3$N · m^{-1}。若以弹簧原长时物体所在位置为坐标原点，向左为 x 轴的正向，且以木块通过坐标原点向右运动为计时起点，求简谐振动方程。

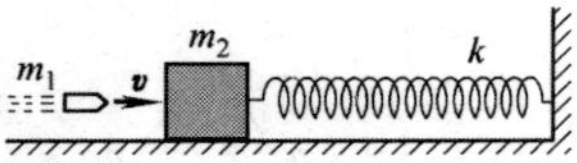

图 13-30　习题 13-19 图

13-20　一劲度系数为 k 的轻弹簧，其下挂一质量为 m_1 的空盘，平衡后有一质量为 m_2 的物体从盘上方高为 h 处自由落到盘中，并和盘粘在一起振动，如图 13-31 所示。（1）此时振动的周期与空盘的振动周期有何不同？（2）此时的振幅为多大？（3）若取新的平衡位置为坐标原点，且向下为坐标轴正向，以 m_2 落到盘中时为计时的起点，试写出其简谐振动的方程。

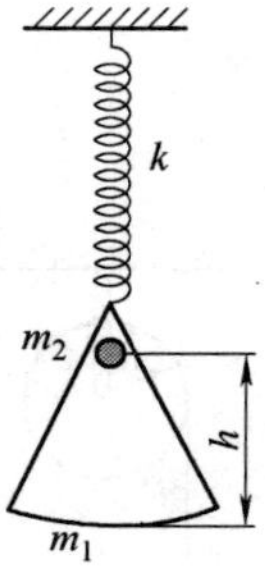

图 13-31　习题 13-20 图

13-21　试证明：（1）在一个周期中，简谐振动的动能和势能对时间的平均值都是 $kA^2/4$；（2）在一个周期中，简谐振动的动能和势能对位置的平均值分别是 $kA^2/3$ 和 $kA^2/6$。

13-22　在如图 13-32 所示的系统中，弹簧的劲度系数 $k=392$N · m^{-1}，木块 A、B 的质量分别为 $m_1=0.20$kg 和 $m_2=0.10$kg，A、B 之间的摩擦因数 $\mu=0.20$，A 与地面间的摩擦不计。试求 A、B 开始有相对运动之前，系统可能具有的最大能量。

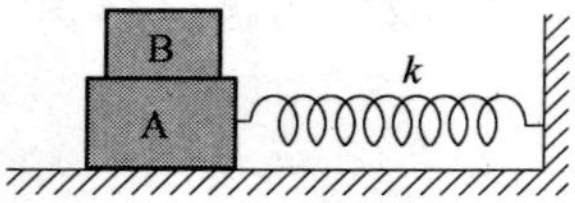

图 13-32　习题 13-22 图

13-23　一质点同时参与两个在同一直线上的简谐振动，若两个简谐振动的方程分别为

$$x_1=4.0\times10^{-2}\cos(2t+\pi/6)\,(\mathrm{SI})$$
$$x_2=3.0\times10^{-2}\cos(2t-5\pi/6)\,(\mathrm{SI})$$

试求其合振动的运动方程。

13-24　试用最简单的方法求下列两组简谐振动的合振幅

(1)
$$\begin{cases}x_1=5.0\times10^{-2}\cos(2t+\pi/3)\,(\mathrm{SI})\\ x_2=5.0\times10^{-2}\cos(2t+7\pi/3)\,(\mathrm{SI})\end{cases}$$

(2)
$$\begin{cases}x_1=5.0\times10^{-2}\cos(2t+\pi/3)\,(\mathrm{SI})\\ x_2=5.0\times10^{-2}\cos(2t+4\pi/3)\,(\mathrm{SI})\end{cases}$$

13-25　两个同方向同频率的简谐振动，其振幅分别是 $A_1=5.0\times10^{-2}$m，$A_2=7.0\times10^{-2}$m，它们合成一个振幅为 $A=9.0\times10^{-2}$m 的简谐振动。求两个分振动的相位差。

13-26　有两个相互垂直的简谐振动 $x=2A\cos(\omega t)$（SI），$y=2A\cos(2\omega t)$（SI），试用旋转矢量法画出合成运动的轨迹。

13-27　试说明小阻尼振动和相应系统的简谐振动相比，有什么特点？

13-28　一摆在空气中振动，某时刻振幅为 $A_1 = 3.0 \times 10^{-2}$ m，经过 10s 后，振幅变为 $A_2 = 1.0 \times 10^{-2}$ m。求由振幅 A_1 时起，经过多长时间其振幅衰减为 $A_3 = 3.0 \times 10^{-3}$ m？

13-29　对一受迫振动，试说明阻尼大小不同时，共振频率和共振振幅的特点。

13-30　试设计一个实验来测量空气的阻尼系数。

第 14 章　机　械　波

振动的传播过程称为波动。波动是自然界一种广泛存在的运动形式。机械振动在弹性介质中的传播过程称为**机械波**，如声波、水波、地震波等。变化的电场和磁场在空间的传播过程称为**电磁波**，如光波、无线电波、X 射线等。微观世界中的电子、质子等粒子也具有波动性，这种波称为**物质波**。虽然各类波的本质不同，也各有其特殊性，但它们又都具有折射、干涉、衍射等波动的共同特性。通过本章对机械波的讨论，将为进一步探讨其他形式的波动奠定基础。

本章讨论的主要内容有：机械波的产生和描述，平面简谐波的波函数、波动方程和波的能量，波的衍射、干涉和驻波。此外，还将简要介绍多普勒效应等。

14.1　机械波的基本概念

14.1.1　机械波的产生与传播

在弹性介质中，各质点之间都存在着弹性恢复力的作用。当弹性介质中的任一质点因受外界的扰动而离开平衡位置时，其邻近的质点将对它作用一个弹性恢复力，使它在平衡位置附近振动起来。与此同时，该质点也会给邻近质点以弹性力的作用，从而使邻近质点也在其平衡位置附近开始振动。这样，弹性介质中一个质点的振动会带动其邻近的质点振动，而邻近质点的振动又会带动另一些质点的振动，这样依次带动，就使振动以一定的速度由近及远传播出去，从而形成机械波。由此可见，机械波就是机械振动在介质中的传播过程。机械波的产生必须同时具备两个条件：**首先，必须有作机械振动的物体，称为波源；其次，要有能够传播这种机械振动的介质，称为传播**

介质。

需要强调的是：波所传播的仅仅是振动状态，或者说传播出去的是能量，而介质中各个质点仍在它们各自的平衡位置附近振动，并没有“随波逐流”。这正如达·芬奇在他描述水波时所写的：“人们常常看到水波从它发生的地方传开，而水并没随波流走；像麦田被风吹出的麦浪一样，我们看到麦浪跨越田野传播，而麦子仍留在原地。”

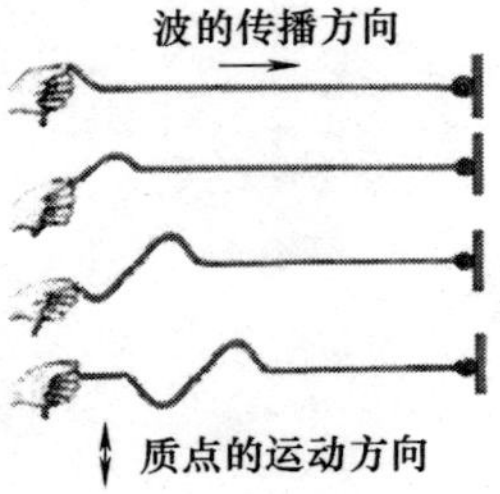

图 14-1　横波

14.1.2　横波和纵波

按质点的振动方向和波的传播方向的关系，机械波可以分为横波和纵波。

质点振动方向与传播方向垂直的波称为横波。如一根呈水平状态的弹性绳一端固定，另一端用手拉紧。当手上下抖动时，绳上各部分质点就依次上下振动起来，绳上就会交替出现凸起的波腹和凹下的波谷，并且它们以一定的速度沿绳传播，如图14-1所示。对于横波，由于质点的振动方向和波的传播方向垂直，所以在弹性介质中形成横波时，两相邻介质层间就会发生横向的平移，即发生切变。而切变只能发生在固体中，所以横波只能在固体中传播。

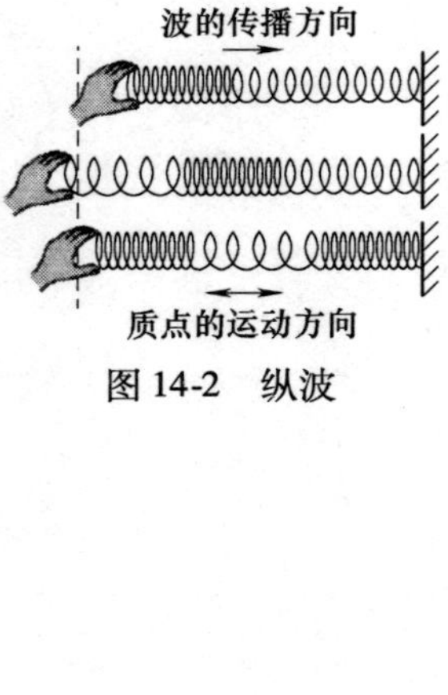

图 14-2　纵波

质点振动方向与传播方向平行的波称为纵波。如把一根水平放置的长弹簧的一端固定，另一端用手拉住。当手左右抖动时，弹簧上各部分就会左右振动起来，从而就会交替出现“稀疏”和“稠密”的区域，并且它们以一定的速度沿弹簧传播，如图 14-2 所示。对于纵波，因质点的振动方向和波的传播方向平行，所以在弹性介质中形成纵波时，介质被压缩或拉伸，即发生体变。因固体、液体和气体都能发生体变，因此，纵波可在固体、液体和气体中传播。

横波和纵波是两种最简单的波。任何复杂形式的波动，都可以看成是横波和纵波的叠加。如水面波既不是横波也不是纵波，水面的质点在重力和水的表面张力的作用下，各质点运动的轨迹是椭圆。这时质点同时参与了两个分别和波传播方向垂直与平行的振动，所以，水面波可视为横波和纵波的叠加。

14.1.3 波长 频率 波速

从波的传播过程可以看出，振动每经过一个周期，在波的传播方向上就要形成一个完整的波形。振动在一个周期内传播的距离称为一个波长，用 λ 表示。对于一个质点，每经过一个周期，它将恢复原状，而在这一段时间内，振动状态传播了一个波长的距离。所以，相隔一个波长距离的两点间的振动状态总是相同的，它们之间的相位差是 2π。因此，也可以说：**波长是两个相邻的同相点之间的距离**。如横波上两相邻的波腹（波谷）之间的距离，都是一个波长。波长描述了波在空间的周期性。

波向前传播一个波长的距离所需要的时间，称为波的**周期**，用 T 来表示。周期的倒数称为波的**频率**，用 ν 表示，即 $\nu = 1/T$。频率就是单位时间内，波动向前传播的距离内所包含完整波长的数目，或单位时间内通过某一点完整波的个数。每经过一个周期的时间，质点作一次完全的振动，波沿传播方向传出一个完整的波形。所以**波的周期（频率）等于波源的周期（频率）**。由此可见，**波在不同的介质中传播时，其周期（频率）是不变的**。

单位时间内振动状态传播的距离，称为波速，用 u 表示，因振动状态也可用振动相位表示，所以 u 也称为相速度。因为在一个周期内，波传播一个波长的距离，所以

$$u = \frac{\lambda}{T} \tag{14-1}$$

或

$$u = \lambda\nu \tag{14-2}$$

以上两式具有普遍的意义，对各类波都适用。必须指出，波速的大小取决介质的性质，在不同介质中，波速是不同的；而波的频率（周期）由波源决定。所以，同一频率的波在不同介质中传播时，其波长将随介质的不同而异。

理论和实验都证明，固体内横波和纵波的传播速度 u 分别为

$$u = \sqrt{\frac{G}{\rho}} \quad \text{（横波）} \tag{14-3}$$

$$u=\sqrt{\frac{E}{\rho}}\quad（纵波）\qquad(14\text{-}4)$$

式中，G、E 和 ρ 分别是固体的切变模量、杨氏模量和密度。

在液体和气体中，纵波的传播速度 u 为

$$u=\sqrt{\frac{K}{\rho}}\quad（纵波）\qquad(14\text{-}5)$$

式中，K 为体积模量。

因同种材料的切变模量 G 总是小于其杨氏模量 E，因此在同一种介质中，横波的波速要比纵波的小一些。发生地震时，震区的人们总是先感觉到大地的水平晃动，然后才感觉到大地的上下振动就是这个原因。

14.1.4 波线 波面 波前

波源在弹性介质中振动时，所激励的波是向各个方向传播的。为了便于定量讨论波的传播情况，我们引入波线、波面和波前的概念。

我们把沿波的传播方向所画的一些带箭头的线称为**波线**。波沿波线传播，把某一时刻振动所传到的最前方各点所组成的曲面称为**波前**。而把不同波线上振动相位相同的点所组成的曲面称为**波面**或**同相面**。显然，波前就是最前面的那个波面。在波的传播过程中，任何时刻只有一个波前，但有任意多个波面。在作图时，常使两个相邻的波面之间的距离为一个波长。波前是球面的波称为**球面波**，波前是平面的波称为**平面波**，在各向同性的介质中，波线与波面垂直，如图 14-3 所示。

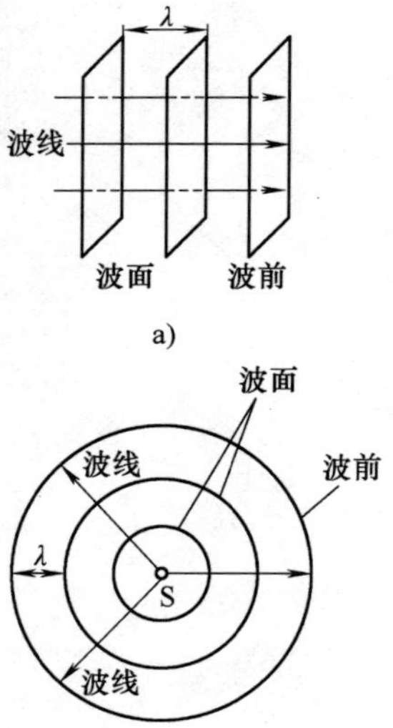

图 14-3　波线、波面与波前

a）平面波　b）球面波

14.2 平面简谐波的波函数

14.2.1 平面简谐波的波函数

当波源作简谐振动时，介质中各点也作简谐振动，这样所形成的波称为简谐波。波前是平面的简谐波称为平面简谐波。简谐波是最简单最基本的波，任何复杂的波都可以看成是若干

简谐波的叠加。所以，研究简谐波具有十分重要的意义。

波在传播的过程中，同一波面上任意两点的振动状态完全相同。所以，我们只要弄清了任一波线上各点的振动规律，波的传播规律也就知道了，这就是我们引入波线的原因所在。

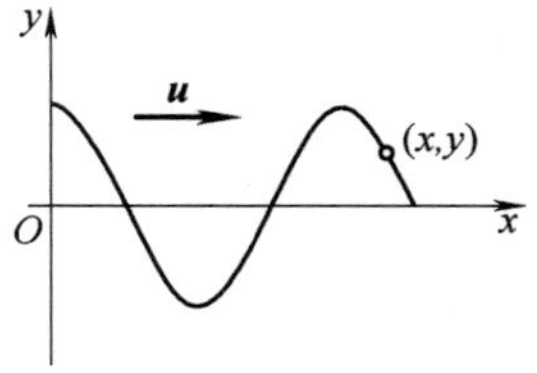

图 14-4 t 时刻任一质点的位置

下面对简谐波进行定量描述。设一平面简谐波在介质中以速度 u 传播，现取任一波线为 x 轴，则该简谐波以速度 u 沿 x 轴正向传播，以 x、y 表示质点的位置，其中 x 表示质点到 x 轴原点 O 的距离，y 表示质点到 x 轴的距离，如图 14-4 所示。只要知道了任一时刻波线上任一质点的位置 y，也就掌握了波的全部运动过程。因不同点在同一时刻的位置不尽相同，同一点不同时刻的位置也不尽相同，所以，位置 y 应是时间 t 和坐标 x 的函数，即 y 的函数形式为 $y(x, t)$。函数 $y(x, t)$ 全面准确地描述了波的传播，我们称之为波动函数，简称**波函数**。

下面我们来讨论波函数的具体形式。先讨论沿 Ox 轴正向传播的谐波。设原点 O 处有一质点作简谐振动，为简便起见，设其初相为零，故其振动方程为

$$y_O = A\cos\omega t$$

式中，y_O 是该质点在 t 时刻的纵向位置(到 Ox 轴的距离)；A 和 ω 分别是振幅和角频率。

为了找出 Ox 轴上所有质点在任意时刻 t 的纵向位置 y，在 Ox 轴上任取一点 P，其坐标为 x。假设介质是均匀的，且无吸收，则介质中各质点都将作同振幅的简谐振动，其振动的角频率也不变，变化的只是相位。

设 P 质点的振动方程为

$$y = A\cos(\omega t + \varphi)$$

式中，φ 是 P 处质点振动的初相位，只要求出此初相，P 质点的振动就知道了，进而波函数的具体形式也就确定了。设此简谐波的波长为 λ，因波是沿 Ox 轴正向传播的，所以 O 处质点振动的相位比 P 处的超前量为

$$0 - \varphi = \frac{x}{\lambda} \cdot 2\pi$$

由此式可得

$$\varphi = -\frac{x}{\lambda}\cdot 2\pi$$

把上式代入 P 点的振动方程得到

$$y = A\cos\left(\omega t - \frac{x}{\lambda}2\pi\right) \tag{14-6a}$$

式(14-6a)描述了 Ox 轴(波线)上 t 时刻，任一质点的振动状态，从而描绘了 Ox 轴上各点到 Ox 轴距离随时间变化的整体图像，即为沿 Ox 轴正方向传播的平面简谐波的**波函数**。

考虑到 $\omega = 2\pi\nu = 2\pi/T$，$u = \lambda\nu = \lambda/T$，波函数也可写成

$$y = A\cos\omega\left(t - \frac{x}{u}\right) \tag{14-6b}$$

$$y = A\cos 2\pi\left(\nu t - \frac{x}{\lambda}\right) \tag{14-6c}$$

$$y = A\cos 2\pi\left(\frac{t}{T} - \frac{x}{\lambda}\right) \tag{14-6d}$$

如取 $k = 2\pi/\lambda$，k 称为角波数，则波函数又可写成

$$y = A\cos(\omega t - kx) \tag{14-6e}$$

如波沿 Ox 轴负方向传播，则 P 处质点振动的相位比 O 处的超前量为

$$\varphi - 0 = \frac{x}{\lambda}\cdot 2\pi$$

则

$$y = A\cos\left(\omega t + \frac{x}{\lambda}2\pi\right) \tag{14-7a}$$

这就是沿 Ox 轴负方向传播的平面简谐波的波函数，同样也可以写成以下的常见形式：

$$y = A\cos\omega\left(t + \frac{x}{u}\right) \tag{14-7b}$$

$$y = A\cos 2\pi\left(\nu t + \frac{x}{\lambda}\right) \tag{14-7c}$$

$$y = A\cos 2\pi\left(\frac{t}{T} + \frac{x}{\lambda}\right) \tag{14-7d}$$

$$y = A\cos(\omega t + kx) \tag{14-7e}$$

用同样的方法，不难把以上讨论推广到更一般的情形。如图 14-5 所示，若波沿 Ox 轴正方向传播，且相应距点 O 距离为 x_0 的点 Q 的振动方程为

$$y_Q = A\cos(\omega t + \varphi)$$

则相应的波函数为

$$y = A\cos\left[\left(\omega t - \frac{x - x_0}{\lambda}2\pi\right) + \varphi\right] \tag{14-8}$$

由式(14-8)，不难写出其他几种表达式和沿 Ox 轴负向传播的简谐波的波函数。

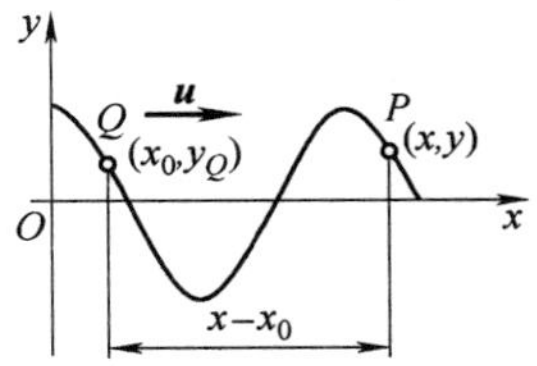

图 14-5 平面简谐波

14.2.2 波函数的物理意义

为进一步理解波函数的物理意义，下面从几个方面来讨论。

(1) 当 $x = x_0$(即考虑某一给定点)时 由式(14-6)可见，y 仅是时间 t 的函数。此时，该式表示距原点为 x_0 处的质点在 t 时刻的纵向位置，即该质点作简谐振动的振动方程。以 y 为纵坐标，t 为横坐标，可得对应的振动曲线，如图 14-6 所示。从图中可见，经过 T 的时间，质点完成一个全振动。这表明了波函数的时间周期性，其时间周期就是质点的振动周期 T。

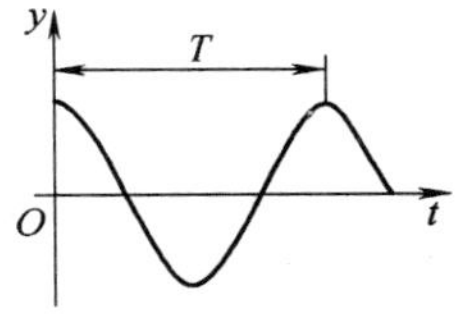

图 14-6 波函数的时间周期性

(2) 当 $t = t_0$(即考虑某一时刻)时 由式(14-6)可见，y 仅是坐标 x 的函数。此时，该式表示波线上所有质点在 t_0 时刻的纵向位置。以 y 为纵坐标，x 为横坐标，可得对应的函数曲线，如图 14-7 所示。从图中可见，任意相距为一个波长 λ 的两个质点的振动是完全相同的。这表明了波函数的空间周期性，其空间周期就是波长 λ。

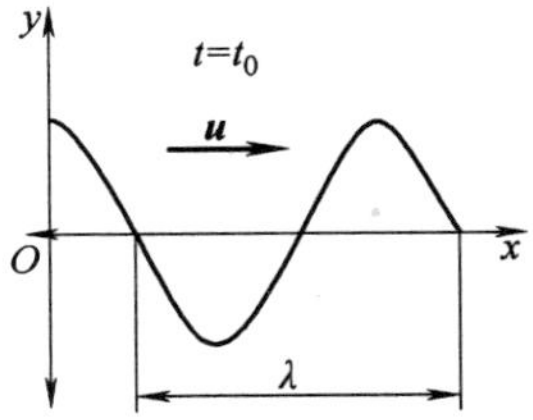

图 14-7 波函数的空间周期性

(3) 当 x 和 t 都变化时 波函数表示的是波线上任意质点在任意时刻到 Ox 轴的距离。反映了所有质点振动的整体图像。由此根据波的传播速度，就可以由 t 时刻的波形图画出 $t+\Delta t$ 的波形图，如图 14-8 中实、虚线所示。

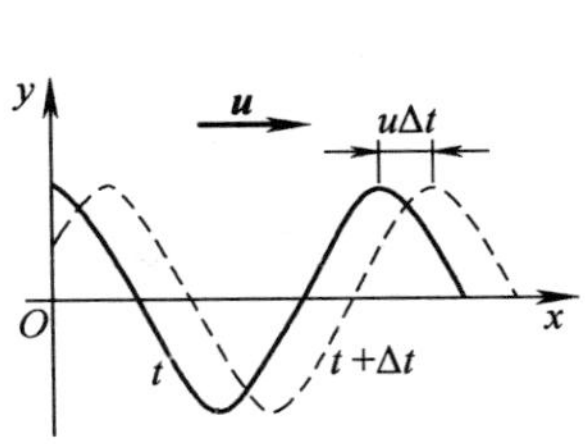

图 14-8 不同时刻的波形图

为了更好地理解波函数，我们把波函数和振动方程(波动和振动)进行对比：波函数所描述的是波线上所有质点的运动情况，既适合横波，也适合纵波，波函数是时间 t 和坐标 x 的

函数，具有空间和时间的周期性；而振动方程所描述的只是一个质点的运动情况，振动方程仅是时间 t 的函数，具有时间的周期性。

【例 14-1】 波源作简谐振动，所激励波的波函数为

$$y = 0.040\sin(10\pi t - 2x) \quad (\mathrm{SI})$$

（1）求波长、频率、波速和周期；

（2）说明 $x=0$ 时方程的意义，并作图表示。

【解】（1）把波函数改写为标准形式

$$y = 0.040\cos\left(10\pi t - \frac{x}{1/2} - \frac{\pi}{2}\right) \quad (\mathrm{SI})$$

把上式和式(14-8)

$$y = A\cos\left[\left(\omega t - \frac{x}{\lambda}2\pi\right) + \varphi\right]$$

比较可得：

① $\frac{1}{2} = \frac{\lambda}{2\pi}$，故所求波长 $\lambda = \pi$ m；

② $\omega = 10\pi$，波的频率 $\nu = 5$Hz；

③ 波速 $u = \lambda\nu = 5\pi\ \mathrm{m \cdot s^{-1}}$；

④ 周期 $T = 1/\nu = 0.20$s。

（2）$x=0$ 时，方程为

$$y = 0.040\cos\left(10\pi t - \frac{\pi}{2}\right) \quad (\mathrm{SI})$$

所描述的是 $x=0$ 处质点的振动方程，其振动曲线如图 14-9 所示。

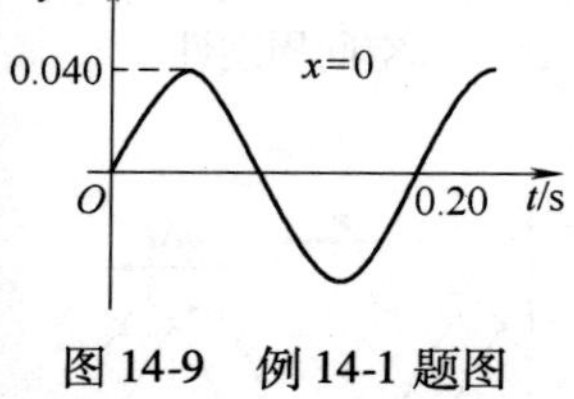

图 14-9　例 14-1 题图

【例 14-2】 一列以速度 u 沿 Ox 轴正向传播的波，已知振幅为 A，角频率为 ω，在 $t=0$ 时，O 点处质点位于正向最大位置。（1）写出波函数；（2）画出 $t=0$ 时的波形图；（3）作出 $x=\lambda/2$ 处质点的振动曲线。

【解】（1）只要知道 O 处质点的振动方程，由式(14-6b)就可写出所求的波函数。为此，设 O 点的振动方程的一般形式为

$$y_O = A\cos(\omega t + \varphi)$$

因 $t=0$ 时，O 点处质点位于正向最大位置，故由旋转矢量法可知，$\varphi=0$，所以 $y_O=A\cos\omega t$，对照式(14-6b)，所求波函数为

$$y=A\cos\omega\left(t-\frac{x}{u}\right)$$

（2）由上式可得 $t=0$ 时，$y=A\cos\dfrac{\omega x}{u}$，由此作出所求的波形图如图 14-10a 所示。

（3）由 $y=A\cos\omega\left(t-\dfrac{x}{u}\right)$可得，当 $x=\lambda/2$ 处质点的振动方程为

$$y=A\cos\omega\left(t-\frac{\lambda}{2u}\right)$$

利用 $\omega=2\pi\nu$，$u=\nu\lambda$，上式可简化为

$$y=A\cos(\omega t-\pi)$$

由此可作出所求的振动曲线如图 14-10b 所示。

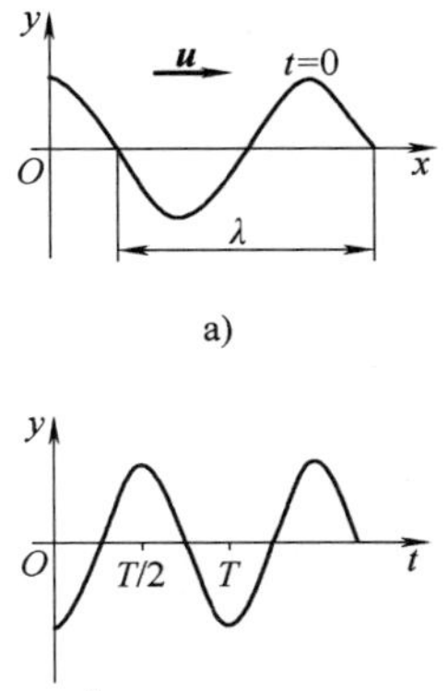

a)

b)

图 14-10　例 14-2 题图

a）$t=0$ 时的波形图

b）$x=\lambda/2$ 处质点的振动曲线

【例 14-3】　一平面简谐波的波长为 $\lambda=10.00\text{m}$，沿 Ox 轴的负向传播，已知 $x=5.00\text{m}$ 处 A 质点的振动方程为 $y=3\cos(4\pi t+\pi/3)$。求（1）简谐波的周期 T，波的传播速度 u；（2）此波的波函数；（3）波线上相距 7.50m 的两点间的相位差。

【解】　（1）由 A 质点的振动方程可知 $\omega=4\pi$，因 $\lambda=10.00\text{m}$，$u=\nu\lambda$，所以有

$$T=\frac{2\pi}{\omega}=\frac{2\pi}{4\pi}=\frac{1}{2}\text{s}$$

$$u=\nu\lambda=\frac{\lambda}{T}=\frac{10}{1/2}\text{m}\cdot\text{s}^{-1}=20.0\text{m}\cdot\text{s}^{-1}$$

（2）设 Ox 轴上任一点的振动方程为

$$y=3\cos(4\pi t+\varphi)$$

因波沿 Ox 轴负向传播，该点振动比 A 点振动的相位超前，如图 14-11 所示，有

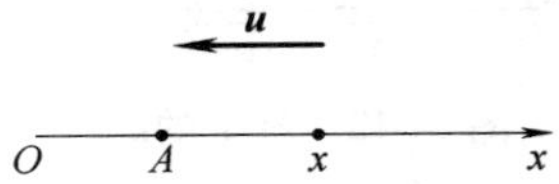

图 14-11　例 14-3 题图

$$\varphi-\varphi_A=2\pi\frac{x-x_A}{\lambda}$$

把 $\varphi_A=\pi/3$，$x_A=5.00\text{m}$，$\lambda=10.00\text{m}$ 代入上式有

$$\varphi = \pi/3 + \pi(x - 5.00)/5$$

故所求波函数为

$$y = 3\cos\left[4\pi t + \frac{\pi}{3} + \frac{\pi(x - 5.00)}{5}\right]$$

（3）设线上相距7.50m的两点的坐标分别是 x_1 和 x_2，将其分别代入波函数就可得到两点的振动方程分别为

$$y_1 = 3\cos\left[4\pi t + \frac{\pi}{3} + \frac{\pi(x_1 - 5.00)}{5}\right]$$

$$y_2 = 3\cos\left[4\pi t + \frac{\pi}{3} + \frac{\pi(x_2 - 5.00)}{5}\right]$$

因此 x_1、x_2 两点间相位差为

$$\Delta\varphi = \left[4\pi t + \frac{\pi}{3} + \frac{\pi(x_1 - 5.00)}{5}\right] - \left[4\pi t + \frac{\pi}{3} + \frac{\pi(x_2 - 5.00)}{5}\right]$$

$$= \frac{\pi(x_1 - x_2)}{5} = \frac{7.5\pi}{5} = \frac{3}{2}\pi$$

14.2.3　波动微分方程

上面我们所得到的波函数是用唯象方法导出的。这种方法有利于我们理解波动的物理图像，但对具有边界的介质中波函数略显乏力。更为规范的方法应该是利用支配运动的基本规律，先建立波动微分方程，然后再求微分方程的解，此解便是描述波动全过程的波函数。因机械波属于机械运动，支配它的仍是牛顿定律，所以牛顿定律是建立机械波微分方程的出发点。下面以杆中传播的小振幅纵波为例来建立波动微分方程。

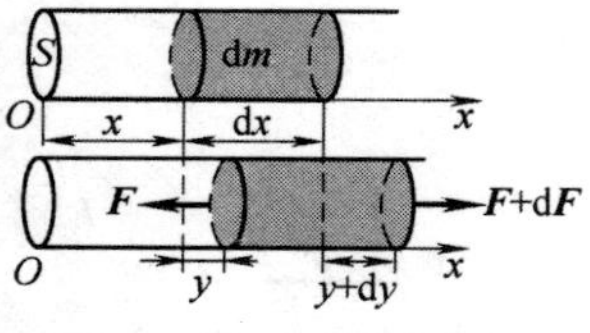

图 14-12　杆上的纵波

有一密度为 ρ、截面积为 S 的细长杆沿 Ox 轴放置，如图14-12所示。当有纵波在杆中沿 Ox 轴正向传播时，则杆的每一小段将不断交替被拉伸和压缩。在杆上 x 处取一长度为 dx 的体积元为研究对象，其体积为 $dV = Sdx$，质量为 $dm = \rho Sdx$。当波传到该体积元时，若其左、右两端面的坐标分别是 y 和 $y + dy$，则该体积元发生了拉伸形变，其拉伸量为 dy。在其左端受到向左的弹性力为 F，右端受到向右的弹性力为 $F + dF$。由牛顿定律，有

$$(F+\mathrm{d}F)-F=(\mathrm{d}m)\frac{\partial^2 y}{\partial t^2} \qquad (14\text{-}9)$$

由于端面的坐标是 x 和 t 的函数，所以，该体积元振动的加速度应写成对时间的两阶偏导数。该体积元的长度相对变化量（单位长度的变化量即线应变）为$\partial y/\partial x$，根据应力 F/S 和应变$\partial y/\partial x$的关系

$$\frac{F}{S}=E\frac{\partial y}{\partial x} \qquad (14\text{-}10)$$

式中，E 是杆的杨氏模量。把式(14-10)变形求微分，有

$$\mathrm{d}F=SE\frac{\partial^2 y}{\partial x^2}\mathrm{d}x$$

把上式及 $\mathrm{d}m=\rho S\mathrm{d}x$ 代入式(14-9)，并利用式(14-4) $u=\sqrt{\frac{E}{\rho}}$ 得到

$$\frac{\partial^2 y}{\partial x^2}=\frac{1}{u^2}\frac{\partial^2 y}{\partial t^2} \qquad (14\text{-}11)$$

式(14-11)就是沿杆传播的纵波所满足的微分方程。式中，$u=\sqrt{E/\rho}$，是杆中纵波传播的速度。

如果在杆中传播的是横波，式(14-11)的形式不变，只是横波的波速变成了 $u=\sqrt{G/\rho}$，即为式(14-3)。若式(14-11)右边保持不变，左边再加上对其他两维坐标的二阶偏导数，便可得到三维波动微分方程。

如果把式(14-11)中的 y 不视为坐标而作为其他物理量，如电场强度 $\boldsymbol{E}$、磁场强度 $\boldsymbol{H}$ 等，则该方程又可描写其他的波动过程。所以，今后若见到形如式(14-11)的偏微分方程，便应意识到有波的存在。

波动微分方程(14-11)的通解为

$$y(x,\ t)=f(x-ut)+f(x+ut)$$

式中，右边第一项表示沿 Ox 轴正向传播的平面波；第二项表示沿 Ox 轴负向传播的平面波。函数的具体形式取决于边界条件和初始条件。满足波动微分方程(14-11)的解很多，式(14-6)

也是一维波动微分方程的一个解。读者可将式(14-6)代入式(14-11)中进行验证。

14.3　波的能量　能流密度

在波的传播过程中，介质中各质点都在各自的平衡位置附近振动。所以它们具有振动的动能，同时弹性介质要产生形变，因而具有势能。随着波的传播，能量也由近及远地传播，所以波的传播也是能量的传播过程，这是波的一个重要特征。

14.3.1　波的能量

下面仍以在细杆上传播的平面纵波为例，导出机械谐波的能量表达式。设在密度为 ρ 的均匀介质中有一列平面谐波，其波函数为

$$y = A\cos\omega\left(t - \frac{x}{u}\right)$$

在介质中取一体积为 $\mathrm{d}V$，质量为 $\mathrm{d}m = \rho\mathrm{d}V$ 的介质元。此介质元振动，具有振动动能

$$\mathrm{d}E_{\mathrm{k}} = \frac{1}{2}(\mathrm{d}m)v^2$$

其中,v 为介质元振动的速度,因为

$$v = \frac{\partial y}{\partial t} = -\omega A\sin\omega\left(t - \frac{x}{u}\right)$$

把上式代入介质元的动能表示式，则可得到其振动动能

$$\mathrm{d}E_{\mathrm{k}} = \frac{1}{2}\rho A^2\omega^2\sin^2\omega\left(t - \frac{x}{u}\right)\mathrm{d}V \tag{14-12}$$

介质元在运动中要形变，具有弹性势能

$$\mathrm{d}E_{\mathrm{p}} = \frac{1}{2}k(\mathrm{d}y)^2$$

因弹性力 $F = k\mathrm{d}y$，由式(14-10) $F/S = E \cdot \partial y/\partial x$，并考虑 $\mathrm{d}V = S\mathrm{d}x$，可得

$$F = E\frac{\partial y}{\partial x \mathrm{d}x}\mathrm{d}V$$

因 y 是 x 和 t 的函数，$\mathrm{d}y/\mathrm{d}x$ 应是$\partial y/\partial t$，考虑到 $F = k\mathrm{d}y$，因此，可得劲度系数

$$k = \frac{E\mathrm{d}V}{(\mathrm{d}x)^2}$$

把 k 代入介质元的弹性势能的表达式，则可得其势能为

$$\mathrm{d}E_{\mathrm{p}} = \frac{1}{2}E\left(\frac{\partial y}{\partial x}\right)^2\mathrm{d}V$$

因
$$\frac{\partial y}{\partial x} = \frac{\omega}{u}A\sin\omega\left(t - \frac{x}{u}\right)$$

故
$$\mathrm{d}E_{\mathrm{p}} = \frac{1}{2}E\frac{\omega^2}{u^2}A^2\sin^2\omega\left(t - \frac{x}{u}\right)\mathrm{d}V$$

利用 $u = \sqrt{E/\rho}$,得到体积为 $\mathrm{d}V$ 的介质元的势能为

$$\mathrm{d}E_{\mathrm{p}} = \frac{1}{2}\rho A^2\omega^2\sin^2\omega\left(t - \frac{x}{u}\right)\mathrm{d}V \qquad (14\text{-}13)$$

所以，体积为 $\mathrm{d}V$ 的介质元内波的总能量为

$$\mathrm{d}E = \mathrm{d}E_{\mathrm{k}} + \mathrm{d}E_{\mathrm{p}} = \rho A^2\omega^2\sin^2\omega\left(t - \frac{x}{u}\right)\mathrm{d}V \qquad (14\text{-}14)$$

由式(14-14)式可见，波动的能量随时间作周期性的变化，其变化的周期是波动周期的一半。特别需要强调的是，波动能量与振动的能量存在显著的差别。孤立质点作简谐振动时，动能最大时，势能为零，反之亦然，动能和势能互相转换，质点的总机械能守恒；但在波动情况下，任意时刻介质元的动能和势能都随时间作周期性的变化，且两者的变化是同步的。如介质元在平衡位置时，其动能和势能都达到最大值；而介质元在最大位置处，其动能和势能都为零。即在任意时刻，动能和势能都相等，同时达到最大值或最小值，质元的机械能不守恒。质元在波动中，不断从后面的相邻的质元获得能量，又不断把能量传递给它前面相邻的质元。这样，能量就随着波的传播，

不断从波源传到介质的各个部分。正如前所述，波动是能量传播的一种方式。

为了描述介质中各处能量的分布情况而引入波的能量密度的概念，我们把单位体积中波的能量称为波的能量密度，用 w 表示，即

$$w=\frac{\mathrm{d}E}{\mathrm{d}V}=\rho A^2\omega^2\sin^2\omega\left(t-\frac{x}{u}\right) \tag{14-15}$$

从上式可见，能量密度是随时间变化的，人们把能量密度在一个周期内的平均值称为**平均能量密度**，用 $\overline{w}$ 表示，即

$$\overline{w}=\frac{1}{T}\int_0^T\rho A^2\omega^2\sin^2\omega\left(t-\frac{x}{u}\right)\mathrm{d}t$$

即

$$\overline{w}=\frac{1}{2}\rho A^2\omega^2 \tag{14-16}$$

由式(14-16)可见，波的能量与振幅的平方、角频率的平方和介质的密度成正比。

14.3.2 能流和能流密度

如前所述，波动过程也是能量传播的过程，能量来自波源，能量流动的速度就是波的传播速度 $\boldsymbol{u}$。

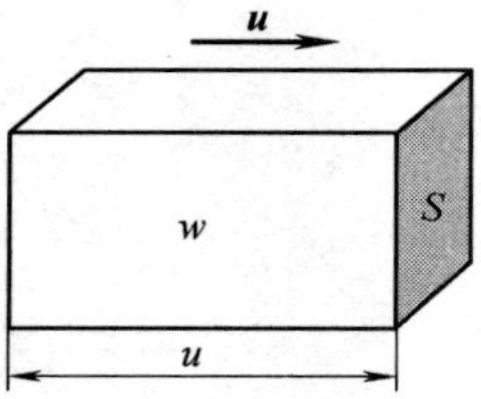

图 14-13　波的能流

为了形象地描述波动过程中能量的传播，把单位时间内垂直通过介质中某一截面的能量称为流过该截面的**能流**，用 P 表示。设想在介质内垂直波速 $\boldsymbol{u}$ 的方向上取任一截面 S，则单位时间内通过截面 S 的能量应等于体积 Su 中的能量，如图 14-13 所示。因单位体积中的能量，即能量密度为 w，所以有

$$P=wuS$$

由于能量密度 w 是随时间变化的，能流 P 也是随时间变化的。若把单位时间内垂直通过介质中某一截面的平均能量，称为通过该截面的**平均能流**，用 $\overline{P}$ 表示，则有

$$\overline{P}=\overline{w}uS \tag{14-17}$$

能流的单位为焦每秒($\mathrm{J\cdot s^{-1}}$)，即瓦特(W)，因此波的能流也称为波的功率。平均能流中含着所取截面的面积 S，还不能准确描述波的强弱，为此人们把通过单位面积的平均能流称为**能**

流密度，用 I 表示，则

$$I=\overline{w}u=\frac{1}{2}\rho A^{2}\omega^{2}u \tag{14-18a}$$

波的能流密度所表示的是：**单位时间内，垂直通过单位面积的平均能量**。显然，I 越大，单位时间内垂直通过单位面积的能量就越多，所以，能流密度 I 准确描述波的强弱，故 I 也被称为**波的强度**，其单位是瓦特每二次方米($\mathrm{W\cdot m^{-2}}$)。

为了把能流密度的大小和方向同时表示，常将式(14-18a)写成矢量的形式

$$\boldsymbol{I}=\frac{1}{2}\rho A^{2}\omega^{2}\boldsymbol{u} \tag{14-18b}$$

【例 14-4】 设在均匀的理想介质中(介质不吸收能量)，有一点波源发生振动，形成球面波。同时，其能量也从波源向外传播。求距波源分别为 r_1 和 r_2 两处的能流密度之比和振幅之比。

【解】 设距波源 r_1 和 r_2 两处的能流密度分别为 I_1 和 I_2，振幅分别为 A_1 和 A_2。以波源为中心，作半径分别为 r_1 和 r_2 的两同心球面，则单位时间内，流过两球面的总平均能量应该相等，所以有

$$4\pi r_1^2 I_1=4\pi r_2^2 I_2$$

由此得

$$\frac{I_1}{I_2}=\frac{r_2^2}{r_1^2}$$

依上式，再由式(14-18a)可得

$$\frac{\frac{1}{2}\rho A_1^2\omega^2 u}{\frac{1}{2}\rho A_2^2\omega^2 u}=\frac{r_2^2}{r_1^2}$$

所以

$$\frac{A_1}{A_2}=\frac{r_2}{r_1}$$

即球面波的能流密度与离波源距离的平方成反比，而其振幅与离波源的距离成反比。

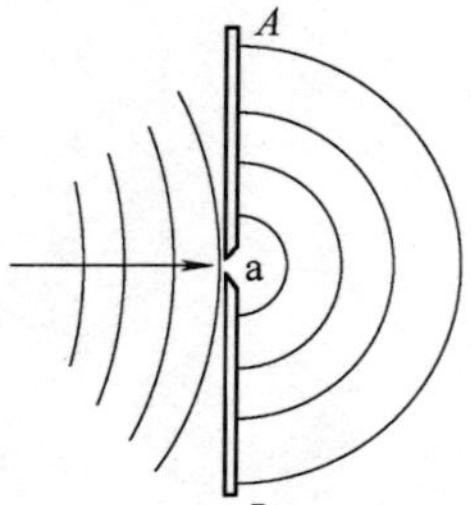

图 14-14 障碍物上的小孔成为新的波源

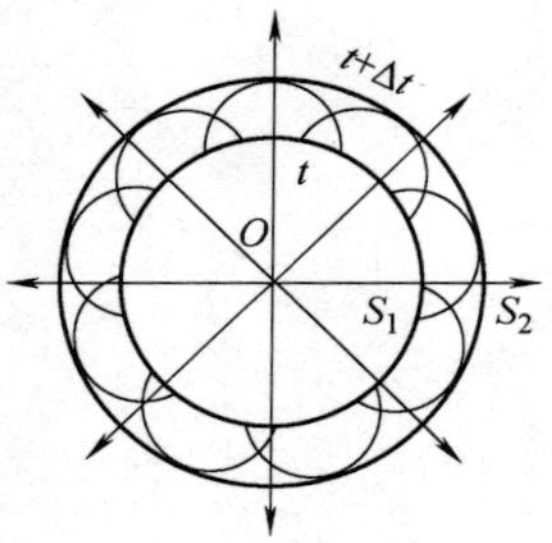

a)

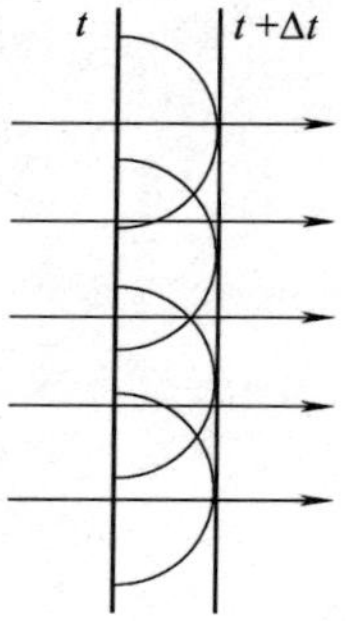

b)

图 14-15 用惠更斯原理求波前
a）球面波 b）平面波

14.4 惠更斯原理 波的衍射、反射和折射

14.4.1 惠更斯原理

波动的起源是波源的振动，而介质中质点间存在相互作用，因而介质中任一质点的振动都将会引起其邻近各质点的振动，从而使波源的振动在介质中传播出去。由此可见，波到达的介质中任何一点，都可以看成是新的波源。如水面波传播时，只要不遇到障碍，波前的形状在传播中就不会改变。但是，在传播过程中如遇到一带小孔的障碍 AB，若小孔 a 的孔径和波长相当时，则穿过小孔的波前就要变成以小孔 a 为中心的球面，而与原来波前的形状无关，这就好像小孔 a 是波源一样，如图 14-14 所示。

荷兰物理学家惠更斯(Huygens，1629—1695)总结了上述现象提出：**波所达到的每一点，都可以看成是发射次级子波的波源，在以后的任一时刻，这些子波的包络就是新的波前**。这就是惠更斯原理。

惠更斯当时发表这一原理时，并未从理论上证明，只是把用几何方法得出的结果与实验结果相对照，两者完全一致，从而证明了惠更斯原理的正确性。虽然惠更斯原理是从光学现象提出的，但因为该原理揭示了波动的本质，所以对任何波动过程都是适用的。根据惠更斯原理，利用几何方法，可以由任一时刻的波阵面决定下一时刻的波阵面，因而惠更斯原理较直观地描述了波的传播。

下面举例说明应用惠更斯原理由 t 时刻的波前求 $t+\Delta t$ 时刻波前的具体方法。设波以波速 u 从波源 O 向周围传播，在 t 时刻，波前是以 O 为球心，以 ut 为半径的球面 S_1。按惠更斯原理，S_1 上各点都是次级子波的波源。因此，在 S_1 上取若干点为次波波源，在 Δt 的时间内，从这些点发出的次波的波前分别是以这些点为球心，以 $u\Delta t$ 为半径的球面。这些球面的包络 S_2，就是 $t+\Delta t$ 时刻新的波前，如图 14-15a 所示。S_2 是以 O 为球心，以 $u(t+\Delta t)$ 为半径的球面。如法炮制就可不断获得新的波前。图 14-15b 所示为平面波的情形。

显然，当波在均匀的各向同性的介质中传播时，用上述作图法所求出的波前，其几何形状总是保持不变的。而当波在不均匀或各向异性的介质中传播时，同样可以应用惠更斯原理求新的波前。只是由于在各处或各方向上的波速大小不同，新波前的几何形状和波的传播方向都可能发生变化而已。

14.4.2 波的衍射

波在向前传播的过程中遇到障碍物时，波能绕过障碍物的边缘，在障碍物的阴影区域内继续传播，这种现象称为**波的衍射**。

无论是机械波还是电磁波，在条件适合时都会产生衍射现象。衍射是波的重要特征之一。在讨论波的衍射时，人们很容易提出这样的疑问：声波、无线电波的衍射现象随处可见，但光波的衍射现象在日常生活中却不易观察到，这是何故呢？为了说明这个问题，下面比较波通过的障碍物上小孔孔径 a 与波长 λ 相对大小不同的两种情形。当 a/λ 较小时，衍射现象较明显，两者的比值越小，衍射现象越明显，如图 14-14 所示。反之，衍射现象越弱，此时可认为波沿直线传播，如图 14-16 所示。由此可知，波的衍射程度和障碍物（缝、孔、遮板等）的大小与波长之比有关。而可见光的波长（$4.00\times10^{-7}\sim7.00\times10^{-7}$ m）较声波波长（0.017 ~ 17.0m）短得多，因此，在一般的情况下，光波的衍射现象并不明显。但当障碍物与光波的波长可比拟时，光的衍射现象将很显著。

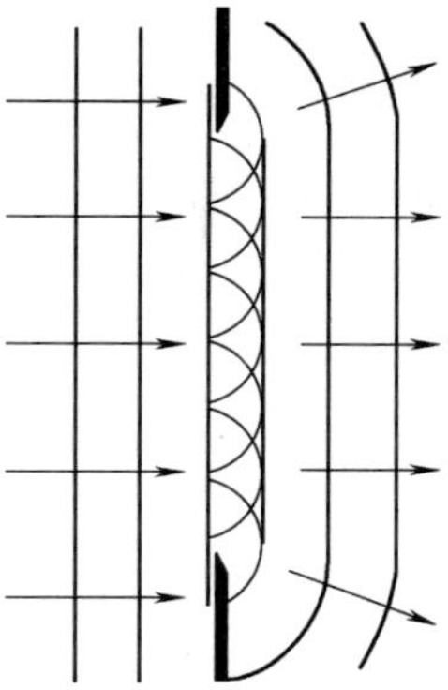

图 14-16 波的衍射

在技术上，人们可以根据波的衍射特点，按不同的用途选择所用的波长。凡需要定向传播的信号就必须采用波长较短的波，例如，用雷达探测物体和测定物体的远近时，需要把信号对准被测物体发射出去，再从该物体上反射回来而不发生衍射现象。所以，需要采用波长数量级为几厘米或几毫米的微波。而广播、电视台播送的节目，发射出去的电磁波应使四面八方都能接收到，所以采用的是波长长达几十米到几百米的电磁波。

这样，即使在传播的过程中遇到较大的障碍物，电磁波也能绕过而传到各个角落。

14.4.3　波的反射和折射

当波从一种介质传到另一种介质时，波的速度在两种介质的分界面上要发生变化，引起波的传播方向的改变。一部分波将被界面反射，回到原来的介质中去，形成反射波；另一部分波透过界面进入第二种介质形成折射波。这种现象称为波的反射和折射。根据实验结果，可得到波的反射定律和折射定律。下面我们用惠更斯原理导出这两个定律。

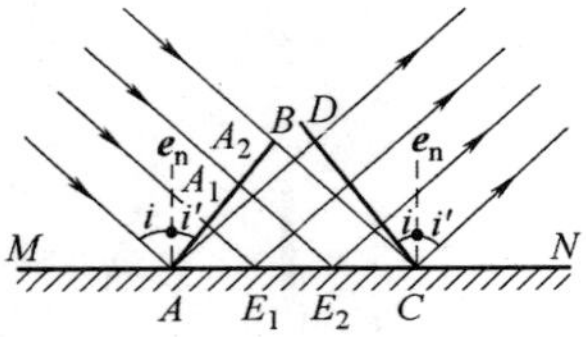

图 14-17　用惠更斯原理证明波的反射定律

先证明反射定律。如图 14-17 所示，MN 为 a、b 两介质的分界面。设有一平面波向分界面 MN 以波速 u 传播，波面垂直纸面。为讨论方便，图中只画出了间距相等的四条波线。在 t 时刻，此入射波的波前与纸面的交线位于图中 AB 的位置，且 A 点和界面相遇。此后，入射波的波前继续向前推进，波前上 A_1、A_2 和 B 各点依次到达界面上的 E_1、E_2 和 C 点；设 $t+\Delta t$ 时刻，B 点到达 C 点。

为了求出 $t+\Delta t$ 时刻反射波的波前，以入射波到达分界面上的各点作为子波的波源，因波在同一种介质中传播，波的速率相同，所以在 $t+\Delta t$ 时刻，从 A、E_1、E_2 各点发出的子波波前和纸面的交线是半径分别为 $u\Delta t$、$2u\Delta t/3$、$u\Delta t/3$ 的圆弧。这些圆弧的包络是过 C 点且和这些圆弧相切的直线 CD。此时，反射波的波前就是经过 CD 且和纸面垂直的平面。因波线和波前垂直，分别过 A、E_1、E_2 点作 CD 的有向垂线，就可得到反射波的传播方向。

从图中可见，和 t 时刻波前 AB 垂直的线，如 BC 是入射波的波线，称为入射线。而和 $t+\Delta t$ 时刻波前 CD 垂直的线，如 AD 是反射波的波线，称其为反射线。令 $\boldsymbol{e}_n$ 为分界面的法线，则入射线和法线间的夹角 i 称为入射角，反射线和法线间的夹角 i' 称为反射角。

从图 14-17 中可见，$\triangle BAC$ 和 $\triangle DCA$ 全等。所以，$\angle BAC=\angle DCA$，又因为 $i=\angle BAC$，$i'=\angle DCA$，所以 $i=i'$，即入射

角等于反射角。从图中还可看出，入射线、反射线和法线均在同一平面内。以上两个结论就是波的反射定律。

再证明折射定律。在入射波发生反射的同时，另一部分入射波从一种介质经界面入射到另一介质。由于两种介质中的波速不同，在分界面上波的传播方向要发生偏折，即出现折射现象。设波在的 a、b 两介质中的波速分别是 $\boldsymbol{u}_1$ 和 $\boldsymbol{u}_2$，并设 $AA_1=A_1A_2=A_2B$。在 t 时刻，入射波的波前到达 AB 位置，与反射情况类似，分界面上各点 A、E_1、E_2 都可视为子波的波源。与反射情况不同的是，由于折射是在第二种介质中进行的，所以，从以上各点发出的子波在 $t+\Delta t$ 的波前和纸面的交线是半径分别为 $u_2\Delta t$、$2u_2\Delta t/3$、$u_2\Delta t/3$ 的圆弧。这些圆弧的包络是过 C 点且和这些圆弧相切的直线 CD。此时，折射波的波前就是经过 CD 且和纸面垂直的平面。因波线和波前垂直，分别过 A、E_1、E_2 点作 CD 的有向垂线，就可得到折射波的波线 AD，称其为折射线，折射线和法线 $\boldsymbol{e}_n$ 间的夹角 γ 称为折射角。

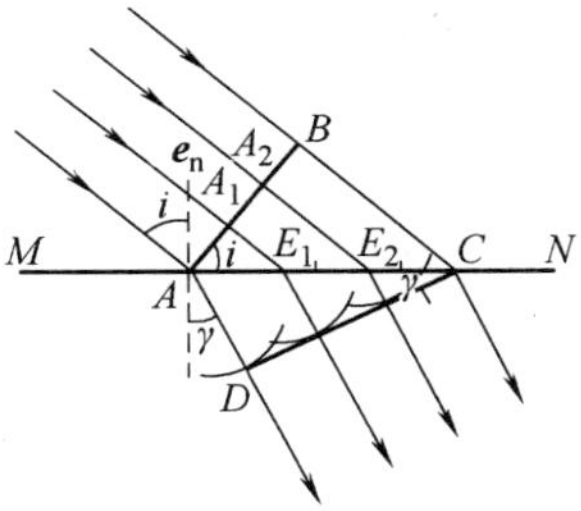

图 14-18 用惠更斯原理证明波的折射定律

从图 14-18 可见，$i=\angle BAC$，$\gamma=\angle ACD$，所以有

$$BC=u_1\Delta t=AC\sin i$$

$$AD=u_2\Delta t=AC\sin\gamma$$

上两式相除，得

$$\frac{\sin i}{\sin\gamma}=\frac{u_1}{u_2} \tag{14-19}$$

式(14-19)表明，入射角的正弦和折射角的正弦之比，等于波在两种介质的速度之比。从图中还可见，入射线、折射线和分界面的法线均在同一平面内。以上两个结论就是波的折射定律。

14.5 波的干涉

前面所讨论的都是介质中只有一列波单独传播的情形，本节将讨论几列波在介质中传播相遇时所发生的现象。

14.5.1 波的叠加原理

当介质中有几列波传播在某一区域相遇时，通过观察和研究总结出如下规律。

1）几列波在传播过程中，于某一区域相遇再分开，各波的传播情况与未相遇前一样，仍保持各自的特性（频率、波长、振动方向等）继续沿原来的传播方向前进，即各波互不干扰，这种特性称为**波传播的独立性**。例如：管弦乐队合奏或几个人同时讲话时，空气中同时传播许多声波，但我们仍能准确辨别出各种乐器的音调或各个人的声音；通常天空中同时有许多无线电波在传播，我们仍能随意接收到某一电台或电视台的节目。这是声波和无线电波传播的独立性的例子。

2）在相遇区域内，任一点处质点的振动，是各波单独存在时所引起振动的合成。即在任一时刻，该处质点的位矢是各波单独存在时，该质点各对应位矢的矢量和。这一规律称为**波的叠加原理**。

应该指出的是，波的叠加原理并不是在任何情况下都普遍成立。物理上的叠加原理总是与数学上的线性微分方程相关联。如描述波动过程的微分方程是线性的，则波的叠加原理成立；如描述波动过程的微分方程是非线性的，则波的叠加原理就不成立。如强烈的爆炸所激励的声波，就不遵守上述叠加原理。

14.5.2 波的干涉

上面我们介绍了波在某一区域相遇时所遵循的一般规律。在一般的情况下，振幅、频率、振动方向和相位都不同的几列波叠加时，合成波往往是很复杂的。我们只讨论一种最简单、也是最重要的情形，即频率相同、振动方向相同、相位相同或相位差恒定的两列波相遇时的情形。这样的两列波在空间相遇后，由于介质中各质点所参与的两个分振动具有相同的频率、相同的振动方向和固定的相位差，因而在它们相遇的区域，合振动的振幅具有确定的分布。相位差为 $2k\pi$ 处，振动始终加强，合振幅最大；相位差为 $(2k+1)\pi$ 处，振动始终减弱，合振幅最小。从而使振动在空间出现稳定的强弱分布的现象。**满足一定条件的两列波相遇时，介质中有些点的振动始终加强，有些点的振动始终减弱的现象，称为波的干涉现象**。所满足的条件(频率相同、振动方向相同和相位相同或相位差恒定)称为**相干条件**。能产生干涉现象的两列波称为**相干波**，它们的波源称为**相干波源**。干涉现象是波动的又一重要特征，它和衍射现象都是判别某种运动是否具有波动性的主要依据。

下面定量讨论两列波产生干涉时，相遇区域出现振动加强或减弱的条件。

设有两作简谐振动的相干波源 S_1 和 S_2，其振动方程分别为

$$y_1 = A_1\cos(\omega t + \varphi_1)$$

$$y_2 = A_2\cos(\omega t + \varphi_2)$$

式中，A_1 和 A_2 分别是波源 S_1 和 S_2 的振幅。从这两个波源发出的波在空间任一点 P 相遇，P 点到两波源 S_1 和 S_2 的距离分别是 r_1 和 r_2，如图 14-19 所示。则这两列波在 P 点引起的分振动分别是

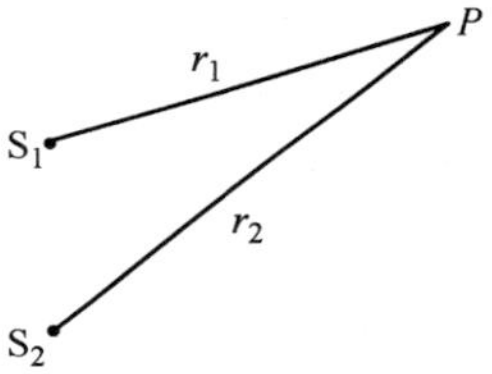

图 14-19 两相干波的干涉

$$y_1 = A_1\cos\left(\omega t + \varphi_1 - \frac{2\pi r_1}{\lambda}\right)$$

$$y_2 = A_2\cos\left(\omega t + \varphi_2 - \frac{2\pi r_2}{\lambda}\right)$$

上两式表明，P 处的质点同时参与两个同方向、同频率的简谐振动，其合振动也应是简谐振动，设其合振动的运动方程为

$$y = y_1 + y_2 = A\cos(\omega t + \varphi)$$

式中，A 和 φ 分别为合振动的振幅和初相位，由式(13-23)和式(13-24)可得

$$A = \sqrt{A_1^2 + A_2^2 + 2A_1A_2\cos\Delta\varphi}$$

$$\tan\varphi = \frac{A_1\sin\left(\varphi_1 - \frac{2\pi r_1}{\lambda}\right) + A_2\sin\left(\varphi_2 - \frac{2\pi r_2}{\lambda}\right)}{A_1\cos\left(\varphi_1 - \frac{2\pi r_1}{\lambda}\right) + A_2\cos\left(\varphi_2 - \frac{2\pi r_2}{\lambda}\right)}$$

振幅表达式中 $\Delta\varphi$ 是两分振动的相位差，有

$$\Delta\varphi = \varphi_2 - \varphi_1 - 2\pi\frac{r_2 - r_1}{\lambda} \tag{14-20}$$

由上式可知，空间满足

$$\Delta\varphi = \varphi_2 - \varphi_1 - 2\pi \frac{r_2 - r_1}{\lambda} = \pm 2k\pi \quad (k = 0,1,2,\cdots) \tag{14-21a}$$

的各点，合振动的振幅最大，其值为

$$A_{max} = A_1 + A_2$$

这种情形称为**相长干涉**。而空间满足

$$\Delta\varphi = \varphi_2 - \varphi_1 - 2\pi \frac{r_2 - r_1}{\lambda} = \pm (2k+1)\pi \quad (k = 0,1,2,\cdots) \tag{14-21b}$$

的各点，合振动的振幅最小，其值为

$$A_{min} = |A_1 - A_2|$$

这种情形称为**相消干涉**。

如果两相干波源的初相位相同，即 $\varphi_1 = \varphi_2$，则式(14-21a)可简化为

$$\delta = r_2 - r_1 = \pm k\lambda \qquad (k = 0,1,2,\cdots) \tag{14-22a}$$

式中，δ 表示两相干波源到 P 点的波程差。由式(14-22a)可见，波程差等于波长整数倍的空间各点，合振动的振幅最大。

同理，若 $\varphi_1 = \varphi_2$，则式(14-21b)可简化为

$$\delta = r_2 - r_1 = \pm (2k+1)\frac{\lambda}{2} \quad (k = 0,1,2,\cdots) \tag{14-22b}$$

由式(14-22b)可见，波程差等于半个波长奇数倍的空间各点，合振动的振幅最小。

当波程差为其他任意值时，合振动的振幅在最大值 $A_{max} = A_1 + A_2$ 和最小值 $A_{min} = |A_1 - A_2|$ 之间。

从上面的讨论可见，两相干波在空间任一点相遇时，其干涉加强或减弱的条件，除和两波源的初相差有关外，还和该点至两相干波源间的波程差有关。

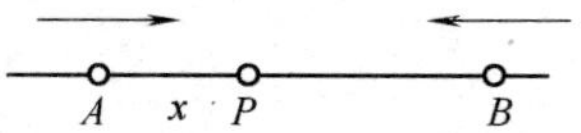

图 14-20　例 14-5 题图

【例 14-5】　如图 14-20 所示，A、B 为同一介质中相距 20.00m 的两个振幅相等的相干波源，频率为 100.0Hz，波速为 200.0m · s^{-1}，且 A 点为波峰时，B 点为波谷。求 AB 连线之间因干涉而静止的各点的位置。

【解】　要求两列波在某处相遇后的情况，先根据已知条件

写出波源振动的初相位；然后再由所求点分别到两波源的波程，由式(14-21)求解。对于此题，因 A 点为波峰时，B 点为波谷，若设 $\varphi_A=0$，则 $\varphi_B=\pi$。

在 AB 连线上任取一点 P，设 $AP=x$，则 $PB=AB-x=20.00-x$。由相消干涉的条件式(14-21b)可得

$$\Delta\varphi=\left[2\pi\left(\nu t-\frac{20-x}{\lambda}\right)+\pi\right]-2\pi\left(\nu t-\frac{x}{\lambda}\right)=(2k+1)\pi$$

把已知条件代入解得

$$x=10+k \qquad (k=0,\ \pm1,\ \pm2,\ \cdots,\ \pm9)$$

即 AB 连线之间因干涉而静止的各点到 A 点的距离为 1，2，3，…，19。

对 AB 的两外侧的情况，读者也可用式(14-21b)自行讨论。

14.6 驻波

两列频率相同、振幅相同、振动方向相同而传播方向相反的简谐波叠加而形成的一种特殊振动形式，称为**驻波**。驻波是波的干涉现象的一个特例，它广泛存在于各种自然现象中，如管、弦、膜、板的振动等，驻波在声学、光学、无线电电子学中都有重要的应用。

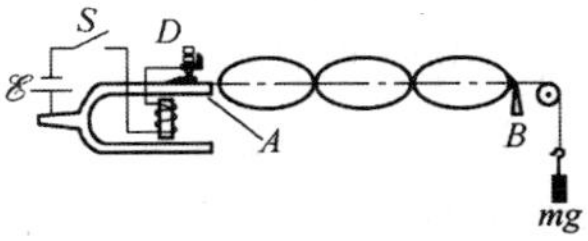

图 14-21 驻波实验示意图

14.6.1 驻波的产生

波在向前传播的途中遇到障碍物(或遇到另一介质的界面)时，会发生反射。反射波和原来的波叠加，就会形成驻波。图14-21所示是驻波实验的示意图。弦线一端 A 系在振动器上，另一端通过滑轮系一砝码，使弦产生一定张力，B 处为一劈尖，使弦在 B 点不能振动。振动器的振动沿弦向右传播，在 B 点反射，入射波和反射波产生叠加。当 AB 的长度或弦中张力调节适当时，就可以看见弦的分段振动，一些点振幅最大，一些点驻定不动，形成一个稳定的振动分布状态，即弦线上产生了驻波。振幅最大的地方称为**波腹**，驻定不动的点称为**波节**。

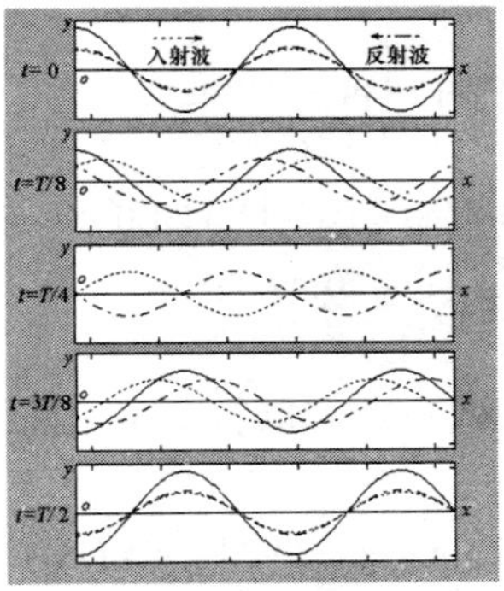

图 14-22 驻波

如图 14-22 所示，用虚线和点画线分别表示沿 Ox 轴正、负

驻波的模拟程序

```
# include <stdlib.h>
# include <math.h>
# include <graphics.h>
# include <dos.h>
# include <conio.h>
# include <stdio.h>
# define PI 3.1415926
int main( )
{
int i,n,m,q;
float
k =80,x =1,a =40,y1,y2,y3,u
 =1,t =0.1;
int gdriver = DETECT, gmode;
initgraph ( &gdriver, &gmode,"
d:\\tc\\bgi");
setbkcolor(1);
for(i =0;i <400;i ++)
{ if(kbhit()) break;
setfillstyle(1,1);bar(0,0,640,
480);
for(m =1;m< =3;m ++)
{
line(0,m * 120,640,m * 120);
}
for(q =1;q< =16;q ++)
{
line(40 * (q -1) +20,0,40 *
(q -1) +20,480);
}
for(n =0;n <640;n ++)
{
y1 =a * cos(2 * PI * u * (i * t
 -n * x/k)) +120;
```

方向传播的两个等幅的简谐波，实线表示两波叠加的结果。为讨论方便，在两列波完全重合时为计时起点，并把 x 轴的原点取在此时刻($t=0$)两列波的波峰处。在 $t=0$ 时，由于两列波的波形重合，所以每个质点的位矢，是每个质点分振动的位矢的两倍；$t=T/8$ 时，两波分别向右、左传播了 $\lambda/8$，其合成波仍为一余弦曲线；$t=T/4$ 时，两波分别向右、左传播了 $\lambda/4$，由于两列波对质点引起的振动相位相反，各质点的位矢为零，合成波是一直线；$t=3T/8$ 时，两波分别向右、左传播了 $3\lambda/8$，其合成波仍为一余弦曲线；$t=T/2$，两波分别向右、左传播了 $\lambda/2$，此时两列波的波形又一次重合，所以每个质点的位矢，是每个质点分振动位矢的两倍。如此进行下去，由此两列波叠加而成的合成波，将使一些点的振幅有最大值，等于每一列波振幅的两倍，这些质点所在的位置就是波腹；而使另一些点始终不动，这些质点所在的位置就是波节。其他各点的振幅则在零和最大值之间。在任何时刻，合成波形和 x 轴的交点(波节)保持固定，即波形并不向任何方向移动。从能量的角度看，入射波和反射波的能量密度大小相等，方向相反，合成波的总能量密度为零，即驻波没有能量的传播。

由于驻波的波形和能量都不传播，因此也可以说驻波并不是波动，只是一种特殊的振动。

14.6.2　驻波的表达式

驻波的运动方程可由两频率相等、振幅相同、传播方向相反的简谐波叠加而成。

由式(14-6c)，沿 x 轴正、负方向传播的两列波的波函数分别为

$$y_1 = A\cos 2\pi\left(\nu t - \frac{x}{\lambda}\right)$$

$$y_2 = A\cos 2\pi\left(\nu t + \frac{x}{\lambda}\right)$$

则两列波叠加后，介质中各质点的位置为

$$
\begin{aligned}
y &= y_1 + y_2 \\
&= A\cos 2\pi\left(\nu t - \frac{x}{\lambda}\right) + A\cos 2\pi\left(\nu t + \frac{x}{\lambda}\right) \\
&= 2A\cos\frac{2\pi x}{\lambda}\cos 2\pi\nu t
\end{aligned}
\tag{14-23}
$$

式(14-23)就是驻波表达式，也称驻波的波函数。从中可以看出，在某一坐标为 x 处的质点，作振幅为 $\left|2A\cos\frac{2\pi x}{\lambda}\right|$，角频率为 $2\pi\nu$ 的“简谐振动”。与真正的简谐振动不同的是，其振幅随坐标 x 的不同而异。

14.6.3 驻波的振幅和相位　能量

驻波运动的特殊性，表现在其振幅和相位的分布上，下面对两者作具体的讨论。

振幅 $\left|2A\cos\frac{2\pi x}{\lambda}\right|$ 是位置 x 的函数，由此可见，振幅的极大值发生在的 $\left|\cos\frac{2\pi x}{\lambda}\right|=1$ 的点，可由

$$\frac{2\pi x}{\lambda} = \pm k\pi \qquad (k=0,\ 1,\ 2,\ \cdots)$$

得到振幅极大的位置坐标 x 为

$$x = \pm k\frac{\lambda}{2} \quad (k=0,1,2,\cdots) \tag{14-24}$$

上述坐标就是波腹的位置。显然，两相邻波腹间的距离为 $\frac{\lambda}{2}$。

同理由 $\left|\cos\frac{2\pi x}{\lambda}\right|=0$，可求得振幅为零的坐标为

$$x = \pm(2k+1)\frac{\lambda}{4} \quad (k=0,1,2,\cdots) \tag{14-25}$$

上述坐标就是波节的位置。显然，两相邻波节间的距离也为 $\frac{\lambda}{2}$。

由式(14-23)可以看出，x 轴上各点的相位与 $\cos 2\pi\frac{x}{\lambda}$ 的正

```
y2 = a * cos(2 * PI * u * (i * t - (640 - n * x)/k)) + 240;
y3 = y1 + y2;
circle(n * x,y1,1);
circle(n * x,y2,1);
circle(n * x,y3,1);
}
}
delay (1);
getch();
closegraph();
}
```

负有关，凡是使 $\cos 2\pi\dfrac{x}{\lambda}$ 为正的各点，其相位均为 $2\pi\nu t$；而凡是使 $\cos 2\pi\dfrac{x}{\lambda}$ 为负的各点，其相位均为 $2\pi\nu t+\pi$。因任一波节两边的点，$\cos 2\pi\dfrac{x}{\lambda}$ 具有相反的符号，所以，同一波节两边的质点在振动中，两者的相位始终相反；而两相邻节点之间，$\cos 2\pi\dfrac{x}{\lambda}$ 具有相同的符号，因此，两相邻节点之间的所有质点在振动中，其相位始终相同。驻波振动的相位特点说明：波节两边各点同时沿相反方向运动达到各自位矢的最大值，又同时沿相反方向通过平衡位置；而两相邻波节间各点则沿相同方向运动同时达到位矢最大值，又同时沿相同方向通过平衡位置。由此可见，驻波中所有质点做分段振动，而且各分段作为一个整体做同步振动。在振动中，各波腹和波节的 X 坐标都是固定的，波形既不左移，也不右移，各点以确定的振幅在各自的平衡位置附近振动，因此称为驻波。

下面我们以图 14-21 所示的弦线上的驻波为例，来讨论驻波的能量。

当弦线上各点处于各自的最大位置时，各点的振动速度都为零，因而动能为零。但此时弦线各段都有了不同程度的形变，且越靠近波节处的形变就越大。因此，这时驻波具有的能量就是势能，主要集中在波节附近。

当弦线上各点回到各自的平衡位置时，弦线的形变完全消失，势能为零。但此时各质点的振动速度都达到各自的最大值，且处于波腹处质点的速度最大。所以，此时驻波具有的能量就是动能，主要集中在波腹附近。

至于其他时刻，则动能和势能同时存在。由此可见，在弦线上形成驻波时，动能和势能相互转换，而能量主要集中的位置也在波腹附近和波节附近交替地转换。这正如上节所述，驻波不传播能量，这也是驻波和我们原来所讨论的行波的又一重要区别。以上结论虽说是从弦线上的驻波所得出的，但对其他驻波也适用。

14.6.4 半波损失

在图14-21所示的实验中，波在固定点 B 反射，所以在反射处形成波节(而弦的另一端随振动器振动，因而不是波节)。如果波是在自由端反射，则反射处是波腹。一般情况下，在两种介质分界处形成波节还是波腹，与波的种类、入射角的大小和两种介质的性质有关。而对机械波，可以证明，它由介质的密度 ρ 和波速 u 的乘积 ρu 所决定。通常把 ρu 称为**波阻**，而把波阻较大的介质称为**波密介质**，波阻较小的介质称为**波疏介质**。则波从波疏介质垂直入射到波密介质，被反射回到波疏介质时，在反射处形成波节；反之，则在反射处形成波腹。

在两种介质的分界面处形成波节，说明反射波和入射波在此处的相位相反，即反射波在分界面处的相位相对入射波跃变了 π，相当于出现了半个波长的波程差。通常把这种现象称为相位跃变 π，有时也形象地称为"**半波损失**"。图14-23a、b分别表示了两种介质分界面处有、无半波损失的两种情形。

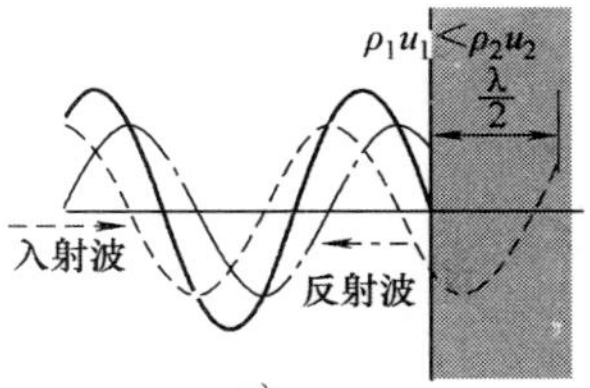

a)

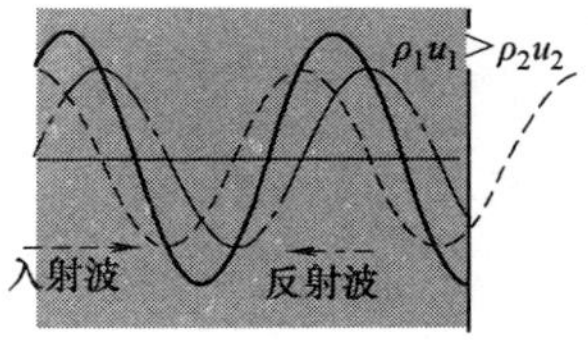

b)

图14-23 反射波在分界面处的相位变化

14.6.5 振动的简正模式

对于一定的驻波系统，也有固有频率，所不同的是其固有频率有多个而并非一个。这和弹簧振子只有一个固有频率是截然不同的。下面来讨论驻波固有频率的特征。从图14-21所示的驻波实验可见，对一定长度且两端固定的弦线来说，形成驻波时，弦线两端为波节，此时波长 λ_n 和弦线长度 l 之间应满足下式：

$$l = n\frac{\lambda_n}{2} \qquad (n = 1, 2, \cdots) \tag{14-26}$$

从式(14-26)可见，并不是任意波长的波都能在两端固定的弦线上形成驻波。只有弦线长度 l 等于半波长的整数倍时，才能在两端固定的弦线上形成驻波。利用关系式 $u = \lambda\nu$，由式(14-26)可得出弦线驻波的频率应满足的关系

$$\nu_n = n\frac{u}{2l} \qquad (n=1,2,\cdots) \tag{14-27}$$

其中每一频率对应于整个弦线的一种可能的振动方式，而这些频率就称为弦的**本征频率**，也是驻波系统的固有频率。由式(14-27)决定的各种振动方式，统称为弦线振动的**简正模式**。其中 $n=1$ 对应的频率为基频，其他的频率依次称为 2 次谐频、3 次谐频……(对声驻波则称为基音和泛音)

由此可见，弦线振动时，固有频率不止一个，有一系列的驻波同时形成，除发出频率为 $\nu_1 = u/2l$ 的基频外，还发出许多频率为基频 ν_1 的整数倍的谐频。因此，弦线的振动频谱为线状谱。一般说来，声源发出的声波，是由许多基音和泛音叠加而成的，基频决定了声音的声调，谐波的数目及强度决定了声音的音色。由上述讨论可知，弦上驻波的频率除与弦长有关外，还和弦上波速有关，而波速又和弦中的张力有关。调整弦乐的声调正是根据这一原理进行的。

【例 14-6】 一谐波沿 x 轴正方向传播，在 $x=0$ 处发生反射。设反射后振幅不变且反射点为一波节，若入射波的波函数为 $y_1 = A\cos\left[2\pi\left(\nu t - \frac{x}{\lambda}\right)\right]$。求

(1) 反射波的波函数；

(2) 合成波(驻波)的波函数；

(3) 各波腹和波节的位置坐标。

【解】 (1) 由振动和波动的关系可知，在 $x=0$ 处质点的振动方程为

$$y = A\cos 2\pi\nu t$$

当此点的振动沿 x 轴负方向传播时，生成的波(即反射波)的波函数，在不考虑反射波的半波损失时，为

$$y = A\cos\left[2\pi\left(\nu t + \frac{x}{\lambda}\right)\right]$$

由题意知，反射点为波节，说明反射时有半波损失，所以反射波的波函数为

$$y_2 = A\cos\left[2\pi\left(\nu t + \frac{x}{\lambda}\right) - \pi\right]$$

（2）根据波的叠加原理，合成波的波函数为

$$\begin{aligned} y &= y_1 + y_2 \\ &= A\cos\left[2\pi\left(\nu t - \frac{x}{\lambda}\right)\right] + A\cos\left[2\pi\left(\nu t + \frac{x}{\lambda}\right) - \pi\right] \\ &= 2A\cos\left(2\pi\frac{x}{\lambda} - \frac{\pi}{2}\right)\cos\left(2\pi\nu t - \frac{\pi}{2}\right) \\ &= 2A\sin 2\pi\frac{x}{\lambda}\cos\left(2\pi\nu t - \frac{\pi}{2}\right) \end{aligned}$$

（3）形成波腹的各点的振幅最大，即

$$\left|\sin 2\pi\frac{x}{\lambda}\right| = 1$$

于是 $$2\pi\frac{x}{\lambda} = \pm(2k+1)\frac{\pi}{2} \qquad (k=0，1，2，\cdots)$$

所以

$$x = \pm(2k+1)\frac{\lambda}{4} \qquad (k=0，1，2，\cdots)$$

因入射波是由 x 轴的负端向坐标原点传播的，所以各波腹的位置坐标均为负，所以括号前取负号，即有

$$k=0, \quad x_1 = -\frac{\lambda}{4}$$

$$k=1, \quad x_2 = -\frac{3\lambda}{4}$$

$$k=2, \quad x_3 = -\frac{5\lambda}{4}$$

$$\vdots \qquad \vdots$$

$$k=n, \quad x_n = -(2n+1)\frac{\lambda}{4}$$

形成波节的各点的振幅为零，即

$$\sin 2\pi\frac{x}{\lambda} = 0$$

于是 $$x = \pm k\frac{\lambda}{2} \quad (k=0,\ 1,\ 2,\ \cdots)$$

同理，各波节的位置坐标为

$$k=0,\quad x_0=0$$

$$k=1,\quad x_1=-\frac{\lambda}{2}$$

$$k=2,\quad x_2=-\lambda$$

$$\vdots \qquad \vdots$$

$$k=n,\quad x_n=-n\frac{\lambda}{2}$$

14.7　多普勒效应

我们已经知道，波的频率就是波源的频率。但应注意，这是指波源和观察者都相对介质静止时的情形。当波源或观察者相对介质运动，或两者都相对介质运动时，观察者接收到的频率与波源的频率就不同了。这是奥地利科学家多普勒(C. J. Doppler, 1803—1853)在1842年首先发现的，称为**多普勒效应**。如当鸣着汽笛的火车从身旁驶过时，你会感到汽笛的声调由低变高，再由高变低，这说明你听到汽笛声的频率发生了变化。

为了使问题简化，先讨论在波源与观察者连线上的情形。设波源相对于介质的运动速度为 u_S，取趋近观察者时此速度为正，否则为负；观察者相对介质的运动速度为 u_O，取趋近波源时此速度为正，否则为负；波在介质中的传播速度 u，u 与观察者及波源的速度无关。下面分四种情况讨论。

14.7.1　波源 S 和观察者 O 相对介质静止

为讨论多普勒效应，首先要清楚区分波源的频率、观察者接收到的频率和波的频率：波源的频率 ν，是波源在单位时间内振动的次数，或在单位时间内波源发出完整波的数目；观察者接收到的频率 ν'，是观察者在单位时间内接收到的振动次数或波数；而波的频率 ν_w，则是介质内质点在单位时间内振动的次数，或单位时间内通过介质中某点完整波的数目，且 $\nu_w = u/\lambda_w$，其中 u 的意义如上所述，是介质中的波速，λ_w 是介质中的波长。这三个频率可能互不相同。

显然，在波源 S 和观察者 O 相对介质静止的条件下，单位时间内位于观察者处波面传播的距离和波速 u 的大小相等，波长为 λ。所以，单位时间内观察者接收到的波数，即观察者接收到的频率为

$$\nu' = \frac{u}{\lambda} = \frac{u}{uT} = \frac{1}{T} = \nu \tag{14-28}$$

即在波源 S 和观察者 O 相对介质静止的条件下，观察者所接收到的频率就是波源的频率。

14.7.2　波源 S 静止，观察者 O 以速度 u_O 相对介质运动

当观察者向波源运动($u_O > 0$)时，在单位时间内，原来处于观察者处 O 的波面向右传播了 u 的距离，同时观察者向左运动了 u_O 的距离到达了 O′，如图 14-24 所示。这就相当于波速增加到 $u + u_O$。因此，单位时间内观察者所接收到的波数，即观察者接收到的频率为

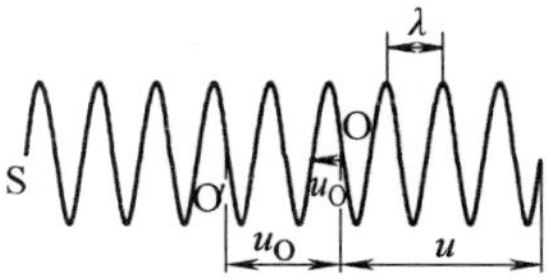

图 14-24　观察者运动时的多普勒效应

$$\nu' = \frac{u_O + u}{\lambda} = \frac{u_O + u}{uT} = \frac{u + u_O}{u}\nu \tag{14-29}$$

即观察者向波源运动时，接收到的频率 ν' 是波源频率 ν 的 $(u + u_O)/u$ 倍。

当观察者远离波源运动($u_O < 0$)时，上式仍成立，只是因为 $u_O < 0$，所以 $\nu' < \nu$。当 $u_O = u$ 时，$\nu' = 0$，相当于观察者以波速离开波源时，所接收到的频率为零，即接收不到波。

14.7.3　波源 S 以速度 u_S 相对介质运动，观察者静止

当波源向观察者运动($u_S > 0$，$u_S < u$)时，因波速 u 与波源的运动无关，所以在一个周期内，波源 S 发出的波向前传播的距离总等于波长 λ，但波源在前进的过程中不断发出波，已经发出的波仍以波速 u 前进，而后继波的波源向前移动至 S′，使后继波的波面向波源运动方向挤紧了。这相当于通过观察者处

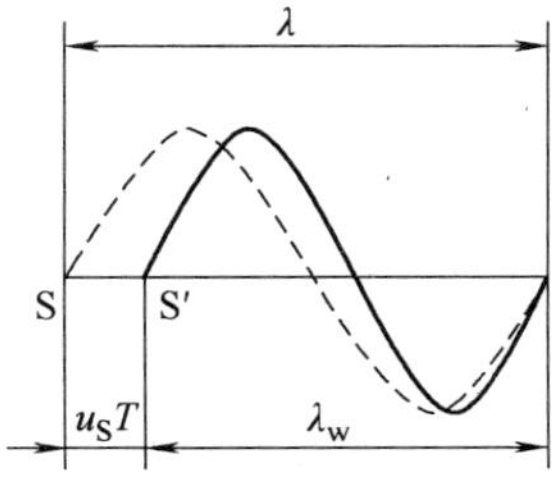

图 14-25　波源向观察者运动时的多普勒效应

的波长比原来变短了 $u_S T$，即 $\lambda_w = \lambda - u_S T$，如图 14-25 所示。所以，在单位时间内，观察者接收到的波数，即观察者接收到的频率为

$$\nu' = \frac{u}{\lambda - u_S T} = \frac{u}{(u - u_S)T} = \frac{u}{u - u_S}\nu \qquad (14\text{-}30)$$

即波源向观察者运动时，接收到的频率 ν' 是波源频率 ν 的 $u/(u - u_S)$ 倍。

如果波源离开观察者运动，式(14-30)仍成立，因为 $u_S < 0$，所以 $\nu' < \nu$，即接收到的频率低于波源的频率。

14.7.4　波源 S 和观察者 O 同时相对介质运动

在波源 S 和观察者 O 同时相对介质运动的条件下，频率的改变是由于以下两者共同变化的结果：一方面是波速增加为 $u + u_O$，另一方面是波长缩短为 $\lambda - u_S T$。所以，观察者接收到的频率为

$$\nu' = \frac{u + u_O}{\lambda - u_S T} = \frac{u + u_O}{(u - u_S)T} = \frac{u + u_O}{u - u_S}\nu \qquad (14\text{-}31)$$

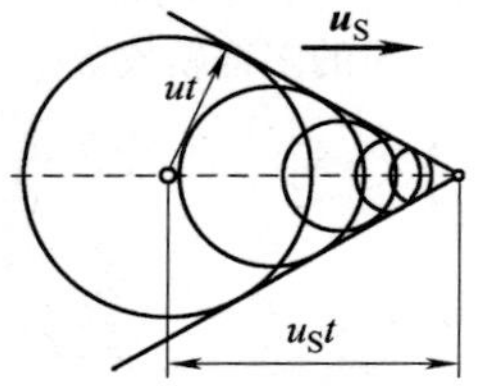

图 14-26　冲击波的产生

以上讨论的是波源和观察者的运动在两者的连线上，如果两者的运动是任意方向的，则只要把速度在两者连线上的分量代入式(14-31)即可；如果波源和观察者是沿着与它们的连线垂直的方向运动，则没有多普勒效应发生，即不存在横向多普勒效应；若波源的速度 u_S 或观察者的速度 u_O 超过波速 u，则上述公式不再成立。特别是当 $u_S > u$ 时，相当于波源跑到了波的前面，这时，波源依次发出的波的波面呈圆锥面，波源为圆锥的顶点，如图 14-26 所示。此圆锥面的半顶角 α 由下式决定：

$$\sin\alpha = \frac{u}{u_S}$$

通常称 u/u_S 为**马赫数**，α 称为**马赫角**。随着时间的推移，锥面不断扩展。锥面就是受扰动的介质和未受扰动介质的分界面。在分界面两侧有着压强、密度和温度的突变。当飞机、炮弹等以超音速飞行时，都会在空气中激起这种圆锥形的波。这种波称为冲击波。过强的冲击波略过时会造成损害，如使玻璃破裂、

损伤耳膜和内脏等，这种现象称为**声爆**。

类似的现象在水波中也可以见到，当快艇在水面飞驰时，在艇后就激起以艇为顶端的 V 形波，这种波称为舷波。

当带电粒子在介质中运动，其速度超过光在该介质中的传播速度时，会辐射锥形的电磁波，这种辐射称为**切仑科夫辐射**。

【例 14-7】 利用多普勒效应监测汽车的行驶速度。如某路段限速 $60.0\text{km}\cdot\text{h}^{-1}$，一固定测速仪（能发射和接收超声波）发出频率为 $\nu=100\text{kHz}$ 的超声波，当汽车迎着波源驶来时，该测速仪收到从汽车反射回来的超声波的频率为 $\nu''=110\text{kHz}$，已知空气中声速为 $u=330.0\text{m}\cdot\text{s}^{-1}$，问该汽车是否超速。

【解】 对此问题应分两步求解。

第一步，波向汽车传播并被汽车接收，此时波源是静止的，而观察者汽车是向着波源运动的。设汽车的速度为 u_0，则汽车接收到的超声波频率为

$$\nu'=\frac{u+u_0}{u}\nu$$

第二步，波从汽车表面反射回来，此时，汽车作为波源向着测速仪运动，汽车发出的波的频率就是它接收到的频率 ν'，而此时测速仪是观察者，它接收到的超声波频率为

$$\nu''=\frac{u}{u-u_0}\nu'=\frac{u+u_0}{u-u_0}\nu$$

由此解得汽车的行驶速度为

$$u_0=\frac{\nu''-\nu}{\nu''+\nu}u=\frac{110-100}{110+100}\times 330\text{m}\cdot\text{s}^{-1}=15.7\text{m}\cdot\text{s}^{-1}$$
$$=56.6\text{km}\cdot\text{h}^{-1}$$

由计算结果可见，该汽车没有超速。

14.8 声波 超声波 次声波

14.8.1 声波

声波是机械波的一种，是在弹性介质中传播的纵波。若其

频率在 $20.0 \sim 2.00\times10^{4}$Hz，就能引起人的听觉，这种波称为可闻声波。在上述频率范围内的振动称为声振动。一般说来，频率不在上述范围内的振动就不能引起人耳的听觉了。频率高于 2.00×10^{4}Hz 的机械波叫超声波，通常超声波的频率范围在 $2.00\times10^{4} \sim 10^{11}$Hz 之间；频率低于 20.0Hz 的机械波叫次声波，其频率可低至 10^{-4}Hz。从波动的基本特征来看，上述三种声波在本质上并无差异。

对声波，我们简单介绍声波的特征量：音量、音色和音调。

音量取决于声波的能流密度　音量也称为声强，是描述声音大小的物理量。对于频率为 1000Hz 的声音，一般人听觉的最高声强为 $1\text{W}\cdot\text{m}^{-2}$，最低为 $10^{-12}\text{W}\cdot\text{m}^{-2}$。通常把最低声强作为测定声强的标准，用 I_0 表示。由于声强的数量级相差 10^{12} 倍，故用对数标度作为声强级的度量，声强级用 L_I 表示，有

$$L_\text{I} = \lg\frac{I}{I_0} \tag{14-32}$$

声强级的单位为贝尔，符号为 B。在实际使用中，由于这个单位太大，因此通常采用分贝（dB）作为声强级的单位。此时，声强级的公式为

$$L_\text{I} = 10\lg\frac{I}{I_0} \tag{14-33}$$

表 14-1 给出了一些常见声音的声强级。

表 14-1　一些声音的声强、声强级和感觉到的响度

声　源	声强/$\text{W}\cdot\text{m}^{-2}$	声强级 /dB	响　度
听觉	10^{-12}	0	可感觉
树叶微动	10^{-11}	10	极轻
耳语	10^{-10}	20	轻
通常谈话	10^{-6}	60	正常
闹市	10^{-5}	70	响
钻机	10^{-2}	100	极响
大炮的轰鸣	10^{0}	120	引起痛觉

从表 14-1 可见，人们能够听见的声波，不仅受到频率的限制，还要求声强处在一定范围内。声强太小不能引起听觉；声强太大，只能使耳朵生产痛觉，也不能引起听觉。

音调取决于声波的基频 音调高表示声音比较尖锐，音调低则表示声音比较低沉。据傅里叶分析，任何周期性振动都可以分解成若干个简谐振动的合成，其中频率最低的那个振动的频率与该周期振动的频率相等，这个频率就称为基频。而其他参与合成的分振动的频率都是基频的整数倍，我们称这些频率为谐频。

音色取决于声波的谐频 不同乐器奏出同一音调的音色各不相同，就是因为各种乐器所包含的谐频的振幅不同所致。

物体作有规则振动时发出的声音叫乐音。相反，物体无规则振动时发出的声音叫噪音，噪音使人很不舒服。声音越尖锐，变化越剧烈，听起来越刺耳，感觉也越难受。若噪音声强过大，就会影响工作效率，对身体健康也有严重危害。随着社会的发展，噪音污染已成为现代社会环境污染之一，越来越引起了人们的重视。

14.8.2 超声波

频率在 2.00×10^{4}Hz 以上的机械波称为超声波，由于频率高、波长短，因而具有一些与声波不同的特性，并有特殊的应用。

1. 超声波的特性

(1) **传播方向性好、反射作用强、易于聚焦** 由于波长短，传播时发散小，容易聚成细波束；衍射作用小，反射作用强，遇到障碍物时，容易被反射，因而用于寻找和探测目标。

(2) **穿透本领强** 超声波在空气中衰减很厉害，而在液体和固体中却衰减很小，这一点与无线电波正好相反，因此在海洋中应用超声波最理想，如用声纳侦察对方潜艇、探测暗礁、测量海深、寻找鱼群等。

工业上，由于超声波能穿透厚度达几十米的金属，常用它来探测工件内部的缺陷。医学上用来探测人体内的病变。

（3）**容易获得较大的功率**　因为声强与频率的平方成正比，因此，超声波的功率可以达到很大。另外，超声波易于聚焦，可以在焦点获得极大的声强。如目前用聚焦的方法，超声波的声强已达到了 $10^9 W\cdot m^{-2}$，比炮声的声强高 10^9 倍。

2. 超声波对物质的作用及其应用

超声波在介质中的传播特性，如波速、衰减、吸收等都与物质的物理性质有着密切的关系。例如，声波与介质的弹性模量、密度、温度、气体的成分等有关。声强的衰减与材料的空隙率、黏性等有关。利用这些特性，可以制成各种超声仪器来测定上述物理量。实质上，超声波的传播特性如声速、吸收和色散与分子的能量、分子结构等有密切的关系。因而超声技术已成为研究物质结构的有力工具。

在生产实践和科学研究中，已经发现超声波对物质有许多特殊作用，而且这些特殊作用都有广泛应用，下面介绍一些主要的作用和典型应用。

（1）**超声波的空化作用**　强烈的超声波在液体中传播时，由于声压的振幅很大，当超声波在稀疏部通过时，声压的振幅为负值，此时液体受到伸张力，而液体承受伸张的能力远不如承受压缩的能力。因而，液体中会发生大量的撕裂而形成许多极小的空穴。空穴的大小与频率有关，高频超声波形成的空穴极小。空穴存在的时间极短，在负声压后随之而来的是正声压，使空穴受到迅速的冲击而闭合。在闭合的过程中，由于空穴突然被压缩，液体以极大的速度填充空穴，产生冲击波。此时内部可达几千摄氏度的高温和几千个大气压的局部瞬时高压。在空穴产生时，由于摩擦而使空穴壁和空穴中的气体或蒸汽带上相反的电荷，这些正负电荷在空穴闭合过程中将进行中和而产生放电发光现象。这种作用称为**空化作用**。

利用超声波的空化作用，在局部形成高温高压以及放电现象，已被广泛应用：使在常温下不能发生的化学反应得以进行；非常坚硬的物体能在空化作用下被打碎；超声波切割硬脆材料、钻孔(由于不用刀具，故可钻任何形状复杂的孔)，并可加工宝石、石英和超硬金属等；利用超声焊接铝和冷焊各种金属、合金；清洗、除尘等。

（2）**超声波的热作用**　介质对超声波的吸收会引起温度升高，频率越高，热作用越显著。热作用被广泛用于测量介质强度。

超声波的应用非常广泛。需要说明的是，超声波的应用由于条件不同，可能得到不同的效果，因而在超声波的应用中，发生器以及其参数的选择都必须有充分的根据，互相配合。尽管超声波的应用非常广泛，然而有些过程的物理实质还不清楚，许多奥秘还有待我们去进一步探索。

14.8.3　次声波

频率低于 20Hz 的机械波，称为次声波或亚声波，人耳听不到，但在火山爆发、地震、陨石落地、大气湍流、雷暴、磁暴等许多自然现象中，都有次声波伴随发生。因而次声波会给我们带来不少大自然的信息，通过各种次声波的探测，可以帮助我们认识、了解有关自然现象的规律和特点。

次声波在空气中传播的速度与声波相同，在 20℃时，波速为 $340\mathrm{m \cdot s^{-1}}$。周期为 10s 的次声波，波长为 3400m，周期越长，波长也越长。由于次声波的频率低、波长长，在介质中传播又不易被吸收，还容易在传播中对高山、建筑物等产生衍射，所以能在大气中传播得很远。例如，1883 年 8 月 27 日，位于印度尼西亚的喀拉喀托火山突然大爆发产生的次声波，曾绕地球几周，历时 108h，行程十几万公里。1908 年落到西伯利亚原始大森林中的一块特大陨石发生爆炸时所产生的次声波，在几万公里外还能用气压计记录到它的波列。通过探测次声波的方法，可以帮助人们预报地震。例如，2004 年 12 月 26 日，印尼发生 9 级大地震。震前于 2004 年 12 月 19 日 3 时 22 分，北京工业大学地震研究所测到声压为 16.8Pa 的特大次声波异常信号，为此曾作出震前预报：2004 年 12 月 19 日至 28 日，将在全球范围内发生 8.1 甚至 8.5 级的大地震。

次声波还会对生物体产生影响。某些频率的强次声波能引起人的疲劳、痛苦，甚至导致失明，内脏共振出血。有报道，海洋上发生的超强次声波曾使海员惊恐万状，痛苦异常，仓促离船，最终导致人员失踪。鉴于这一原因，目前许多国家已建立了预报次声波的机构。

由于次声波具有传播距离远的突出特点，以及其特有的生物效应，其应用与研究受到越来越多的关注。它不仅用于探测气象、地震，也用于医学检查和军事侦察。对于次声波的研究已导致现代声学的新分支——次声学的诞生。由于次声学与现代物理学、电子学、天文学、气象学、地球物理学和生物学等学科相互渗透、相互影响，所以次声学将发展成为一门有极强生命力的新学科。

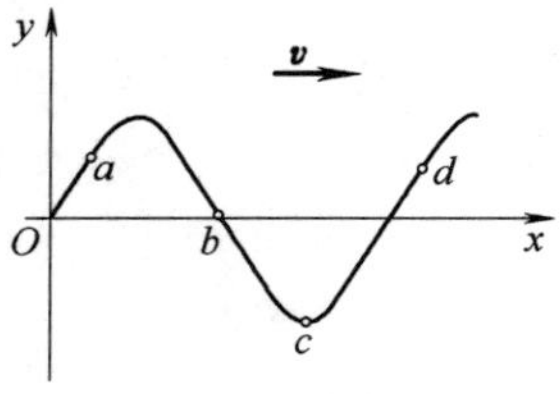

图 14-27　习题 14-4 图

习　题　14

14-1　什么是波？波动和振动有什么区别和联系？形成机械波需具备哪些条件？

14-2　若简谐波的波函数为 $y=0.20\cos(0.5\pi t+x/10)$ (SI)。则此波沿 x 轴____传播，振幅为____ m，频率为____ Hz，波速 u ____ $\mathrm{m\cdot s^{-1}}$，波长 λ ____ m。

14-3　已知一波函数为 $y=0.50\cos(10\pi t-0.50x)$ (SI)。试求：(1) 波长、频率、波速和周期；(2) 说明 $x=0$ 处函数的意义，并作图表示。

14-4　一简谐波沿 x 轴正向传播，某时刻的波形图如图 14-27 所示。试画出该时刻波形曲线上 a、b、c、d 各质点的运动方向和经过 1/4 周期后的波形图。

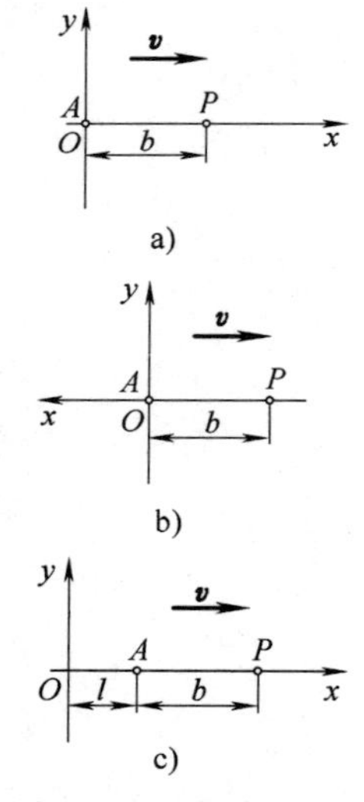

图 14-28　习题 14-5 图

14-5　平面简谐波在空间传播，已知在波线上某点 A 的振动规律为 $y=A\cos(\omega t+\varphi)$，就图 14-28 所给的三个坐标系中，分别写出对应的波函数，并由波函数给出和 A 点相距为 b 的 P 点的振动规律。

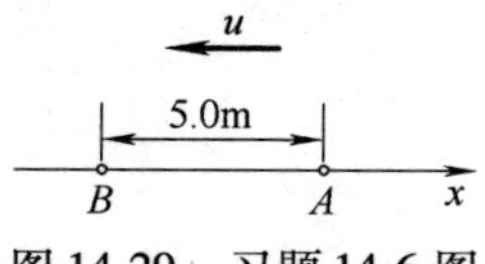

图 14-29　习题 14-6 图

14-6　一平面波在介质中以速度 $u=20.0\mathrm{m\cdot s^{-1}}$ 沿 x 轴负方向传播。已知在传播路径上某点 A 的振动方程为 $y=0.30\cos4\pi t$ (SI)。求：(1) 如以 A 点为坐标原点，写出其波函数；(2) 如以距 A 点 5.0m 处的 B 点为坐标原点，如图 14-29 所示，写出其波函数。

14-7　波源作简谐振动，振幅为 A，周期为 10^{-2}s，并以它经过平衡位置且向正方向运动时作为计时的起点。若此振动以 $u=400.0\mathrm{m\cdot s^{-1}}$ 的速度沿直线传播，求：(1) 以波源为原点，写出波函数；(2) 距波源为 800.0m 处的振动方程；(3) 距波源分别为 900.0m 和 1000.0m 两处的相位差为多少？

14-8　有一平面简谐波在介质中传播，波速 $u=100.0\text{m}\cdot\text{s}^{-1}$，波线上距波源 O（坐标原点）右侧 75.0m 处的质点 P 的振动方程为 $y=0.30\cos\left(2\pi t+\dfrac{\pi}{2}\right)$(SI)。若取向右为坐标正向，求：(1) 波向 x 轴正方向传播时的波函数；(2) 波向 x 轴负方向传播时的波函数。

14-9　图 14-30 所示为平面简谐波在 $t=0$ 时的波形图，设此简谐波的频率为 250Hz，且图中 P 点的运动方向向上。求：(1) 该波的波函数；(2) 在距原点 7.5m 处质点的运动方程与 $t=0$ 时的振动速度。

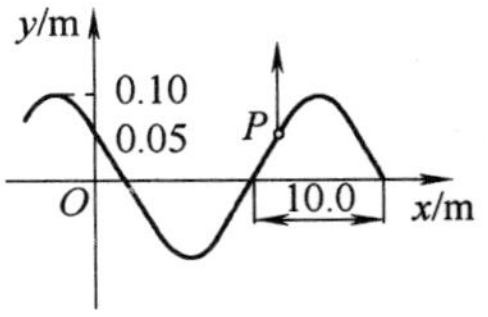

图 14-30　习题 14-9 图

14-10　平面简谐波以波速 $u=0.500\text{m}\cdot\text{s}^{-1}$ 沿 x 轴负向传播。$t=2.0\text{s}$ 时刻波形图如图 14-31 所示，求原点的运动方程。

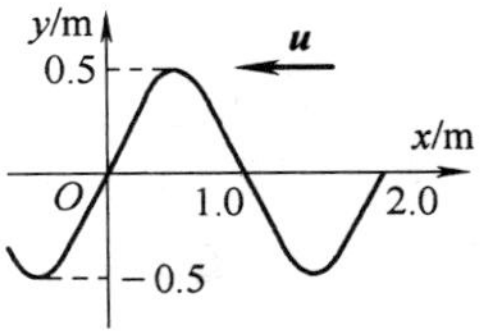

图 14-31　习题 14-10 图

14-11　一平面简谐波，波长为 12.0m，沿 x 轴负向传播。图 14-32 为 $x=1.0\text{m}$ 处质点的振动曲线，求此波的波函数。

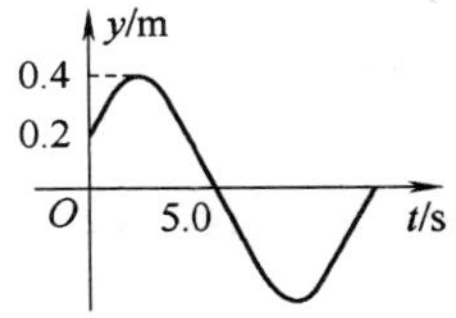

图 14-32　习题 14-11 图

14-12　图 14-33 中 Ⅰ、Ⅱ 分别是 $t=0$ 和 $t=0.10\text{s}$ 时的波形图。已知 $T>0.10\text{s}$，试写出波函数。

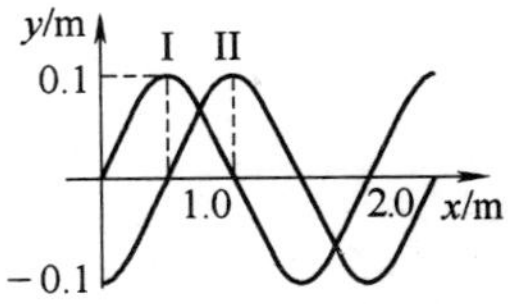

图 14-33　习题 14-12 图

14-13　一平面简谐波，波长为 λ，沿 x 轴负向传播。图 14-34 为 P 处质点的振动曲线。求：(1) P 处质点的振动方程；(2) 此波的波函数；(3) 若图中 $d=\lambda/2$，求 O 点处的振动方程。

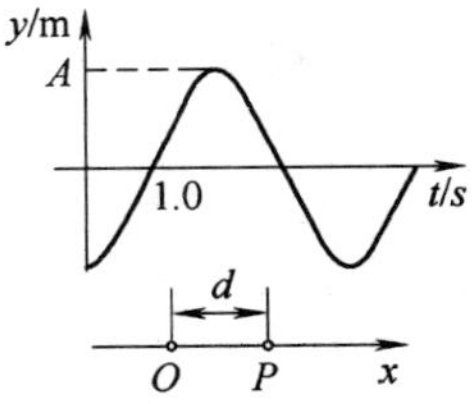

图 14-34　习题 14-13 图

14-14　波的能量与哪些物理量有关？比较波动能量和振动能量。

14-15　有一在介质中传播的简谐波，其波速 $u=1000.0\text{m}\cdot\text{s}^{-1}$，振幅 $A=1.00\times10^{-4}\text{m}$，频率 $\nu=10^3\text{Hz}$，若介质的密度为 $800.0\text{kg}\cdot\text{m}^{-3}$，求：(1) 该波的能流密度；(2) 1min 内垂直通过面积 $S=4.00\times10^{-4}\text{m}^2$ 的总能量。

14-16　一简谐波在直径为 0.14m 的圆柱形管内传播，波的能流密度为 $9.0\times10^{-3}\text{W}\cdot\text{m}^{-2}$，频率为 300Hz，波速为 $300.0\text{m}\cdot\text{s}^{-1}$，求：(1) 波的平均能量密度和最大的能量密度各是多少？(2) 两个相邻的同相面间所包含的平均能量。

14-17　一平面简谐波的频率为 500Hz，在空气中以 $340\text{m}\cdot\text{s}^{-1}$ 的速度传播，达到人耳的振幅为 1.0^{-6}m，若空气的密度为 $1.30\text{kg}\cdot\text{m}^{-3}$。试求此波在人耳中的平均能量密度和声强。

14-18　有两个振幅同为 A 的相干波在空间某点相遇。在某一时刻观察到 P 点的合成振动的位矢大小既不等于 $2A$ 也不为零。能否判定 P 点的振动(1) 不是最强点；(2) 不是最弱点。

14-19　有一平面简谐波 $y=0.30\cos600\pi\left(t-\dfrac{x}{330}\right)$(SI) 传到 A、B 两孔，如图 14-35 所示。AB 相距 1.0m，AC 垂直于 AB。若从 A、B 传出的次

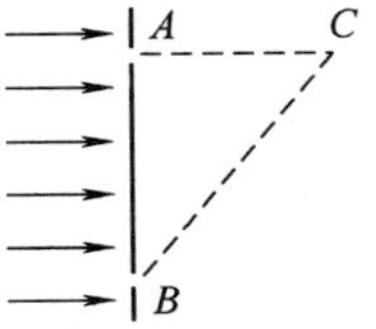

图 14-35　习题 14-19 图

波到达 C 点时，两波叠加恰好发生第一次减弱，试求 C、A 两点间的距离。

14-20　有两相干波源 S_1 和 S_2，相距 $\lambda/4$，S_1 较 S_2 的相位超前 $\pi/2$。若两波在 S_1 和 S_2 的连线方向上的强度相同且不随距离变化。求：(1) S_1S_2 连线上 S_1 外侧各点合成波的强度；(2) S_1S_2 连线上 S_2 外侧各点合成波的强度。

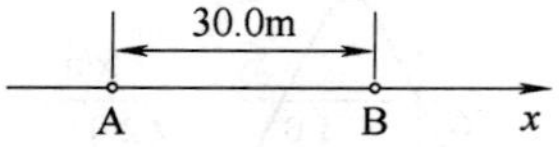

图 14-36　习题 14-21 图

14-21　在同一介质中有两等幅的相干波源 A 和 B，如图 14-36 所示。若其频率为 100Hz，A、B 相距 30.0m，波速为 $400.0\mathrm{m\cdot s^{-1}}$，B 较 A 的相位超前 π。求 AB 连线上因干涉而静止各点的位置。

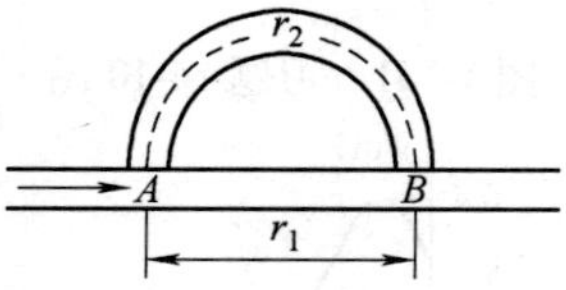

图 14-37　习题 14-22 图

14-22　一干涉型消声器结构的原理如图 14-37 所示。当发动机排气的噪声声波经管道到达 A 点时，分成两路而在 B 点相遇，声波因干涉而相消。如果要消除频率为 300Hz 的发动机噪声，求图中弯道与直管长度之差 $\Delta r = r_2 - r_1$ 至少应为多少？(设声波的波速为 $340.0\mathrm{m\cdot s^{-1}}$)

14-23　设入射波的波函数 $y = A\cos 2\pi\left(\frac{t}{T}+\frac{x}{\lambda}\right)$(SI)，在 $x=0$ 处发生反射，反射端为自由端。求：(1) 反射波的波函数；(2) 合成驻波的表达式。

14-24　一警车以 $25.0\mathrm{m\cdot s^{-1}}$ 的速度在路上行驶，若车上警笛的频率为 800Hz，求：(1) 静止在路旁的人听到警车驶近和离去时警笛的频率；(2) 如果警车追赶一辆速度为 $15.0\mathrm{m\cdot s^{-1}}$ 的客车，则客车上的乘客听到警笛的频率是多少？(空气视为静止，设空气中声速为 $330\mathrm{m\cdot s^{-1}}$)

第15章 光的干涉

光学是物理学中最古老的一门学科，其研究内容十分广泛，包括光的发射、传播和接收的规律，光和物质的相互作用，光的本性及应用。

光与人类的生活密切相关，所以人类凭借日常经验早就积累了许多光学知识。早在我国的春秋战国时期，在墨家的著作《墨经》中，就有关于光的直线传播、平面镜和凹面镜反射成像的记载。然而，光学的发展极其缓慢，直到17世纪下叶，牛顿和惠更斯等人对光的研究，才使光学的发展向前迈进了一大步。牛顿根据光的直线传播性质，认为光是从光源物体发射出来的且直线飞行的微粒流，这就是所谓的光的微粒说。和牛顿同时代的惠更斯则认为光是在“以太”介质中传播的弹性波，这就是所谓的光的波动说。当时多数科学家采纳了光的微粒说。1801年，英国医生兼物理学家托马斯·杨（T. Young，1773—1829）研究了光的干涉现象，并用光波的叠加解释了这种现象，还用干涉的方法第一次测量了可见光的波长。十几年后，法国科学家菲涅耳（A. J. Fresnel，1788—1827）、阿喇果（D. Arago，1786—1853）互相合作，系统地用光的波动说和干涉原理，研究了光通过障碍物或小孔时的衍射图样。菲涅耳还根据他们的实验研究，用杨氏干涉原理补充了惠更斯原理，形成了惠更斯-菲涅耳原理，建立了波动说的数学论证。应用光的弹性波理论，既能说明光的直线传播，又能解释光的干涉和衍射等现象。至此，光的波动说才得以确立。

19世纪70年代，英国物理学家麦克斯韦（Maxwell，1831—1879）用光的电磁理论代替光的机械波理论，认为光是电磁波。这一理论在1888年被德国物理学家赫兹（Hertz，1857—1894）的实验所证实，光的电磁理论获得了普遍的公认。在认识光的本性方面，光的电磁理论较之弹性理论又向前迈进了一大步。

然而，在这一理论中，“以太”的假设依然保留，只是用电磁“以太”代替了机械“以太”。

19 世纪末到 20 世纪初，光学的研究深入到光的发生、光和物质相互作用的微观机制中，光的电磁理论不能解释黑体辐射、光电效应等问题。1900 年，德国物理学家普朗克(Planck，1858—1947)从物质的分子结构中借用了不连续的概念，提出了辐射的量子论，成功地解释了黑体辐射问题。爱因斯坦发展了普朗克的量子论，提出光子理论，圆满地解释了光电效应，并为后来的许多实验所证实。这样，光的粒子性又提到了首位。光在某些方面的行为像“波动”，而另一些方面的行为像“粒子”，两种性质不可分割，同时存在。因此，人们认识到光具有波粒二象性，使人类对光的认识达到了一个更新的高度。

自 1960 年第一台激光器问世以来，光学开始了一个崭新的发展时期，成为现代物理学和现代科学技术前沿阵地的重要组成部分，并且在人类生产和生活中发挥着日益重大的作用。

光学一般可分为几何光学和物理光学两大部分。物理光学又可分为波动光学和量子光学。下面主要讨论波动光学，包括光的干涉、衍射和偏振等内容。波动光学是建立在电磁理论基础上的，是整个光学的理论基础。

干涉现象是波动过程的基本特征之一。光的波动性可以从光的干涉现象证实。本章讨论的主要内容有：光的相干条件和获得相干光的两种方法、杨氏双缝干涉、薄膜干涉、劈尖干涉、牛顿环和迈克耳孙干涉仪等。

15.1　光源　光的相干性

15.1.1　光源

我们知道，光是电磁波，实验证明，能引起视觉及光化学效应的是电磁波中的电场强度 $\boldsymbol{E}$，因此常把 $\boldsymbol{E}$ 矢量称为光矢量。而人们把能发光的物体称为**光源**。按光的激发方式来分，光源可分为热光源和冷光源，利用热能激发的光源称为热光源，如白炽灯、弧光灯等；利用化学能、电能或光能激发的光源称为冷光源，如荧光灯、LED 等。

各种光源的激发方式不同，辐射机制也不相同。这里仅对热光源的发光机制作简单的讨论。在热光源中，大量分子和原子在热能的激发下辐射电磁波。每个分子或原子的发光时间极短，大约只持续 10^{-8} s，它们所发的光是由一列列有限长的、振动方向一定的、振幅不变或缓慢变化的正弦波组成。每一列在一定范围内是正弦波，但在波列前后的振幅均为零，我们称之为**波列**，如图 15-1 所示。在热光源中，相应波列长度的数量级为 10^{0}m。此外，各分子或原子的激发和辐射参差不齐，从微观上说，一列列光波的发射是偶然的，彼此之间没有联系。因而在同一时刻，各分子或原子所发出的光波的频率、$\boldsymbol{E}$ 的振动方向和相位也各不相同。

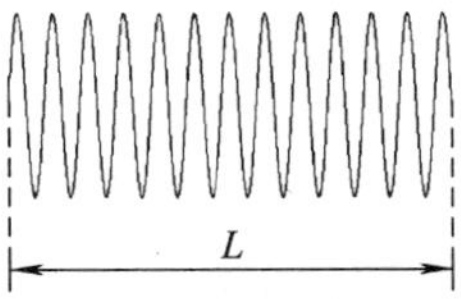

图 15-1 一个波列

15.1.2 光的相干性

依据波的相干性的讨论可知：当两列光波相遇，如满足相干条件，即光矢量的振动方向相同、频率相同、两光波振动的相位差恒定，则在光波相遇空间会出现明暗相间的条纹，这种现象称为**光的干涉**。满足上述条件的光称为**相干光**，不满足上述条件的光称为非相干光。相干条件不易满足，即使是同一光源上不同部分所发出的光，由于它们是由不同原子或分子发出的，也不满足相干条件。

为了获得两束相干光，可使同一光源同一点发出的光分成两束，并使它们分别沿着两条不同的光路传播，然后再使它们相遇。这样，原光波中每一波列都被分成两个波列，当这两个波列再次相遇时，它们将两两对应叠加。尽管各原子或分子所发的光在迅速地改变，但任何改变总是同时发生在两分波列中，它们到达同一观察点时，总是保持着恒定的相位差。这样获得的两束光满足相干条件，在相遇区域中能产生干涉。按分开波列方法的不同，一般有**分波面法**和**分振幅法**。如后面讨论的杨氏双缝干涉、劳埃德镜是分波面法，而薄膜干涉、劈尖干涉、牛顿环等则是分振幅法。

15.2　杨氏双缝干涉　劳埃德镜

15.2.1　杨氏双缝干涉

1801 年，英国物理学家托马斯·杨用波的干涉原理，设计了光的干涉实验，并首次成功测定了光的波长。这一实验设计巧妙而简单，但意义重大，它是导致光的波动理论被人们普遍接受的一个决定性的实验。

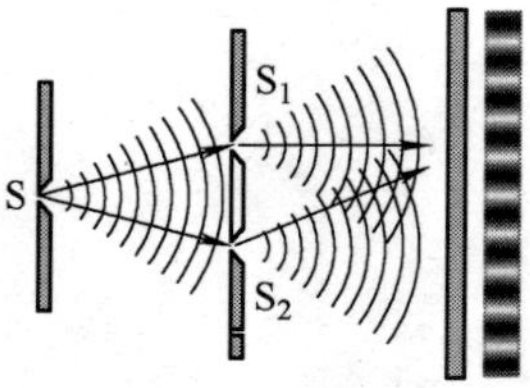

图 15-2　杨氏双缝干涉实验

杨氏实验装置如图 15-2 所示。用单色平行光照射的缝 S 作为单色缝光源，它向前发射柱面波。在 S 的照射范围内放置平行双缝 S_1 和 S_2，双缝把 S 发射的柱面波分割出两相等的部分，S_1 和 S_2 成为两个次波的波源。由于 S_1 和 S_2 到 S 的距离相等，且是波源 S 同一波面上的，所以，S_1 和 S_2 是相干光源。在双缝 S_1 和 S_2 前方两相干光叠加的区域内，都可观察到干涉条纹。

为定量分析杨氏双缝干涉形成明、暗纹所满足的条件，设 S_1 和 S_2 之间的距离为 d，双缝所在的平面与观察屏 P 平行，且两者之间的距离为 D。在屏上任取一点 Q，Q 点到 S_1 和 S_2 的距离分别为 r_1 和 r_2，若 $O'O$ 是 S_1 与 S_2 连线的中垂线，且 Q 到 O 点的距离为 x。则由 S_1 和 S_2 发出的光到达屏上 Q 点的波程差 Δr 为

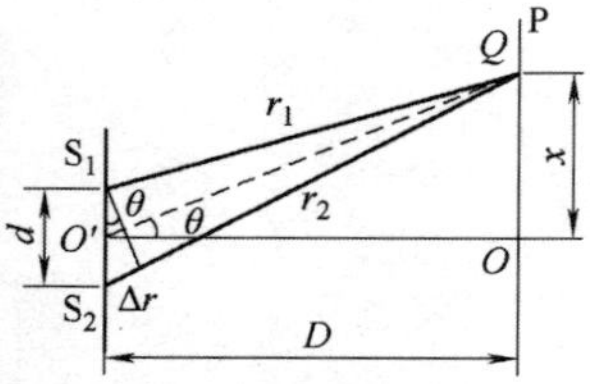

图 15-3　杨氏双缝干涉的定量分析

$$\Delta r = r_2 - r_1$$

一般来说，实验常在 $D >> d$ 的条件下进行的，所以，波程差近似可表示为

$$\Delta r \approx d\sin\theta$$

式中，θ 是 $O'Q$ 与 $O'O$ 间的夹角，如图 15-3 所示。

因 $D >> d$，所以 $\sin\theta \approx \tan\theta = x/D$，则上述波程差可写成

$$\Delta r = xd/D$$

依波相长干涉的条件，当波程差满足

$$\Delta r = xd/D = \pm k\lambda \qquad (k = 0,\ 1,\ 2,\ \cdots)$$

时，屏上各点是明条纹的中心。为便于比较，把上式改写为

$$x = \pm \frac{D}{d}k\lambda \qquad (k=0,1,2,\cdots) \qquad (15\text{-}1)$$

当 Q 点到 O 点的距离为零时，对应屏上 O 点，即 $\theta=0$，$\Delta r=0$，$k=0$。因此，O 点是明条纹中心，此明条纹称为**中央明纹**。在 O 点两侧，与 $k=1$，2，…相应的 x_k 处，是各明纹的中心。这些明条纹分别称为第一级、第二级……明条纹。式中正负号表明，明条纹在 O 点两侧对称分布。

当 Q 点到 O 点的距离 x 满足

$$x = \pm \frac{D}{d}(2k+1)\frac{\lambda}{2} \qquad (k=0,1,2,\cdots) \qquad (15\text{-}2)$$

时，与 $k=0$，1，2，…相应的 x_k 处，是各暗纹的中心。这些暗条纹分别称为第一级、第二级……暗条纹。式中正负号表明，暗条纹也在 O 点两侧对称分布。若 x 既不满足式(15-1)，也不满足式(15-2)，则 Q 点既不是最明的，也不是最暗的。

若把两相邻的明(暗)条纹中心之间的距离视为暗(明)条纹的宽度。从式(15-1)和式(15-2)可计算明、暗条纹的宽度为

$$\Delta x = x_{k+1} - x_k = \frac{D}{d}\lambda$$

从上式可见，杨氏双缝干涉的条纹是等间距的。从上式我们可知：

(1) 影响条纹宽度的因素：若 D、d 一定，则条纹宽度 Δx 与入射波长 λ 成正比；若 D、λ 一定，则双缝间距离 d 越小，条纹宽度 Δx 越大，反之亦然。

(2) 一种测量某单色光波长的实验原理：若已知 D、d，测得条纹宽度 Δx 后，则可计算入射光的波长 λ。

以上讨论的是单色光入射的情况，若用白光垂直照射双缝，则 O 处的中央明纹是白色的，而两侧对称分布彩色条纹，同一级次的明条纹中，紫色靠近、而红色远离中央明纹，如图 15-4 所示。对白光的杨氏双缝干涉不难理解，较短波长、较高级次的条纹可能和较长波长、较低级次的条纹重合的现象。

图 15-4 白光的干涉条纹

【例 15-1】 在杨氏双缝干涉实验中，以某一单色光垂直入射到相距为 5.27×10^{-4}m 双缝上，在距双缝 2.000m 远的观察

屏上，测得第一级明纹到同侧第六级明纹中心间的距离为12.00mm。试计算入射光的波长。

【解】 由双缝干涉明纹的条件式(15-1)得

$$\Delta x_{6,1}=x_6-x_1=(6-1)\frac{D}{d}\lambda$$

即

$$\lambda=\frac{d\Delta x_{6,1}}{5D}$$

把已知条件 $d=5.27\times10^{-4}$m、$D=2.000$m 和 $\Delta x_{6,1}=12.00$mm 代入上式，有

$$\lambda=\frac{5.27\times10^{-4}\times12.00\times10^{-3}}{5\times2.000}\text{m}=6.32\times10^{-7}\text{m}$$

【例 15-2】 在杨氏双缝干涉实验中，当用白光(400 ~ 760nm)垂直照射时，在屏上会出现彩色条纹，试问从哪一级光谱开始发生重叠？开始重叠的波长是多少？

【解】 设波长为 λ_1 的第 k_1 级明纹和波长为 λ_2 的第 k_2 级明纹第一次重叠，因发生重叠处 x 相等，所以有

$$\frac{D}{d}k_1\lambda_1=\frac{D}{d}k_2\lambda_2$$

即

$$\frac{k_2}{k_1}=\frac{\lambda_1}{\lambda_2}$$

因 λ_1 和 λ_2 不等，所以取 $k_1=2$，$k_2=3$，$\lambda_1=600$nm，则 $\lambda_2=400$nm。由此可知，600nm 的第 2 级明纹和 400nm 的第 3 级明纹第一次发生重叠。

15.2.2 劳埃德镜

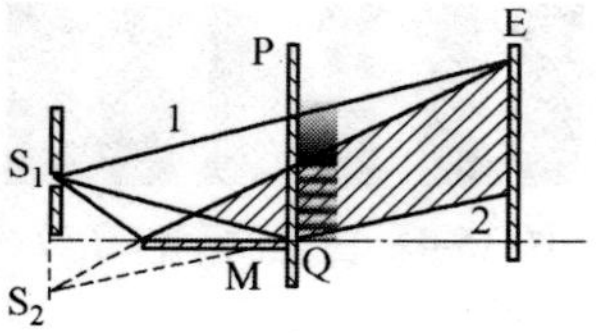

图 15-5 劳埃德镜实验

劳埃德镜干涉装置如图 15-5 所示。M 是平面反射镜，从缝光源 S_1 发出的柱面波，一部分直接投射到观察屏 E 上，另一部分掠射到平面镜 M 上，再反射到 E 上。反射光可视为虚光源 S_2 (S_1 的虚像)所发出的。S_1、S_2 构成了一对相干光源。在两光束交叠的区域里，产生光的干涉。

在实验中，若把观察屏 E 平移到和镜面相接触的 P 处，在此状态下，在 S_1、S_2 发出的光到达接触点 Q 处的波程相等，在

Q 处似乎应出现明纹，但实验事实是，接触处 Q 处是暗纹。这一事实表明，图中两束光 1、2 在 Q 处的相位相反。因直接射到 Q 的光束 1 不会发生相位的突变，发生突变的只能是从镜面反射的光束 2。

进一步的实验表明，**光从折射率较小的(光疏)介质射向折射率较大的(光密)介质时，在反射点反射光的相位较入射光的相位突变了 π**，这相当于反射光与入射光之间附加了半个波长，故常称为**半波损失**。这和机械波反射时半波损失的现象相同。

15.3　光程　薄膜干涉

15.3.1　光程　光程差

上一节所讨论的两束相干光，都是在空气中传播，对于这种情况，只要计算出两相干光到相遇点的几何路程差即波程差，由相位差和波程差的关系式 $\Delta\varphi = 2\pi\dfrac{\Delta r}{\lambda}$，就可计算两束光在相遇点的相位差，进而讨论相遇点的干涉情况。

但当两束光分别通过不同介质，由于同一频率的光在不同介质中的传播速度不同，所以不同介质中的波长也不同，这时就不能根据几何路程来计算相位差了。设频率为 ν 的单色光，它在真空中的波长为 λ，传播速度为 c。当此光在折射率为 n 的介质中传播时，其传播速度为 $v = c/n$，所以其波长为 $\lambda_n = v/\nu = c/(n\nu) = \lambda/n$。即一定频率的光在折射率为 n 的介质中传播时，其波长变为真空中波长的 $1/n$。波传播一个波长的路程，相位变化 2π，若光波在上述介质中传播的几何路程为 L，则相位变化为

$$\Delta\varphi = 2\pi\frac{L}{\lambda_n} = 2\pi\frac{nL}{\lambda} \tag{15-3}$$

式(15-3)表明，光波在折射率为 n 的介质中传播路程 L 所产生的相位变化，等价于光在真空中传播路程 nL 的相位变化。我们把介质的折射率 n 与光的几何路程 L 的乘积 nL，称为**光程**。引

入光程这一概念，可以把光在不同介质中传播的路程，都统一转换成光在真空中传播的路程，从而可以使用光在真空中的波长来计算相应的相位变化。这样就避免了利用路程计算相位变化时，波长不断变化的繁琐情况。显然，当光在几种介质中传播时，若第 i 种介质的折射率为 n_i，光在第 i 种介质中传播的路程是 L_i，则光通过上述介质后的光程为

$$L = \sum_i n_i L_i \tag{15-4}$$

有了光程这一概念，我们就可以把单色光在不同介质中的传播路程，都折算到该光在真空中的传播路程。由此可见，两相干光分别通过不同的介质在空间某点相遇时所产生的干涉情况，可以用两者的光程差 Δ 来较方便地讨论。

从同一点光源发出的两相干光，在相遇点它们的相位差和光程差的关系为

$$\Delta\varphi = 2\pi \frac{\Delta}{\lambda} \tag{15-5}$$

依干涉加强、减弱的条件，所以，当

$$\Delta = \pm k\lambda \quad (k = 0, 1, 2, \cdots) \tag{15-6}$$

时，干涉加强；当

$$\Delta = \pm (2k+1)\frac{\lambda}{2} \quad (k = 0, 1, 2, \cdots) \tag{15-7}$$

时，干涉减弱。

在实际光路中，人们常常要用到透镜，所以有必要讨论多束光经过透镜后彼此光程差的改变情况。实验证明，平行光束通过透镜后，将会聚于焦平面上成一亮点，如图 15-6 所示。这时由于某时刻平行光束波前上各点（如图中 a、b、c、d、e）的相位相同，而到达焦平面后相位仍然相同，因而干涉加强，形成亮点。由此可见，从这些点到 F 点的光程都相等。从图上看，光束 cF 的传播路程最短，而 eF 的路程最长。但前者在透镜中经过的路程比后者的长，折算成光程，从 c、e 两点到 F 点的光程相等，对其他光束也可作同样的理解。由此，我们可以看到：多束光经过透镜后，彼此光程差并不改变，**即使用透镜**

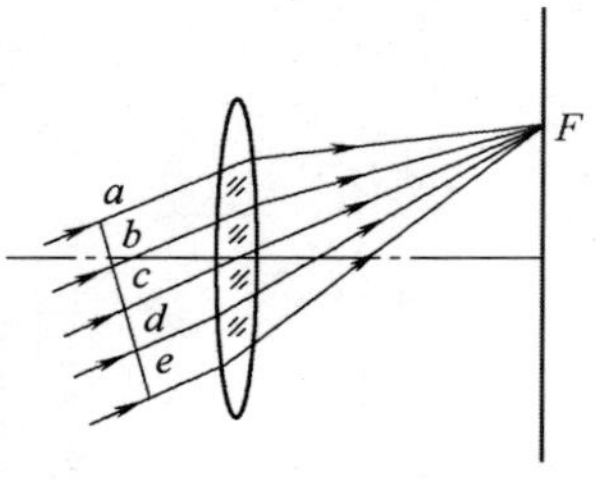

图 15-6　光通过透镜的光程

并不产生附加的光程差。

15.3.2　薄膜干涉

我们见过，昆虫的翅膀在阳光下所呈现的绚丽色彩、日光下肥皂膜和水面油膜的五颜六色，这都是常见的干涉现象，称之为**薄膜干涉**。由于各种膜的表面形状不一，光照方式也各不相同，所以，薄膜干涉现象也是丰富多样的。下面我们只讨论一种最理想的情况。

设有一上、下表面平行，厚度为 e，折射率为 n_2 的介质薄膜，处在另外两种介质中，薄膜上、下面介质的折射率分别为 n_1 和 n_3。有一波长为 λ 的光束，从折射率为 n_1 的介质中以入射角 i 投射薄膜上表面的 A 点后分为两部分，一部分反射回原介质中，成为反射光 1；另一部分射入薄膜内沿 AB 方向传播。此折射光射到薄膜下表面的 B 点后，又分为光 BC 和透射光 1′。光束 BC 在薄膜上表面的 C 点又分成两部分，一部分透过薄膜的上表面进入原介质中，成为反射光 2；另一部分反射到薄膜中称为折射光 CD，依次类推。投射到薄膜上的一束光，经多次反射和折射分割成反射光束 1，2，…和透射光束 1′，2′，…，如图 15-7 所示。因为光强和振幅的平方成正比，这样分割光束的方式称为**分振幅法**。由于每组光束都是从同一入射光分割出来的，只是各光束经历了不同的光程，因此，它们满足相干条件。

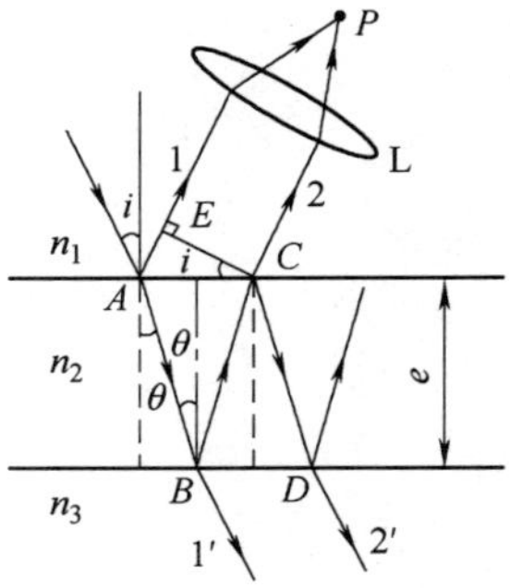

图 15-7　薄膜干涉

相干光束的交叠区，包含从薄膜表面附近一直延伸到无穷远的广阔区域，为了观察薄膜的干涉条纹，通常利用凸透镜使干涉条纹成像于透镜的焦平面(观察屏)上。由于光束经过透镜不产生附加的光程差，两反射光束在 CE 后不再出现新的光程差，而入射点 A 以前也没有光程差。因此，反射光 1 和 2 的光程差，是由于从入射点 A 到 C、E，经由不同光路传播的结果。从图 15-7 可见，两相干光 1 和 2 的光程差为

$$\Delta = n_2(\overline{AB}+\overline{BC}) - n_1\overline{AE} \tag{15-8}$$

因为 $\overline{AB}=\overline{BC}$，且薄膜的厚度为 e，由图中几何关系可得

$$\overline{AB}=\overline{BC}=e/\cos\theta$$

$$\overline{AE}=\overline{AC}\sin i=2e\tan\theta\sin i$$

把上两式代入式(15-8)，经化简得

$$\Delta=\frac{2e}{\cos\theta}(n_2-n_1\sin\theta\sin i)$$

利用折射定律 $n_1\sin i=n_2\sin\theta$，上式可写成

$$\Delta=\frac{2e}{\cos\theta}n_2(1-\sin^2\theta)$$

为把上述光程差用入射角表示，再次利用折射定律和三角公式，上式可写成

$$\Delta=2e\sqrt{n_2^2-n_1^2\sin^2 i} \qquad (15\text{-}9)$$

此外，由于薄膜上下介质的折射率不同，还必须考虑光在两种介质的分界面上反射时，有无半波损失的情况。根据反射光产生半波损失的条件可知，当上述三种介质（薄膜也视为介质）的**折射率递增**（$n_1<n_2<n_3$）**或递减**（$n_1>n_2>n_3$）**时，无半波损失**。但两种情况的细节不同，前者是上、下两面的反射光 1 和 BC 分别在 A 点和 B 点反射时，都是从光疏介质到光密介质界面的反射，故都发生了半波损失，所以两者相遇时，计算光程差时，彼此损失的半波都不计；而后者都是从光密介质到光疏介质界面的反射，故都没有半波损失。上述三种介质的折射率若薄膜的折射率最大或最小，则式(15-8)中应附加一半波长，注意此半波长是光在真空中的。我们假设所讨论的薄膜是放在空气中的，显然要计入半波损失，所以两反射光的总光程差为

$$\Delta=2e\sqrt{n_2^2-n_1^2\sin^2 i}+\frac{\lambda}{2} \qquad (15\text{-}10)$$

于是，两反射光干涉产生加强、减弱的条件可写为

$$\Delta=2e\sqrt{n_2^2-n_1^2\sin^2 i}+\frac{\lambda}{2}=\begin{cases}k\lambda & (k=1,2,\cdots)\text{加强}\\(2k+1)\dfrac{\lambda}{2} & (k=1,2\cdots)\text{,减弱}\end{cases}$$

(15-11)

说明：

1）式(15-11)表明，光程差决定于倾角（即入射角 i），凡以相同倾角 i 入射到厚度均匀的薄膜上的光线，经薄膜上、下

表面反射后产生的相干光束都有相同的光程差，因而它们干涉加强、减弱的情况一样。因此，这样形成的干涉条纹称为**等倾条纹**。

2）透射光也能产生干涉，如图 15-7 中的透射光 1′和 2′，它们之间光程差的计算方法与反射光的完全相同，只是产生半波损失的情况与反射光的恰好相反。即**反射光之间有半波损失时，则透射光之间就没有半波损失**；反之亦然。所以透射光的干涉图像和反射光的是互补的，即反射光为明纹处，透射光则为暗纹。

【例 15-3】　一油轮漏的油（折射率 $n_2=1.20$）污染了某海域，在海水（折射率 $n_3=1.30$）的表面形成了一层厚度是 460nm 的薄膜，问若一直升飞机上的驾驶员从其上空呈 60°俯角观察，油膜呈何颜色？

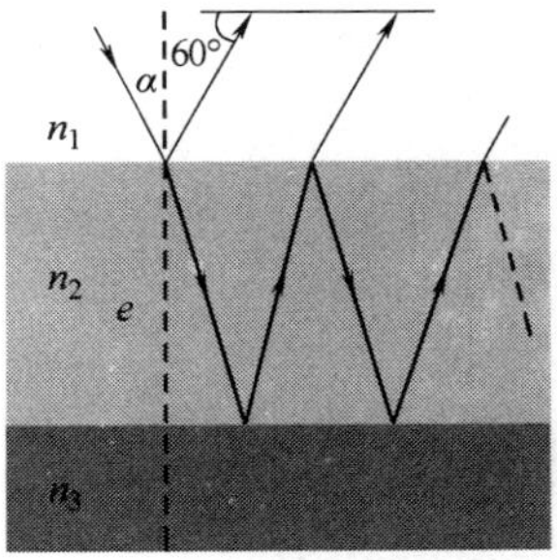

图 15-8　例 15-3 题图

【解】　这是一个薄膜干涉的问题，且入射角为 30°（只有这个角度的入射光反射后，才能被驾驶员在上空以 60°的俯角观察到）。把油膜视为薄膜，其上层是空气（$n_1=1.00$），下层是海水，如图 15-8 所示。由于从上到下三层介质的折射率递增，所以计算两反射光的光程差时，不计半波损失，依式（15-11）两反射光的光程差为

$$\Delta=2e\sqrt{n_2^2-n_1^2\sin^2 i}$$

因反射光加强，所以

$$2e\sqrt{n_2^2-n_1^2\sin^2 i}=k\lambda$$

解得

$$\lambda=\frac{2e\sqrt{n_2^2-n_1^2\sin^2 i}}{k}$$

把 $n_2=1.20$，$n_1=1.00$，$e=460\text{nm}$ 和 $i=30°$代入：

取 $k=1$，$\lambda=1003.6\text{nm}$（红外）

取 $k=2$，$\lambda=501.8$（绿色）

取 $k=3$，$\lambda=334.5\text{nm}$（紫外）

因红外和紫外不属可见光，所以驾驶员观察到油膜的颜色呈绿色。

薄膜干涉的基本原理在现代科技中已有许多应用。除了进

行光学测量外，还可以用来提高光学元件的性能。如各种透镜是最常见的一种光学元件，当光射到透镜表面时，不可避免地要反射掉一部分，从而使透射的光能减少。可以想象，若使用多个透镜，则透射光的能量将变得很弱。利用薄膜干涉的原理，就可以抑制反射光的产生，甚至可使入射光全部通过透镜。

【例 15-4】 为使波长 $\lambda=550\text{nm}$ 的光全部通过照相机镜头（折射率 $n_3=1.50$），可在其表面涂一层折射率 $n_2=1.38$ 的 MgF_2 薄膜，试问此膜的最小厚度是多少？

【解】 这也是一个薄膜干涉的问题，且光线垂直入射。依能量守恒定律，透射光增强，则反射光减弱。由于从上到下三层介质（空气、MgF_2 薄膜、镜头）的折射率递增，所以计算两反射光的光程差时，不计半波损失，依式(15-11)两反射光的光程差为

$$\Delta=2n_2e$$

因反射光减弱，所以有

$$2n_2e=(2k+1)\frac{\lambda}{2}$$

$k=0$ 时，对应膜的最小厚度

$$e_{\min}=\frac{\lambda}{4n_2}=\frac{550}{4\times1.38}\text{nm}=99.6\text{nm}$$

也可以用透射光减弱的条件来求解，不过那时则要计入半波损失，读者可自行演算。

这种使透射光增强的薄膜，称为**增透膜**。同理，实际应用时，有时需要反射光增强，我们也可以利用薄膜干涉的原理，选择在镜头上喷涂适合的膜，那种膜称为**增反膜**。需要说明的是，增透膜、增反膜都是针对某一特定波长的，某薄膜对 a 波长的光是增透膜，而对 b 波长来说，完全有可能是增反膜。

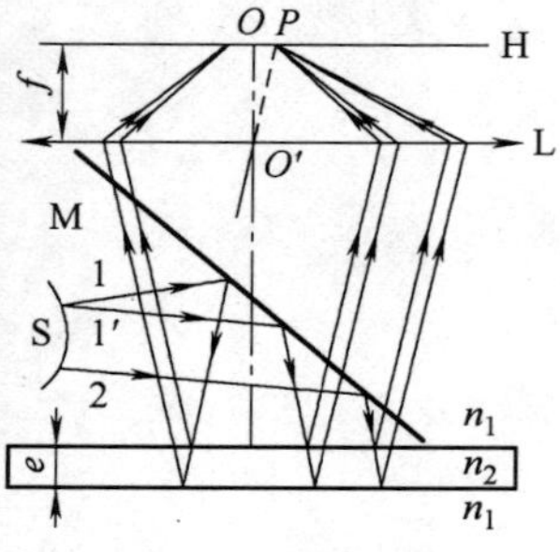

图 15-9　观察等倾干涉实验装置

15.3.3　等倾干涉

上节讨论的是点光源的情况。实际观察薄膜干涉时，常用具有一定面积的扩展光源，图 15-9 是观察等倾条纹的实验装置图。S 为一面光源，M 为一半反半透平面镜，L 为凸透镜，H

为置于透镜焦平面上的观察屏。先考虑发光面上一点发出的光线。这些光线中以相同倾角入射到薄膜表面上的应在同一圆锥面上，如图中光线1和1′。它们的反射光线经透镜会聚后，应分布在透镜焦平面上的同一圆周上。因此，形成的等倾条纹是一组明暗相间的同心圆环。这些圆环中明环的条件是

$$\Delta = 2e\sqrt{n_2^2 - n_1^2\sin^2 i} + \frac{\lambda}{2} = k\lambda \qquad (k = 1,2,3,\cdots) \tag{15-12}$$

暗环的条件是

$$\Delta = 2e\sqrt{n_2^2 - n_1^2\sin^2 i} + \frac{\lambda}{2} = (2k+1)\frac{\lambda}{2} \qquad (k = 1,2,3,\cdots) \tag{15-13}$$

光源上每一点发出的光束都产生一组相应的干涉环。由于方向相同的平行光线将被透镜会聚到焦平面的同一点，而与光线的发出点无关，所以由光源上不同点发出的光线，凡倾角相同的(如图中的光线1′和2)，它们形成的干涉环都将重叠在一起。总光强为各个干涉环的非相干相加，因而明暗对比更为醒目，这也就是观察等倾条纹使用面光源的道理。

等倾干涉是一组内疏外密的圆环，如图15-10所示。如果观察从薄膜透过的光线，也可观察到干涉环，它和反射干涉环是互补的，即反射光为明环处，透射光为暗环。

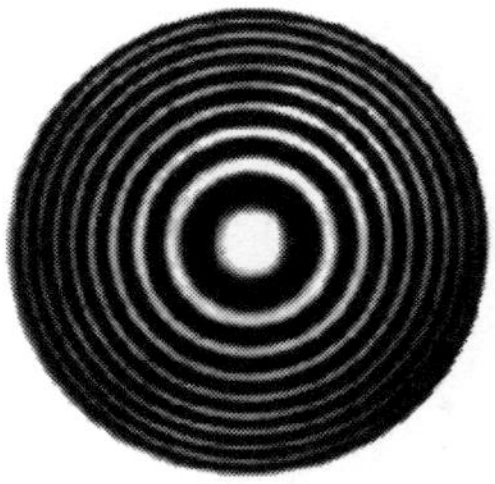

图15-10　等倾干涉条纹

15.4　劈尖干涉　牛顿环

平行光照射厚度不等的薄膜时，薄膜上下表面反射光的光程差是膜厚的函数。薄膜上厚度相等的点都有相同的光程差，形成同一级干涉条纹，故称之为**等厚干涉**。这种干涉条纹是沿等厚线分布的，可将薄膜厚度的分布情况直观地表示出来，因而是研究薄膜厚度分布的一种重要手段。

15.4.1　劈尖干涉

把细丝夹在两块平板玻璃片的一端，另一端压紧，就在两

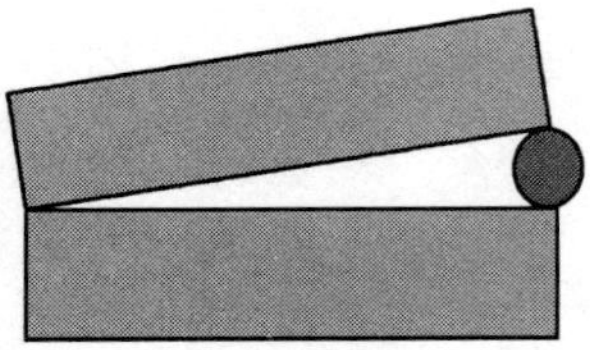
图 15-11　空气劈尖

图 15-12　劈尖干涉条纹

玻璃间形成了一劈尖形空气薄膜，如图 15-11 所示。这种薄膜的等厚线是一系列平行于两玻片交棱的直线。当用平行光垂直照射膜面时，便可从垂直方向观察到膜面的等厚干涉条纹，它们是一组平行于两玻片交棱的明暗相间的等间距的条纹，如图 15-12 所示。

下面讨论劈尖干涉条纹的形成机理和明暗条纹的条件。由于玻璃片的长度 L 远大于细丝的直径 D，所以空气劈尖的顶角 θ 是很小的。因此，垂直于劈尖上表面处的入射光线，也可视为垂直于劈尖的下表面。它们在空气劈尖的上下表面反射后，在劈尖表面相遇并相干叠加。由于空气劈尖的折射率小于上、下表面介质(玻璃)的折射率，所以，光在劈尖的下表面反射时产生了半波损失，则两相干反射光的光程差为

$$\Delta = 2ne + \frac{\lambda}{2}$$

式中，e 是光线入射处劈尖的厚度。干涉加强减弱的条件为

$$2ne + \frac{\lambda}{2} = \begin{cases} k\lambda & (k=1,2,\cdots), \text{加强} \\ (2k+1)\dfrac{\lambda}{2} & (k=0,1,2,\cdots), \text{减弱} \end{cases} \tag{15-14}$$

由式(15-14)可见，凡劈尖内厚度 e 相等的地方均满足相同的干涉条件。这正是劈尖干涉条纹平行于棱边的原因。显然，劈尖干涉是我们前面所说的**等厚干涉**。此外，两玻片的交棱处，劈尖的厚度 $e=0$，$\Delta=\lambda/2$，故在此处应为暗纹，这和实际观察的结果一致。

由式(15-14)不难计算两相邻明(或暗)条纹中心处劈尖的厚度差

$$\Delta e = e_{k+1} - e_k = \frac{\lambda}{2n} \tag{15-15}$$

由式(15-15)可见，两相邻明(或暗)条纹中心处对应劈尖的厚度差是劈尖内波长的一半。因此，我们只要数出从棱到某处的干涉条纹的数目，便可计算出该处劈尖的厚度，这正是我们利用劈尖干涉测量微小物体线度(如细丝的直径、薄片的厚度等)的原理。

从图 15-13 可见

$$\sin\theta=\frac{\Delta e}{\Delta L}$$

式中，ΔL 是两相邻明(或暗)条纹中心之间的距离，考虑到劈尖的顶角都很小，并利用式(15-15)，可近似地认为

$$\Delta L=\frac{\lambda}{2n\theta} \tag{15-16}$$

由式(15-16)可见，条纹间距 ΔL 与劈尖顶角 θ、折射率 n 和入射光的波长有关，而与干涉级次(条纹的位置)无关。

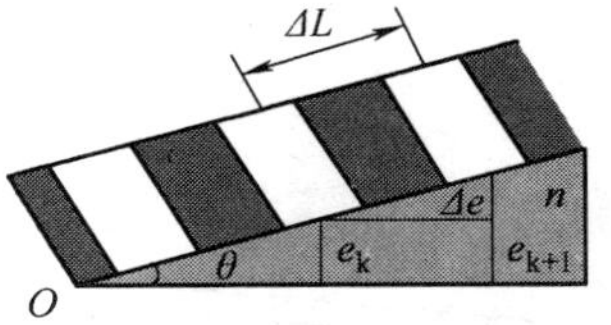

图 15-13　等厚干涉条纹

劈尖干涉在精密测量中有很多应用，下面略举几例。

1. 干涉膨胀仪

干涉膨胀仪的结构如图 15-14 所示。它有一个线膨胀系数很小的由石英制成的套框 K，框顶是一平面玻璃 B，框内放置有一上表面磨成稍微倾斜的待测样品 Y，这样在玻璃和样品之间就构成了一空气劈 P。因套框的线膨胀系数很小，所以当样品受热膨胀时，空气劈尖的下表面因样品上表面的上升而升高，从而使干涉条纹发生移动。由式(15-15)可知，样品每升高(空气中的)半个波长，就有一个条纹移过，只要测出条纹移动的数目，就可计算出样品的升高量，进而求出样品的线膨胀系数。

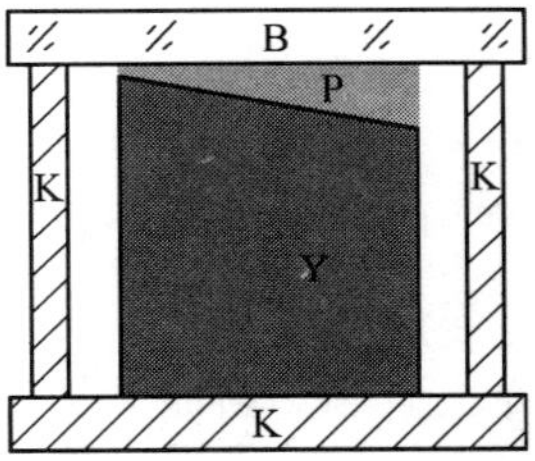

图 15-14　干涉膨胀仪结构

2. 薄膜厚度的测量

在制造半导体元件时，常需要在硅片上生成一层很薄的二氧化硅膜，要测量膜的厚度，可将此薄膜边缘打磨成劈尖形状，如图 15-15 所示。利用式(15-15)，只要测出斜面上干涉条纹的数目，就可计算二氧化硅膜的厚度。有兴趣的读者可自行推演。

图 15-15　SiO_2 劈尖上的干涉条纹

3. 光学元件表面的检查

由于劈尖干涉是等厚干涉，每一明纹(或暗纹)都代表劈尖的一条等高线，所以可用劈尖干涉检查光学表面的平整度，如图 15-16 所示，图 15-16a 中，P 为透明标准平板，其平面是理想的光学平面，Y 是待检测的样品。如待测样品的表面是平整的，则其干涉条纹应是一系列等间距的平行的条纹，如图 15-16b 所示；若待测样品的表面不平整，则干涉条纹将变得弯曲，如图 15-16c 所示。根据条纹弯曲的最大畸变量 d 及条纹的弯曲

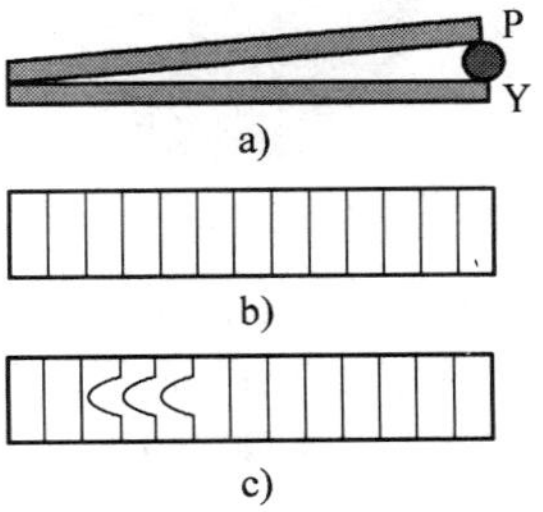

图 15-16　光学元件表面的检测

方向，就可判断样品表面的凸凹，并可由条纹弯曲的程度计算出凸凹的不平度。请读者考虑，图 15-16c 所示的条纹，样品表面是凸还是凹。

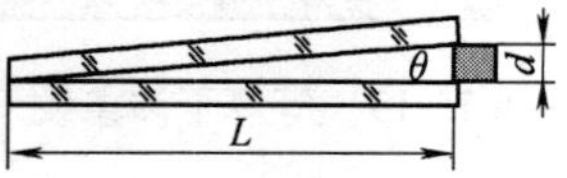

图 15-17　例 15-5 题图

【例 15-5】　把待测的薄片夹在两平板玻璃之间，形成空气劈尖，如图 15-17 所示，薄片和劈尖棱边的距离为 $L=28.880\text{mm}$。用波长为 $\lambda=589.3\text{nm}$ 的钠黄光垂直照射，现测得 30 个明纹之间的总距离是 4.295mm，求薄片的厚度。

【解】　由图示的几何关系可知

$$d=L\tan\theta$$

考虑到劈尖顶角很小，有 $\tan\theta\approx\sin\theta\approx\theta$，由式(15-16)可得

$$\theta=\frac{\lambda}{2n\Delta L}$$

注意到 N 个条纹之间的距离相当于 $N-1$ 个条纹的宽度，所以有

$$\begin{aligned}d&=L\frac{\lambda}{2n\Delta L}\\&=\left[28.880\times\frac{589.3\times10^{-6}}{2\times1.0\times4.295/(30-1)}\right]\text{mm}\\&=5.746\times10^{-2}\text{mm}\end{aligned}$$

15.4.2　牛顿环

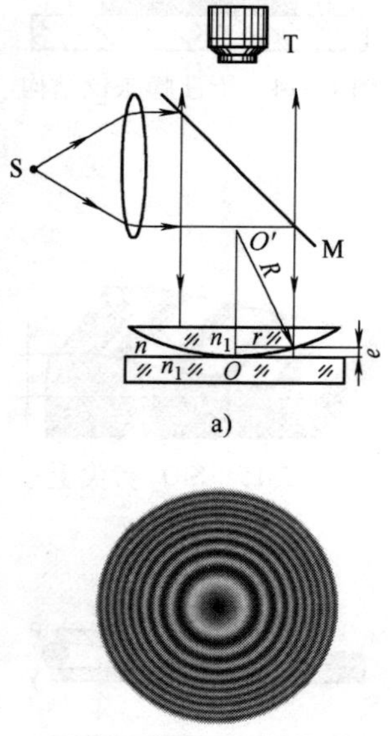

图 15-18　牛顿环实验
a) 实验装置与光路
b) 牛顿环

把一个曲率半径很大的平凸透镜与一平板玻璃叠在一起，构成一个上表面为球面，下表面为平面的空气劈尖，如图 15-18a 所示。由单色光源 S 发出的光，经半反半透镜 M 反射后，垂直射向空气劈尖并在空气层的上、下表面处反射，从而在显微镜 T 内可观察到一组以接触点为中心、内疏外密的同心干涉圆环，如图 15-18b 所示，这种等厚干涉条纹称为**牛顿环**。

下面推导干涉圆环的半径 r、入射光波长 λ 和平凸透镜的曲率半径 R 三者之间的关系。因为空气的折射率 $n=1.0$，小于上下表面介质玻璃的折射率，所以光在空气劈尖的下表面反射时产生了半波损失。若光线垂直入射，则两相干反射光在空气劈尖厚度为 e 处的光程差为

$$\Delta = 2e + \frac{\lambda}{2} \tag{15-17}$$

从图 15-18a 可见

$$r^2 = R^2 - (R-e)^2 = 2eR - e^2$$

考虑到 $R >> e$，略去高阶小量 e^2，得到

$$e = \frac{r^2}{2R}$$

把上式代入式(15-17)，并根据明、暗条纹的条件式(15-14)，则可得

明环半径

$$r = \sqrt{(2k-1)R\frac{\lambda}{2}} \quad (k = 1, 2, 3, \cdots) \tag{15-18a}$$

暗环半径

$$r = \sqrt{kR\lambda} \quad (k = 0, 1, 2, 3, \cdots) \tag{15-18b}$$

说明：

1）当把上述空气劈尖中充入某种折射率为 n 的透明介质后，上述明、暗环的半径 r 公式依然成立，只需把其中真空的波长 λ，换成该介质中的波长 λ/n 即可。

2）从透射光也可以观察到相应的牛顿环，只是和反射光的条纹明暗互补，即反射光为明环处，透射光为暗环，反之亦然。

3）由于半径 r 与环的级次 k 的平方根成正比，所以，级次越高，条纹越密，如图 15-18b 所示。

牛顿环可用来测量透镜的曲率半径，也可用来检验透镜的曲率是否研磨合格，并可确定应如何进一步研磨。

【例 15-6】 在牛顿环实验中，用氦氖激光器发出的波长为 632.8nm 的单色光垂直照射平凸透镜，测得第 k 个暗环的半径为 6.000mm，第 $k+5$ 个暗环的半径为 8.000mm。求平凸透镜的半径。

【解】 由式(15-18b)可得

$$r_k = \sqrt{kR\lambda}, \quad r_{k+5} = \sqrt{(k+5)R\lambda}$$

由上两式可得 $$r_{k+5}^2 - r_k^2 = 5R\lambda$$

则平凸透镜的半径为

$$R = \frac{r_{k+5}^2 - r_k^2}{5\lambda} = \frac{(8.000 \times 10^{-3})^2 - (6.000 \times 10^{-3})^2}{5 \times 632.8 \times 10^{-9}} \text{m}$$

$$= 8.850 \text{m}$$

15.5　迈克耳孙干涉仪　时间相干性

15.5.1　迈克耳孙干涉仪

19 世纪，光的波动说取得了很大的成功，人们根据经典力学的观点认为：波的传播必须要有介质，既然光也是一种波，那么它也必然要通过某种介质才能传播。那时人们把这种介质称为“以太”，对“以太”的研究已成为当时的热点，许多物理学家都试图通过实验来检验“以太”并确定它的属性。我们知道，光程差的任何变化都要引起干涉条纹的移动。据此，美国人迈克耳孙（A. A. Michelson，1852—1931）于 1881 年发明出一种分振幅干涉装置——迈克耳孙干涉仪，并设计了一个用迈克耳孙干涉仪测定“以太”漂移速度的新实验——迈克耳孙-莫雷实验。许多物理学者前赴后继重复这一实验达 50 年之久，实验地点遍及世界各地，然而迈克耳孙及其他所有人的实验结果都给出了否定的结果，以致所有持有光是“以太”中的波动这一观点的人都感到了极大的失望。当时人们并未认识到这类实验的意义，就连迈克耳孙本人也并不认为这个实验结果有什么重要意义，他只是觉得这个实验之所以有意义，是因为设计了一个灵敏的干涉仪，并以此感到欣慰。迈克耳孙也因为在“精密光学仪器和用这些仪器进行光谱学方面的量度”的研究而获得 1907 年诺贝尔物理学奖。

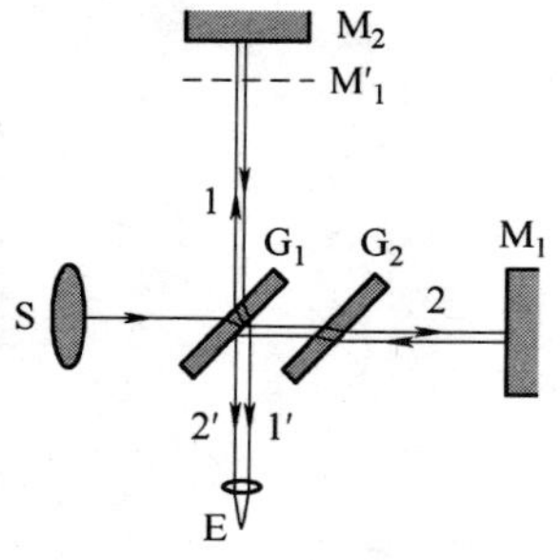

图 15-19　迈克耳孙干涉仪示意图

迈克耳孙干涉仪的结构如图 15-19 所示。M_1 和 M_2 是两块精磨抛光的平面反射镜，分别安装在相互垂直的两臂上。M_1 由螺旋测微计控制，可在臂上作微小移动；M_2 的方位由背后的三个螺钉调节控制。G_1 和 G_2 是两块材料相同、厚度相等的均匀平板玻璃，并被严格平行地倾斜放置在与 M_2 成 45°角的位置。

其中 G_1 的后表面镀有一层半透明半反射的薄银膜，此膜的作用是把入射光分成振幅近似相等的透射光 2 和反射光 1，所以 G_1 称为**分光板**。

从扩展光源 S 发出的光，射向分光板 G_1，经分光后形成两部分，透射光 2 通过 G_2 射向 M_1，经 M_1 反射后又经过 G_2 到达 G_1，再经 G_1 反射成为光束 2′而射向 E 处；反射光 1 射向 M_2，经 M_2 反射后透过 G_1 成为光束 1′也射向 E 处。在 E 处可以观察到 1(1′)和 2(2′)的干涉图样。

由光路图可以看出，如果没有 G_2，光束 1 三次通过玻璃板，光束 2 仅一次通过玻璃板。而玻璃板 G_2 的存在，使光束 2 和光束 1 一样也三次通过玻璃板，从而避免两光束之间的光程差过大。因玻璃板 G_2 起到了光程的补偿作用，所以称之为**补偿板**。

分光板 G_1 后表面的半反半透膜，在 E 处看来，使 M_1 在 M_2 附近形成虚像 M_1'，光束 2(2′)就像从 M_1' 反射的一样。因此，干涉所产生的图样就如同由 M_1' 和 M_2 之间的空气膜两表面反射光产生的一样。

调节 M_2 背后的三个螺钉，当 M_2 和 M_1 严格垂直时，M_1' 和 M_2 之间形成平行平面空气膜，这时可观察到等倾干涉条纹；当 M_2 和 M_1 不严格垂直时，M_1' 和 M_2 之间形成空气劈尖，这时可观察到等厚干涉条纹。如果盯住视场中的某一点，当 M_1 移动时，空气层厚度改变，可以很容易观察到干涉条纹的移动。若入射单色光的波长为 λ，则每当 M_1 移动 $\lambda/2$ 的距离时，两反射光线 1(1′)和 2(2′)之间的光程差就变化 λ，则视场中就有一个条纹移动。这样，通过记录越过视场中某点干涉条纹的数目 N，就能准确测定 M_1 移动的距离 L，显然两者的关系为

$$L = N\frac{\lambda}{2} \tag{15-19}$$

迈克耳孙干涉仪的主要特点是两相干光束的光路分得很开，并且可用移动反射镜或在光路中插入另外透明介质的方法来改变两光束的光程差。迈克耳孙干涉仪和以它为原型而发展起来的多种干涉仪有着广泛的应用，如用于微小长度的精密测量，测

透明介质折射率，检查工件表面的光洁度，研究光谱的精细结构等。

【例 15-7】 利用迈克耳孙干涉仪测透明介质折射率是这样进行的：把厚度为 d 的介质精磨成一劈尖状，在把此劈尖缓慢插入迈克耳孙干涉仪的一臂中的过程中，可观察到视场中某点共有 N 个条纹移过。若 $d=5.154\mu\text{m}$，$N=7$，入射光波长 $\lambda=589\text{nm}$，试计算该介质的折射率 n。

【解】 设介质劈尖未插前，视场中点 E 处为第 k 级明纹，M_1，M_2 到 E 点的光程分别为 $2l_1$、$2l_2$，则两光束的光程差满足

$$2l_2-2l_1=k\lambda$$

把介质劈尖插入后，两光束之间的光程差满足

$$2l_2-2d+2nd-2l_1=(k+7)\lambda$$

上两式联立解得

$$n=1+\frac{7\lambda}{2d}=1+\frac{7\times589\times10^{-9}}{2\times5.154\times10^{-6}}=1.40$$

15.5.2 光的时间相干性

观察干涉条纹，人们发现一个规律：条纹的级次越低，条纹的可见度越好，这是什么原因呢？我们知道，条纹的级次越低，两相干光在相遇点的光程差也越小，由此可以猜想条纹的可见度和两相干光的光程差有关。正如本章前面所述，由于分子、原子发光的间歇性，所发光波是断续的一个波列。光源先后发出两列在真空中长度为 L_0 的波列 a 和 b，经分振幅（或分波面）法，每个波列都被分成两个分波列 a_1、a_2 和 b_1、b_2。当它们经不同路径重新相遇时，是否能发生干涉由它们之间的光程差决定。

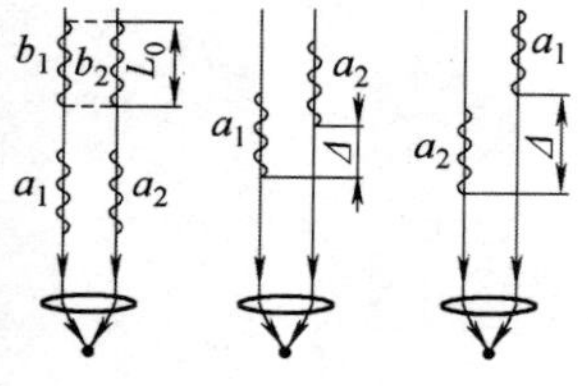

图 15-20 光程差和相干长度

当两光束的光程差 $\Delta=0$ 时，由同一波列分割出来的两个分波列将同时到达叠加点，它们完全重叠，干涉条纹可见度为 1，称为完全相干，如图 15-20a 所示。

当两光束的光程差 $\Delta<L_0$ 时，由同一波列分割出来的两个分波列在叠加点只有部分重叠，但还能发生干涉，干涉条纹可见度小于 1，称为**部分相干**，如图 15-20b 所示。

当两光束的光程差 $\Delta > L_0$ 时，由同一波列分割出来的两个分波列在叠加点错开，不再重叠，相互重叠的是前后两波列的分波列，因光源先后发出的波列(a 和 b)间无固定相位关系，所以不能发生干涉，干涉条纹可见度为零，称为**完全不相干**，如图 15-20c 所示。

由此可见，要获得干涉条纹，光程差 Δ 一定要小于波列长度 L_0，所以波列长度 L_0 称为**相干长度**。而一个波列通过真空某点所需要的时间 $\tau_0 = L_0/c$ 称为**相干时间**。显然，波列越长，相干时间也越长，两分波列相遇时越容易重叠，重叠的部分就越长，干涉条纹的可见度也越好；反之亦然。因此，光源相干性的好坏是用相干长度或相干时间来衡量的，即相干时间或相干长度越长，光源的相干性越好。普通光源的相干长度很短，只有米的数量级，甚至更小。而激光的相干长度可达几十千米，所以激光是一种十分理想的相干光源。

习 题 15

15-1 在杨氏双缝干涉实验中，若作如下调节，屏上的条纹将如何变化？(1) 屏幕移近；(2) 波长变长；(3) 把实验放入水中进行。

15-2 单色光垂直照射在两个相距 $d=0.200\text{mm}$ 的狭缝上，在缝后 $D=1.000\text{m}$ 的屏幕上，从第一明纹到同侧第四明纹中心的间距 $\Delta x=7.500\text{mm}$。求此单色光的波长。

15-3 氦氖激光器发出波长为 632.8nm 的单色光，垂直照射在相距为 2.200mm 的双缝上。求离缝 1.800m 处的屏上所形成的 10 条干涉条纹中心之间的距离。

15-4 在杨氏双缝干涉实验中，用很薄的玻璃片盖在一缝上，这时中央明纹中心移到原来第 7 级明纹中心的位置。如入射光的波长为 550nm，玻璃片的折射率为 1.58，求玻璃片的厚度。

15-5 劳埃德镜装置如图 15-21 所示，其中 $d=2.000\text{mm}$，$L=30.00\text{cm}$，$D=20.00\text{cm}$，若光源的波长 $\lambda=720\text{nm}$，试求镜的右边缘到第一条明纹中心的距离。

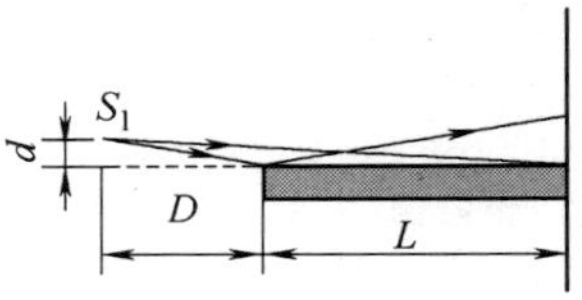

图 15-21 习题 15-5 图

15-6 水面上浮着一层薄油膜，其折射率 $n_2=1.41$，若光线自空气($n_1=1.00$)入射到油膜再折射入水中($n_1=1.33$)，如图 15-22 所示，试写出光线从 S 点到 P 点的光程。

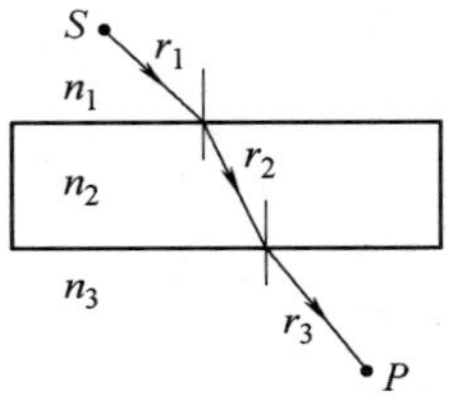

图 15-22 习题 15-6 图

15-7　厚度为0.010mm的薄膜垂直放入到一光路中，可使光路增加9个波长的光程，设所用光的波长为589.0nm，求此薄膜对该光的折射率。

15-8　沿着与肥皂膜的法线成35°角的方向观察膜呈绿色(λ = 500nm)，设肥皂膜的折射率$n=1.33$。(1) 求薄膜的最小厚度；(2) 若垂直注视，该膜呈什么颜色？

15-9　为降低透镜($n_1=1.50$)表面的反射率，通常在其表面涂一层诸如氟化镁(MgF_2，$n=1.38$)的透明膜。为使氦氖激光器发出的波长为632.8nm的激光全部透射，求覆盖涂层的最小厚度。

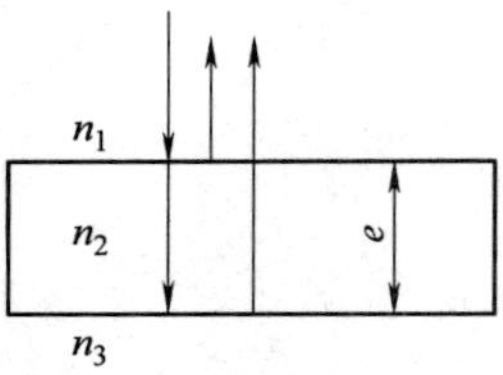

图15-23　习题15-10图

15-10　如图15-23所示，用白光垂直照射在厚度$e=400$nm的薄膜上，若薄膜的折射率$n_2=1.40$，且$n_1>n_2>n_3$。问反射光中哪种波长的可见光得到加强？

15-11　两块平玻璃一端相接，另一端夹住一金属细丝，此两玻璃间形成一空气劈尖，今用546.1nm的单色光垂直照射，整个板上共出现明条纹74条，且金属丝接触处为暗纹。求金属细丝的直径。

15-12　两平面玻璃在一边相接，距离此边20.00cm处夹一直径为0.150mm的细丝，构成空气劈尖。若用波长为589.0nm的钠光垂直照射，求相邻两明条纹中心之间的距离。

15-13　利用劈尖的等厚干涉可以测量很小的夹角。今在很薄的劈尖玻璃板上，垂直地入射波长为589.3nm的钠光，测得两相邻暗纹中心之间的距离为5.000mm，玻璃的折射率为1.52，求此劈尖的顶角。

15-14　利用劈尖干涉可以测量液体的折射率。用两玻璃片构成空气劈尖，若劈尖的顶角为2.00×10^{-4}rad，当用500nm的单色光垂直照射时，某种待测液体充入劈尖前后，从劈棱数起第5级明纹的中心移动了1.610mm。求该液体的折射率。

15-15　如图15-14所示的干涉膨胀仪，已知样品的平均高度为3.00×10^{-2}m，用波长为589.3nm的单色光垂直照射，当温度由17℃上升至30℃时，看到有20条条纹移过。求样品的热膨胀系数(温度升高1℃样品的相对伸长量)。

15-16　在牛顿环实验中，当在透镜和玻璃平板间充以液体时，第10个明环的直径由1.400cm变成1.270cm。求该液体的折射率。

15-17　在利用牛顿环测未知单色光波长的实验中，当用波长为589.3nm的钠黄光垂直照射时，测得第一和第四暗环的半径之差为$\Delta r=4.000$mm；当用未知单色光垂直照射时，测得第一和第四暗环的半径之差为$\Delta r'=3.850$mm。求未知单色光的波长。

15-18　一牛顿环实验装置的平凸透镜球面半径为5.000m，透镜周边圆的直径为2.000cm。在空气中用钠黄光($\lambda=589.3\text{nm}$)垂直照射，可以产生多少级明环？如果在透镜和平板间注满水($n=1.33$)，又可以产生多少级形明环？

15-19　观察迈克耳孙干涉仪产生的等倾干涉条纹，在可动反射镜移动距离 $d=0.322\text{mm}$ 的过程中，测得中心缩进1204个条纹。求所用光波的波长。

15-20　在迈克耳孙干涉仪的一臂中，插入一片折射率为 n 的透明介质薄膜后，测出两光束的光程差的改变量为一个波长 λ。求薄膜的厚度。

[illegible]

第 16 章　光 的 衍 射

光的衍射现象进一步揭示了光的波动性，为波动理论提供了重要的实验支撑。本章讨论的主要内容有：惠更斯-菲涅耳原理、夫琅禾费单缝衍射、光栅衍射、夫琅禾费圆孔衍射、X 射线衍射和全息照相原理等。

16.1　光的衍射现象　惠更斯-菲涅耳原理

16.1.1　光的衍射现象

在实验室我们可以很容易观察到光的衍射现象。如用点光源 S 发出的光，通过一个直径较大的圆孔 D 照射到屏幕 E 上，在屏上将观察到一个亮度均匀的圆斑，此圆斑就是圆孔的几何投影，如图 16-1a 所示。随着圆孔的变小，圆斑也相应变小。当圆孔的直径小到可以和光波波长相比拟时，圆斑变得模糊起来，且其外围产生了若干环绕圆斑的同心圆环。此后圆孔再变小，屏上圆斑和圆环不但不变小，反而会增大，原来均匀的圆斑变成一系列明暗相间的圆环，如图 16-1b 所示，这就是光的衍射现象。屏上的衍射图样表明，光线不但偏离了直线传播进入了小孔的几何阴影区，而且在几何阴影区和照明区光强都发生了重新分布。所以，光的衍射不只是光偏离了直线传播的问题，一定还包含着复杂的干涉效应。

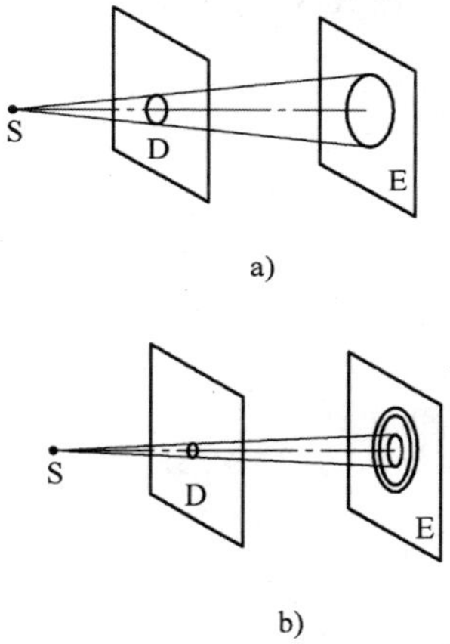

图 16-1　光的直线传播和光的衍射

根据观察方式的不同，通常把光衍射现象分为两类：一类是光源和观察屏离衍射物（衍射缝、孔或障碍物）的距离有限，这种衍射称为**菲涅耳衍射**，或近场衍射，如图 16-2a 所示；另一类是光源和观察屏离衍射物的距离都可视为无限远，这种衍射称为**夫琅禾费衍射**，或远场衍射，如图 16-2b 所示。利用两个合适的透镜，我们很容易把菲涅耳衍射转化成夫琅禾费衍射，

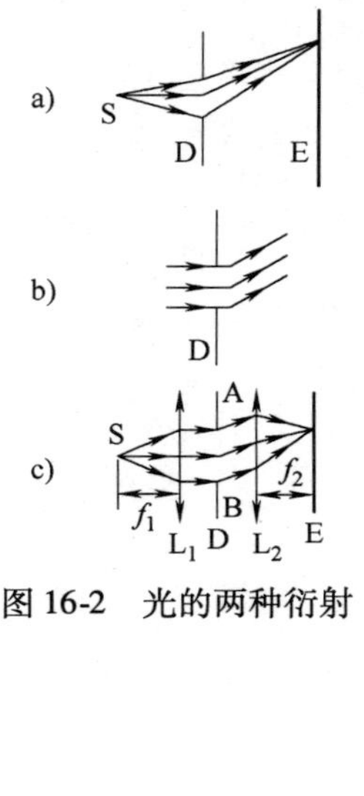

图 16-2　光的两种衍射

如图 16-2c 所示。此外，在光学仪器中，光束总要通过透镜，常常遇到的是平行光，所以，我们只讨论夫琅禾费衍射。

16.1.2　惠更斯-菲涅耳原理

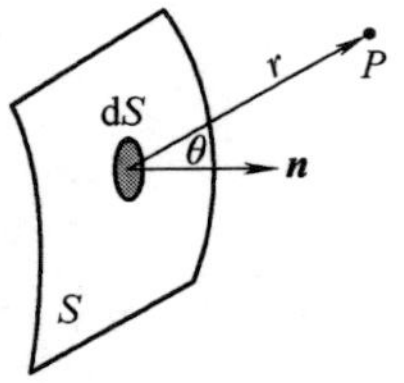

图 16-3　子波相干叠加

根据惠更斯原理，用几何作图的方法可以对波的衍射现象做定性的解释，但不能解决衍射波的强度分布问题。为了从理论上彻底解决光的衍射图样中光强的分布，法国物理学家菲涅耳（A. J. Fresnel，1788—1827）吸取了惠更斯原理中子波的概念，并用子波相干叠加的思想补充了惠更斯原理，从而发展成惠更斯-菲涅耳原理：**同一波面上各点发出的子波都是相干波，空间某一点波的振幅，由传播到该点的各子波相干叠加的结果决定**。根据这一原理，如果已知某一波面 S，则空间任意点 P 的光振动就可由波面 S 的每个面元 $\mathrm{d}S$ 发出的子波在该点相干叠加后的合振动来表示。如图 16-3 所示，波面 S 上面元 $\mathrm{d}S$ 为一子波波源，它发出的子波在 P 点引起的光振动，其振幅与该面元的面积 $\mathrm{d}S$ 成正比，与 $\mathrm{d}S$ 到 P 点的距离 r 成反比。设 $t=0$ 时，波面 S 上各点振动的初相位是零，且各点都作简谐振动，则子波波源 $\mathrm{d}S$ 的振动可写成 $\cos\omega t$，子波在 P 点引起的光振动可表示为

$$\mathrm{d}E = CK(\theta)\frac{\mathrm{d}S}{r}\cos\left(\omega t - \frac{2\pi r}{\lambda}\right)$$

式中，C 是比例系数；$K(\theta)$ 是倾斜因子，是倾角的函数，随倾角 θ 的增大而减小，当 $\theta=0$ 时，$K(\theta)$ 最大，可取作 1。P 点的合振动就等于波面 S 上所有 $\mathrm{d}S$ 发出的子波在 P 点引起的振动的叠加，所以有

$$E_P = \int_S \frac{CK(\theta)}{r}\cos\left(\omega t - \frac{2\pi r}{\lambda}\right)\mathrm{d}S \qquad (16\text{-}1)$$

这就是惠更斯-菲涅耳原理的数学表达式。

借助于式（16-1），原则上可以定量描述光通过各种衍射物所产生的各种衍射现象。尽管该式是一个曲面积分，一般情况下计算是复杂的，但在当今计算机时代，这些复杂的计算已变得轻而易举。惠更斯-菲涅耳原理已成为求解电磁波传播及光衍

射等问题的出发点。

16.2　夫琅禾费单缝衍射

德国物理学家夫琅禾费(J. V. Fraunhofer，1787—1826)在1821~1822年间，研究了观察点和光源距衍射屏都是无限远时的衍射现象，最简单而又典型的例子就是夫琅禾费单缝衍射。

16.2.1　实验装置和衍射图样

夫琅禾费单缝衍射实验装置如图16-2c所示。光自缝光源S发出，经透镜L_1变为平行光透射到衍射屏D上，穿过衍射屏上的狭缝AB，再经透镜L_2聚焦，在观察屏E上呈现出衍射图样。

观察屏上衍射图样为一组平行于狭缝的直条纹，中央处有一宽且亮的直条纹，此条纹称为**中央明纹**。在中央明纹两侧对称分布着暗条纹和明条纹，这些明条纹的亮度要比中央明纹的弱得多，且条纹宽度也比中央明纹的窄。衍射图样和光强分布分别如图16-4a、b所示。

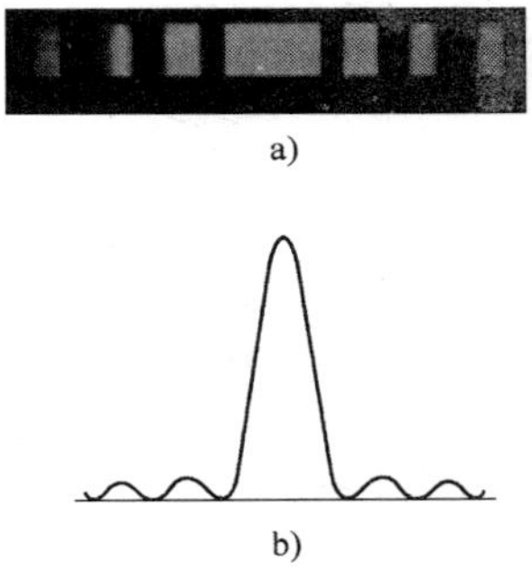

图16-4　单缝衍射图样和光强分布

16.2.2　菲涅耳半波带法

为了避免用式(16-1)分析计算单缝衍射所带来的复杂的数学运算，菲涅耳提出了一个简便的、物理图像却十分清晰的方法——**菲涅耳半波带法**。下面就用这种方法分析夫琅禾费单缝衍射的图样分布。

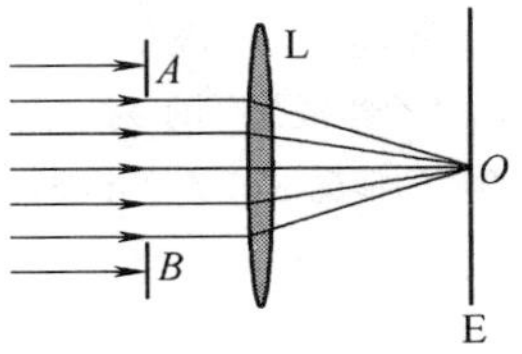

图16-5　单缝衍射

波长为λ的单色平行光垂直入射到宽度为a的狭缝AB上，衍射后将沿各个方向传播。现考查沿原入射方向(衍射角为$\theta=0$)的衍射光束，此光束被透镜L聚焦到观察屏E上的O点(即透镜的主焦点)，如图16-5所示。由于透镜不产生附加的光程差，此光束中各条光线到达O点的光程都相等。在O点会聚的干涉效果是相互加强的，于是屏幕中央O处就是中央明纹的中心位置。

对衍射角θ不为零的平行光束，将被透镜会聚在屏上的P

点（P 点的位置如何确定，请读者考虑），为了考查 P 点的光强，我们先计算单缝上、下边缘的两条衍射光 AP 和 BP 之间的光程差。为此，过 A 点作 BP 的垂线，垂足为 C，从图中可见，（在真空中）BC 就是 AP、BP 间的光程差，即

$$\Delta = a\sin\theta$$

下面用半定量半定性的方法来分析屏上 P 点的光振动情况。若 Δ 恰好等于偶数个半波长，在 BC 上每隔 $\lambda/2$ 作 AC 的平行线与 AB 相交，则狭缝处的波面也被分割成等宽的偶数条波带。这些波带称为**半波带**。由于两相邻半波带上对应点所发出的衍射光到 P 点的光程差均为 $\lambda/2$，它们在 P 点光振动的相位差都是 π，所以相邻两个半波带上对应点在 P 点的光振动两两相消，如图 16-16b 中的 1 和 1′、2 和 2′。结果，观察点 P 将为极小，如图 16-6a 所示的四个半波带。

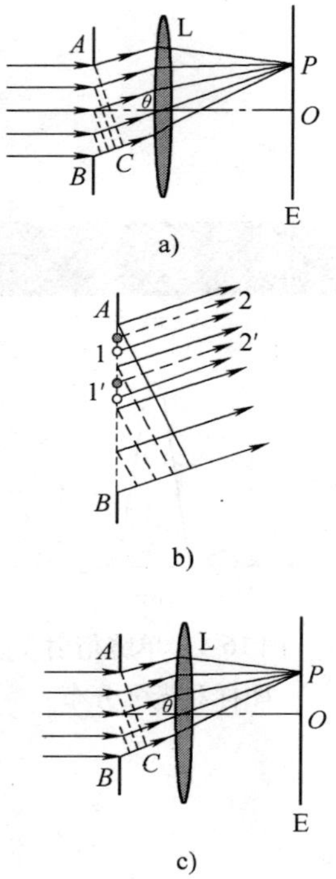

图 16-6　半波带法

a) 4 个半波带　b) 对应点相消的情况　c) 3 个半波带

同理，若 Δ 恰好等于奇数个半波长，则狭缝处的波面也被分割成等宽的奇数条波带，例如图 16-6c 所示的三个半波带。相邻两半波带在 P 点处的光振动两两相消后，还剩一个未抵消的半波带，观察点 P 将为极大。由上面分析可知，夫琅禾费单缝衍射形成明暗条纹的位置由下式决定：

$$a\sin\theta = \begin{cases} 0 & (\theta = 0, \text{中央明纹中心}) \\ \pm(2k+1)\dfrac{\lambda}{2} & (k = 1, 2, 3, \cdots, \text{明纹中心}) \\ \pm 2k\dfrac{\lambda}{2} & (k = 1, 2, 3, \cdots, \text{暗纹中心}) \end{cases} \tag{16-2}$$

说明：

1）对于任意衍射角 θ，狭缝露出的波前既不能分割成偶数个半波带，也不能分割成奇数个半波带，则观察点 P 处的光强就介于极小和极大之间。

2）由明纹条件可见，明纹的级次越高，AB 波面处所分成的半波带的数目（奇数）也越大，在 P 点相互抵消的光强也越大，这就是中央明纹的亮度远比其他明纹亮，以及明条纹的级次越高条纹的亮度越低的原因。

3）半波带法是一种半定量半定性的方法，由此推出的中央

明纹和各级暗纹中心的位置是准确的，但其他各级明纹的位置是近似的。

把透镜光心对正负第一级暗纹中心的张角定义为中央明纹的**角宽度**，透镜光心对其他两相邻暗(明)纹中心的张角定义为其明(暗)条纹的角宽度，如图16-7所示。在近轴($\theta<5°$)条件下，利用式(16-2)可得：

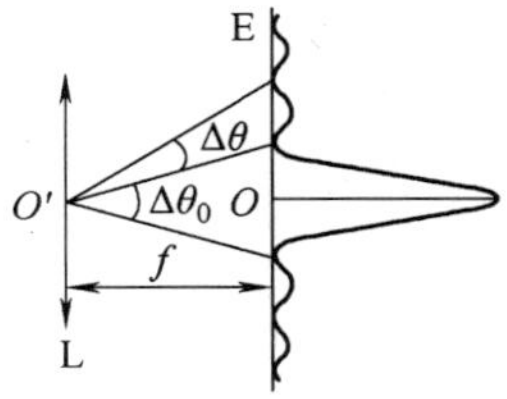

图16-7 条纹角宽度

中央明纹的角宽度为

$$\Delta\theta_0 = 2\frac{\lambda}{a} \tag{16-3}$$

式中，λ是入射光的波长；a是单缝的宽度。

其他明(暗)纹的条纹角宽度

$$\Delta\theta = \frac{\lambda}{a} \tag{16-4}$$

因此，在近轴条件下，中央明纹的角宽度是其他条纹角宽度的2倍。

仍按杨氏双缝干涉中各条纹宽度的定义，则在近轴条件下，中央明纹的宽度为

$$\Delta x_0 = f\Delta\theta_0 = 2f\frac{\lambda}{a} \tag{16-5}$$

其他条纹的宽度为

$$\Delta x = f\Delta\theta = f\frac{\lambda}{a} \tag{16-6}$$

需要强调的是，以上四式只适合$\theta<5°$的特殊情况，在具体计算时，应先由式(16-2)计算出衍射角θ，当$\theta<5°$时，上述四式成立；但当$\theta>5°$时，相应的有关计算公式须重新推导，详见例16-1。

在实际观察中发现，无论衍射角是否小于5°，单缝衍射条纹都有如下特点：单缝宽度a变小，条纹变宽，衍射效应趋于明显；而当a变大时，条纹相应变得窄而密集。由上述条纹特征可知，当单缝很宽($a>>\lambda$)时，各级衍射条纹都将收缩于中央明纹附近而分辨不清，只能看到一条明纹，它就是单缝的像，这时可认为光是直线传播的，这便是几何光学的情形。当缝宽

a 一定时，波长越长，衍射效应越明显，反之亦然。因此，几何光学是波动光学在 λ/a 趋于零时的极限情形。

此外，若用白光做单缝衍射实验，则各波长的中央明纹在中心 O 处不相干叠加起来，形成白色中央明纹。在其两侧，从中心往外呈现由紫到红的各色彩色条纹，也会出现条纹重合的现象。

【例 16-1】 在单缝夫琅禾费衍射实验中，观察屏幕放在透镜的焦面处，透镜的焦距 $f=40.00\text{cm}$。若缝宽分别取 $a=25\lambda$ 和 $a=5\lambda$，计算中央明纹和第一级明纹的宽度。

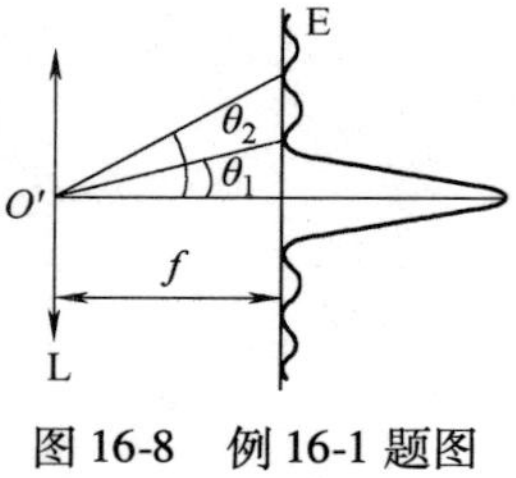

图 16-8　例 16-1 题图

【解】 因为中央明纹的宽度是正、负一级暗纹中心间的距离，第一级明纹的宽度是第一、二级暗纹中心间的距离。由式(16-2)可知，第一级和第二级暗纹的衍射角分别满足

$$a\sin\theta_1=2\frac{\lambda}{2},\quad a\sin\theta_2=4\frac{\lambda}{2}$$

因此，当 $a=25\lambda$ 时

$$\sin\theta_1=\frac{\lambda}{a}=0.0400,\quad \theta_1=2.29°$$

$$\sin\theta_2=\frac{2\lambda}{a}=0.0800,\quad \theta_2=4.59°$$

因两衍射角都小于 5°，从图 16-8 可见，中央明纹的宽度为

$$\Delta x_0=2f\cdot\tan\theta_1\approx(2\times40.00\times0.0400)\text{cm}=3.20\text{cm}$$

第一级明纹的宽度为

$$\Delta x=f(\tan\theta_2-\tan\theta_1)\approx[40.00\times(0.0800-0.0400)]\text{cm}=1.60\text{cm}$$

即在 $a=25\lambda$ 的条件下，中央明纹的宽度是第一级明纹宽度的 2 倍。

当 $a=5\lambda$ 时

$$\sin\theta_1=\frac{\lambda}{a}=0.200,\quad \theta_1=11.5°$$

$$\sin\theta_2=\frac{2\lambda}{a}=0.400,\quad \theta_2=23.6°$$

因两衍射角都大于 5°，从图 16-8 可见，中央明纹的宽度为

$$\Delta x_0 = 2f \cdot \tan\theta_1 = (2 \times 40.00 \times 0.203)\text{cm} = 16.3\text{cm}$$

第一级明纹的宽度为

$$\Delta x = f(\tan\theta_2 - \tan\theta_1) = [40.00 \times (0.437 - 0.203)]\text{cm} = 9.36\text{cm}$$

由此可见，衍射角都大于 5°，中央明纹的宽度和第一级明纹宽度之间再也没有倍数关系。

16.2.3　夫琅禾费单缝衍射光强分布

如前所述，半波带法虽物理图像清晰，但只能定性说明条纹中心的位置，却不能说明衍射条纹光强的分布。下面我们利用光矢量合成法来讨论单缝衍射条纹的光强分布。

把单缝等分成 M 个等宽的窄波带，每个波带都是发射子波的相干波源。观察屏上 P 点的光强，由各波带所发出的无数光线中衍射角为 θ 的那些经透镜 L 会聚到屏上 P 点相干叠加的光线所决定，如图 16-6 所示。各波带在 P 点所产生光振动近似地认为相等，且两相邻波带到 P 点的相位差相等。所以，各波带在 P 点所产生的总光振动，就是 M 个等振幅、两相邻相位差均为 $\Delta\varphi$ 的小振动的合成。若每一光振动用小矢量 $\boldsymbol{e}_0$ 表示，并取 A 点处光振动的初相为零，利用多个矢量合成的图解法，则可得如图 16-9 所示的矢量合成图。当 $M \to \infty$ 时，每个波带的宽度 $a/M \to 0$，每个小矢量 $\boldsymbol{e}_0$ 变得无限短，原折线变成一半径为 R 的圆弧。若第一个小矢量到最后一个小矢量之间的夹角为 β，这就是狭缝上、下边缘两波带所发出的、衍射角为 θ 的两条光线在 P 点的相位差。若缝宽为 a，则上述两条光线传到 P 点的光程差为 $\Delta = a\sin\theta$，依相位差和光程差的关系，有

$$\beta = \frac{\Delta}{\lambda}2\pi = \frac{2\pi}{\lambda}a\sin\theta \tag{16-7}$$

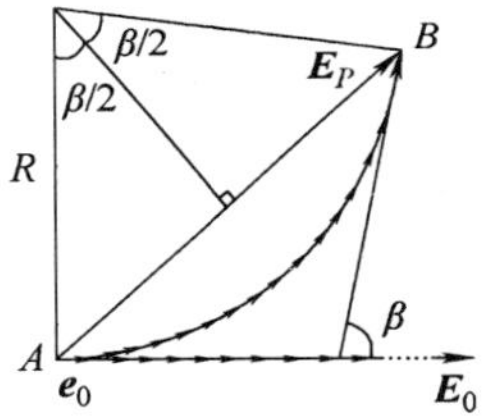

图 16-9　M 个光振动叠加

从图 16-9 中可见

$$E_P = 2R\sin\frac{\beta}{2},\ \beta = \frac{l_{AB}}{R}$$

式中，E_P 是屏上 P 点总光振动的振幅；l_{AB} 是 AB 弧的长度。由上两式并利用式(16-7)可得

$$E_P = l_{AB}\frac{\sin\dfrac{\beta}{2}}{\dfrac{\beta}{2}} = l_{AB}\frac{\sin\dfrac{\pi}{\lambda}\Delta}{\dfrac{\pi}{\lambda}\Delta}$$

l_{AB}的长度是 M 个小矢量能够合成的最大振幅，它也是衍射角 $\theta=0$ 时，对应屏上 O 处的合振幅 E_0，令 $\pi\Delta/\lambda=u$，故有

$$E_P = E_0\frac{\sin u}{u} \tag{16-8}$$

再利用光强和光振动振幅的关系 $I=kA^2$，所以屏上光强的分布为

$$I_P = I_0\frac{\sin^2 u}{u^2} \tag{16-9}$$

由式(16-9)可见，屏上 P 处光强随单缝上、下边缘光线到该点光程差 Δ 而变。下面讨论几种特殊情况。

（1）**中央明纹**　若衍射角 $\theta=0$，单缝各波带的衍射光会聚到屏上 O 点，各衍射光的光程相等，进而 $\Delta=0$，$u=0$，相干叠加合成光振动振幅最大，光强 $I_P=I_0$ 最大，此处对应中央明纹。

（2）**暗条纹**　在暗纹处，光强 $I_P=0$，由式(16-9)可知

$$\sin^2 u = 0$$

根据上式，并利用 $\pi\Delta/\lambda=u$，$\dfrac{\Delta}{\lambda}2\pi=\dfrac{2\pi}{\lambda}a\sin\theta$，可得暗条纹的条件为

$$\Delta = a\sin\theta = \pm 2k\frac{\lambda}{2}\qquad (k=1,2,3,\cdots) \tag{16-10}$$

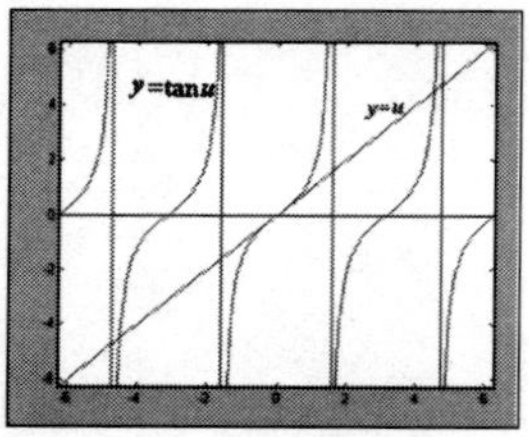

图 16-10　方程 tan$u=u$ 的图解

式(16-10)和用半波带法得出的结果完全一致。

（3）**其他明纹**　凡明纹中心处，I_P 都有极大值。为求得各其他明条纹的中心位置，对式(16-9)求导，并令 $\dfrac{dI}{du}=0$，可得 $\tan u=u$，利用作图法可得此方程的解，如图 16-10 所示，从图中可见

$$u=0,\quad \pm 1.43\pi,\quad \pm 2.46\pi,\ 3.47\pi,\ \cdots$$

光强 I 取极大值。其中 $u=0$ 就是前面所讨论过的中央明纹。再利用 $\pi\Delta/\lambda=u$，可得对应

$$a\sin\theta= \pm 1.43\lambda, \quad \pm 2.46\lambda, \ 3.47\lambda, \ \cdots$$

的衍射方向，则分别呈现出第一级、第二级、第三级……衍射明纹的中心。这与用半波带法求出的稍有差别，且级次越高，差异越小，这表明菲涅耳半波带法的确是一个非常好的近似方法。

16.3 夫琅禾费圆孔衍射 光学仪器的分辨率

16.3.1 夫琅禾费圆孔衍射

观察夫琅禾费圆孔衍射的实验装置如图16-11a所示。波长为 λ 的平行光垂直照射在直径为 D 的小圆孔时，在透镜L的焦平面处的屏幕E上将出现中央为亮圆斑，周围为明、暗交替的环形衍射图样，如图16-11b所示。由第一暗环所包围的中央亮斑称为**艾里斑**。进一步的理论计算表明，艾里斑的光强占入射光总强度的84%，其半角宽度为

$$\theta_0=1.22\frac{\lambda}{D} \tag{16-11}$$

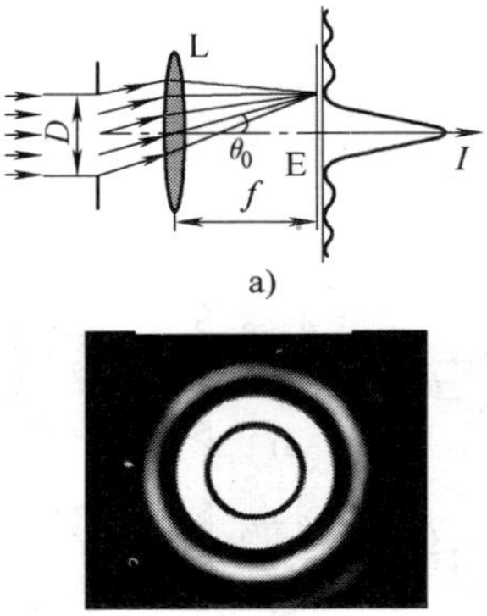

a)

b)

图16-11 夫琅禾费圆孔衍射

由式(16-11)可见，当 $D>>\lambda$ 时，半角宽度 θ_0 趋于零，光束直线传播，衍射现象不明显，这便是几何光学的情形；当 D 与 λ 相当时，衍射效应明显地表示出来。

16.3.2 光学仪器的分辨率

通常，光学仪器中所有的光阑和透镜都是圆形的，所以研究圆孔的夫琅禾费衍射，对评价仪器成像具有重要意义。

为简单起见，光学仪器的物镜以单个会聚透镜表示。从几何光学看，物体通过光学仪器成像时，每一物点有一个对应的像点；而从波动光学看，单透镜相当于一个圆孔，当光通过小圆孔时，将产生衍射。来自点光源的光被圆孔衍射后，不是被

透镜聚焦成一几何点，而是衍射成一些明暗圆环所围绕的艾里斑。所以，光学仪器的成像均受到光的波动性的限制。

两个发光点或同一物体上相邻两点成像于屏上时，它们的衍射图样可能有部分重叠的现象。由于两个物点所发的光是非相干的，光屏上的总强度是两图样强度的直接相加。如两物点相距较远，两组图样艾里斑的中心的距离较远而艾里斑的直径又较小，那么两个像是分开的，则两物点是可分辨的；如两物点相距较近，两艾里斑中心很靠近，每一亮斑的范围又比较大，那么两个发光点的像将重叠得难以分开，则两物点是不可分辨的。一个光学系统分辨两个邻近点光源的能力，即分辨细微距离的本领，称为光学仪器的**分辨本领**或**分辨率**。

为了给出两个物点(点光源)能分辨的客观标准，诺贝尔物理学奖得主、英国物理学家瑞利(Lord Rayleigh，1842—1919)提出：**两个强度分布相同的物点(点光源)所成的衍射图样，若一个艾里斑的中心正好和另一个的边缘的第一暗环的中心重合，则称这两个物点恰好能分辨**。上述标准称为**瑞利判据**。

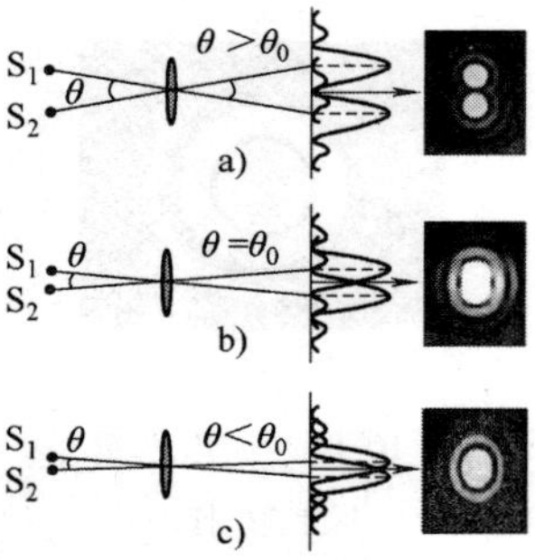

图 16-12　透镜的最小分辨角

对直径为 D 的圆孔(透镜)而言，若两个物点对圆孔中心的张角 θ 正好满足式(16-11)，依瑞利判据，则这两个物点恰好能分辨，如图 16-12b 所示。此角 θ_0 称为透镜(光学仪器)的**最小分辨角**，用 $\delta\theta$ 表示。若 $\theta > \theta_0$，则两物点能分辨，如图 16-12a 所示；若 $\theta < \theta_0$，则两物点不能分辨，如图 16-12c 所示。由式(16-11)可知，孔径为 D 的圆孔(透镜)对波长为 λ 的入射光，其最小分辨角为

$$\delta\theta = 1.22\frac{\lambda}{D} \tag{16-12}$$

在光学中，光学仪器的最小分辨角的倒数 $1/\delta\theta$ 称为**分辨率**。因此，相应的分辨率为

$$R = \frac{1}{\delta\theta} = \frac{D}{1.22\lambda} \tag{16-13}$$

上式表明，分辨率的大小与仪器的孔径 D 和光波波长 λ 有关。因此，大口径的物镜对提高望远镜的分辨率有利。1990 年发射的哈勃太空望远镜的凹面物镜的直径达 2.40m，其最小分

辨角约为0.10″，在离地面615km的大气层外绕地球运行。它采用计算机处理图像技术，把图像资料传回地球，可观察到130亿光年远的太空深处，发现了500亿个星系，但这并不满足科学家的期望。目前正在设计制造凹面物镜直径为8.00m的巨大太空望远镜，用以取代哈勃望远镜，期望能观察到“大爆炸”开端的宇宙实体。

而对于显微镜，由于透镜直径大小受到限制，需采用极短波长的光以提高其分辨率。对光学显微镜，使用 $\lambda=400\text{nm}$ 的紫光照射被观察的物体进行显微观察，最小分辨距离约为200nm，最大放大倍数约为2000。这也是光学显微镜的极限。因电子具有波动性，当电子的加速电压为几十万伏时，电子的波长只有约 10^{-3}nm。所以电子显微镜具有很高的分辨率，为人们研究分子、原子的结构提供了有力的工具。

【例16-2】 东风EQ—150货车的两制动指示灯间的距离大约为 $d=1.800\text{m}$，制动时，所发红光的波长 $\lambda=650\text{nm}$，若人眼瞳孔的直径为 $D=3.0\text{mm}$。问：人离此车多远时，恰好能分辨这两制动指示灯。

【解】 设所求为 x，则当两制动指示灯对人所在位置的张角正好等于人眼对该红光的最小分辨角时，人就恰好能分辨这两制动指示灯。所以有

$$1.22\frac{\lambda}{D}=\frac{d}{x}$$

$$x=\frac{Dd}{1.22\lambda}=\frac{3.0\times10^{-3}\times1.800}{1.22\times650\times10^{-9}}\text{m}=6.8\text{km}$$

即人在此车后6.8km处，恰好能分辨这两盏制动指示灯。

16.4　光栅衍射

用单缝衍射来测定光波的波长时，由于衍射条纹间距较小，难以获得准确的结果。实验表明，若用多条彼此靠得很近的狭缝代替单缝进行衍射实验，则能得到亮度高、间距大而本身宽度又很窄的衍射条纹。利用此类条纹测波长，就能得到准确的

测量结果。许多等宽的狭缝等间距地排列起来的光学元件称为**光栅**，上述衍射称为**光栅衍射**。

16.4.1　光栅及光栅衍射实验装置

光栅是一种具有空间周期性透光或反光结构的光学元件。图 16-13a 所示为由许多同宽等间距的平行狭缝构成的多缝光栅；图 16-13b 所示为在一块平板玻璃上刻有一系列同宽等间距的刻痕构成的**透射光栅**，宽度为 b 的刻痕处因漫反射而不透光，而未刻过的宽度为 a 的部分相当于透光的狭缝；16-13c 所示为在金属表面刻一系列斜的等间距的光洁度很高的平行细槽构成的**反射光栅**。若透光(反光)部分的宽度是 a，不透光(不反光)部分的宽度是 b，则 $a+b$ 反映了光栅的空间周期，称之为**光栅常数**。如果在宽度为 1mm 的平面上刻等间距的 N 条刻缝，则光栅常数为 $a+b=1/N\text{mm}$。一般光栅在 1mm 内有几十乃至上千的“狭缝”，随应用的光谱区域而异。在可见光区和紫外光区的光栅，大多数每毫米 600 条至 1200 条刻痕，其光栅常数分别是 1/600mm 和 1/1200mm。

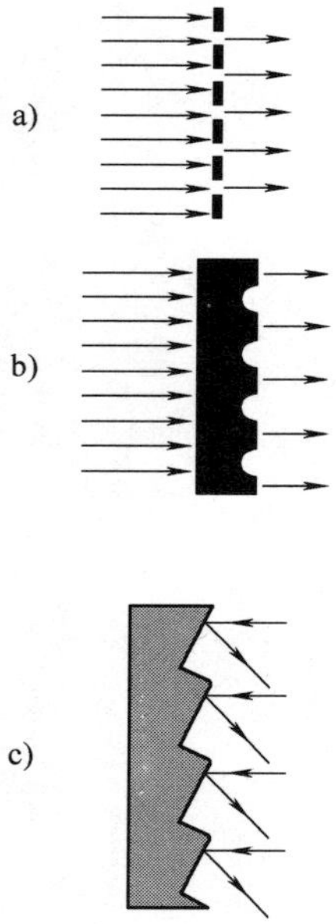

图 16-13　光栅

图 16-14 是光栅衍射实验装置图。平行单色光垂直入射到透射光栅上，光栅各缝的衍射光经透镜 L 会聚在透镜的焦平面上。把观察屏放置在透镜的焦平面处，即可观察到光栅的衍射条纹。

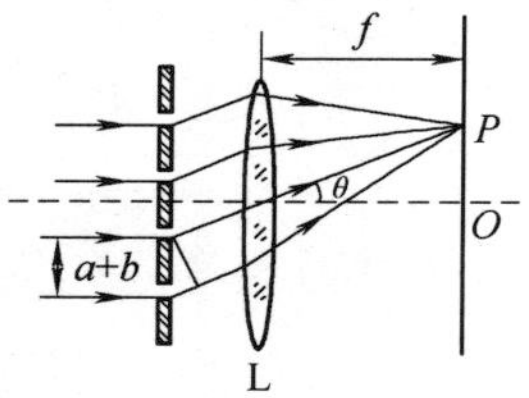

图 16-14　光栅衍射示意图

16.4.2　光栅衍射条纹分布

光栅衍射亮条纹称为主极大，它们对称地展布在屏上透镜焦点 O 处的中央主极大两侧。两相邻主极大之间是由暗纹和光强很弱的次极大形成的一片暗区，暗区把主极大明纹衬托得更为明亮清晰。光栅衍射条纹有如下特点：对于波长一定的入射光，改变光栅常数时，主极大的位置发生变化；光栅常数变小，相邻主极大明纹之间距离变宽，反之距离变窄；各主极大的位置与光栅总缝数 N 无关，但 N 增大，将使主极大更加明亮，条纹宽度变得更窄。

为讨论屏上某处出现衍射条纹所满足的条件，考查屏上任

一点 P，该点的光强是衍射角为 θ 的所有衍射光(平行次波)相干叠加的结果。这些衍射光有的来自同一狭缝的不同部分，有的来自不同的狭缝。所以讨论 P 点光强时，既要考虑每一狭缝的衍射光的相干叠加，也要考虑各狭缝间的干涉，光栅衍射条纹是单缝衍射和缝间干涉的总效果。

设想光栅上除某狭缝外，其余各缝都被遮住，屏上将呈单缝衍射图样。轮流放开光栅的一条狭缝，同时遮住其余的缝，由于透镜的会聚作用，屏上的单缝衍射图样将会完全一样，单缝衍射图样在屏上的位置不会因放开单缝的位置不同而变化。如果 N 条狭缝的衍射光彼此不相干，屏上将出现 N 个完全一样的单缝衍射图样的不相干叠加，其图样仍和单缝衍射的一样，只不过是处处的强度都增大 N 倍。实验表明，光栅各缝的衍射光是相干的，因此，计算衍射光在 P 点相干叠加的结果时，应分两步进行：第一步将来自同一狭缝不同部分的衍射光叠加起来，得到一条狭缝在 P 点所产生的光振动，即每一缝对 P 点提供了一束振幅为 E_P 的衍射光；第二步再把光栅的 N 束振幅为 E_P 的相干光叠加起来，从而得到 P 处相干叠加的最终结果。在光栅衍射中，单缝的作用是提供 N 束振幅随衍射角 θ 而变化的相干光，该相干光的振幅已在单缝衍射中用多矢量合成的方法进行了详细的讨论。

N 束衍射光在 P 点的合振动的振幅，也可按照单缝衍射中使用的多个振幅矢量合成的方法得到。用小矢量 $\boldsymbol{E}_P$ 代表每一单缝在 P 点所产生的光振动的振幅，两相邻小矢量间的夹角代表相邻两缝在 P 点所产生光振动的相位差 δ，若以图 16-14 中最上方的单缝在 P 点所产生的光振动的初相为零，则有图 16-15 所示的 N 个光矢量合成图。

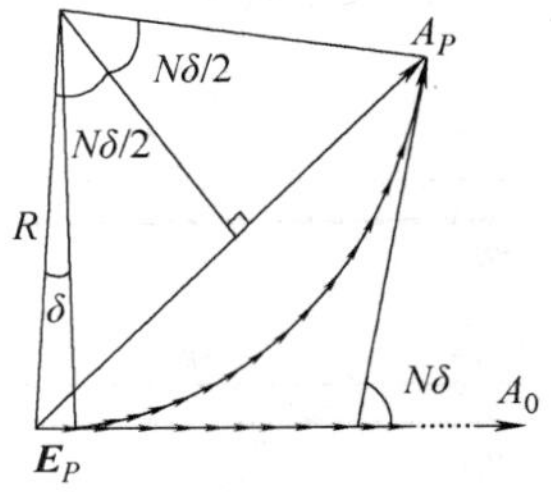

图 16-15　N 个光矢量合

从图 16-15 可见，P 点总光矢量的振幅 A_P 为

$$A_P = 2R\sin\frac{N\delta}{2}$$

$$E_P = 2R\sin\frac{\delta}{2}$$

由上两式得

$$A_P = E_P \frac{\sin\frac{N\delta}{2}}{\sin\frac{\delta}{2}}$$

上式中的 E_P 由式(16-8)决定，把式(16-8)代入上式，则有

$$A_P = E_0 \frac{\sin u}{u} \frac{\sin\frac{N\delta}{2}}{\sin\frac{\delta}{2}}$$

考虑到光强与振幅的平方成正比，则 P 点的光强为

$$I_P = I_0 \left(\frac{\sin u}{u}\right)^2 \left(\frac{\sin\frac{N\delta}{2}}{\sin\frac{\delta}{2}}\right)^2 \tag{16-14}$$

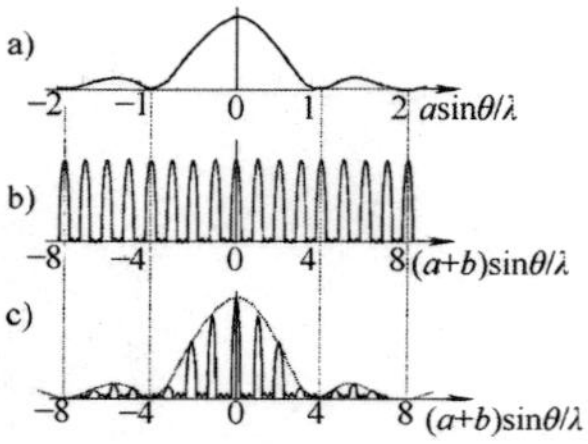

图 16-16　光栅衍射条纹成因及光强分布曲线

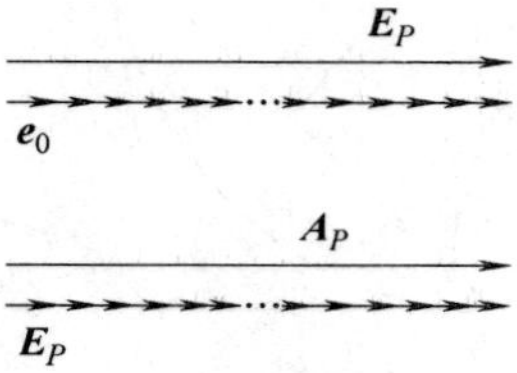

图 16-17　$\theta=0$ 时光振动的合成

式中，$u=a\sin\theta\cdot\pi/\lambda$；$\delta=(a+b)\sin\theta\cdot2\pi/\lambda$，其分布曲线如图 16-16c 所示($N=4$，$a+b=4a$)；$I_0$ 是单缝衍射中央主极大光强；$(\sin u/u)^2$ 是单缝衍射因子，如图 16-16a 所示；第三项是多光束干涉因子，如图 16-16b 所示。下面讨论几种特殊情况。

（1）**中央主极大**　当衍射角 $\theta=0$ 时，所有衍射光经透镜会聚在透镜的焦点 O 处，由 $u=a\sin\theta\cdot\pi/\lambda$ 和 $\delta=(a+b)\sin\theta\cdot2\pi/\lambda$ 可知，$u=0$，$\delta=0$，将此两条件代入式(16-14)，并利用罗毕塔法则可得，单缝衍射因子为 1，多光束干涉因子为 N^2。由此可知，此时中央主极大的光强是单缝衍射中央主极大 I_0 的 N^2 倍。其物理机制是，衍射角 $\theta=0$ 时，在 O 点合成每一个单缝光振动的 M 个小矢量 $\boldsymbol{e}_0$ 间的相位差都为零，在 O 点合成总光振动的每个单缝所贡献的光矢量 $\boldsymbol{E}_P$ 间的相位差也都为零，如图 16-17 所示。总的振幅是每个单缝所能贡献的最大振幅的 N 倍，所以，光强是单缝衍射中央主极大 I_0 的 N^2 倍。

（2）**主极大**　当 $\delta=\pm2k\pi$ 时，$\delta=(a+b)\sin\theta\cdot2\pi/\lambda$，可得

$$(a+b)\sin\theta=\pm k\lambda \quad (k=0,1,2,3,\cdots) \tag{16-15}$$

式(16-15)被称为**光栅方程**。是主极大明纹中心所满足的必要条件，k 表示主极大的级次，$k=0$，1，2，3，…分别表示中央主极大，第1、2、3……级主极大，±号表示第1、2、3……级主极大对称分布在中央主极大的两边。$\delta=\pm 2k\pi$ 时，在 P 点合成总光振动的每个单缝所贡献的光矢量间的相位差都为零，但每个缝在 P 点所贡献的光振动的振幅不是最大的($k=0$，即中央主极大除外)，所以，一般主极大条纹的强度都小于中央主极大条纹的。

(3) **暗纹条件** 在式(16-14)中，若 $N\delta=\pm 2k\pi$，则 $I_P=0$，这表明 N 个单缝的衍射光合振动的振幅为零。由 $N\delta=\pm 2k\pi$ 和 $\delta=(a+b)\sin\theta\cdot 2\pi/\lambda$，可得暗纹条件

$$N(a+b)\sin\theta=\pm k'\lambda \tag{16-16}$$

式(16-16)中，$k'\neq Nk$，若 $k'=Nk$，则暗纹条件转化为光栅方程式(16-15)，得到第 k 级主极大明纹。从 $k'=Nk$ 到 $k'=N(k+1)$，即在 k 级主极大和 $k+1$ 级主极大之间，k'还有 $Nk+1$，$Nk+2$，…，$Nk+(N-1)$共 $N-1$ 个取值，对应着在相邻两条主极大明纹间有 $N-1$ 条暗纹，而 $N-1$ 条暗纹又被 $N-2$ 条次极大隔开，这些次极大明纹的强度很弱，和暗纹一起形成隔开两条主极大明纹的暗区。

(4) **缺级现象和缺级条件** 光栅衍射是由 N 个单缝的衍射光相互干涉形成的，即在某个衍射角 θ 方向上，每个缝首先必须存在衍射光才能产生相干。衍射角 θ 满足光栅方程(16-15)时，只能保证各衍射光相干加强，并不能保证各单缝一定有衍射光产生，若衍射角 θ 恰好又满足单缝衍射的暗纹条件式(16-10)，各单缝就没有衍射光输出，结果就只能是暗纹了。光栅衍射中这种理应产生主极大明纹的地方，因受单缝衍射的调制而出现了暗纹的现象就称为**缺级**。所以在缺级处，有

$$(a+b)\sin\theta=\pm k\lambda \quad (k=1,\ 2,\ 3,\ \cdots)$$

$$a\sin\theta=\pm k'\lambda \quad (k'=1,\ 2,\ 3,\ \cdots)$$

两式相除，则得到

$$\frac{a+b}{a}=\frac{k}{k'} \tag{16-17}$$

光栅衍射的模拟程序

```
clear
clc
  a=300,b=300,c=500,n=15;
  x=-pi/2:pi/200:pi/2;
  t=x+(x==0)*eps;
  i=a*sin(t).*pi/c
  s=(a+b)*sin(t)*pi/c;
  y1=sin(i)./i;
  y11=y1*y1;
  y2=sin(n*s)./sin(s);
  y22=y2.*y2;
  y=y11*y22;
plot(x,y,'b');
axis([-1.5 1.5 0 250])
```

由式(16-17)可知，当光栅常数 $a+b$ 与缝宽 a 成整数比时，就会发生缺级现象，此式称为**缺级条件**。例如，若 $(a+b)/a=4$，则 $k=4$，8，…等这些主极大明纹处，实际上都出现了暗纹，如图 16-16c 所示。

16.4.3　光栅光谱

由光栅方程(16-15)可以看出，在给定光栅常数的条件下，各极大(中央主极大除外)衍射角 θ 的大小与入射光的波长有关。因此，当用白光照射光栅时，除中央主极大明纹因各色光不相干叠加仍为白色外，其两侧对称排列着由紫到红的明纹，称为**光栅光谱**，如图 16-18 所示。对于一定级次的可见光谱而言，波长短的紫光衍射角小，谱线靠近中央；而波长长的红光衍射角大，谱线远离中央。在级次较高的光谱中，不同级次的光谱还会有一部分发生重叠。

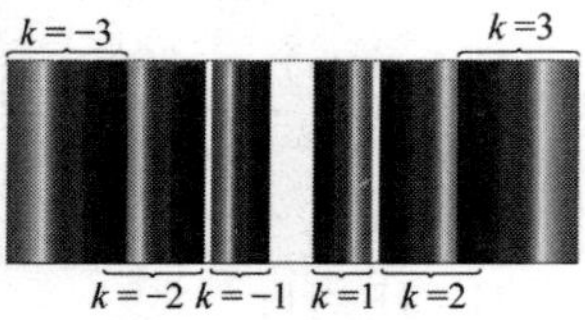

图 16-18　光栅光谱

表 16-1　例 16-3 题计算结果

θ \ $a+b$ \ λ	$\frac{1}{1200}$mm	$\frac{1}{600}$mm	$\frac{1}{90}$mm
0.70μm	57.1°	24.8°	3.61°
1.00μm	>90°	36.9°	5.16°
3.00μm	>90°	>90°	15.7°
7.00μm	>90°	>90°	39.1°

不同种类光源发出的光所形成的光谱是各不相同的。炽热固体发射的光的光谱，是各色光连成一片的**连续光谱**；放电管中气体所发出的光谱，则是由一些具有特定波长的分立的明线构成的**线状光谱**；也有一些光谱由若干条明带组成，而每一明带实际上是一些密集的谱线，这类光谱称为**带状光谱**，是由分子发光产生的，所以也称为**分子光谱**。

由于不同元素(或化合物)各有自己特定的光谱，所以由谱线的成分，可以分析出发光物质所含的元素或化合物；还可以从谱线的强度定量地分析出各元素的相对含量。这种分析方法称为光谱分析，它在科学研究和工业技术上有着广泛的应用。此外，还可以运用光栅衍射原理和信号转换技术，制成光栅秤、光栅信号显微镜等。

【例 16-3】　一台光谱仪备有同样大小的三块光栅，其规格分别是 1200 条/mm，600 条/mm 和 90 条/mm。若用来测定 0.70～1.00μm 的红外线，应选用哪块光栅？如用来测试 3.0～7.0μm 波段，又选用哪块？若采用所选光栅，并用焦距为 1.00m 的透镜把所观察的谱线聚焦在观察屏上，求两波段的第一主极大光谱在屏上所占的宽度。

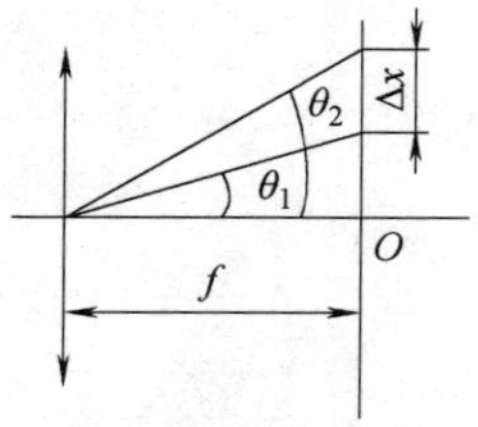

图 16-19　例 16-3 题图

【解】　由光栅光谱测波长时，一般选用第一级（$k=1$）主极大，故由光栅方程$(a+b)\sin\theta=k\lambda$，可得

$$\theta=\arcsin\frac{\lambda}{a+b}$$

两个波段的光经各块光栅衍射（分光）后，所得第一级主极大的衍射角见表16-1。从表中可见，对0.70～1.00μm的红外线，选用600条/mm的光栅合适；而对3.0～7.0μm波段，选用90条/mm的光栅恰当。所以，光栅的选用并不是光栅常数越小越好。

选用600条/mm的光栅，对0.70～1.00μm的红外线，其长、短波对应的衍射角分别是36.9°和24.8°，由图16-19可知，其第一主极大光谱在屏上所占的宽度为

$$\begin{aligned}\Delta x&=f(\tan\theta_2-\tan\theta_1)\\&=[1.00(\tan36.9°-\tan24.8°)]\text{m}\\&=0.289\text{m}\end{aligned}$$

同理，对3.0～7.0μm波段，选用90条/mm的光栅，其长、短波对应的衍射角分别是39.1°和15.7°，由图16-19可知，其第一主极大光谱在屏上所占的宽度为

$$\begin{aligned}\Delta x&=f(\tan\theta_2-\tan\theta_1)\\&=[1.00(\tan39.1°-\tan15.7°)]\text{m}\\&=0.532\text{m}\end{aligned}$$

【例16-4】　用每毫米500条刻痕的光栅观察纳光（589.3nm）光谱线，问光线垂直入射时，最多观察到哪级明纹，共多少条明纹？若此光栅透光部分和不透光部分的宽度相等，最多又能观察到多少条明纹？

【解】　由光栅方程$(a+b)\sin\theta=k\lambda$可得

$$k=\frac{(a+b)\sin\theta}{\lambda}$$

理论上，$\theta=90°$时，k最大，所以有

$$k=\frac{2.00\times10^{-6}\sin90°}{589.3\times10^{-9}}=3.39$$

此处只能取整数，故k取3，即最多观察到第3级明纹，共7条

相控阵雷达

相控阵雷达（Phased Array Radar）即有源电子扫描阵列雷达或无源电子扫描阵列雷达，是指一类通过改变天线表面阵列所发出波束的合成方式，来改变波束扫描方向的雷达。这种设计有别于机械扫描的雷达天线，可以减少或完全避免使用机械马达驱动雷达天线，便可达到涵盖较大侦测范围的目的。目前使用的电子扫描方式包括改变频率或者是改变相位的方式，将合成的波束发射的方向加以变化。

我们知道，当电磁波斜入射到光栅时，光栅方程变为

$$(a+b)(\sin\theta-\sin i)=\pm k\lambda$$

其中θ是衍射角，i是电磁波与光栅法线的夹角（入射角），从法线逆时针转，θ、i为正，否则为负。上式中$k=0$时，对应中央主极大，令$k=0$，则有

$$(a+b)\sin\theta=(a+b)\sin i$$

以相同入射角i入射到光栅两相邻狭缝上电磁波的相位差为

$$\begin{aligned}\Delta\varphi&=\frac{(a+b)\sin i}{\lambda}2\pi\\&=\frac{(a+b)\sin\theta}{\lambda}2\pi\end{aligned}$$

则有

$$\sin\theta = \frac{\lambda \cdot \Delta\varphi}{2\pi(a+b)}$$

由上式可知，改变入射到光栅两相邻狭缝上电磁波的相位差 $\Delta\varphi$ 或电磁波的波长 λ(频率)，就可以改变中央主极大的衍射角，这就是相控阵雷达的物理原理。由于相控阵雷达具有多个发射单元、无机械转动天线等特点，它和传统的机械扫描雷达相比，具有如下优点。

(1) 波束指向灵活，能实现无惯性快速扫描，数据更新率高；

(2) 一个雷达可同时形成多个独立波束，分别实现搜索、识别、跟踪、制导、无源探测等多种功能；

(3) 目标容量大，可在控域内同时监视、跟踪数百个目标；

(4) 对复杂目标环境的适应能力强；

(5) 抗干扰性能好，全固态相控阵雷达的可靠性高，即使少量组件失效仍能正常工作。

明纹。

若光栅的透光部分和不透光部分的宽度相等，依缺级条件，则

$$\frac{a+b}{a}=2$$

所以缺 ±2 级，只能观察到中央主极大，±1、±3 级共 5 条明纹。

16.5　X 射线衍射

16.5.1　X 射线

1895 年，德国物理学家伦琴(W. K. Röntgen，1845—1923)在研究稀薄气体放电时，发现了一种新的射线。这种射线能穿透木头、铝等许多物质，并能使一些固体产生荧光。由于当时对其本质还不了解，伦琴称之为 X 射线，而人们通常更喜欢称之为伦琴射线。图 16-20 所示是一能产生 X 射线的真空管。图中 G 是一玻璃真空管，K 是发射电子的热阴极，A 是由钼、钨或铜等材料制成的阳极。在两极间加以数万伏的高压，则由阴极发射的电子在强电场作用下加速。当高速电子撞击阳极时，就有 X 射线从阳极射出。

现在已经知道，X 射线是波长在 0.010 ~ 10.0nm 间的电磁波。然而，由于其波长太短，当时还一度没有观察到其干涉和衍射现象，以至于在相当长的一段时间内，人们还为射线的本质而争论不休。直到 1912 年，德国物理学家劳厄(M. V. Laue，1879—1960)等人做了 X 射线衍射实验才解决了这一问题，为长期的争论划上了圆满的句号。

16.5.2　X 射线衍射

1906 年，劳厄应聘担任慕尼黑大学的讲师。在慕尼黑大学，长期以来已形成了矿物学与晶体学方面的研究传统。1909 劳厄应邀为《数学百科全书》撰写一篇有关《光波》的章节，这促

使他去研究光波通过普通光栅和立体光栅的干涉和衍射理论，也直接启发他去思考和分析X射线为何不出现普通光线所具有的干涉、衍射等波动性。劳厄猜想，可能是X射线的波长比可见光短得多的缘故，因为光波通过光栅能出现衍射图样是因为可见光的波长与光栅常数相当，如果X射线的波长与普通光栅的光栅常数相比相差太大，就不会出现衍射现象。由此他想到，晶体是由一组排列规则的微粒组成的，那么这种规则排列是否正是一种适合X射线的天然三维光栅呢？基于这一想法，他提出了十分精彩的X射线衍射实验的设想，并赋予行动取得了圆满的成功。

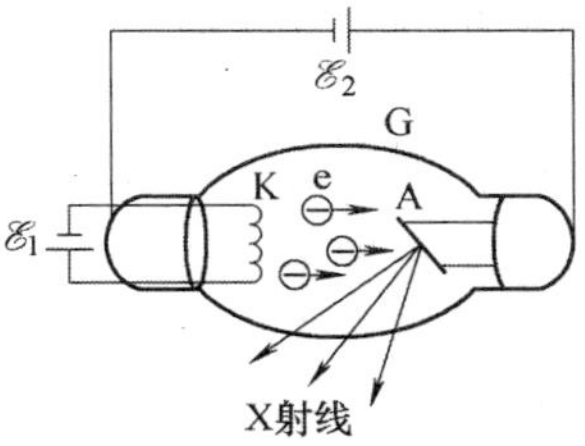

图 16-20　X 射线管

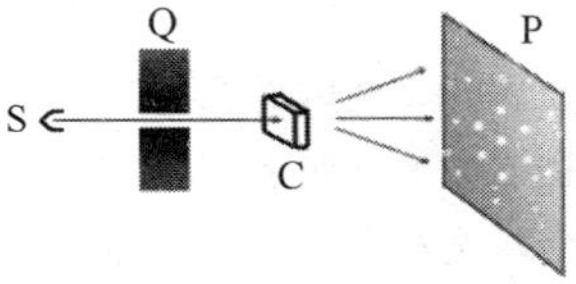

图 16-21　X 射线衍射实验

图 16-21 为劳厄X射线衍射实验装置简图。其物理过程是：从X射线源S发射的X射线，经铅板Q上的小孔射到NaCl晶片C上，经晶片C衍射后的X射线投射到照相底板P上形成衍射斑，此斑后称为劳厄斑。图16-22是多晶的X射线衍射图样。劳厄的X射线衍射实验成功地证实了X射线的波动性，劳厄因此荣获1914年诺贝尔物理学奖。

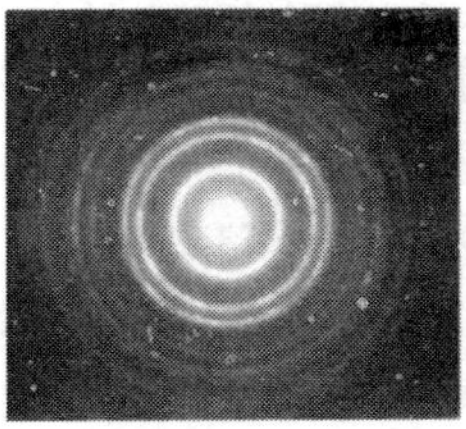
图 16-22　多晶的X射线衍射图样

1913年，英国的布拉格父子(W. H. Bragg，1862—1942；W. L. Bragg，1890—1971)对晶体的X射线衍射进行了定量计算，他们观察了X射线被晶体点阵散射时所产生的衍射现象。由于他们所提出的分析方法简单，物理思想清晰，同时发明了晶体衍射分光仪，并对某些晶体结构最先进行了测定，父子俩因此荣获1915年诺贝尔物理学奖。

他们把晶体看成是由一系列相互平行的原子层所组成的。如图16-23所示，小圆点表示晶体点阵中的原子(离子)，X射线照射到晶面上时，它除了在晶体表面散射外，还可深入到晶体内部点阵上散射(这和可见光的散射只在物体表面散射不同)。所以，一束波长为λ的X射线，当以掠射角(射线与晶面的夹角)θ入射到晶面上时，其衍射可分两步来讨论：先讨论同一晶面中各点散射波间的干涉，再讨论不同晶面散射波间的干涉。

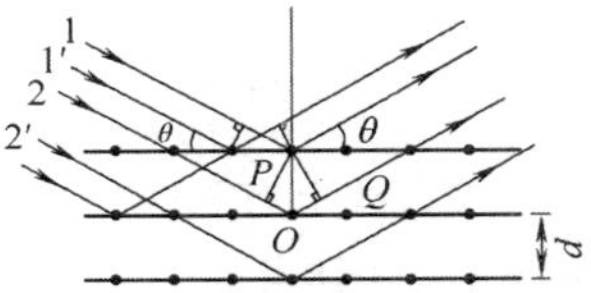

图 16-23　X 射线衍射

如图16-23所示，同一晶面上各格点发出的散射波，因在符合反射定律方向上的两条X射线的光程差均为零，如图中1

CT 机的原理

CT（computed tomography）是一种功能齐全的病情探测仪器，它的全称是计算机 X 射线断层扫描技术。

实验证明，X 射线经过物质后会发生衰减，物质不同，衰减也不同。利用这一特性，除可以进行 X 射线透视外，还可以进行断层扫描。要想得到物体某一截面的正面像（oxz 面内的像），只需把物体在 y 方向上划分成一个个厚度相等的薄片，即所谓的断层。在每个断层上再按 x 和 z 方向划分成 $n\times n$ 个小块，这每一个小块称为体素。然后让 X 射线从 x 和 z 两个方向进行扫描（即断层扫描），如图 16-24 所示。

若某体素的吸收系数为 u，则强度为 I_0 的 X 射线经过厚度为 d 的体素后，强度变为 I，且

$$I=I_0\mathrm{e}^{-ud}$$

$$u=\frac{1}{d}\ln\frac{I_0}{I}$$

若一条直线上有 n 个体素，对于第一个体素有

$$I_1=I_0\mathrm{e}^{-u_1d}$$

对于第二个体素有

$$\begin{aligned}I_2&=I_1\mathrm{e}^{-u_2d}\\&=I_0\mathrm{e}^{-u_1d}\cdot\mathrm{e}^{-u_2d}\\&=I_0\mathrm{e}^{-(u_1+u_2)d}\end{aligned}$$

和 1′。所以在此方向上出现干涉相长，从而形成零级主极大。

为讨论不同晶面反射线间的干涉，设各晶面之间的距离（晶格常数）为 d。从图中可见，两相邻晶面反射的散射波（如图中 1 和 2）间的光程差为 $PO+OQ=2d\sin\theta$。所以，两反射光干涉加强的条件为

$$2d\sin\theta=k\lambda\quad(k=1,2,3,\cdots)\tag{16-18}$$

式（16-18）称为布拉格公式，也称布拉格条件。

在入射方向、晶格常数和入射波长三者都给定的情况下，布拉格条件很难满足，获得晶体衍射的主极大实属不易。实验上常采用连续改变波长或掠射角的方法来满足上式。用具有连续谱的 X 射线照射晶体，可从入射光中选出满足上方程的波长来。如用单色 X 射线照射晶体，则连续改变掠射角，使之满足布拉格条件。

利用 X 射线衍射，可分析晶体的结构；在已知晶体结构的情况时，可以确定 X 射线的光谱。这对于分析材料的微观结构和原子内层结构都是十分重要的。

16.6 全息照相

早在 1948 年，英国物理学家伽伯（D. Gabor，1900—1979）就为提高显微镜的分辨本领提出了全息原理，并开始了全息照相的研究工作，但因为当时没有理想的相干光源而进展缓慢。直到 1960 年激光问世后，全息技术才迅速发展并成为科学技术的一个新领域。由于全息技术的发明和后来的发展，伽伯因此荣获 1971 年诺贝尔物理学奖。

16.6.1 普通照相与全息照相

人们之所以能看到物体，是由于来自物体的光作为一种信号，被人眼接收并引起视觉的结果。这种光信号是一种电磁波，借助于物体上各点所发出的电磁波的频率、振幅以及到达人眼时的相位不同，人们可以区别物体的颜色、形状、明暗和远近等。而普通照相是应用透镜成像原理，通过透镜使三维的物体

成像于感光底片上，然后在照相纸上再现原物体的平面像。普通照相底片上只记录了从物体表面所反射或发射的电磁波的振幅。

全息照相是应用光的干涉原理，在感光底片上同时记录光的振幅和相位这两种信息，再利用光的衍射使之在一定条件下再现，从而获得十分逼真的物体的三维图像。

16.6.2　全息照相的记录与再现

全息照相过程分为记录和再现两个步骤。记录的光路如图 16-25 所示：激光器 L 发射的一束激光被分束镜 M 一分为二，一束由反射镜 F_1 反射后，再经扩束镜 K_1 扩束后照明物体 S，经物体 S 反射后的光 G_1（称为物光）再射到感光底板 P 上；另一束通过经扩束镜 K_2 扩束后，再经反射镜 F_2 反射到感光底板 P 上，此束光 G_2 称为参考光。物光和参考光在底板上叠加而发生干涉，干涉图样被记录在底板上。这张底板被称为**全息照片**或**全息图**。全息照片记录的并不是物像，而是物体的全息图。这张灰蒙蒙的干涉图片在显微镜下显现出细密的弯曲的明暗条纹，这些条纹和原物形象在几何上毫无相似性。然而，干涉条纹的可见度反映了物光和参考光的振幅比的信息，干涉条纹的形状和间距等特征反映了两束光之间相位差的分布。总之，干涉图样记录了干涉场中光强的分布，也就相当于记录了两相干光波前上的振幅比和相位差两方面的信息。因为参考光束是物光的参考，故全息图就是通过干涉的方法巧妙地对物光波前上的全部光信息（振幅和相位）所作的全息记录。

为了观察所记录的物体图像，需用一束同参考光束的波长和传播方向完全相同的再现光 L 照射全息图 P。此时，布满干涉条纹的全息照片可看作一块复杂的光栅，再现光波经全息图衍射后，衍射光场中包含有重现的物光波。观察者可用眼睛观察到一幅非常逼真的原物再现像 S_2，此像悬空地再现在全息图后面，这就是再现的物光波所产生的虚像，如图 16-26 所示。实际上，波前的再现过程就是衍射过程。

对第 n 个体素有

$$I_n = I_0 e^{-(u_1 + u_2 + \cdots + u_n)d}$$

即

$$\sum_{i=1}^{n} u_i = \frac{1}{d}\ln\frac{I_0}{I_n}$$

由于探测元件只能测得 I_n，而不能测出 $I_1, I_2, \cdots, I_{n-1}$。因此 CT 机在测量过程中不能直接记录每个体素各自的衰减系数，而只能得到一串体素衰减系数之和。然而从两个相互垂直的方向照射，用数学的方法可以求解出每个体素的衰减系数。为简单起见，假设某断层被分为 2×2 个体素，相应的衰减系数分别是 u_{11}、u_{12}、u_{21}、u_{22}，如图 16-24 所示，让 X 射线分别从 x 和 z 方向照射，测得

$$u_{11} + u_{12} = A; u_{21} + u_{22} = B;$$

$$u_{11} + u_{21} = C; u_{12} + u_{22} = D$$

则解之可得 u_{11}、u_{12}、u_{21}、u_{22} 之值。显然只要按照 u_{ij} 与图像灰度成一定函数关系的方法在显示屏上将其显示在相应的位置，我们就能得到该断层的模拟图像。这一过程称为影像重建。体素越小，像素也越小，图像也越真实，其分辨率也就越高。实际 CT 系统扫描时，每一断层被分为 512×512 个体素，虽需求解的方程为 512^2 元方程组，但对计算机并非难事。断

层厚度一般有 1mm、2mm、3mm、5mm、8mm、10mm 几个档次供选择。由于断层的厚度很薄，从而有效避免了被透射物体过厚而图像信息重叠的现象（如 X 光透视）。因每一断层所分体素有 512^2 个之多，其分辨率很高，从而能发现早期的病变。因此，CT 已成为现代医学重要的诊断技术。

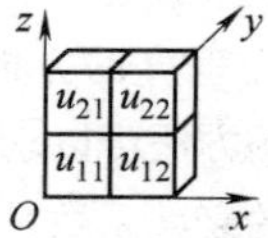

图 16-24　断层扫描和体素

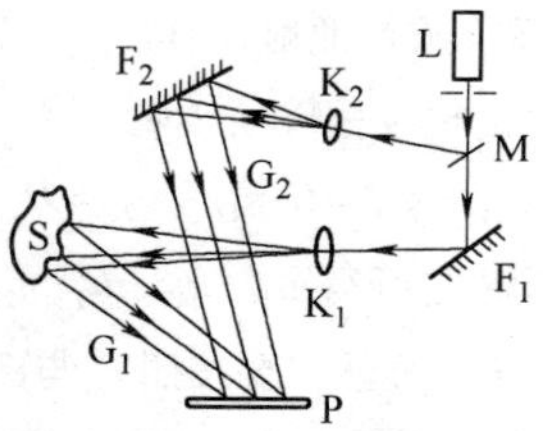

图 16-25　全息照相光路图

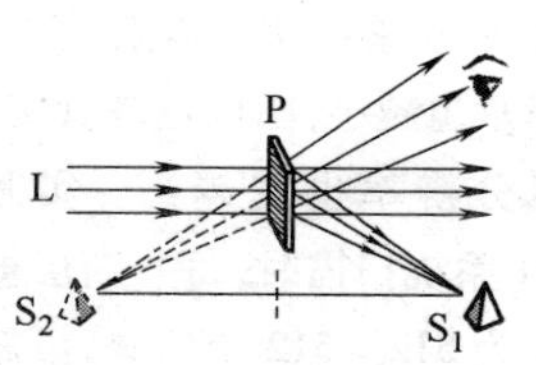

图 16-26　全息照片的再现

16.6.3　全息照相的特点

全息照相有许多重要的特点，应用潜力很大，受到人们的普遍重视。全息照相的主要特点有：

1）由于全息照片记录了物光的全部信息，所以再现出来的物体形象就和原物一模一样，是十分逼真的立体像。全息图如同一个窗口，当人们移动眼睛从不同角度观察时，就如同面对原物一样，可以看到它的不同侧面的形象。

2）全息照片的每一部分，无论大小，总能再现原来物体的整个图像。可以把全息照片分成若干小块，每一块都可以完整地再现原物图像。不过，光信息的容量有所减少，只能在某些方向才能看清整个物体的像，犹如通过小窗口来观察景物那样。

3）同一张底板上经多次曝光后，可以重叠许多像，每一个像又可不受其他像的干扰单独地再现出来。

4）全息照片易于复制，复制的照片再现出来的像仍和原物一样。

由于全息照相具有一系列不同于普通照相的独特优点，由全息照相发展起来的全息干涉、全息信息储存、全息显微等技术在许多领域得到了广泛的应用，有兴趣的读者可进一步参考有关文献。

习　题　16

16-1　一单色平行光垂直照射在缝宽为 1.000mm 的单缝上，缝后放一焦距为 2.000m 的会聚透镜。已知位于透镜焦平面处的屏幕上中央明条纹的宽度为 2.500mm，求入射光的波长。

16-2　波长为 546.1nm 的平行光垂直照射在宽度为 0.100mm 的狭缝上，缝后会聚透镜的焦距为 0.500m。求中央明纹和第一级明纹在透镜焦平面上的宽度。

16-3　波长为 589.0nm 的平行纳光垂直照射单缝，若缝宽为 0.100mm，问第一级暗纹中心的衍射角多大？若要使第一暗纹中心的衍射角为 0.5°，则缝宽应为多大？

16-4　在白光的单缝衍射实验中，某未知波长光的第三级明纹恰好与红光（$\lambda = 600$nm）的第二级明纹重合，求此未知光的波长。

16-5　在白光的单缝衍射实验中，若缝宽为 0.500mm，缝后会聚透镜的焦距为 0.500m，问在位于透镜焦平面处的观察屏上，离中心的距离为 1.500mm 处将出现哪几种波长的明纹?

16-6　一雷达位于公路边 $d=16.0\text{m}$ 处，雷达发射天线的输出口宽为 $a=0.100\text{m}$，发射的微波波长是 18.0mm，它的射束与公路成 $\theta=15°$ 角，如图 16-27 所示。若中央主极大为其监测范围，则此雷达可监测公路的长度大约是多少?

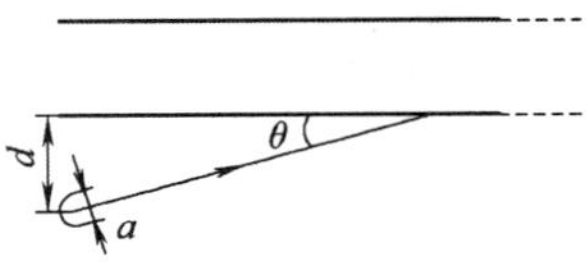

图 16-27　习题 16-6 图

16-7　天空中两颗星相对望远镜的张角为 $6.20\times10^{-6}\text{rad}$，由它们发出的光波波长为 550.0nm，问望远镜的口径至少要多大，才能分辨这两颗星。

16-8　在贵州省黔南布依族苗族自治州平塘县内，我国正在建造的世界最大口径球面射电望远镜工程，预计 2016 年 9 月初步投入使用，如图 16-28 所示。该望远镜口径为 500m，若其工作的最短波长是 4.00cm。对于此波长，这台望远镜的分辨角是多少?

图 16-28　习题 16-8 图

16-9　据报道，间谍卫星上的照相机能清楚识别地面上汽车牌照号码。问：如果需要识别牌照上的字划间的距离是 5.00cm，在 160.0km 高空的卫星上照相机的分辨角是多大? 若光波波长按 500.0nm 计，此照相机的孔径需要多大?

16-10　用氦氖激光器发出的 623.8nm 的红光垂直入射到光栅上，观察其衍射图样，测得第一级主极大出现在 38°的方向上，求光栅常数。问能否看到第二级主极大。

16-11　用波长为 589.3nm 的钠黄光垂直入射到光栅上，测得第一级主极大的衍射角为 19.5°，用另一未知波长的单色光入射时，测得其第一级主极大的衍射角为 16.0°。求：(1) 未知光的波长；(2) 用未知光入射时，最多能看到第几级主极大?

16-12　一束 400.0 ~ 700.0nm 的可见光，平行入射到光栅常数为 0.0020mm 的光栅上。如要求第一级光谱的宽度为 5.00mm，问透镜焦距应多大?

16-13　某单色光垂直入射到每毫米有 600 条刻痕的光栅上，其第一级谱线的衍射角为 20°，试计算该单色光的波长及其第二级谱线的衍射角。

16-14　用每毫米有 250 条刻痕的光栅观察波长为 589.3nm 的钠黄光。试问：(1) 最多能看到几级明纹? (2) 若缝宽为 0.0020mm，一共能看到几条明纹?

16-15　单色 X 射线的波长为 0.0275nm，投射到方解石晶体上，当发生反射加强时，测得射线与晶体表面的最小掠射角为 2°36′，求方解石的晶格常数。

第 17 章　光 的 偏 振

如前所述，光波是特定频率范围内的电磁波，而在这种电磁波中引起人们视觉的量主要是电场矢量 $\boldsymbol{E}$，因此，电场矢量 $\boldsymbol{E}$ 又称光矢量。由于电磁波是横波，所以光波中光矢量的振动方向总和光的传播方向垂直。通过光波的传播方向且包含光矢量的那个平面，显然不同于那些不包含光矢量的平面，即光波中光矢量的振动方向对传播方向不具有对称性。这种振动方向对波的传播方向的不对称性称为**偏振**。波的偏振是区别横波和纵波的一个最显著的标志。

本章将对光的偏振现象作相应的讨论，其主要内容有：光的几种偏振状态，偏振光的产生和检验，马吕斯定律，光在各向同性介质面上反射和折射的偏振现象，布儒斯特定律，双折射现象，偏振光的干涉及偏振光的有关应用等。

17.1　光的偏振状态

在垂直于光的传播方向的平面内，光矢量有各种不同的状态，据此可把光大致分为五种。

1. 自然光

光是由光源中大量原子或分子发出的。虽然每个原子或分子每一次发出的光的相位、光矢量 $\boldsymbol{E}$ 的振动方向各不相同。但就大量原子或分子而言，在垂直于光的传播方向的平面内，光矢量 $\boldsymbol{E}$ 的分布对光的传播方向是对称的，没有任何一个方向具有特殊性。即在所有可能的方向上，$\boldsymbol{E}$ 的振幅都相等，这样的光称为**自然光**，如图 17-1a 所示。对于自然光，我们可把它分解为两个相互垂直、强度均为原来一半的光矢量，如图 17-1b 所示。自然光也可用一带等量的小点和短线的射线来简洁地表示，如图 17-1c 所示（点和线也可以画在一起）。其中小点表示

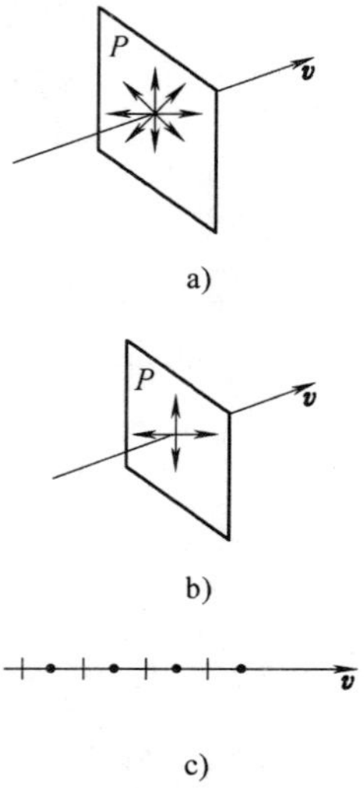

图 17-1　自然光及其表示

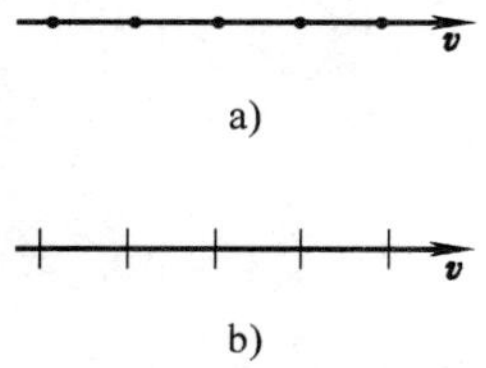

图 17-2　线偏振光的表示

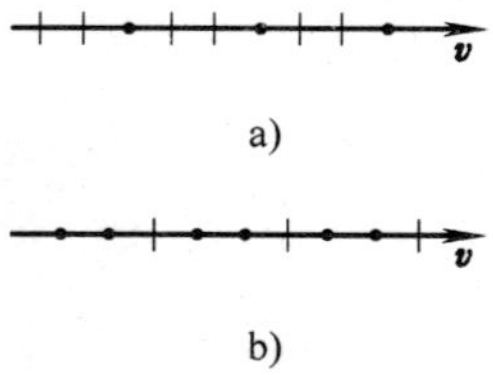

图 17-3　部分偏振光的表示

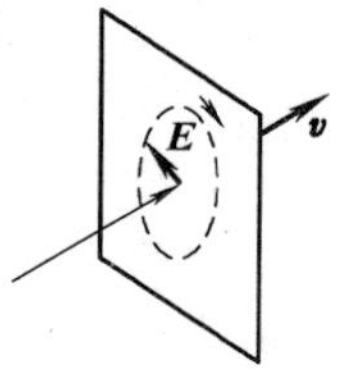

图 17-4　椭圆偏振光

E 垂直纸面，短线表示 ***E*** 在纸面内振动，小点和短线交替均匀出现，表示这两个方向的振动强度相等。

2. 线偏振光

自然光经某些物质反射、折射或吸收后，可能只保留某一方向的光振动。这种光矢量只沿一固定方向振动的光称为**线偏振光**，也称**完全偏振光**。线偏振光的振动方向和传播方向构成的平面称为**振动面**。因为在传播过程中，线偏振光的光矢量 ***E*** 都在振动面内振动，所以，线偏振光也称**平面偏振光**。线偏振光可用只带小点或短线的射线来表示，图 17-2a、b 分别表示 ***E*** 的振动方向垂直纸面和在纸面内。

3. 部分偏振光

如果由于某种原因，使得自然光中的光矢量 ***E*** 在某些方向的振动强于另一些方向的振动，则这种光称为**部分偏振光**。通常用图 17-3a 定性地表示在纸面内的振动强于垂直于纸面的振动的部分偏振光，相反的情况则用图 17-3b 表示。

为了衡量光的偏振程度，通常引入偏振度 P

$$P=\frac{I_{max}-I_{min}}{I_{max}+I_{min}} \tag{17-1}$$

式中，I_{max}表示部分偏振光中振动最强方向上的光强；I_{min}表示部分偏振光中振动最弱方向上的光强。由 P 的定义式可见，$I_{max}-I_{min}$越大，光的偏振程度越高。

当 $I_{max}=I_{min}$时，偏振度 $P=0$，即为自然光，故自然光实为非偏振光。

当 $I_{min}=0$ 时，偏振度 $P=1$，偏振度最高，即为线偏振光。

在一般情况下，$0<P<1$，为部分偏振光。

4. 椭圆偏振光和圆偏振光

如果在垂直于光的传播方向的平面内，光矢量 ***E*** 按一定的频率旋转（左旋或右旋），如果光矢量的端点轨迹是椭圆，则这种光称为**椭圆偏振光**；而如果光矢量的端点轨迹是圆，则这种光称为**圆偏振光**，如图 17-4 所示。根据相互垂直的简谐振动的合成规律，圆偏振光和椭圆偏振光都可看成由振动方向相互垂直、频率相同、相位差恒定的两个线偏振光的合成。当两者的相位差不为零，且两振幅不等时，合成即为椭圆偏振光；当两者的相位差不为零，且两振幅相等时，合成即为圆偏振光；而当两者的相位差为零或 π 时，合成即为线偏振光。

17.2　起偏和检偏　偏振片　马吕斯定律

17.2.1　偏振片　起偏和检偏

普通光源发出的光都是自然光，使自然光成为偏振光的方法有多种，我们先介绍用偏振片产生偏振光的方法。

有些物质（如硫酸碘奎宁晶体、电气石等）能吸收某一方向的光振动，而只让与这一方向垂直的光振动通过。物质的这种性质称为**二向色性**，透明薄片涂敷上具有二向色性的材料，就成了**偏振片**。当自然光照射在偏振片上时，它只能让某一特定方向的光振动通过，这个方向称为**偏振化方向**。通常用记号“↕”把偏振化方向标示在偏振片上。把自然光转化为偏振光的过程称为**起偏**，从自然光中获得偏振光的装置称为**起偏器**。显然，偏振片是一种起偏器。

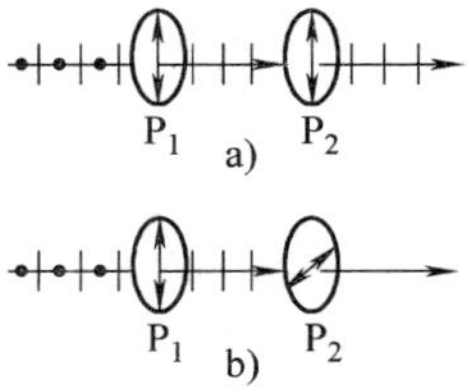

图 17-5　偏振片的起偏和检偏

图 17-5 中，P_1 和 P_2 是两个平行放置的偏振片。当自然光垂直通过 P_1 后，透射光就变成了和 P_1 的偏振化方向相同的线偏振光。显然，这时偏振片 P_1 是起偏器。

偏振片不但可以用来起偏，而且也可以用来检验某一束光是否为偏振光。如果让通过 P_1 的线偏振光射到 P_2 上，当 P_2 的偏振化方向与 P_1 的偏振化方向相同时，该偏振光全部透过 P_2，即透过 P_2 的光强最大，如图 17-5a 所示；当 P_2 的偏振化方向与 P_1 的偏振化方向垂直时，该偏振光不能透过 P_2，即透过 P_2 的光强为零，如图 17-5b 所示；在此基础上，如果以光的传播方向为轴旋转 P_2，则透过 P_2 的光将经历由暗变明，再由明变暗的变化过程，P_2 旋转一周，透射光出现两次暗、明变化。如果射向 P_2 的光是部分偏振光，当转动 P_2 时，透射光会有明、暗的变化，但不会出现全暗的现象。从上述讨论可知，此时偏

振片 P_2 起到了检验偏振光的作用，故称为**检偏器**。由此可见，偏振片用于起偏就是起偏器，用于检偏就是检偏器。

17.2.2　马吕斯定律

前面只是定性地讨论了由起偏器产生线偏振光通过检偏器后其光强的变化。如果入射的线偏振光的振动方向和检偏器的偏振化方向的夹角为 α，那么透射光的光强遵循什么规律？法国工程师马吕斯（E. L. Malus，1775—1812）指出，在不考虑吸收的理想情况下，透射光强度 I 和入射光强度 I_0 间的关系为

$$I = I_0\cos^2\alpha \tag{17-2}$$

式（17-2）称为马吕斯定律，其证明如下。

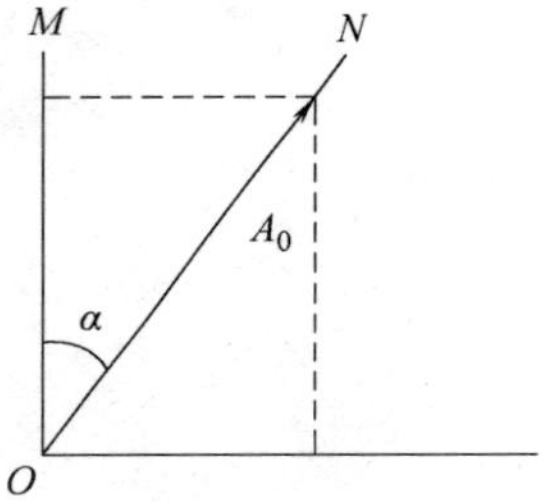

图 17-6　马吕斯定律的证明

设入射线偏振光的振幅为 A_0，振动方向为 ON，如图 17-6 所示，把 A_0 分解为沿偏振片偏振化方向 OM 和垂直于 OM 方向的两个分量，其中只有平行于 OM 的分量可以通过偏振片，而垂直的分量不能通过。从图中可见，平行分量的振幅为 $A = A_0\cos\alpha$ 即

$$A^2 = A_0^2\cos^2\alpha$$

由于光强和光振幅的平方成正比，所以有

$$I = I_0\cos^2\alpha$$

由马吕斯定律可知，当 $\alpha = 0°$、$180°$时，偏振片的偏振化方向与入射线偏振光的振动方向平行，$I = I_0$，透射光强度最大，入射光全部透过偏振片；当 $\alpha = 90°$、$270°$时，偏振片的偏振化方向与入射线偏振光的振动方向垂直，$I = 0$，透射光强度为零，偏振片不透光。因此，以光的传播方向为轴旋转一周，透射光将出现由明逐渐变暗，又由暗逐渐变明的现象。如果入射光是部分偏振光，检偏器旋转一周，将出现两次最大和最小，而没有光强为零的情况。由此可见，马吕斯定律给出了检偏器检偏的定量结果。

【例 17-1】　试证明自然光垂直通过理想的检偏器后，其光强变为原来的一半。

【证】　光强为 I_0 的自然光可分解为两个相互垂直的强度均

为 $I_0/2$ 线偏振光，设检偏器的偏振化方向与水平方向的夹角为 α，如图 17-7 所示。由马吕斯定律可得透射光的强度为

$$I = \frac{I_0}{2}\cos^2\alpha + \frac{I_0}{2}\cos^2\left(\frac{\pi}{2}-\alpha\right) = \frac{I_0}{2}\cos^2\alpha + \frac{I_0}{2}\sin^2\alpha = \frac{I_0}{2}$$

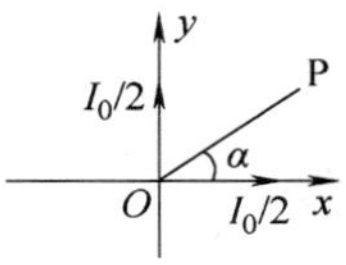

图 17-7　例 17-1 题图

由此可见：自然光经过理想的偏振片后有两个变化：**强度变为原来的二分之一；由自然光变成了光振动方向和偏振片偏振化方向一致的线偏振光。**

【例 17-2】　光强为 I_0 自然光，经过两夹角为 60°的偏振片后，透射光的强度是多少？若在这两个偏振片间插入另一偏振片，其偏振化方向在前两个偏振化方向夹角的平分线上，求最后透射光的强度。设每个偏振片均有 10% 的吸收。

【解】　光强为 I_0 自然光经过第一偏振片后强度为

$$I_1 = \frac{I_0}{2} \times 90\% = \frac{9}{20}I_0$$

经过第二偏振片后强度为

$$I_2 = I_1\cos^2 60° \times 90\% = \frac{81}{800}I_0 \approx 0.101 I_0$$

因插入的另一偏振片的偏振化方向和前两个偏振片的偏振化方向间的夹角都是 30°，所以最后的透射光强为

$$I_3 = \frac{I_0}{2} \times 90\% \times \cos^2 30° \times 90\% \times \cos^2 30° \times 90\% \approx 0.205 I_0$$

17.3　光在反射和折射时的偏振

17.3.1　布儒斯特定律

实验证明，自然光入射到折射率分别是 n_1 和 n_2 的两种各向同性介质的分界面时，反射光和折射光都是部分偏振光，如

图 17-8a 所示。在反射光中，垂直于入射面的光振动强于在入射面内的光振动，而在折射光中，情形正好相反。当入射角 i 变化时，反射光的偏振度也随之变化。当入射角为某一特定角 i_0 时，反射光中只有垂直于入射面的光振动，这时，反射光为线偏振光，折射光仍为部分偏振光。如图 17-8b 所示，这个特定的角称为**布儒斯特角或起偏角**。

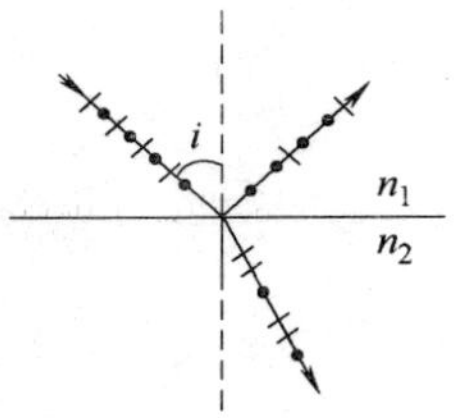

a)

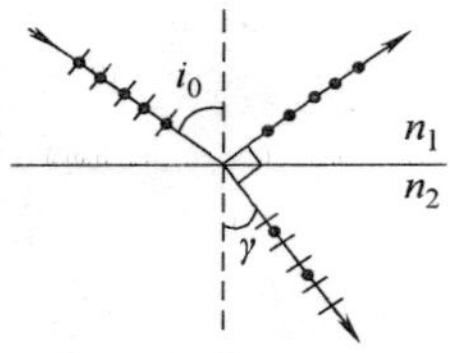

b)

图 17-8　光在反射和折射的偏振

实验还发现，自然光以起偏角 i_0 入射到两种介质的界面上时，反射光和折射光相互垂直，即

$$i_0+\gamma=\frac{\pi}{2}$$

由折射定律，有

$$n_1\sin i_0=n_2\sin\gamma=n_2\cos i_0$$

即

$$\tan i_0=\frac{n_2}{n_1} \tag{17-3}$$

式（17-3）是英国人布儒斯特（D. Brewster，1781—1868）在 1812 年从实验中得出的，称为**布儒斯特定律**。

利用布儒斯特定律，我们可以方便地获得线偏振光。如让自然光从空气（$n_1=1.00$）中以 56.3°的入射角投射到玻璃（$n_2=1.50$）而反射时，反射光就是线偏振光，这是因为 $i_0=\arctan(1.50)=56.3°$。这种获得偏振光的方法称为**反射起偏法**。

17.3.2　折射起偏法

反射起偏法容易实现，但对一般的光学玻璃来说，其反射光的强度通常只占入射光强的 10%～15%，大部分的光能都经折射透入玻璃内。因此，由单一反射面反射一次获得的偏振光强度太弱，并不是理想的起偏方法。

为了增强反射光的强度和折射光的偏振程度，可将一系列（一般是十余片）玻璃片平行放置组成**玻片堆**。当自然光以 i_0 角入射到第一块玻片后，将透过它而进入下一块，入射角仍是 i_0。每一片都会反射一些垂直于入射面的光振动，而使折射光的偏振程度增高。玻片数越多，入射光中垂直于入射面光振动的成分被反射掉的也越多，则透出玻片堆的光便越接近光振动平行于入射面的线偏振光，如图 17-9 所示。这便是**折射起偏法**，或称**玻片堆起偏法**。因此，利用玻片堆可做成起偏器，用来得到偏振光，同样也可以利用它来检验偏振光。

反射光的部分偏振化现象在日常生活中到处可见。如我们通过一偏振片观察晴朗的天空，将发现来自天空的散射光也是部分偏振光。

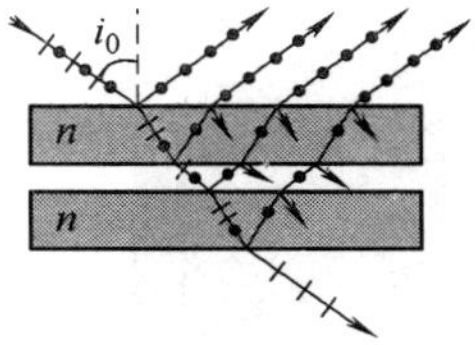

图 17-9 折射起偏法

17.4 双折射现象

17.4.1 双折射现象及其基本规律

早在 1669 年，丹麦科学家巴塞林那斯（E. Bartholinus，1625—1698）无意中透过方解石（又称冰州石）看书时，发现每个字都变成了两个，如图 17-10 所示。他对这一现象十分好奇，但又无法解释，于是就记录下来。过了十年，荷兰著名物理学家惠更斯（C. Huygens，1629—1695）看到这一记载，对此很感兴趣，他重复了巴塞林那斯的实验，并进行了研究。他发现，一束光射入方解石后变成了两束光，其中一束仍遵从折射定律，他称之为**寻常光线**（以 o 光表示）；另一束不遵从折射定律，称之为**非常光线**（以 e 光表示）。惠更斯把这种现象称为**双折射现象**，而把能产生这种现象的晶体称为双折射晶体。他还发现双折射晶体越厚，e 光和 o 光在晶体中分离得越开，双折射现象越明显。

图 17-10 透过方解石看到的双像

当用偏振片检查这两束光时，发现它们都是线偏振光，且两者的光振动方向近似垂直。应该指出，所谓的 e 光和 o 光，只在双折射晶体内部才有意义，射出晶体后它们仅是两束振动方向不同的线偏振光，就无所谓 e 光和 o 光了。为观察 o 光和 e 光的区别，常从晶体中任意切出一平行平面薄片，并令光线以入射角 i 入射到薄片。当 i 改变时，两折射光线中的一条始终遵从折射定律。当 $i=0$ 时，在晶体薄片中，o 光方向不变，即其折射角 $\gamma_o=0$，而 e 光则发生了侧向位移，即 $\gamma_e\neq0$，透出后两光仍互相平行。若以入射光线为轴旋转晶体薄片，则可看到 o 光不动，e 光随晶体而绕轴旋转，如图 17-11 所示。

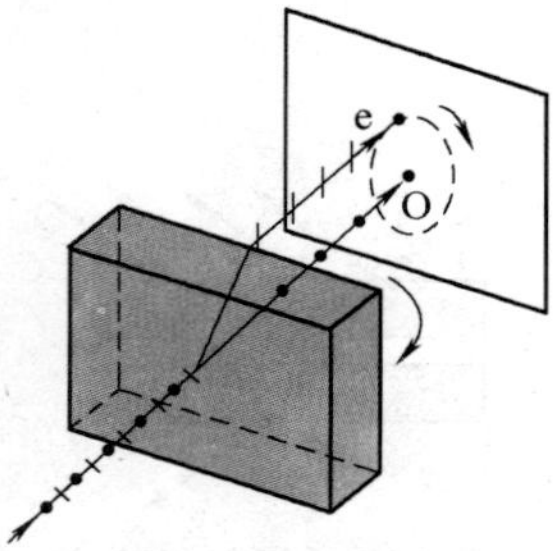

图 17-11　双折射现象

研究发现，在晶体内部存在某些特殊方向，光沿着这些特殊方向传播时，寻常光线和非常光线的折射率相等，它们的传播速度也相等，因而不发生双折射现象。晶体内部的这个特殊方向称为晶体的**光轴**。应该强调的是，光轴标志着一个特定的方向，并不局限于某一条特殊的直线。

只有一个光轴的晶体称为**单轴晶体**，而有两个光轴的晶体称为**双轴晶体**。方解石、石英、红宝石等是单轴晶体，云母、硫黄、蓝宝石等是双轴晶体。本章仅讨论单轴晶体。

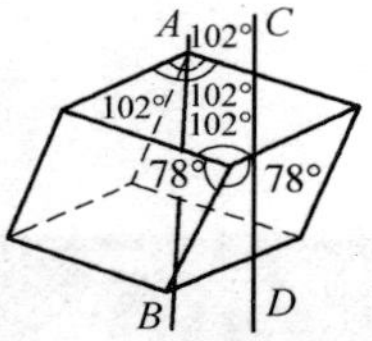

图 17-12　方解石的光轴

天然方解石晶体是六面棱体，两棱之间的夹角约为 78°，或约为 102°。从其三个钝角相会合的顶点引出一条直线，并使之与各邻边成等角，这一直线方向就是方解石晶体的光轴方向，如图 17-12 所示的 *AB* 或 *CD* 方向。

17.4.2　单轴晶体中的波面

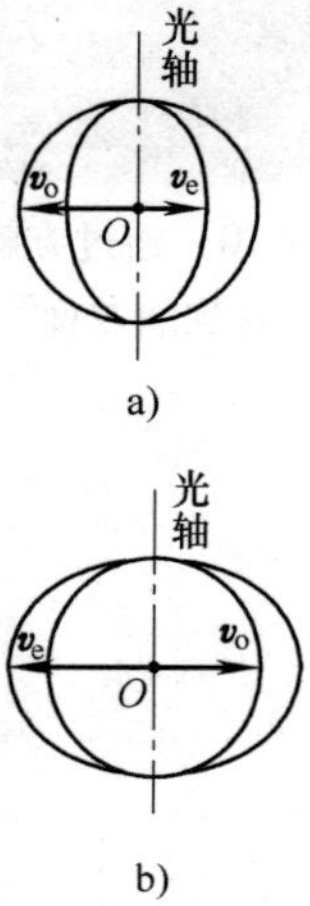

图 17-13　晶体中的子波面

a）正晶体　b）负晶体

设想在晶体内有一子波源 O，由于晶体是各向异性的，从子波源将发出两组子波。一组是球面波，表示各方向上光速相等，对应寻常光线，称为 o 波面；另一组的波面是旋转椭球，表示各方向光速不等，对应非常光线，称为 e 波面。由于两种光在光轴方向的速度相等，所以两波面在光轴方向相切；而在垂直于光轴方向上，两者传播速度相差最大。寻常光线的传播速度大小用 v_o 表示，折射率用 n_o 表示。非常光线在垂直于光轴方向上的传播速度大小用 v_e 表示，折射率用 n_e 表示。并设真空中的光速大小为 c，则有 $n_o = c/v_o$，$n_e = c/v_e$。n_o 和 n_e 分别称为 o 光和 e 光的**主折射率**。它们是晶体两个重要的光学参数。

有些晶体 $v_o > v_e$，亦即 $n_o < n_e$，称为正晶体，如图 17-13a 所示，如石英、金红石（TiO_2）等。而另外一些晶体，$v_o < v_e$，亦即 $n_o > n_e$，称为负晶体，如图 17-13b 所示，如方解石、电气石等。

通过光轴并与任意晶面正交面称为晶体的**主截面**。在晶体内，任意光线和光轴所组成的平面称为这一光线的**主平面**。

在单轴晶体中，过 o 光和光轴的平面称为 o 光的主平面；过 e 光和光轴的平面称为 e 光的主平面。实验表明，**o 光的振动垂直于 o 光的主平面；e 光的振动在 e 光的主平面**。一般情况下，o 光和 e 光的主平面并不重合，但对大多数晶体而言，两者的夹角不大。当入射光线在主截面内，即入射面和晶体的主截面重合时，o 光和 e 光都在主截面内，这时 o 光和 e 光的主平面与晶体的主截面合二为一，o 光和 e 光的振动方向相互垂直。

17.4.3　晶体中波面的传播

应用惠更斯原理，可以确定单轴晶体中 o 光和 e 光的传播方向，从而说明双折射现象。

一单色平行光从空气向方解石（$v_o < v_e$）入射，所产生的折射情况，与入射光对晶体光轴、晶体表面的方向有关。下面就光线垂直入射晶体表面，而光轴方向不同的几种情况进行讨论。

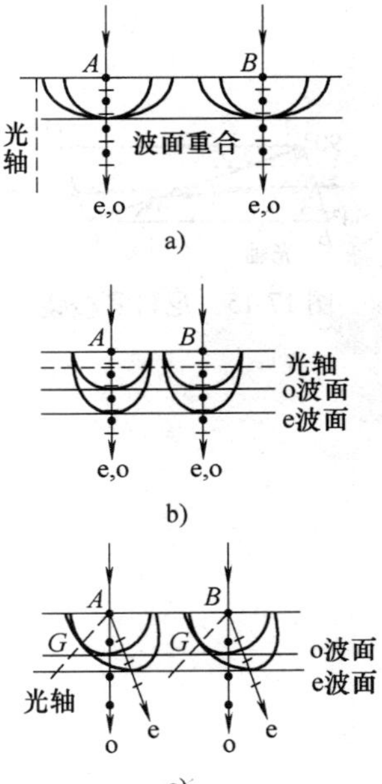

图 17-14　单轴晶体中 o 光和 e 光的传播方向
a）光轴垂直晶体表面
b）光轴平行晶体表面
c）光轴与晶体表面斜交

1. 光轴垂直晶体表面

平行光垂直射到晶体表面时，波阵面 AB 上每一点同时向晶体内发出球面子波和椭球面子波（o 波面和 e 波面，图 17-14 中只画出了 A、B 两点的子波）。由于沿光轴方向两波的速度相等，所以两子波波面在光轴上相切（而在垂直光轴方向相距最远），即两波面重合，此时 o 光和 e 光的波线重合而不产生双折射，如图 17-14a 所示。

2. 光轴平行晶体表面

依上分析方法可知，此情况下 o 光和 e 光的波面不再重合，因两者的波线仍重合，所以 o 光和 e 光并未分开。但必须注意，此时 o 光和 e 光因波面不重合而具有了相位差，如图 17-14b 所示。

3. 光轴与晶体表面斜交

同样分析可知，由于沿光轴方向两波的速度相等，所以两子波波面在光轴上 G 点处相切，即椭球面的短轴沿光轴，而长轴垂直于光轴。此时由 o 光和 e 光的各子波波面包络所成的新波面将不重合，即 o 光和 e 光在晶体内的波线已分开，产生了双折射，且 e 光的波线也不再垂直波面了，如图 17-14c 所示。

17. 4. 4　晶体偏振器

晶体的双折射可以把入射光分解为两种振动方向不同的线偏振光 o 光和 e 光，且其偏振化程度很高。如果将其分开，则可获得高质量的线偏振光。然而，因天然的双折射晶体的厚度均不大，光入射后所产生的 o 光和 e 光分离得并不太开，所以天然的双折射晶体还不能直接作为起偏器使用，必须加以改造。改造后的这类偏振元件有许多种，这里仅介绍下面三种。

1. 尼科耳棱镜

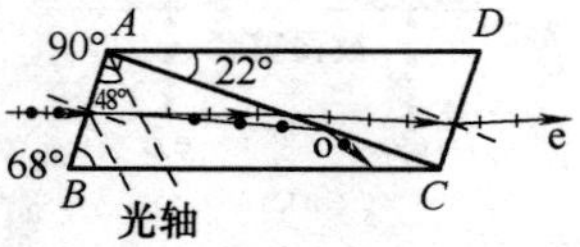

图 17-15　尼科耳棱镜

尼科耳棱镜是用方解石晶体按特殊形状加工制成的。如图 17-15 所示，*ABCD* 是尼科耳棱镜的主截面。用通过 *AC* 并与主截面垂直的平面把方解石切割成两部分，再用加拿大树胶粘合起来。其起偏的原理是：自然光从左端面入射到晶体后，被分解为 o 光和 e 光，并以不同的入射角射到晶体与加拿大树胶的界面（*AC* 面）。因所用的加拿大树胶的折射率为 1. 550，小于晶体对 o 光的折射率（n_o = 1. 658）而大于 e 光的（n_e = 1. 486），所以对 o 光而言，是由光密介质射向光疏介质，棱镜的设计使其在界面的入射角大于临界角（69. 2°）而产生全反射，结果被涂黑的 *BC* 面吸收。而 e 光在界面是由光疏介质射向光密介质，因而能透过树胶层（*AC*），从右方端面射出。透射光的光振动方向在入射面内。微调入射角，可以使出射光线平行于棱镜的底边 *BC*。尼科耳棱镜是苏格兰物理学家尼科耳（W. Nicol，1768—1851）于1828 年发明的，至今仍有广泛的用途。

2. 格兰-汤姆逊棱镜

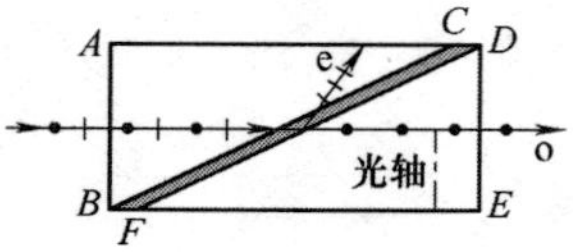

图 17-16　格兰-汤姆逊棱镜

格兰-汤姆逊棱镜是由两块直角棱镜用粘合剂粘合而成，如图 17-16 所示。其中 *ABC* 是用玻璃制成的，其折射率 n = 1. 655；*DFE* 用方解石制成，其主折射率 n_o = 1. 658，n_e = 1. 486，粘合剂的折射率与上述玻璃的相等，也是 1. 655，光轴的方向如图所示。其起偏的原理是：自然光从左端面入射棱镜并到达到粘合剂与方解石的分界面 *DF* 时，由于玻璃、粘合剂的折射率（1.655）和方解石对 o 光的折射率（$n_o = 1.658$）十分接近，所以 o 光在方解石中几乎无偏折地传播，直至穿出棱镜。而对 e 光，因 $n_e = 1.486$ 小于粘合剂的折射率 1.655，是由光密介质射向光疏介质，存在一个临界角（63.9°）。当入射角大于临界角时而产生全反射，偏离原来的传播方向。这样就把两种偏振光分开，从而获得了偏振程度很高的线偏振光。棱镜的尺寸是经过精心设计的，这种偏振棱镜对于所有在水平方向俯、仰角不大于 10°的入射光都是适用的。

3. 渥拉斯顿棱镜

渥拉斯顿棱镜由两块直角的方解石（或石英）棱镜粘合而成，其第一个棱镜 *ABC* 的光轴平行于入射面，第二个棱镜 *ACD* 的光轴垂直于第一个棱镜的光轴，如图 17-17 所示。当自然光垂直入射第一棱镜的 *AB* 面后，在棱镜 *ABC* 中分成 o 光和 e 光，其中 o 光的振动垂直于 *ABC* 面，而 e 光的振动在 *ABC* 面内。虽两者的速度不同，但波线是重合的。光射入第二棱镜 *ACD* 后，因入射光与界面斜交，两条光线将分开。又因两棱镜的光轴相互垂直，所以第一棱镜中的 o 光射入 *ACD* 后，因其振动方向垂直于 *ACD* 面，即在由晶体表面法线和光轴所组成的主截面内，因此，第一棱镜的 o 光射入第二棱镜中变为 e 光，相应的折射率也由 n_o 变为 n_e。对于负晶体 $n_e < n_o$，则此光线的折射角较大，出棱镜后向 *C* 棱方向偏折；同理，第一棱镜中的 e 光在第二棱镜中变为 o 光，相应的折射率由 n_e 变为 n_o，则此光线的折射角较小，出棱镜后向 *D* 棱方向偏折，从而使射出棱镜的两光线分得相当远。这样就得到了两条振动方向相互垂直、彼此分得很开的线偏振光。

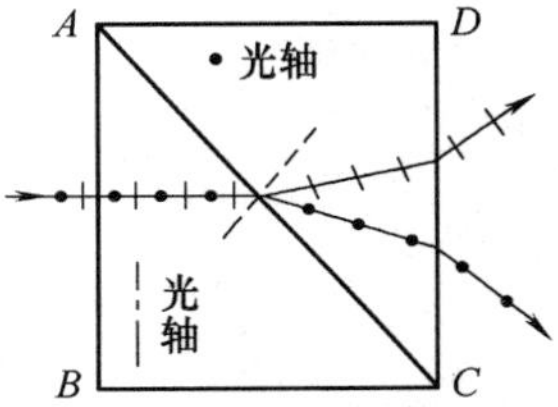

图 17-17　渥拉斯顿棱镜

17.5　椭圆偏振光和圆偏振光

17.5.1　波片

如把一晶体的表面研磨得和其光轴平行，并使其厚度远小于长宽，则成为一**波片**，又称为**晶片**或**波晶片**。

当波长为 λ 的单色光垂直入射波片后，由于波片的光轴平行于表面，所以波片内 o 光和 e 光的波线重合。但两者的速度不等，波片对两者的折射率也不等，即 $n_o \neq n_e$。设波片的厚度为 d，两光穿过波片的光程差为 $(n_o - n_e)d$，相应的相位差为

$$\Delta\varphi = \frac{2\pi}{\lambda}(n_o - n_e)d \tag{17-4}$$

由式（17-4）可见，对于一定的晶体，当入射光的波长一定时，改变 d 就可以得到 o、e 两光的相位差有任意值的波片。对于负晶体（$n_e < n_o$），o 光通过波片后，光的相位相对于 e 光延迟了 $\Delta\varphi$。故波片也称为相位延迟片。

如果使 o、e 两光通过波片后引起的光程差为 $\lambda/4$，相应的相位差为 $\pi/2$，则该波片称为四分之一波片，同理有二分之一波片等。两种波片都是实际中常用的。值得注意的是所谓的几分之几波片都是针对一定波长的光而言的。

17.5.2　椭圆偏振光和圆偏振光的获得

当入射光是单色线偏振光时，通过波片后透出的 o、e 两光便有了固定的相位差。根据振动的合成，o、e 两光合成的结果，光矢量的端点一般为椭圆轨迹，这便是**椭圆偏振光**。在特定条件下，可以合成圆偏振光或线偏振光。这样，我们得到了获得椭圆偏振光的方法：让单色自然光通过起偏器成为线偏振光，再让此线偏振光通过一适当的波片射出。

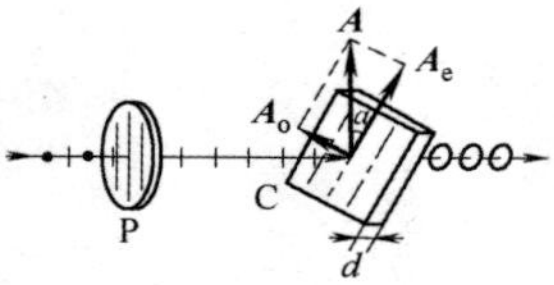

图 17-18　椭圆偏振光的产生

设由起偏器 P 产生的线偏振光垂直入射波片 C，入射偏振光的振动面与波片 C 的光轴的夹角为 α，如图 17-18 所示。若入射光的振幅为 A，则 o、e 两光在波片中的振幅分别为

$$A_o = A\sin\alpha, \qquad A_e = A\cos\alpha \tag{17-5}$$

在波片的入射表面上，两束光是同相位的。穿过波片后，两光振动方向垂直，且相位差由式（17-4）给定。使用不同厚度 d 的波片，$\Delta\varphi$ 随之改变，便会得到不同的合成结果。在 $\alpha = \pi/4$ 时，有 $A_o = A_e$，如 $\Delta\varphi = \pi/2$ 或 $3\pi/2$，则合成圆偏振光。如前所述的四分之一波片，就是使线偏振光通过后，o、e 两光间产生的相位差为 $\pi/2$。

17.5.3　椭圆偏振光和圆偏振光的检验

我们知道，光有自然光、部分偏振光、线偏振光、圆偏振光和椭圆偏振光五种状态。区别它们只需一偏振片和四分之一波片结合使用即可。具体步骤如下：

（1）使被检验的光通过偏振片，并以光线为轴旋转偏振片，在此过程中：

1）若观察到透射光强度有变化，且有消光现象，则入射光是线偏振光。

2）若观察到透射光强度有变化，且无消光现象，则入射光是部分偏振光或椭圆偏振光。

3）若观察到透射光强度无变化，则入射光是自然光或圆偏振光。

（2）辨别圆偏振光和自然光　在偏振片前放一四分之一波片，让光线依次通过它们，并以光线为轴旋转偏振片，在此过程中：

1）若观察到透射光有消光现象，则入射光是圆偏振光。因为圆偏振光通过四分之一波片后就转化成了线偏振光。

2）若观察到透射光强度无变化，则入射光是自然光。因为自然光通过四分之一波片后仍然是自然光。

（3）辨别椭圆偏振光和部分偏振光　在偏振片前放一四分之一波片，使其光轴的方向平行于椭圆偏振光的长轴或短轴，让光线依次通过它们，并以光线为轴旋转偏振片，在此过程中：

1）若观察到透射光有消光现象，则入射光是椭圆偏振光。因为若把椭圆偏振光沿其长、短轴方向分解，则分解后的两光振动的相位差为 $\pi/2$，在上述条件下，椭圆偏振光通过四分之一波片后，会使两者的相位差增加或减少（视正、负晶体而定）$\pi/2$，这时椭圆偏振光就转化成了线偏振光。

2）若观察到透射光无消光现象，则入射光是部分偏振光。因四分之一波片不能使部分偏振光转化为线偏振光。

由以上分析可知，四分之一波片可以方便地实现圆偏振光（或椭圆偏振光）与线偏振光之间的转换。

17.6 偏振光的干涉及其应用

17.6.1 偏振光的干涉

线偏振光、椭圆偏振光和圆偏振光都可以看成是两个同频率、相互垂直的光振动的合成。如果通过适当的偏光器件，把振动方向互相垂直的 o 光和 e 光转换到同一振动面上，使之发生干涉，就可以观察到偏振光的干涉现象。

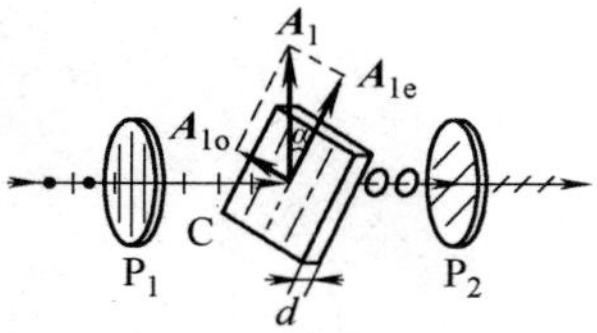

图 17-19　观察偏振光干涉的装置

观察偏振光干涉的装置如图 17-19 所示，晶片 C 前后放置两偏振化方向正交的偏振片 P_1 和 P_2。被 P_1 起偏后的线偏振光透过晶片 C 后，被分解成振动沿光轴的 e 光和垂直于光轴的 o 光，且 $A_{1e}=A_1\cos\alpha$，$A_{1o}=A_1\sin\alpha$。当它们通过 P_2 时，只有沿 P_2 的偏振化方向的分量才能通过。由图 17-20 可得 o、e 两光透过 P_2 后的振幅分别为

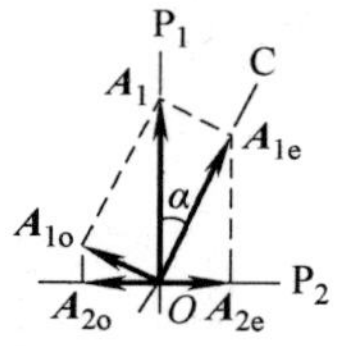

图 17-20　偏振光干涉的振幅矢量图

$$A_{2o}=A_{1o}\cos\alpha=A_1\sin\alpha\cos\alpha \qquad (17\text{-}6)$$

$$A_{2e}=A_{1e}\sin\alpha=A_1\cos\alpha\sin\alpha \qquad (17\text{-}7)$$

两者之间的相位差为

$$\Delta\varphi=\frac{2\pi}{\lambda}|n_o-n_e|d+\pi \qquad (17\text{-}8)$$

式中的第一项是由晶片引起的，而第二项 π 是由于投影到 P_2 的偏振化方向的光矢量方向相反所引起附加的相位差。可见，由上述装置透出的光，是由同一线偏振光所产生的振动面相同、振幅相等、有恒定相位差的两束相干光，会聚后便能产生干涉，相干叠加的结果就决定了透过 P_2 后的光强。当

$$\Delta\varphi=2k\pi$$

或 $$|n_o-n_e|d=(2k-1)\frac{\lambda}{2} \qquad (k=1,\ 2,\ \cdots) \qquad (17\text{-}9)$$

时，干涉加强，视场最亮。当

$$\Delta\varphi=(2k+1)\pi$$

或 $$|n_o-n_e|d=k\lambda \qquad (k=1,\ 2,\ \cdots) \qquad (17\text{-}10)$$

时，干涉减弱，视场最暗。

若波片厚度均匀，当用单色自然光入射，干涉加强时，P_2 后面的视场最亮；干涉减弱时，视场最暗，并无干涉条纹。若晶片厚度不均匀，各处的干涉情况不同，则视场中将会出现干涉条纹。

当用白光入射时，对不同波长的光，会有不同的加强、减弱的条件，必然是有些波长的光满足相干加强，而另一些光满足相干减弱，所以透过 P_2 的光将呈现一定的色彩，这种现象称为**色偏振**。如果此时晶片各处的厚度不同，则视场中会出现彩色条纹。

偏振光的干涉有着广泛应用。在地质和冶金研究中，就是基于不同矿物晶体在正交偏光系统中所形成的不同干涉色，使用偏光显微镜来观察岩石样品中的矿物组成、矿物结晶的形态和分布情况的。

17.6.2 光弹效应

某些各向同性的透明介质，如玻璃、塑料等，在通常情况下是各向同性的。但在机械应力的作用下，它们会变为各向异性，从而使光产生双折射，这种现象称为**光弹效应**。

实验表明，对它施加压力或拉力，介质就显示出负单轴晶体或正单轴晶体，其光轴就在所施力的方向上。在一定的应力范围内，这种介质中，o 光和 e 光的折射率之差 $n_o - n_e$ 与应力 $p = F/S$ 成正比，即

$$n_o - n_e = Kp \qquad (17\text{-}11)$$

式中，K 是介质的**应力光学常数**，视材料的性质而定。如 o、e 两光通过厚度为 d 的介质，则其相位差为

$$\Delta\varphi = \frac{2\pi}{\lambda}Kpd$$

由上式可知，应力越集中的地方，该处介质的各向异性就越强，对应的相位差也越大，干涉条纹较密。因此，根据干涉条纹的分布情况，就可以分析介质内应力的分布，这便是**光弹性方法**，在工程技术中应用十分广泛。如桥梁、水坝以及机械零件设计时，必须知道有载荷时其内部的应力分布。由于绝大多数材料

是不透明的，故不能直接应用上述方法进行研究。但可以采用模拟的方法，常用有机玻璃或塑料等透明介质做成与实物相似的模型，并根据实际工作情况按比例施加应力，放入两偏振片间，根据干涉图样来显示其中的应力分布，如图 17-21 所示。

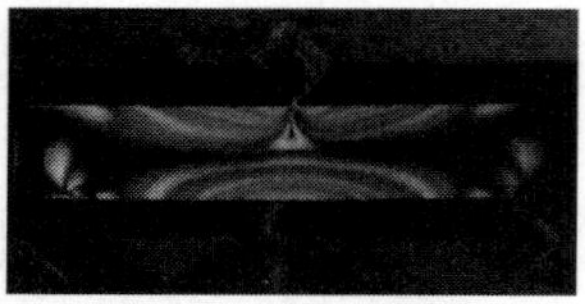

图 17-21　光弹效应

上述方法具有可靠、经济、快捷、直观的优点，现已发展成为一门专门的应用学科——**光测弹性学**。

17.6.3　电光效应

某些各向同性的物质，在外强电场的作用下会变成各向异性，从而产生双折射，这种现象称为**电光效应**。

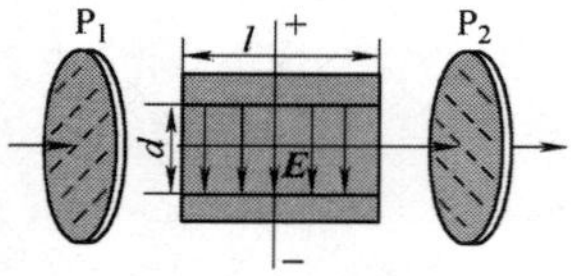

图 17-22　克尔效应装置

电光效应是英国科学家克尔（J. Kerr，1824—1907）在 1875 年发现的，故也称为**克尔效应**。图 17-22 是观察克尔效应的装置图。在两正交的偏振片 P_1 和 P_2 之间，放置一个盛有硝基苯液体的小盒，称为克尔盒。克尔盒内装有长为 l、相距为 d 的两块平行板电极。

不加电场时，液体各向同性，光不能通过偏振片 P_2；加电场后，克尔盒中液体分子因在电场的作用下定向排列而显各向异性，其光学性质和单轴晶体类似，光轴沿电场方向，这时存在双折射，有光通过偏振片 P_2。实验表明，介质对 o、e 两光的折射率之差 $n_o - n_e$ 与所加的电场强度的平方成正比，即

$$n_o - n_e = k\lambda_0 E^2 \tag{17-12}$$

式中，k 称为**克尔常数**，视液体的种类而定；λ_0 是光在真空中的波长。若施加在两极板上的电压为 U，则通过液体后，o、e 两光的光程差为

$$\Delta = k\frac{U^2}{d^2}l\lambda_0$$

由上式可见，当电压变化时，光程差也变化，从而使透过偏振片 P_2 的光强也随之变化。因此，可以用电压对偏振光的光强进行调制。克尔效应的产生和消失所需时间极短，约为 10^{-9} s，因而光强变化非常迅速，可作为高速光开关、光电调制器等。这些器件已在高速摄影、光速测距、激光电视和激光通信等领域广泛使用（图 17-23）。

另外，有些晶体如 KH_2PO_4 等在电场的作用下，也能改变其各向异性的特性，其对 o、e 两光的折射率之差与所加的电场强度成正比，所以常称之为**线性电光效应**，又称**泡克尔斯效应**。

图 17-23　羽毛球运动员发球时的高速照片

17.6.4　磁致双折射

在磁场的作用下，非晶体也能产生呈现各向异性。因此当光通过受磁场作用的非晶体时，也能产生双折射，这种现象称为**磁致双折射**。

实验表明，非晶体对 o、e 两光的折射率之差 $n_o - n_e$ 与所加的磁场强度的平方成正比，即

$$n_o - n_e = C\lambda_0 H^2 \tag{17-13}$$

式中，λ_0 是光在真空中的波长；C 是与非晶体的性质和光波波长有关的常数。一般 C 都很小，只有在强磁场作用下才能观察到双折射现象。磁致双折射的成因，可解释为物质分子磁矩在外磁场的作用下发生定向转动，从而获得了类似晶体各向异性的特性。

17.7　旋光现象及其应用

17.7.1　旋光现象

1811 年，法国物理学家阿喇果（D. F. Arego，1786—1853）发现，当线偏振光在石英晶体内沿其光轴方向通过后，其偏振面会发生旋转。这种现象称为**旋光现象**。能产生旋光现象的物质称为**旋光物质**。如石英、糖溶液和酒石酸溶液等都是旋光物质。

观察旋光现象的装置如图 17-24 所示。用单色光入射两偏振化方向相互正交的偏振片 P_1 和 P_2 后，无透射光；当在 P_1 和 P_2 之间放入旋光物质后，视场便变明亮了。若将 P_2 旋转某一角度 θ，则又无透射光通过，此角度就是旋光物质使线偏振光振动面旋转的角度。

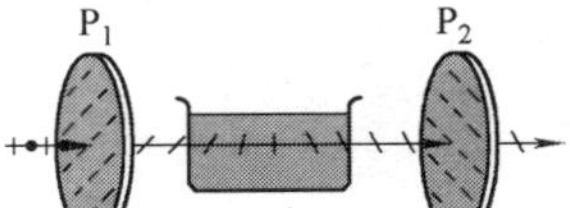

图 17-24　旋光现象的观察装置

实验表明，对于固体旋光物质，角度 θ 和光线在该物质中通过的路程 l 成正比，即

$$\theta = al \tag{17-14}$$

式中，a 是与旋光物质及入射光波长有关的常量。如石英晶体对波长为 589nm 的黄光，$a=21.7(°)/\text{mm}$，而对波长为 405nm 的紫光 $a=45.9(°)/\text{mm}$。

而对液态旋光物质，线偏振光通过后，偏振面的旋转角度 θ 和光线在该物质中通过的路程 l 以及溶液的浓度 ρ 成正比，即

$$\theta = [a]l\rho \tag{17-15}$$

式中，$[a]$ 是与旋光物质及入射光波长有关的常量，称为液体或溶液的**旋光率**。可以看出，对一定长度的旋光物质，在白光的照射下，不同波长的线偏振光将旋转不同的角度。由于各种颜色的光不能同时消失，所以在旋转 P_2 时能观察到色彩的变化，这种现象称为**旋光色散**。

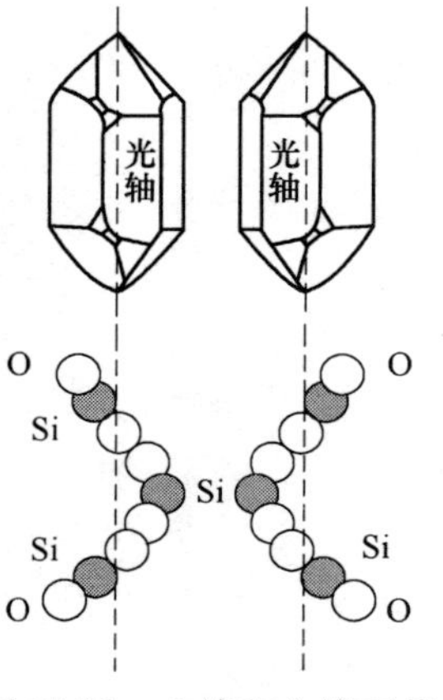

图 17-25　左旋和右旋石英的天然外形和内部结构

同一种旋光物质由于使光振动面旋转的方向不同而有左旋和右旋之分。迎着光线看，光振动面沿顺时针方向旋转的称为**右旋物质**，反之称为**左旋物质**。石英晶体的旋光性是由于其中的原子排列具有螺旋结构，而因螺旋的绕向不同，所以石英有左旋石英和右旋石英。不论是内部结构还是天然外形，左、右旋晶体互为镜像，如图 17-25 所示。溶液的左、右旋光性则是由其分子本身的特殊结构引起的。左右旋分子，如蔗糖分子，它们的原子组成完全一样，都是 $C_6H_{12}O_6$，但它们的结构也互为镜像。至今令人不解的是，人工合成的同分异构体，如左旋糖和右旋糖，总是左右旋分子各半，而来自生命的同分异构体，如甘蔗或甜菜榨出的蔗糖则都是右旋的。生物总是选择右旋糖消化，而对左旋糖毫无兴趣。

17.7.2　旋光现象的解释及应用

1825 年，菲涅耳对旋光现象作出了一个唯象解释。他设想线偏振光由角频率 ω 相同，但旋转方向相反的两个圆偏振光组成，而这两种圆偏振光在旋光物质中的传播速度略有不同。右旋物质中，顺时针旋转的圆偏振光的速度稍快；而左旋物质中，

逆时针旋转的圆偏振光的速度稍快。所以穿过旋光物质后再合成的线偏振光，其振动方向便旋转了一个角度 θ，如图 17-26 所示。菲涅耳曾用实验证实了自己的假设。

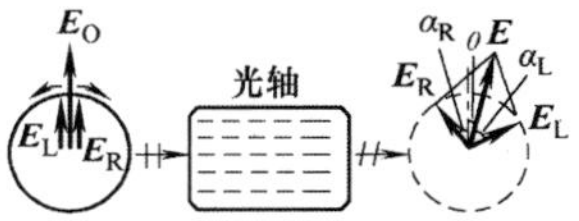

图 17-26　旋光现象的解释

物质的旋光特性在生产实践中应用甚广。例如，利用物质的旋光性制成的旋光仪，可以测定液体旋光物质的浓度，早已用于化工、制药工业和食品行业中。

另外，和利用人工产生双折射一样，也可用人工方法产生旋光性，其中最重要的是磁致旋光。磁致旋光是法拉第于 1845 年发现的，称为**法拉第磁致旋光效应**。观察法拉第磁致旋光效应的装置如图 17-27 所示，在螺线管两端面垂直于其轴线放置两偏振化方向相互正交的两偏振片 P_1 和 P_2，管内充满某种透明介质，如玻璃、水或空气等。在螺线管未通电时，透过 P_1 的线偏振光不能透过 P_2。如果在螺线管中通以电流，则可发现有光透过 P_2，这说明入射光经过螺线管的磁场时，其偏振面旋转了。实验证明，偏振面旋转的角度和光线通过介质的路程长度、磁场的磁感应强度都成正比，且因介质不同而异。和一般晶体的旋光性质明显不同的是，光线顺着磁场和逆着磁场传播时，其**旋光的方向相反**，这一性质被称为磁致旋光的不可逆性。因此，当偏振光通过一定介质层时，光振动方向若右旋了 θ，则当光被反射再通过同一介质层后，其光振动方向将共旋转 2θ。利用这一特性可制成“光隔离器”来控制光的单向传播，即只允许光从一个方向通过而不能从反方向通过，从而避免了光学放大系统中界面反射光对前级装置造成的干扰和损害。磁致旋光效应也被用来在磁光盘中读出所记录的信息。

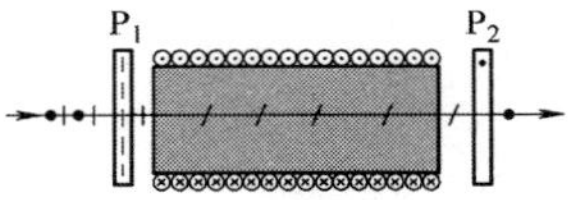

图 17-27　磁致旋光效应的观察装置

习　题　17

17-1　一自然光垂直入射到相互重叠的两块偏振片上，若透射光强为入射光强的 1/9，求两偏振片偏振化方向的夹角。

17-2　使自然光垂直通过两个偏振化方向成 60°角的偏振片，透射光强为 I_1。今在此两偏振片间再平行插入另一偏振片，使其偏振化方向与前两个的方向均成 30°角，求透射光强。

17-3　自然光垂直入射到相互重叠的两块偏振片上，如果透射光强度为透射光最大强度的1/3，或透射光强度为自然光强度的1/3。求上述两种情况下，两偏振片之间偏振化方向间的夹角。

17-4　一束光由自然光和线偏振光混合而成，让其垂直通过一偏振片。若以此入射光为轴旋转偏振片，测得透射光强最大值是最小值的5倍。求入射光中自然光与线偏振光的强度之比。

17-5　平行放置的两偏振片A和B，两者的偏振化方向相互垂直。在A、B之间再插入另一偏振片C，C的偏振化方向与A、B的都不同。今以强度为I_0的自然光垂直入射A。(1) 求透过B后的光强；(2) 如每个偏振片的吸收率均为10%，再求透过B后的光强；(3) 把C以入射光为轴旋转一周，试定性画出透射光随旋转角变化的曲线。

17-6　要使线偏振光的光振动方向旋转90°角，且透射光强最大。问最少需要几片偏振片，它们如何放置？

17-7　怎样测定不透明介质的折射率？今测得釉质在空气中的起偏角为$i_0=58°$，求其折射率。

17-8　若起偏角用i_0表示，试定性画出图17-28中各反射光和折射光的偏振情况。

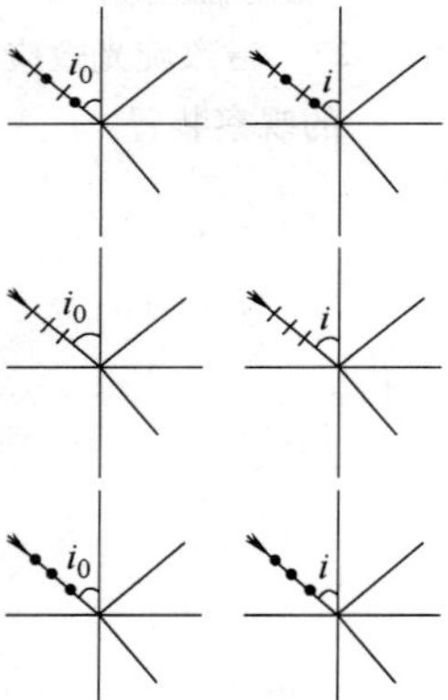

图17-28　习题17-8图

17-9　水的折射率为$n_1=1.33$，问太阳的俯角应为多大时，湖面反射光可获得最大程度的偏振？

17-10　水的折射率为$n_1=1.33$，玻璃的折射率$n_2=1.50$。当光由水中射向玻璃而反射时，起偏角是多少？当光由玻璃射向水面而反射时，起偏角又是多少？两者有什么关系？

17-11　某晶体对波长632.8nm红光的折射率$n_o=1.66$，$n_e=1.49$。把它制成四分之一波片，晶片的最小厚度是多少？

17-12　两相互正交的偏振片之间放置一四分之一波片，当自然光垂直入射时，转动波片，求转到什么位置时透射光强度最大？

17-13　厚度为0.025mm的方解石（$n_o=1.66$，$n_e=1.49$）晶片的表面平行于其光轴，将其放置在两正交的偏振片间，光轴与两偏振片的偏振化方向的夹角均为45°。如果射入第一个偏振片的光波长度为400.0～700.0nm的可见光，问透过第二个偏振片的光中少了哪些波长？

第 18 章　量子物理简介

电磁理论揭示了光的电磁本质，并很好地解释了光的干涉、衍射和偏振等波动现象。但在 19 世纪末到 20 世纪初，人们在研究辐射及物质的相互作用过程中，发现了一些用经典物理理论无法解释的现象，如黑体辐射、光电效应等。为摆脱困境，1900 年底普朗克提出了能量量子化的假设，从而成功地解决了黑体辐射问题。爱因斯坦敏锐地觉察到普朗克“量子”思想的普遍意义，并大胆地将其引入到光辐射的研究，于 1905 年提出了“光量子”的概念，从而揭示了光的波粒二重性。1913 年，玻尔根据卢瑟福的原子有核模型以及原子线光谱的规律性，并依托经典力学，建立了氢原子理论。为进一步探索原子内部的奥秘，1924 年，德布罗意把光的波粒二象性引申到实物粒子，提出了物质波的假设。在实物粒子具有波粒二象性的基础上建立起来的量子力学，是一种崭新而富有成效的理论。它已在物理学中引起了深刻的革命。

量子力学与经典力学的根本区别在于对研究对象的描述方法。在经典力学中，认为粒子的运动状态可用位置和动量来准确描述；而在量子力学中，认为粒子的波粒二象性使其位置和动量不能同时精确测定，必须用波函数来描述其运动状态。虽然量子力学最终取代了经典力学，但在物质波性可忽略时，量子力学退化为经典力学。所以经典力学是量子力学的一种很好的近似描述，在宏观力学领域依然一柱擎天。

本章的主要内容有：热辐射、普朗克能量子假设，光电效应、爱因斯坦的光量子假设、康普顿效应，氢原子的玻尔理论，实物粒子的二象性、测不准关系，波函数、薛定谔方程及其对几种典型模型的应用。

18.1　热辐射　普朗克能量子假设

18.1.1　热辐射

在任何温度下，一切物体都以电磁波的形式向外辐射能量，此现象称为**热辐射**。研究发现：一般物体在室温下主要辐射不可见的红外光；当温度升高到 800K 左右，物体开始辐射一部分暗红色的可见光。例如，当把钢加热到 1073K 时，可观察到钢辐射出的明亮红光，但在同一温度下，熔化的水晶却完全不辐射可见光。以上事实说明热辐射和物体的温度、材质都有关。尽管如此，但热辐射仍具有共同的特征：物体辐射的总功率随温度的升高而增大；物体温度越高，热辐射光谱中对应于最强辐射的波长越短。

描述物体热辐射本领的物理量有**单色辐出度**和**总辐出度**。**物体在单位时间、单位表面积所辐射的、波长在 λ 附近的单位波长间隔内的辐射能**称为物体的**单色辐出度**，用 $e(T,\ \lambda)$ 表示，其单位是 $W \cdot m^{-3}$。

把单色辐出度在整个波长范围内积分，就得到**物体在单位时间、单位表面积所辐射的总辐射能**，我们称之为**总辐出度**，用 $E(T)$ 表示，其单位是 $W \cdot m^{-2}$。总辐出度和单色辐出度的关系为

$$E(T) = \int_0^{\infty} e(T,\ \lambda)\mathrm{d}\lambda \tag{18-1}$$

需要注意的是，在同一温度下，不同材质物体的总辐出度不同，但对给定的物体而言，其总辐出度只是温度的函数。

热辐射在物体之间的空间里形成一定的辐射场，它是沿各个方向传播的各种波长的电磁波。每个物体都将通过发射和吸收过程与周围的辐射场交换能量。温度较高的物体辐射多于吸收，失去能量，温度降低；而温度较低的物体吸收多于辐射，得到能量，温度升高。于是，能量便通过辐射场由高温物体传递给低温物体，最终达到热平衡状态，本节只讨论热平衡状态

下的热辐射。

18.1.2　黑体　黑体辐射

如上所述，物体在向外辐射能量的同时，也要吸收和反射外来的辐射能。如物体是透明的，则还有一部分辐射能要透射出去。物体表面情况不同，对外来辐射能的吸收和反射本领也不同。深色而表面粗糙物体的吸收本领较大，浅色而表面光洁物体的反射本领较强。我们把**只吸收而不反射和透射外来辐射能的物体称为绝对黑体**，简称**黑体**。

由于我们讨论的是热平衡状态下的热辐射，因此，除考虑物体的辐射本领外，还要探讨其吸收本领。仿照单色辐出度的定义，我们把**单位时间内物体所吸收的波长在 λ 到 $\lambda+d\lambda$ 范围内的电磁波能量与相应的波长范围内的入射能之比**，定义为物体的**单色吸收率**。有了单色辐出度和单色吸收率这两个表征物体辐射和吸收电磁波本领的物理量，若能弄清两者之间的关系，就知道了物体平衡热辐射的特性。1860 年，德国物理学家基尔霍夫（G. R. W. Kirchhoff，1824—1887）应用热力学理论得到：**对每一物体而言，其单色辐出度和单色吸收率的比值是一个与物体性质无关，而只与物体温度和辐射波长有关的普适常数。**这就是**基尔霍夫定律**，其数学表达式为

$$\frac{e(T,\lambda)}{a(T,\lambda)}=f(T,\lambda) \tag{18-2}$$

由此可知，一个好的吸收体也一定是一个好的辐射体，这正是沙漠昼夜温差大的原因。

若用 $e_0(T,\lambda)$ 和 $a_0(T,\lambda)$ 分别表示黑体的单色辐出度和单色吸收率，因 $a_0(T,\lambda)=1$，所以有

$$e_0(T,\lambda)=f(T,\lambda) \tag{18-3}$$

式（18-3）说明，基尔霍夫定律中的普适常数，就是黑体的单色辐出度，只要知道了黑体的单色辐出度，便能了解一般物体的辐射性质。所以，确定黑体的单色辐出度便成了热辐射的一个焦点。

黑体是研究热辐射重要的理想模型，但自然界中的物体都

不是真正的黑体。然而我们可以人为地制造黑体。如在一个任意材质的空腔壁上开一个小孔，小孔口的表面就可以近似地视为黑体，如图 18-1 所示。这是因为射入小孔的辐射，要被腔内壁多次反射，而每一次反射内壁都要吸收一部分辐射能，以致射入小孔的辐射从小孔逃逸的可能性很小。

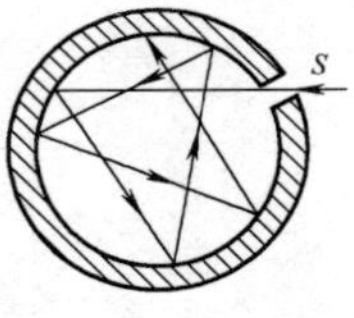

图 18-1　黑体模型

由于黑体的单色辐出度只与温度和波长有关，因此我们可以使黑体在一定温度下，来测量其单色辐出度随波长的变化曲线。在不同温度下黑体的单色辐出度随波长的变化曲线如图 18-2 所示。从图中可见，对应每一确定的温度，曲线都存在一个峰值，即有一个最大的单色辐出度 $e_0(T, \lambda)$；且温度越高，峰值越大，该峰值对应的波长越短。

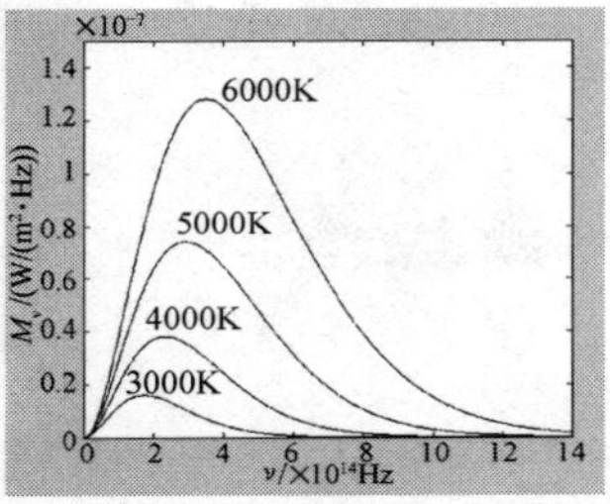

图 18-2　黑体单色辐出度的实验曲线

通过大量精确实验，1879 年，奥地利物理学家斯特藩（J. Stefan，1835—1893）通过实验得出：**黑体辐出度与热力学温度的四次方成正比**，即

$$E_0(T) = \int_0^{\infty} e(T, \lambda)\mathrm{d}\lambda = \sigma T^4 \tag{18-4}$$

式中，$\sigma = 5.670 \times 10^{-8}\,\mathrm{W \cdot m^{-2} \cdot K^{-4}}$，称为斯特藩-玻耳兹曼常量。1884 年，玻耳兹曼根据热力学理论也得到了同样的结果。因此，式（18-4）被称为**斯特藩-玻耳兹曼定律**。

从图 18-2 可见，随着黑体温度的升高，每一曲线的峰值对应的波长 λ_m 变短。1893 年，德国物理学家维恩（W. Wien，1864—1928）利用热力学理论，找到温度 T 与峰值波长 λ_m 的关系为

$$\lambda_m T = b \tag{18-5}$$

式中，$b = 2.898 \times 10^{-3}\,\mathrm{m \cdot K}$。式（18-5）表明，**当黑体的热力学温度升高时，与其单色辐出度的峰值所对应的波长向短波方向移动**。这被称为**维恩位移**定律，维恩因此荣获 1911 年诺贝尔物理学奖。

维恩位移定律有许多实际应用，如：通过测定星体的谱线分布来确定星体的温度；也可以通过比较物体表面颜色的变化，来确定其表面的温度分布，这种以图形表示出的热力学温度分布称为热象图。利用热象图的遥感技术，可以监测森林火灾，

也可以用来显示人体的某些部位的病变。热象图的应用范围日益广泛，在宇航、工业、医学、军事等领域的应用前景很好。

【例 18-1】 从太阳光谱的实验观测中，测得其单色辐出度的峰值所对应的波长约为 483nm。试估计太阳表面的温度及单位面积上所发射的功率（辐出度）。

【解】 相对于太阳表面的发光情况，其背景可视为黑体。这样发光的太阳也可视为黑体中的小孔。所以由维恩位移定律可得

$$T=\frac{b}{\lambda_{\rm m}}=\frac{2.898\times10^{-3}}{483\times10^{-9}}{\rm K}\approx6000{\rm K}$$

再由斯特藩-玻耳兹曼定律可得太阳表面单位面积上所发射的功率为

$$E=\sigma T^4\approx(5.67\times10^{-8}\times6000^4)\,{\rm W\cdot m^{-2}}\approx7.35\times10^7{\rm W\cdot m^{-2}}$$

18.1.3 普朗克能量子假设

上述两个定律分别从辐出度和峰值波长描述了黑体辐射的特点，但为什么如此？如何从理论上导出黑体单色辐射的数学表达式？19 世纪末，一些物理学家进行了许多尝试，但都未能如愿。根据经典理论导出的公式无一例外地都和实验结果不符，其中最具代表性的是维恩公式和瑞利-金斯公式。

1896 年，维恩从热力学理论出发，通过对实验数据的分析，假设辐射按波长的分布类似于麦克斯韦的分子速率分布，由经典统计物理学导出了一个半经验公式

$$e_0(T,\lambda)=c_1\lambda^{-5}{\rm e}^{-c_2/T\lambda}\tag{18-6}$$

式中，c_1、c_2 为常数。式（18-6）在短波范围和实验曲线相符，但在长波范围与实验不符，如图 18-3 中所示。

1900 年，英国物理学家瑞利（L. W. Rayleigh，1842—1919）和金斯（J. H. Jeans，1877—1946）把分子物理学中能量按自由度均分定理用到电磁辐射得到

$$e_0(T,\lambda)=2\pi c\lambda^{-4}kT\tag{18-7}$$

式中，c 和 k 分别为光速和玻耳兹曼常量。式（18-7）在长波范围与实验曲线符合得很好，但在短波范围出现了 $\lambda\to0$ 时，

红外对抗技术

热辐射定律是红外技术重要的理论基础，由红外技术发展而来的红外对抗技术，是现代军事斗争中的重要手段。

应用红外对抗技术，可使对方红外探测和识别系统的功能大大下降，甚至不起作用。对抗措施可归结为规避和欺骗两类。规避是利用伪装器材，将军事设施、武器装备等隐蔽起来，使对方探测不到己方的红外辐射源。伪装器材主要有红外伪装网和防红外涂料，20 世纪 80 年代初期，它们仅能在 1 ~ 3μm 波段起作用，可对付某些红外照相机和扫描仪，但对红外热像仪却无能为力。欺骗是用与自身红外辐射波长相似但更强烈的辐射源，诱开对方的红外探测系统，这种主动对抗装置有红外诱饵和干扰机。前者如曳光弹、燃油箱等，后者是一种加调制的强红外源。它们多装在飞机和军舰上，用以引开来袭的红外制导导弹。这种主动对抗装置，直到 20 世纪 80 年代中期还难以对付在 8 ~12μm 波段工作的红外系统。为抵消红外对抗技术的作用，现代红外系统又采取了反对抗措施，如采用双色技术和多模跟踪技术等。

$e_0(T,\ \lambda) \to \infty$，如图 18-3 中所示。这种极荒谬的结果，在物理学史上被称为“紫外灾难”。这个问题令物理学家们深感困惑，被开尔文称为是晴朗的理论物理天空中的两朵乌云之一。

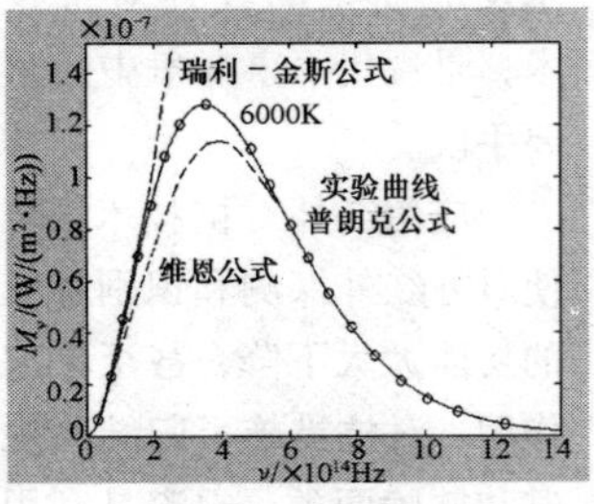

图 18-3　热辐射理论公式和实验曲线的比较

为解决上述问题，德国理论物理学家普朗克（Max Planck，1858—1947）在总结前人失败的基础上，大胆地提出了“离经叛道”的量子假设：

1）黑体是由许多带电的线性谐振子组成的，频率为 ν 的谐振子的能量只能取一系列分立值，即

$$E_n = nh\nu \qquad (n = 0,\ 1,\ 2,\ 3,\ \cdots) \tag{18-8a}$$

式中，h 为普朗克常量，其值为 $6.626 \times 10^{-34}\,\mathrm{J \cdot s}$；$n$ 称为量子数。

2）这些谐振子的能量变化时，向外辐射或吸收电磁波的能量只能是**能量子** $\varepsilon_0 = h\nu$ 的整数倍。

普朗克根据上述假设，于 1900 年底提出了一个和实验完全相符的公式，即

$$e_0(T,\ \lambda) = \frac{2\pi hc^2}{\lambda^5}\frac{1}{\mathrm{e}^{ch/kT\lambda} - 1} \tag{18-8b}$$

式（18-8b）称为**普朗克黑体辐射公式**。式中，c 和 k 分别是光速和玻耳兹曼常量。

普朗克的能量量子化假设，不仅圆满地解释了黑体辐射的实验规律，而且为物理学开创了新的篇章，量子论从此诞生了！人们把 1900 年 12 月 14 日定为量子物理的诞生日。普朗克也因此荣获 1918 年诺贝尔物理学奖。

既然谐振子的能量是量子化的，那么在经典力学中处理其能量时都是按连续分布对待，为什么没有发现错误呢？这可用下例说明。

【例 18-2】　质量为 0.100kg 的木块和一劲度系数 $k = 1.00\,\mathrm{N \cdot m^{-1}}$ 的弹簧组成弹簧振子，若其振幅为 0.100m，试根据普朗克能量量子化条件，求量子数 n；若 n 改变一个单位，求系统能量变化的相对量。

【解】　弹簧振子的固有频率为

$$\nu = \frac{1}{2\pi}\sqrt{\frac{k}{m}} = 0.5\text{Hz}$$

依经典力学，振子的能量为

$$E = \frac{1}{2}kA^2 = 5.00 \times 10^{-3}\text{J}$$

按普朗克能量量子化假设，振子的能量为

$$E = nh\nu$$

所以，量子数为

$$n = \frac{E}{h\nu} = 1.50 \times 10^{31}$$

当 n 改变一个单位时，系统能量变化的相对量为

$$\frac{\Delta E}{E} = \frac{\Delta n}{n} = \frac{1}{1.50 \times 10^{31}} = 6.67 \times 10^{-32}$$

通过此例可以看出，对于宏观的振子，量子数 n 极大，振动系统能量的量子化特征极不明显。这可以形象地来理解：以一纵轴上的刻度来表示系统的能量，需要画 1.5×10^{31} 条线，即使不计所画线的宽度，且每隔 10^{-10}m 画一条线来表示一个对应的能量，纵轴的长度也要有 1.5×10^{18}km，宏观上看早已连成一片。因此，在经典力学中，宏观振子的能量变化完全可以看成是连续的。

18.2　光电效应

18.2.1　光电效应的实验规律

在一定条件下，当光照射在金属表面时，有电子从金属表面逸出的现象称为**光电效应**，逸出的电子称为光电子。

光电效应最早是由赫兹于 1887 年在研究电磁辐射时偶然发现的。随着研究的深入，后来又进一步将其分为内光电效应和外光电效应两类。光使物质中的束缚电子受激后，从原子内层跃迁到外层或成为自由电子，称为内光效应；光使物质中的自由电子或束缚电子受激后，逸入周围的介质中，称为外光电效

应。内光电效应多出现在半导体材料中，应用甚广，本节的讨论仅限于外光电效应。

研究光电效应的实验装置如图 18-4 所示。在高真空玻璃管内装有阴极 K 和阳极 A，在两极板间加上电压，如阴极 K 没有光照射，电路中无电流。当光通过玻璃管上的石英窗口照射到阴极 K 上时，就有光电子从阴极表面逸出，逸出的光电子在电场的加速下向阳极 A 运动而形成电流，此电流称为光电流。实验结果表明，光电效应有如下规律：

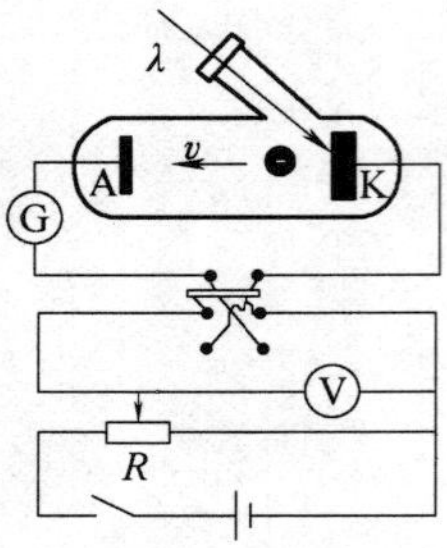

图 18-4　光电效应实验简图

1）入射光频率不变时，饱和电流与入射光的强度成正比　在入射光频率和强度不变时，增大加速电压 U，光电流 I 也增大，其关系如图 18-5 所示，称为光电效应的伏安特性。当 U 增大到一定值时，光电流达到饱和值 I_s。这表明此时单位时间内，从阴极 K 极逸出的光电子全部到达了阳极 A。如增大入射光的强度，重复上述过程发现，在相同的加速电压 U 下，入射光的强度较大，相应的 I_s 也较大，因上述电流强度与单位时间内阴极射出的电子数目成正比。所以，上述实验结果可表述为：单位时间内，从金属表面逸出的电子数目与入射光的强度成正比。

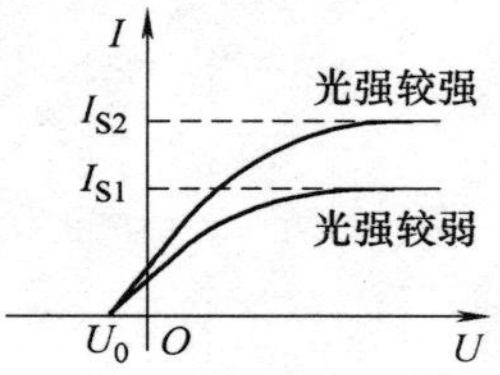

图 18-5　光电效应的伏安特性

2）光电子的最大初动能与入射光的频率成正比，与入射光的光强无关　从图 18-5 可见，当加速电压 U 减小到零时，光电流并不为零，只有当两极板间加上反向电压 U_0 时，光电流才为零。U_0 称为遏止电压。U_0 的存在说明从阴极 K 逸出的光电子具有一定初速度，$I=0$ 时，具有最大初速度的光电子也不能到达阳极。这种情况下，光电子从阴极逸出时所具有的初动能全部用来克服静电场力做功。所以

$$\frac{1}{2}mv_m^2 = eU_0 \tag{18-9}$$

式中，m 和 e 分别是电子的质量和电量；v_m 是光电子逸出时最大的速度。实验还表明，当入射光频率变化时，遏止电压 U_0 与入射光的频率之间有如图 18-6 所示的线性关系，即

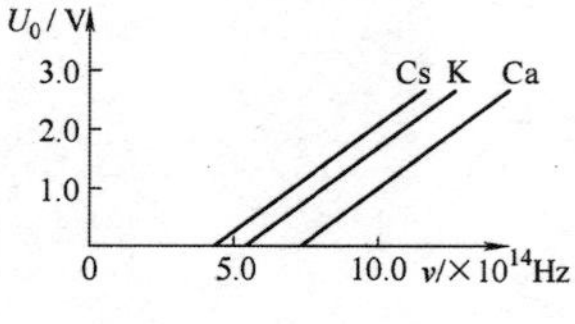

图 18-6　遏止电压与频率的关系

$$U_0 = k\nu - U_a$$

式中，k 为与金属性质无关的普适常数；U_a 由金属的性质决定。

把式（18-9）代入上式得

$$\frac{1}{2}mv_{\mathrm{m}}^{2}=ek\nu-eU_{\mathrm{a}} \tag{18-10}$$

式（18-10）表明，光电子的最大初动能随入射光频率的增大而线性增大，而与入射光的光强无关。

3）每种金属都存在一个截止频率　对每种金属都存在一个特殊的频率 ν_0，只有当入射光的频率 $\nu \geqslant \nu_0$ 时，才能产生光电效应，此频率 ν_0 称为**截止频率**。因为要使某种金属产生光电效应，必须要求电子的最大初动能 $\frac{1}{2}mv_{\mathrm{m}}^{2} \geqslant 0$，由式（18-10）可得截止频率 ν_0 为

$$\nu_0=\frac{U_0}{k} \tag{18-11}$$

不同的金属因其遏止电压 U_0 不同，因而截止频率 ν_0 也不同。如入射光的频率小于某金属的截止频率时，则无论用多强的光照射该金属多久，都不会产生光电效应。

（4）光电效应是瞬时发生的　实验表明，只要入射光的频率大于截止频率，无论入射光的光强如何，几乎在开始照射的同时就产生了光电效应。现代测量给出，光电子逸出的时间不超过 10^{-9}s。

18.2.2　爱因斯坦的光量子理论

根据光的电磁理论，光电子的逸出，是由于照射到金属上的光波场迫使金属中的电子振动，把光波的能量变成电子的能量，而使电子有足够的能量挣脱金属的束缚而逸出。入射光波越强，其电场振幅越大，电子受迫振动的振幅也越大，电子在挣脱金属表面的束缚而逸出时的初动能也越大。因此，逸出光电子的初动能应随入射光强度的增大而增加，而增大，和频率并无关系。而且，只要入射光的强度足够大，任何频率的光照射到金属上都应该产生光电效应。

此外，按经典的电磁理论，光电子逸出金属表面所需的能量是直接吸收照射到金属表面的光能量。当入射光的强度较弱

时，电子需要有一定的时间来积累能量。因此，光电效应不可能是瞬时产生的。

由此可见，经典的电磁理论并不能对光电效应作出圆满的解释。

为了解释光电效应，1905 年，爱因斯坦在普朗克量子论的基础上提出了关于光的本性的光量子理论。该理论认为：**光是以光速 c 运动的粒子流，这些粒子称为光量子（简称光子）；每个光子都具有一定的能量，频率为 ν 的光束，其每个光子的能量为**

$$E = h\nu \tag{18-12}$$

式中，h 为普朗克常量。强度为 I 的光束，单位时间内通过垂直于光的传播方向单位面积的光子数为 $N = I/h\nu$。

按照爱因斯坦的光量子理论，频率为 ν 的光束，可看成是许多能量均为 $h\nu$ 的光子组成，光的频率越高，其光子的能量越大；对于一定频率的光而言，光强越大，表明光子数越多。当频率为 ν 的光照射到金属表面时，一个光子的能量 $h\nu$ 可以立即被金属中的电子吸收。如果 $h\nu$ 足够大，其中消耗在金属逸出功 W 上多余的部分全部转化成光电子逸出时的动能。即

$$\frac{1}{2}mv_{\mathrm{m}}^2 = h\nu - W \tag{18-13}$$

式（18-13）称为**爱因斯坦光电方程**。

应用光量子理论可以成功地解释光电效应。

1）根据光量子理论，入射光的光强越大，光子数越多。由于一个光子一次只和一个电子作用，所以，增大光强即增多了入射的光子数，使逸出的光电子数增多，这就解释了饱和电流 I_{s} 和入射光的光强成正比的现象。

2）由式（18-13）可见，对于一定的金属（W 为常数），光的频率 ν 越高，光电子的初动能越大，而与光强无关。

3）当 $\nu < W/h$ 时，光子的能量小于电子挣脱金属表面的束缚所需要的逸出功 W，电子不能逸出，因而不能产生光电效应，所以对于每种金属都存在一个确定的截止频率。

4）由于光照射到金属上时，光子的能量是一次性被电子

所吸收的，所以并不需要积累能量的时间。因此，光电效应是瞬时发生的。

爱因斯坦光电方程先后被多位物理学家用实验证实，所测定的 h 值和热辐射中测定的一致。爱因斯坦由于提出了光子概念，并发现了光电方程，因此荣获1921年诺贝尔物理学奖。

【例18-3】 从铝中逸出一个电子需要的能量为4.20eV，今用波长为200nm的光照射到铝的表面，试问（1）所逸出光电子的最大初动能为多大？（2）遏止电压为多大？（3）铝的截止波长为多少？

【解】（1）由式（18-13）和 $c=\lambda\nu$ 可得

$$\frac{1}{2}mv_{\mathrm{m}}^2=\frac{ch}{\lambda}-W$$

$$\frac{1}{2}mv_{\mathrm{m}}^2=\left(\frac{3.00\times10^{8}\times6.63\times10^{-34}}{200\times10^{-9}\times1.60\times10^{-19}}-4.2\right)\mathrm{eV}=2.02\mathrm{eV}$$

（2）设所求遏止电压为 U_0，则有

$$e\,|U_0|=\frac{1}{2}mv_{\mathrm{m}}^2$$

$$|U_0|=\frac{1}{e}\cdot\frac{1}{2}mv_{\mathrm{m}}^2=2.02\mathrm{V}$$

（3）由式(18-13)可知，当 $\frac{1}{2}mv_{\mathrm{m}}^2=0$ 时的频率对应截止频率，所以

$$h\nu_0=W$$

则有所求截止波长为

$$\lambda_0=\frac{ch}{W}=\frac{6.63\times10^{-34}\times3.00\times10^{8}}{4.20\times1.60\times10^{-19}}\mathrm{m}=296\mathrm{nm}$$

18.3 康普顿效应 光的波粒二象性

按一定方向传播的可见光通过不均匀物质（如雾、悬浮的微粒等）时，将会向各个方向产生散射，散射光的波长不变，这就是光的散射现象。当伦琴射线或短波长的光通过物质时，

也会产生散射现象，但远比可见光散射复杂得多。

18.3.1　康普顿效应

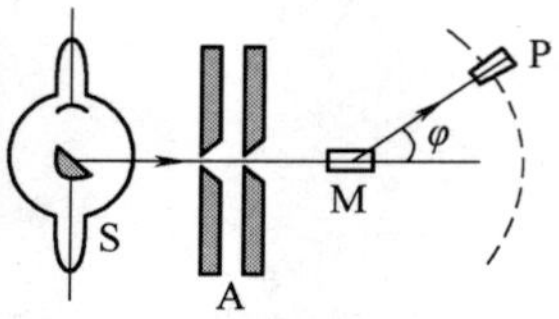

图 18-7　康普顿实验装置简图

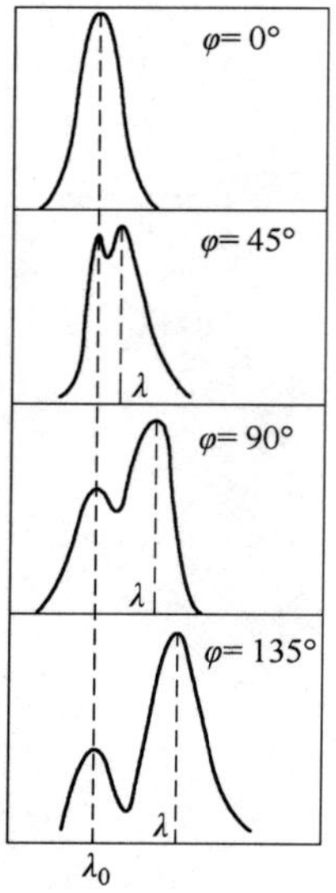

图 18-8　散射角与波长的关系

1920～1923 年间，美国物理学家康普顿（A. H. Compton，1892—1962）在研究 X 射线经金属、石墨等物质散射时发现，散射谱线中除了与原波长相同的成分外，还包括波长较长的成分。康普顿实验装置如图 18-7 所示。由 X 射线源 S 射出 X 射线，通过光阑 A 后照射在散射物 M 上，由摄谱仪 P 可测定散射线的波长。实验结果表明：

1）在散射光谱中不但有与入射线波长 λ_0 相同的射线，还出现了 $\lambda > \lambda_0$ 的射线。

2）随着散射角 φ 的增加，散射后波长的改变量 $\Delta\lambda = \lambda - \lambda_0$ 变大，原波长 λ_0 的谱线强度减小，波长为 λ 的谱线强度增大，如图 18-8 所示。

3）若用不同的元素作为散射物质，则 $\Delta\lambda$ 与散射物质无关，随着散射物质原子序数的增加，原波长 λ_0 的谱线强度增加，而波长为 λ 的谱线强度减小。

以上现象称为**康普顿效应**，为康普顿首次发现，他因此荣获 1927 年诺贝尔物理学奖。我国物理学家吴有训（1897—1977）在康普顿效应的实验技术和理论分析等方面，也作出了杰出的贡献。

按经典电磁理论，当电磁波通过物质时，要引起物质内部带电粒子的受迫振动。而每个作受迫振动的带电粒子都可视为振荡的电偶极子，它们向四周辐射的电磁波就是散射光，散射光的频率就是作受迫振动偶极子的振荡频率，也就是入射电磁波的频率。因此，散射光的频率应和入射光的完全相等，而不应该发生改变。这是经典电磁理论所面临的又一困难，但应用光的量子理论可以对康普顿效应作出圆满的解释。

根据光的量子理论，X 射线的散射是单个光子和物质中单个电子发生弹性碰撞的结果。对于碰撞可作如下分析计算。

在固体如各种金属中，有许多受核约束较弱的电子可视为自由电子。由于这些电子作热运动的平均动能与 X 射线的光子能量相比小 6 ~ 7 个数量级，故在碰撞前可以看作是静止的。设：入射光的频率为 ν_0，散射前，一个光子的能量为 $h\nu_0$，动量为$\frac{h\nu_0}{c}\boldsymbol{e}_0$；一个电子的静止能量为 m_0c^2，动量为零。弹性碰撞后，电子的能量变为 mc^2，动量变为 $m\boldsymbol{v}$；散射光子的能量为 $h\nu$，动量为$\frac{h\nu}{c}\boldsymbol{e}$，散射角为 φ。此处 $\boldsymbol{e}_0$ 和 $\boldsymbol{e}$ 分别是碰撞前后光子运动方向上的单位矢量，如图 18-9 所示。按照能量和动量守恒定律，有

$$h\nu_0 + m_0c^2 = h\nu + mc^2 \tag{18-14}$$

$$\frac{h\nu_0}{c}\boldsymbol{e}_0 = \frac{h\nu}{c}\boldsymbol{e} + m\boldsymbol{v} \tag{18-15}$$

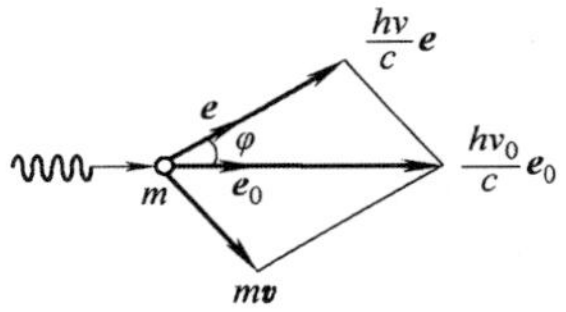

图 18-9　光子和静止的自由电子碰撞时的动量变化

把式（18-15）移项后，两边平方得

$$m^2v^2 = \left(\frac{h\nu_0}{c}\right)^2 + \left(\frac{h\nu}{c}\right)^2 - 2\frac{h^2\nu\nu_0}{c^2}\boldsymbol{e}_0 \cdot \boldsymbol{e}$$

由图 18-9 可见，$\boldsymbol{e}_0 \cdot \boldsymbol{e} = \cos\varphi$，所以上式可写成

$$m^2v^2c^2 = h^2\nu_0^2 + h^2\nu^2 - 2h^2\nu\nu_0\cos\varphi \tag{18-16}$$

把式（18-14）改写成

$$mc^2 = h(\nu_0 - \nu) + m_0c^2$$

上式两边平方，再减去式（18-16），并把 $m^2 = m_0^2/(1 - v^2/c^2)$ 代入，化简可得

$$\Delta\lambda = \lambda - \lambda_0 = \frac{h}{m_0c}(1 - \cos\varphi) \tag{18-17}$$

式（18-17）中，λ 和 λ_0 分别表示散射光和入射光的波长。此式称为**康普顿散射公式**。式中，h/m_0c 具有波长的量纲，称为电子的康普顿波长，用 λ_c 表示，$\lambda_c = 2.43 \times 10^{-3}$nm。

由以上分析可知，入射光子和电子碰撞时，把一部分能量传递给电子。因而光子的能量减少，频率降低，波长变长。波长偏移量 $\Delta\lambda$ 和散射角 φ 的关系式（18-17）也与图 18-7 所示的实验结果完全吻合。式（18-17）还表明，波长偏移量 $\Delta\lambda$ 与散射物质以及入射的 X 射线的波长 λ_0 无关，只和散射角 φ 有关。这也和实验结果一致。

此外，在散射谱线中还观察到有与原波长一样的射线。这可理解为：散射物质中还有许多被原子核束缚得很紧的电子，光子与这类电子的碰撞应看成是和整个原子的碰撞。由于原子的质量远大于光子的质量，所以在弹性碰撞中，光子的能量几乎不损失，因而其频率和波长都不改变。这种波长不变的散射称为**瑞利散射**，它可用经典的电磁理论解释。

康普顿的散射理论不仅圆满解释了上述实验现象，还曾在量子论的发展中起过重要的作用。它不仅有力地证明了光具有波粒二象性，而且还证明了在微观粒子相互作用的过程中，能量守恒定律和动量守恒定律也严格成立。

18.3.2　光的波粒二象性

人类经过两百多年的探索，才确切地从光的干涉、衍射和偏振等现象中认识到光具有波动性。20 世纪，人们从光电效应、康普顿效应等现象中，又得到光具有粒子性的结论。也就是说，一方面，光是电磁波，具有波动的特征，如有一定的频率和波长，能产生干涉、衍射等；另一方面，光又是光子流，光子是具有一定的质量、能量和动量的物质微粒。

对频率为 ν 的光，其单个光子的能量为 $\varepsilon = h\nu$，由相对论的质能关系，其质量为

$$m = \varepsilon/c^2 = h\nu/c^2 \tag{18-18}$$

由式（18-18）可见，其质量 m 是有限的。按 $m = m_0/\sqrt{1-u^2/c^2}$，因光子的速度为 c，m 有限，所以 $m_0 = 0$。即光子是静止质量为零的特殊粒子。这一结论是自洽的，因为相对光子静止的参考系是不存在的。

此外，光子的动量大小为 $p = mc = h\nu/c = h/\lambda$，因此，当光照射在物体上被吸收和被反射时，光子的动量都要发生变化，根据动量定理，可求得物体和光子之间的相互作用力。光作用在物体单位面积上力称为**光压**。在通常情况下，尽管光压很小，但其积累效应是不能忽略的，特别是涉及天文现象时，如彗星的巨大尾巴，部分原因就是太阳辐射的压力所致。光压的存在，也进一步证实了光具有粒子性。

综上所述，我们对光有了一个全新的图像——波粒二象性。把描述粒子的量——能量 ε 和动量 $\boldsymbol{p}$ 与描述波动的量——频率 ν 和波长 λ 以下述方式联系起来：

$$\varepsilon = h\nu \tag{18-19}$$

$$\boldsymbol{p} = \frac{h}{\lambda}\boldsymbol{n} \tag{18-20}$$

式中，$\boldsymbol{n}$ 是光子速度方向上的单位矢量。在以上两式中，通过普朗克常量 h 把描述粒子和波两种不同性质的物理量联系起来。在此再一次看到，h 只在微观现象中才起作用。

按照辩证唯物主义基本原理去认识光这种物质，它便是波粒二象性的对立统一客体。上述两式客观地反映了这种对立统一关系。此外，光的二象性的表现常常是不均衡的，在光传播的过程中，突出地表现出波动性；而在光与物质的相互作用时，则突出表现出粒子性。同时，光的波长越长，能量越小，波动性越明显；反之，能量越大，粒子性就越突出。

光的波粒二象性反映了光的客观本质。实际上，不只是光子具有波粒二象性，一切微观粒子都具有波粒二象性。

【例 18-4】 求下述几种辐射光子的能量、动量和质量：（1）$\lambda = 700\text{nm}$ 的红光；（2）$\lambda = 1.24 \times 10^{-3}\text{nm}$ 的 γ 射线；并与电子经 $U = 100\text{V}$ 电压加速后的能量、动量大小和质量相比较。

【解】 光子的能量、动量和质量可分别由式（18-19）、式（18-20）和式（18-18）求得。对于电子的能量、动量和质量的计算，由于经 100V 电压加速后，电子的速度相对光速而言很小，所以，可不考虑其相对论效应。电子加速后的动能为

$$E_e = eU = 100\text{eV} = 1.60 \times 10^{-17}\text{J}$$

电子的质量近似于其静止质量，为

$$m_e = 9.11 \times 10^{-31}\text{kg}$$

电子的动量大小为

$$p_e = m_e v = \sqrt{2m_e E_e} = 5.40 \times 10^{-24}\text{kg} \cdot \text{m} \cdot \text{s}^{-1}$$

（1）对 $\lambda = 700\text{nm}$ 的光子

$$E_1 = h\nu = hc/\lambda = 2.84 \times 10^{-19}\text{J}, \qquad E_1/E_e = 1.78\%$$

$$p_1 = h/\lambda = 9.47 \times 10^{-28}\,\mathrm{kg \cdot m \cdot s^{-1}}, \quad p_1/p_e = 1.75 \times 10^{-4}$$

$$m_1 = h\nu/c^2 = 3.16 \times 10^{-36}\,\mathrm{kg}, \quad m_1/m_e = 3.47 \times 10^{-6}$$

（2）对 $\lambda = 1.24 \times 10^{-3}\,\mathrm{nm}$ 的光子

$$E_2 = h\nu = hc/\lambda = 1.60 \times 10^{-13}\,\mathrm{J}, \quad E_2/E_e = 10^4$$

$$p_2 = h/\lambda = 5.35 \times 10^{-22}\,\mathrm{kg \cdot m \cdot s^{-1}}, \quad p_2/p_e = 99$$

$$m_2 = h\nu/c^2 = 1.78 \times 10^{-30}\,\mathrm{kg}, \quad m_2/m_e = 1.95$$

通过上例，我们看到光的波长越短，其粒子性就越显现。

18.4　氢原子的玻尔理论

自 1897 年英国物理学家汤姆孙（J. J. Thomson，1856—1940）发现了电子，原子的结构就成为人们所关心的问题，因为它几乎决定着构成我们周围世界物质的全部性质。因在原子辐射的光谱中，具有反映原子结构和内部运动的重要信息，所以人们以极大的兴趣去探究原子的辐射光谱，希望由这些光谱弄清原子内部运动规律，并解释原子的发光现象。

18.4.1　氢原子光谱的实验规律

实验表明，原子辐射的光谱具有以下特征：

1）原子辐射的光谱是线状光谱，即光谱是由一系列分开的光谱线组成，每一条光谱线对应一波长成分。

2）每种元素的原子辐射光谱具有确定的波长成分，不同元素的光谱成分各不相同。

3）每种元素的原子光谱中，光谱线按一定的规律排列。

氢原子是最简单的原子，其光谱的规律最早被发现。早在 1885 年，瑞士的一位数学教师巴耳末（J. J. Balmer，1825—1898）发现氢原子的光谱可用一经验公式表示，此公式后经瑞典物理学家里德伯（J. R. Rydberg，1854—1919）改写为

$$\tilde{\nu} = R\left(\frac{1}{m^2} - \frac{1}{n^2}\right) \quad \left(\begin{array}{c} m = 1,\ 2,\ 3,\ \cdots \\ n = m+1,\ m+2,\ \cdots \end{array}\right) \tag{18-21}$$

式中，$\tilde{\nu}$ 是波数；即波长的倒数；$R = 1.09776 \times 10^7\,\mathrm{m^{-1}}$，称为里德伯常量。

式（18-21）中每一个 m 值对应一个线系；m 给定，每一个 n 值则对应相应线系中的一条光谱线。如 $m=1$，2，3，4，…分别表示赖曼线系、巴耳末线系、帕邢线系、普丰德线系……。特别是在巴耳末线系中（$m=2$），当 $n=3$、4、5、6 时，恰好对应氢原子光谱中在可见光区所观察到的四条谱线 H_α、H_β、H_γ 和 H_δ，如图 18-10 所示。由式（18-21）计算出的各谱线波长与实验结果十分吻合，这说明此公式深刻地反映了氢原子的内在规律。

在氢光谱研究的基础上，里德伯和瑞士光谱学家里兹（W. Ritz，1878—1909）把式（18-21）改写成更普遍的形式

$$\tilde{\nu}=T(m)-T(n) \tag{18-22}$$

式中，$T(m)=R/m^2$ 和 $T(n)=R/n^2$ 称为光谱项。式（18-22）称为里兹并合原则，它表明氢的每一条谱线的波数都可以表示为两光谱项之差，氢光谱是数学上各种光谱项差的综合表现。除氢外，其他元素的光谱，也有如式（18-22）的形式，只是光谱项 T 的形式不同罢了。

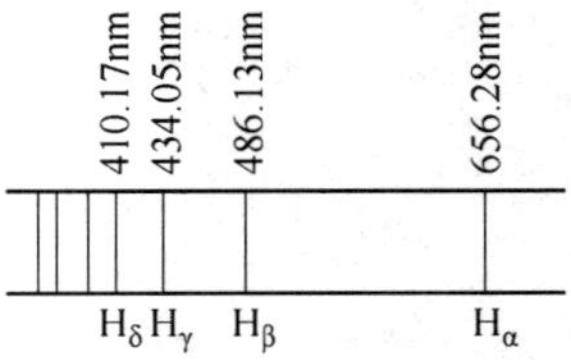

图 18-10　可见光区域的氢原子光谱

18.4.2　卢瑟福的原子有核模型

要正确解释原子光谱的规律，必须知道原子内部的结构。这在电子发现之前几乎是不可能的。自汤姆孙发现电子以后，人们就知道了电子仅是原子的一部分，原子中除有电子外，一定还存在着带正电的部分，且原子内正、负电荷应相等。但是在原子中，电子和原子所带的正电荷如何分布，就成了 20 世纪前后物理学研究的重要课题之一，这一问题也困扰了许多物理学家。

在此期间，物理学家们根据自己的实践和见解，从不同角度提出了各种不同的原子模型，其中以汤姆孙的“果子面包”模型影响最大。汤姆孙认为原子是一半径约为 10^{-10}m 的球体，它集中了原子质量的绝大部分，原子中的正电荷以均匀的体密度分布在整个球体中，而带负电的电子有规则地镶嵌在此球体中。电子在正电荷的吸引和电子间相互排斥的综合作用下以某种方式平衡，原子辐射是由于电子在它们各自的平衡位置附近

振荡的结果。

汤姆孙的学生、英籍新西兰人卢瑟福（E. Rutherford，1891—1937）开始也相信这种无核模型，他想与他的助手盖革（H. Geiger，1882—1945）和马斯登（E. Marsden，1889—1945）通过α粒子的散射来证实他导师的原子模型。在1909年至1910年间，他们做了大量的实验，用α粒子束轰击由各种物质制成的靶。实验结果发现，大多数α粒子经靶散射后，偏转角不大，这是预料之中的。但其中有少数α粒子发生了大角度散射，甚至完全被弹回。这使得卢瑟福惊讶万分，正如他当时所形容的："这是我一生从未遇到过的最难以置信的事情，好比你用一颗十五英寸的炮弹去轰击一张薄纸，而炮弹被反弹回来，击中自己一样难以相信。"卢瑟福本想通过实验证实导师的原子模型，未曾想结果恰恰相反，汤姆孙的原子模型无法解释α粒子散射实验中大角度散射的结果。由于α粒子的质量比电子的大得多，所以α粒子和原子中电子相碰撞时，电子在任何情况下都只能使α粒子发生很小的偏转。同时，按"果子面包"模型，均匀分布的正电荷产生的静电斥力也不足以使α粒子发生很大的偏转。要解释大角度偏转的现象，除非想象在原子中有一个质量很大的核，为此卢瑟福提出了原子的有核模型：**原子由原子核和绕核运动的电子组成，原子核集中了原子的全部正电荷和原子质量的绝大部分。**

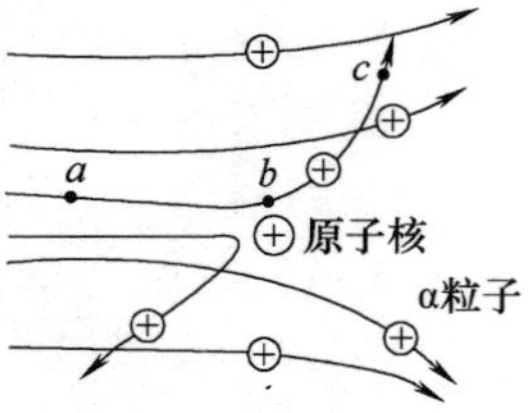

图 18-11　α粒子流在原子核附近散射的示意图

卢瑟福原子的有核模型，能圆满解释α粒子散射实验：绝大多数α粒子穿过原子时，因受原子核的作用很小，故它们的散射角很小；只有少数α粒子能进入距原子核很近的地方，这些α粒子受核的作用较大，故其散射角也较大；而极少数α粒子正对原子核运动，故它们的散射角可接近180°，如图18-11所示。

卢瑟福原子的有核模型，虽能圆满解释α粒子散射实验，但又遇到了新的问题：原子的稳定性和光谱的分立性。有核模型认为电子在核外绕核旋转，由核的库仑力提供电子作圆周运动所需的向心力，使有核模型在力学上是稳定的。但电子绕核旋转在电学上是不稳定的。按经典电磁理论，加速运动的电荷将辐射电磁波，电子因辐射会不断消耗能量，其轨道半径将变得越来越小，最终电子将螺旋式地掉进核内。事实上，原子系统是稳定，并没有发生原子的这种“坍塌”现象。此外，按电动力学，电子绕核旋转所辐射电磁波的频率，等于其绕核转动的频率。在电子螺旋式地掉进核内的过程中，其转动的频率连续变化着，原子将辐射连续光谱，然而实验观察到的却是分立的线状光谱。

综上所述，不论从原子的稳定性，还是从原子光谱的分立性，经典的电磁理论所预示的结果都和实验事实不符。虽然卢瑟福原子的有核模型和经典电磁理论都已被实验所证实。但经典电磁理论不能解释卢瑟福原子的有核模型。原子中的电子究竟如何运动，原子是以何种方式辐射的？人们对此进行了大量的研究，终于创造出了完全崭新的原子物理理论。

18.4.3　氢原子的玻尔理论

丹麦人玻尔（N. Bohr，1885—1962）在获得博士学位后，先后在卡文迪许实验室和卢瑟福的实验室工作了四年多。在此期间，他了解到卢瑟福原子的有核模型和此模型在解释原子稳定性等问题上的困难。1913 年，玻尔回国工作后，又知道了里德伯公式，这使他获得了其理论“七巧板中的最后一块”。同年 3 月，他提出了氢原子光谱理论，在 7 月、9 月和 11 月连续发表了三篇历史性的论文，从而圆满解决了卢瑟福原子的有核模型所遇到困难。玻尔因此荣获 1922 年诺贝尔物理学奖。

玻尔综合了卢瑟福原子的有核模型、普朗克的量子假设、爱因斯坦光量子理论和氢原子光谱实验规律，创造性地把量子论推广到原子系统，大胆地提出了关于原子模型的基本假设。

（1）**定态假设**　电子绕原子核作圆周运动时，只能处于一些分立的稳定状态，简称**定态**。当电子在这些分立的轨道上作圆周运动时，并不辐射能量，故原子具有稳定的能量，这些能量的取值是量子化的，这些分立值称为**能级**

$$E=E(n)\qquad(n=1,2,3,\cdots)\tag{18-23}$$

（2）**跃迁假设**　原子从一个定态变化到另一个定态的过程

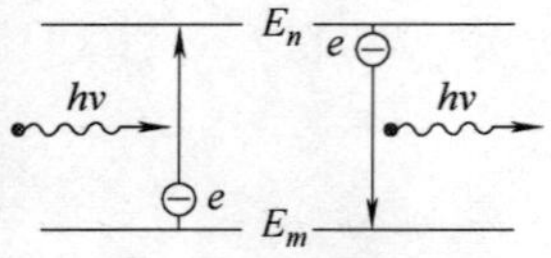

图 18-12　原子能级的跃迁

玻尔轶事

20 世纪初叶的某一天，丹麦哥本哈根大学大一的学生进行了物理期中考试。试卷发下来了，一名学生只考了 50 分。其中有一道这样的题："给你一个气压计，设法估算某大厦的高度。"这位学生是这样解答的：用一细线和此气压计组成一单摆，分别在大厦的底层和顶层测出重力加速度，根据两次测量的差值，以及重力加速度按垂直高度的变化规律，求出此大厦的高度。结果该学生此题被判为零分。这名学生认为老师判卷有误，就找到了学校的学术委员会。教授们看后也觉得判卷不妥，就对这名学生说，24 小时后，你来答辩。

第二天，答辩如期进行。教授们说，你把原题的解法再陈述一遍。这名学生说，除我原来的解答外，还可以把气压计从大厦楼顶让其自由下落，通过测量其下落到地面的时间，计算出大厦的高度，不过这要摔碎气

称为**跃迁**。当电子在两个定态轨道之间跃迁时，就会发射或吸收光子。当原子从能量较高的定态跃迁到较低的定态时，会发射一个光子；反之，则吸收一个光子，如图 18-12 所示。光子的频率由两能级差决定，即

$$h\nu = E_n - E_m \tag{18-24}$$

（3）**量子化条件**　电子在半径为 r 的圆周上绕核运动时，电子轨道的角动量 $\boldsymbol{L}$ 也是量子化的，$\boldsymbol{L}$ 的大小必须满足

$$L = n\frac{h}{2\pi} \quad (n = 1, 2, 3, \cdots) \tag{18-25}$$

式中，h 是普朗克常量，n 称为量子数。

这三条假设中，第一条是创造性的，是玻尔对原子结构理论的重大贡献，圆满解决了原子的稳定性问题。第二条是从普朗克量子假设引申来的，它合理地解释了线状光谱的起源。第三条虽是人为设定的，但后来知道，它可以从德布罗意假设自然导出。

下面我们用玻尔的氢原子理论推导氢原子的能级公式，并解释其光谱的规律。

设在氢原子中，质量为 m、电荷为 e 的电子，在半径为 r_n 的稳定轨道上以速率 v_n 绕核作圆周运动，电子所受的库仑力使其作圆周运动，故有

$$\frac{mv_n^2}{r_n} = \frac{1}{4\pi\varepsilon_0}\frac{e^2}{r_n^2} \tag{18-26}$$

由式（18-25），可得

$$v_n = \frac{nh}{2\pi m r_n} \tag{18-27}$$

把式（18-27）代入式（18-26）有

$$r_n = n^2\frac{\varepsilon_0 h^2}{\pi m e^2} = n^2 r_1 \quad (n = 1, 2, 3, \cdots) \tag{18-28}$$

式中，$r_1 = \varepsilon_0 h^2/\pi m e^2$。由于 ε_0、h、m 和 e 都是已知的常数，可以计算出 $r_1 = 5.29 \times 10^{-11}$ m。此 r_1 就是氢原子中，电子运动最小的轨道半径，称为**玻尔半径**。由式（18-28）可知，电子的轨道半径 r 与 n^2 成正比，且是不连续的，即轨道半径是量子化

的。值得注意的是，r_1 的数量级与经典统计所估计的分子半径相符合，初步显示出玻尔理论的正确性。

当电子在第 n 个轨道上以速率 v_n 绕核作圆周运动时，原子的总能量 E_n 是电子的动能和系统的势能之和，所以有

$$E_n = \frac{1}{2}mv_n^2 - \frac{e^2}{4\pi\varepsilon_0 r_n}$$

利用式（18-27）和式（18-28），上式可写成

$$E_n = -\frac{1}{n^2}\frac{me^4}{8\varepsilon_0^2 h^2} = \frac{E_1}{n^2} \qquad (n=1,\ 2,\ 3,\ \cdots) \qquad (18\text{-}29)$$

式中，$E_1 = -me^4/8\varepsilon_0^2 h^2 = -13.6\text{eV}$，它就是电子在氢原子的第一玻尔轨道上运动时，氢原子的能量。从式（18-29）可见，原子能量都是负值，这说明原子中的电子没有足够的能量，就不能挣脱原子核对它的束缚。此外，n 越大，原子能量的绝对值越小，即电子离核越远，原子的能量越大。$n=1$ 时，能量最小，原子最稳定，称为基态；$n>1$ 的各稳定态，能量均大于基态的，称为激发态。原子由基态跃迁到激发态时，必须吸收一定的能量。若把电子从基态激发到无限远，则所需要的能量为

$$E_{\text{电离}} = E_\infty - E_1 = 13.6\text{eV}$$

式中，$E_{\text{电离}}$称为氢原子的电离能。这时，电子已成为自由电子，氢原子成为氢离子。令人欣慰的是，由上式计算所得的 $E_{\text{电离}}$ 值与实验测得的氢的电离能十分吻合。

根据玻尔的氢原子理论，能很好地解释氢原子光谱。依式（18-24），电子从较高能级 E_n 跃迁到较低能级 E_m 时，所发射光子的能量为

$$h\nu = E_n - E_m$$

由式（18-29）可得，光子的频率为

$$\nu = \frac{E_n - E_m}{h} = \frac{me^4}{8\varepsilon_0^2 h^3}\left(\frac{1}{m^2} - \frac{1}{n^2}\right)$$

用波数 $\tilde{\nu} = 1/\lambda = \nu/c$ 表示上式得

$$\tilde{\nu} = \frac{me^4}{8\varepsilon_0^2 h^3 c}\left(\frac{1}{m^2} - \frac{1}{n^2}\right) \qquad (18\text{-}30)$$

把式（18-30）与巴耳末-里德伯经验公式（18-21）比较可得里

压计；如果是晴天，也可以把气压计立在太阳下，分别测量气压计和大厦影子的长度，根据相似比，求出大厦的高度；还可以把气压计作为礼品送给大厦的设计者，向他询问大厦的高度；也可以用气压计分别测出楼底和楼顶的大气压，再根据大气压和海拔高度的关系，计算大厦的高度。这位学生还要往下说，教授们却打断了他的答辩说，试题本来要的是你所说的最后一种方法，根据你的答辩，这次期中物理考试成绩改评为 90 分。这位学生就是后来大名鼎鼎的物理学家玻尔。

德伯常量为

$$R_{\infty}=\frac{me^4}{8\varepsilon_0^2h^3c}$$

把各常量代入计算得 $R_{\infty}=1.0973731\times10^{7}\mathrm{m}^{-1}$。由此可见，$R_{\infty}$ 的理论值与实验值两者符合得很好。图 18-13 是氢原子能级跃迁与光谱系之间的关系。

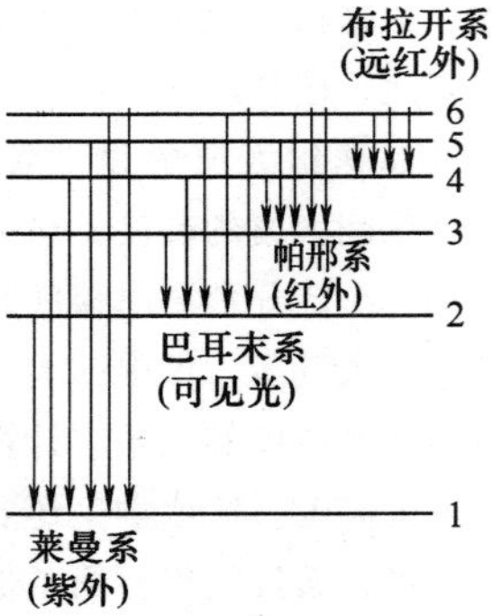

图 18-13　氢原子能级跃迁与光谱系

18.4.4　弗兰克-赫兹实验

原子能量是量子化的，因而原子的能量是不能任意改变的，这已为氢原子的分立光谱所证实。1914 年，德国物理学家弗兰克（J. Franck，1882—1964）和赫兹（G. Hertz，1887—1975）通过电子与原子的碰撞实验，直观地证实了原子内部能级的存在，他们因此共享 1925 年诺贝尔物理学奖。

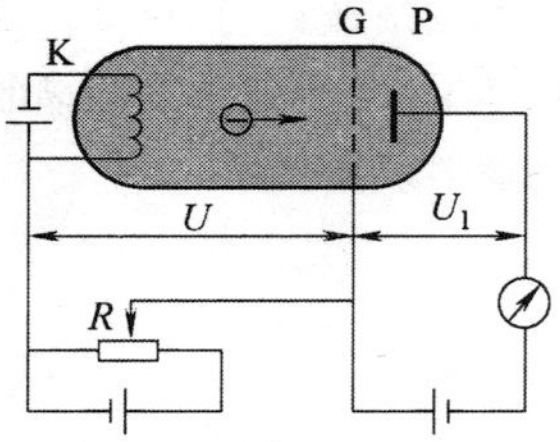

图 18-14　弗兰克-赫兹实验装置

弗兰克-赫兹实验的装置如图 18-14 所示。玻璃管内充有低压汞蒸气，阴极灯丝 K 加热后发射电子，电子经阴极 K 和栅极 G 之间的电压加速而向栅极 G 运动。穿过栅极 G 的电子克服一个很小的反向电压 U_1 到达极板 P，形成极板电流 I。

正常情况下，多数汞原子处于基态 E_1，获得能量后可跃迁到激发态。由于电子与原子碰撞交换的能量不能是任意的，电子具有的最小动能要等于汞原子的基态和第一激发态的能级差，即 $E_k=E_2-E_1$ 时，才能激发汞原子，从而把能量传递给汞原子。调节电位器 R 可以连续改变加速电压 U，从而得到不同的极板电流，极板电流 I 随加速电压 U 变化的关系曲线如图 18-15 所示。从图中可见，当 $U<(E_2-E_1)/e$ 时，电子加速后所获得的动能还不足以使汞原子激发。因而电子在由阳极 K 到栅极 G 的过程中，虽与汞原子发生频繁的碰撞，但不会损失能量。所以，极板电流 I 随加速电压 U 升高而增大。

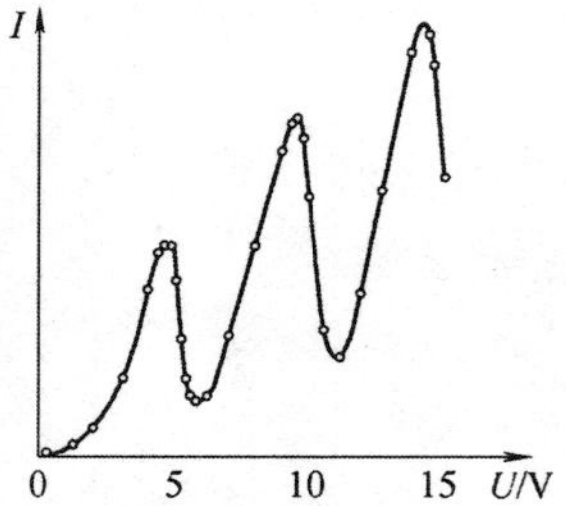

图 18-15　弗兰克-赫兹实验 I-U 关系曲线

当 $U\geqslant(E_2-E_1)/e$ 时，到达栅极 G 附近电子的动能 $E_k\geqslant E_2-E_1$，通过碰撞将能量传递给汞原子，将原子激发到第一激发态。与此同时，失去动能的电子大部分不能克服反向电压 U_1，到不了 P 极板，所以极板电流 I 会陡然减小，从而出现了电流的第一个峰。随着电压的继续增大，和汞原子碰撞而失去能量的电子越来越多，进而能克服反向电压 U_1 到达 P 极板的电子越来越少，所以电流进一步减小。电压继续增大，电子碰撞后所剩能量也越来越大，进而能克服反向电压 U_1，到达 P 极板的电子又越来越多，所以电流 I 随电压 U 的增加而增加。电压再继续增大，电子的能量进一步增加，以至于可以先后使两个汞原子激发，电子损失的能量为原来的两倍，所以能克服反向电压 U_1 到达 P 极板的电子又减少，故出现了电流的第二个峰。后面的电流峰情况类似。

图 18-15 显示，加速电压每隔 4.9V 就会出现一个极板电流 I 的峰值。由此可以断定，汞原子的基态和第一激发态的能级差为 4.9eV。这一点已由汞原子的辐射光谱所证实。

弗兰克-赫兹实验的结果充分表明，电子和汞原子碰撞时，能够交换的能量不是任意的，只能是一定值，从而证明原子能级的存在，又一次表明了原子能量的量子化现象。

氢原子的玻尔理论圆满地解释了氢原子光谱的规律；并从理论上计算出了里德伯常量，且能对只有一个价电子的原子或离子的光谱予以说明。他所提出的能级的概念，也被弗兰克-赫兹实验所证实。但氢原子的玻尔理论也遇到了困难。此理论只能说明氢原子和类氢离子的光谱规律，而不能解释多电子原子的光谱；对谱线的强度、宽度也无能为力。此外，该理论在逻辑上也存在缺陷，玻尔把微观粒子看成是遵守经典力学的质点，同时，又赋予它们量子化的特征，这使得微观粒子看起来正如人们当时所说的，每周一、三、五是经典的，二、四、六是量子的。尽管如此，玻尔理论仍像一座桥梁，跨在经典物理和量子世界之间，借助这座桥梁，人类完成了由经典理论到量子理论的过渡。另外，玻尔描述原子所使用的十分形象的电子轨道、能级等概念，仍被人们袭用至今。

18.5　实物粒子的二象性

为了解释原子辐射的量子性，需要假定原子能量的量子化，即假设原子内部电子运动的某种不连续性。可是，电子作为一种粒子，本身并不能提供能量不连续的依据，还应对电子及其他微观粒子的运动本性作更进一步的探索。

18.5.1　德布罗意波

法国物理学家德布罗意（L. V. De Broglie，1892—1987）原来是学历史的，随着作用量子 h 越来越深入到物质结构的各个领域，在求知欲驱使和其兄长的影响下，他改学理论物理。由于其学科背景，使得德布罗意善于用历史的观点、对比的方法研究问题。1924 年，德布罗意在其博士论文《关于量子理论的研究》中提出：波粒二象性并不只是在光学中表现出来，而具有普遍意义，一切实物粒子也应有波动性。整个世纪以来，在光学上，比起波动研究的方法来，是过于忽略了粒子的研究方法；在实物粒子上，是否发生了相反的错误？是不是我们把关于粒子的图像想得太多，而过分地忽略了其波的图像。进而他认为：自然界一切粒子，不管其静止质量是否为零，都具有波粒二象性。德布罗意提出的这个假设，完全是从逻辑上推测出来的，因为那时对实物粒子的波动性并没有任何证据。

德布罗意根据自然界的对称性，通过类比，假设一个质量为 m，以速度$\boldsymbol{v}$ 运动的粒子，既具有以能量 ε 和动量 $\boldsymbol{p}$ 所描述的粒子性，也具有以频率 ν 和波长 λ 所描述的波动性。其能量 ε 与频率 ν、动量 $\boldsymbol{p}$ 与波长 λ 之间的关系，和光子的对应关系式（18-19）、式（18-20）一致，即

$$\varepsilon = h\nu, \qquad \boldsymbol{p} = \frac{h}{\lambda}\boldsymbol{n} \tag{18-31}$$

这就是德布罗意假设。式中，$\boldsymbol{n}$ 是粒子速度方向上的单位矢量。与实物粒子联系的波，称为**德布罗意波**，也称为**物质波**。

德布罗意假设很快就被实验证实。1927 年，美国物理学家戴维孙（G. J. Davisson，1881—1958）和革末（L. H. Germer，1896—1971）研究了电子在镍单晶上的散射，让被电压加速而成为具有单一能量的细电子束射在单晶表面，然后用一个与电流计相连接的圆形电极收集散射后的电子，如图 18-16a 所示。散射电子束的强度可以根据电流计中通过的电流大小来计算，

实验时可以改变电子速度和散射角 φ。实验中发现，当入射电子的能量为 54eV 时，在 $\varphi=50°$的方向上散射的电子束强度最大，如图 18-16b 所示。按类似于 X 射线在晶体表面衍射的分析，由图 18-16c 可知，散射电子束强度极大的方向应满足

$$a\sin\varphi=\lambda$$

式中，a 为原子间距，对于镍 $a=2.15\times10^{-10}$m。由上式计算出的“电子波”的波长应为

$$\lambda=a\sin\varphi=(2.15\times10^{-10}\sin50°)\text{m}=1.65\times10^{-10}\text{m}$$

按式（18-20），该“电子波”的波长为

$$\lambda=\frac{h}{m_e v}=\frac{h}{\sqrt{2m_e E_k}}=\frac{h}{\sqrt{2m_e Ue}}=1.67\times10^{-10}\text{m}$$

这一结果和戴维孙-革末实验的结果符合得很好。

同年，汤姆孙（G. P. Thomson，1892—1975）研究了电子束穿过多晶薄膜的衍射，得到了圆环状的衍射图样，如图 18-17 所示，再次证实了德布罗意假设。除电子外，随后还陆续用实验证实了中子、质子以及原子甚至分子等都具有波动性，德布罗意公式对这些粒子同样正确。这就说明，一切微观粒子都具有波动性，德布罗意公式就是描述微观粒子波粒二象性的基本公式。德布罗意因其假设，荣获 1929 年诺贝尔物理学奖，戴维孙因证实电子的波动性和汤姆孙分享 1937 年诺贝尔物理学奖。

【例 18-5】 电子经 $U_1=100$V 和 $U_2=10000$V 的电压加速后，其德布罗意波长分别是多少?

【解】 经过电压 U 加速后，电子的动能为

$$\frac{1}{2}mv^2=Ue$$

由此得

$$v=\sqrt{2eU/m}$$

由式（18-31）可得

$$\lambda=\frac{h}{mv}=\frac{h}{\sqrt{2em}}\frac{1}{\sqrt{U}}=\frac{1.23}{\sqrt{U}}\text{nm}$$

把已知数据代入上式计算可得

$$\lambda_1=0.123\text{nm},\qquad \lambda_2=0.0123\text{nm}$$

这两个波长都和 X 射线的波长相当。由此可见，一般实验中电

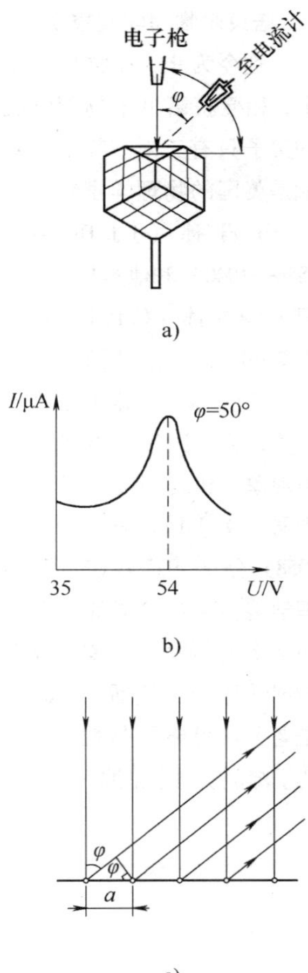

图 18-16　戴维孙-革末实验
a）实验装置
b）散射电子束强度分布
c）衍射分析

图 18-17　电子衍射图样

诺贝尔物理学奖趣事

迄今为止，在物理学史上，相继获诺贝尔物理学奖的父子只有三对。其中一对就是英国的物理学家约·约·汤姆孙（J. J. Thomson，1856—1940）和他的儿子乔·佩·汤姆孙（G. P. Thomson，1892—1975）。前者因发现电子，荣获1906年诺贝尔物理学奖。后者因发现电子的衍射现象，和美国物理学家戴维孙（C. J. Davisson，1881—1958）分享1937年诺贝尔物理学奖。这对父子都因电子而得诺贝尔物理学奖，曾在物理学界传为佳话。有趣的是老子认可电子是粒子，而儿子却证明电子是波。

子波的波长很短，所以观察电子衍射时就需要利用晶体。

【例18-6】 计算质量 $m=0.010\mathrm{kg}$，速率 $v=300\mathrm{m\cdot s^{-1}}$ 的子弹的德布罗意波长。

【解】 由式（18-31）可得

$$\lambda=\frac{h}{mv}=\frac{6.63\times10^{-34}}{0.010\times300}\mathrm{m}=2.21\times10^{-34}\mathrm{m}$$

由此例题可见，因为 h 是个极微小的量，所以宏观物体的波长极小，实验难以测量，因而宏观物体仅表现出粒子性。

18.5.2 德布罗意波的统计解释

为理解实物粒子的波动性，让我们来回忆一下光的情形。因光是电磁波，所以对于光的衍射图样来说，亮纹处波的强度大，暗纹处波的强度小。而波的强度和波幅的二次方成正比，因此，图样亮纹处的波幅要比暗纹处的波幅大。同时，根据光子的观点，某处光的强度大，表示单位时间内到达该处的光子数多，反之亦然。而从统计的角度看，这就相当于说，光子到达亮纹处的概率要比到达暗纹处的概率大。因此可以说，粒子在某处出现的概率与该处波的强度成正比。

让我们应用上述观点来分析电子的衍射图样。从粒子的观点来看，衍射图样的出现，是由于电子射到各处的概率不同而引起的，电子密集处的概率较大，电子稀疏处的概率较小；而从波动的观点来看，电子密集处波的强度大，电子稀疏处波的强度小。所以，某处附近电子出现的概率就反映了该处德布罗意波的强度。对电子是如此，对其他微观粒子也是如此。将波动和粒子这两种观点统一起来考虑，即可得到结论：**在某一时刻，某处德布罗意波的强度，与该时刻该处附近粒子出现的概率成正比**。由于波的强度直接反映了粒子在空间的概率分布，故德布罗意波也被称为**概率波**。

通过上述分析可知，微观粒子的行为特征不同于经典粒子，因此描述经典粒子的方法将不适用于微观粒子。对微观粒子必须用量子力学来处理。那么，是否存在一个判据，可以告诉人们什么情况下用量子力学，什么情况可以用经典力学呢？这个判据就是不确定关系。

18.5.3　不确定关系

对于一个宏观物体，人们可以用坐标和动量来准确地描述其状态，但对一个微观粒子，因其波粒二象性，就无法做到这一点。

例如，有一动量为 $\boldsymbol{p}$ 的自由电子沿 y 轴运动，仿照经典力学的方法，用坐标和动量来描述该电子在某一时刻的运动状态。为了测定电子在某一时刻的位置，可以设置一宽度为 a 的狭缝，如图 18-18 所示。当待测的电子穿过此狭缝的瞬间，因其波动性，我们无法精确地知道它从缝的何处通过，测量其坐标 x 只能精确到缝的宽度 a。即坐标的不确定度为

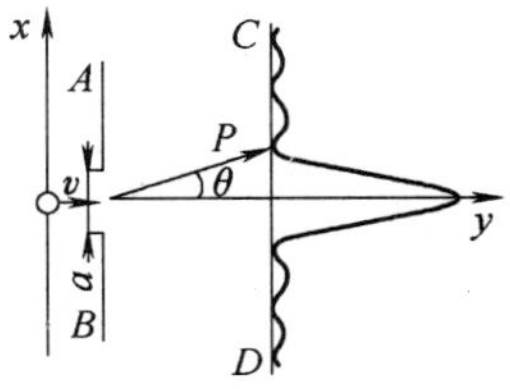

图 18-18　电子单缝衍射与不确定关系

$$\Delta x = a$$

显然，狭缝的宽度 a 越小，当电子通过时测量其坐标 x 的准确度就越高。但是，由于电子的波动性，电子通过狭缝时要产生衍射，狭缝越窄，电子的衍射现象也越明显，这将使电子动量的 x 分量 p_x 产生很大的不确定性。根据电子的衍射图样，电子在中央明纹区域出现的概率最大。根据单缝衍射公式，中央明纹的半角宽度

$$\sin\theta = \frac{\lambda}{a}$$

因此，电子动量在 x 轴上的分量 p_x 至少存在的不确定量为

$$\Delta p_x = p\sin\theta$$

把 $\sin\theta = \lambda/a$，$p = h/\lambda$，$a \approx \Delta x$ 代入上式化简得

$$\Delta x \Delta p_x \geqslant h$$

把上述关系推广到所有坐标和动量分量，则有

$$\begin{aligned} \Delta x \Delta p_x &\geqslant h \\ \Delta y \Delta p_y &\geqslant h \\ \Delta z \Delta p_z &\geqslant h \end{aligned} \tag{18-32}$$

式（18-32）称为**海森堡测不准关系**。它表明：用经典力学的方式来描述微观粒子的运动状态，只能在一定近似程度内做到，**不能同时准确地确定微观粒子某一动量分量和与之对应的坐标**

分量。测定粒子的坐标分量越准确，则相应的动量分量就越不准确，反之亦然。需要说明的是，之所以如此，完全是由于微观粒子的波动性使然，和测量仪器及测量方法毫无关系。不确定关系给经典理论应用的有效性规定了一个限度，超过这一限度，经典理论就不能再应用。我们通过下两例来说明这种限度。

【例 18-7】 质量为 10^{-15}kg 的一运动粒子，如果测定其位置能准确到 10^{-8}m，那么其速度的不确定度为多大?

【解】 依测不准关系，该粒子的速度不确定量为

$$\Delta v_x = \frac{h}{m\Delta x} = 6.63 \times 10^{-11} \mathrm{m \cdot s^{-1}}$$

由上例可见，虽然粒子已小到肉眼无法直接观察的程度，但因速度和坐标的不确定度的数量级分别只有 10^{-11} 和 10^{-8}，这并没有对测量作出什么限制，人们能够非常准确地同时确定粒子的速度和坐标，因此该粒子的行为仍能用经典力学来准确地描述。

【例 18-8】 氢原子半径的数量级为 10^{-10}m，试估算其中电子速度的不确定范围。

【解】 氢原子中的电子被束缚在原子内，因此，其坐标的不确定量不会超出原子的线度，即

$$\Delta x \approx 10^{-10} \mathrm{m}$$

依测不准关系，电子的速度不确定量为

$$\Delta v_x \approx \frac{h}{m\Delta x} \approx 7.3 \times 10^{6} \mathrm{m \cdot s^{-1}}$$

由此可见，用经典力学的方法计算得到的氢原子中电子轨道运动的线速度约为 $10^6 \mathrm{m \cdot s^{-1}}$量级。而速度的不确定量与速度本身同数量级，显然，这种测量毫无意义。所以对原子内部的电子来说，经典力学的描述方法不再有效，这就是玻尔理论缺陷的根源，原子内部电子的行为必须用量子力学来描述。

由式（18-32）可见，在具体测量中，如普朗克常量 h 可以略去不计，则 $\Delta x \Delta p_x \approx 0$。这意味着能用一组确定的坐标和动量来描述某一时刻粒子的运动状态，这就是经典物理学范围。如

在天文学中，根据天体的初始运动状态，可以非常准确地预言它们未来的运动情况。这如同宏观物体在低速（$v/c\to 0$）状态下不必用相对论处理一样。反之，如普朗克常量 h 不能忽略，则测量受到“测不准关系”的限制，无法同时用一组确定的坐标和动量去描述粒子的运动状态，经典物理学的描述方法在此情况下失效，必须用量子力学的方法来描述。因此普朗克常量 h 是量子理论和经典理论的分界线。

类似的关系也发生在相应的能量和时间的测量中。在同一实验中，粒子总能量测量的不确定量为 ΔE，而进行这一测量的时间的不确定量为 Δt，两者的乘积也满足不确定关系

$$\Delta E\Delta t\geqslant h \tag{18-33}$$

当用分辨率很高的摄谱仪来拍摄光谱线时，会发现光谱线具有一定的宽度 $\Delta\nu$，即处于激发态的原子跃迁时，发射的光谱线的频率不正好是 ν，而是具有一定宽度 $\Delta\nu$（不确定的范围），即原子激发态所对应的能量不是一确定值，而存在一定的不确定范围 $\Delta E=h\Delta\nu$。通常称 ΔE 为能级宽度。

处在激发态的原子，将自发地跃迁到低能态或基态，因而原子处于每一激发态都有一定的平均寿命。因对同类的大量原子，其寿命长短不一，真实的寿命分布在一定范围内。寿命的不确定量，恰好等于平均寿命 τ。

能级的宽度 ΔE 与原子处于该能级的平均寿命 τ 之间也满足不确定关系

$$\Delta E\tau\geqslant h$$

上式表明，宽度反比于能级的平均寿命。平均寿命长的能级，其宽度小，这样的能级比较稳定；反之亦然。把能级宽度 $\Delta E=h\Delta\nu$ 代入上式则有

$$\tau\Delta\nu\geqslant 1$$

上式表明，光谱线的宽度反比于能级的平均寿命，能级的平均寿命越长，谱线的单色性越好。

能量和时间的不确定关系不仅适用于原子能级，也适用于原子核状态和所有的微观过程。

18.6　量子力学简介

微观粒子具有波粒二象性，基于其行为的特殊性，对微观粒子的描述也应有其特殊性。在量子力学中，究竟怎样描述微观粒子的状态，其行为满足什么规律，是本节要解决的主要问题。

18.6.1　波函数及其所满足的条件

在第 14 章，我们得知对形如式（14-11）所描述的波动方程，其解的形式为

$$y(x,\ t)=A\cos 2\pi\left(\nu t-\frac{x}{\lambda}\right) \tag{18-34a}$$

上式对机械波和电磁波都是适用的。现把上波函数写成复数形式，则有

$$y(x,\ t)=A\mathrm{e}^{-\mathrm{i}2\pi\left(\nu t-\frac{x}{\lambda}\right)} \tag{18-34b}$$

实际上，式（18-34a）就是式（18-34b）的实部。对于动量大小为 p、能量为 E 的粒子，其波长 λ 和频率 ν 分别为 $\lambda=h/p$，$\nu=E/h$。如果粒子不受外场的作用，则为自由粒子，其能量和动量将保持不变。因此，自由粒子的德布罗意波长和频率也是不变的，可以认为它是一平面单色波。如其波函数用 $\boldsymbol{\Psi}(\boldsymbol{r},\ t)$ 来表示，则有

$$\Psi(x,\ t)=\Phi_0\mathrm{e}^{-\mathrm{i}2\pi\left(\nu t-\frac{x}{\lambda}\right)} \tag{18-35}$$

此函数称为粒子的**波函数**。考虑到 $\lambda=h/p$，$\nu=E/h$，则沿 x 轴正向传播的自由粒子的波函数可表示为

$$\Psi(x,\ t)=\Phi_0\mathrm{e}^{-\mathrm{i}\frac{2\pi}{h}(Et-px)} \tag{18-36}$$

正如 18.5.2 中所述，对电子等微观粒子而言，粒子分布多的地方，粒子的德布罗意波的强度大，而粒子在空间分布数目的多少和粒子在该处出现的概率成正比。所以，**某时刻粒子出现在某点附近体积元 dV 中的概率与 Ψ^2dV 成正比**。由式（18-36）可知，波函数为一复数。而波的强度应是实正数，所以

$\Psi^2 \mathrm{d}V$ 应由下式代替，即

$$|\Psi|^2 \mathrm{d}V = \Psi\Psi^* \mathrm{d}V$$

式中，Ψ^* 是 Ψ 的共轭复数；$|\Psi|^2$ **是粒子出现在某点附近单位体积中的概率**，称为**概率密度**。

总体来说，**在空间某处波函数的平方跟粒子在该处出现的概率成正比**，这就是德国物理学家玻恩（M. Born，1882—1970）对波函数的统计解释，玻恩因此荣获 1954 年诺贝尔物理学奖。

波函数是复数，它不能用任何仪器来测量。所以统计观点认为，在物理上有测量意义的是波函数的模的平方，而并不是波函数本身。更具体地说，$\Psi(x, y, z, t)\Psi^*(x, y, z, t)$ **表示在 t 时刻，在 x，y，z 附近单位体积内发现粒子的概率**，也可以通俗地说成是在 t 时刻，在 (x, y, z) 附近单位体积内发现的粒子数与总粒子数的比。

如果把上式对整个空间积分，由于粒子在整个空间出现的概率一定为 1，所以

$$\int_V \Psi\Psi^* \mathrm{d}V = 1 \tag{18-37}$$

式（18-37）称为**归一化条件**。满足此条件的波函数称为归一化函数。如果函数不是归一化函数，我们可以将其乘一常数，使其满足归一化条件，此常数称为归一化因子。这一过程称为函数的归一化。

【例 18-9】 描述一维运动粒子的波函数为

$$\Psi_n(x) = \begin{cases} A\sin\dfrac{n\pi}{2a}(x+a) & |x| < a \\ 0 & |x| \geqslant a \end{cases}$$

试求其归一化因子 A，并求 $x = a$ 处粒子出现的概率。

【解】 由归一化条件式（18-37）有

$$\int_{-a}^{+a} \Psi\Psi^* \mathrm{d}x = 1$$

即

$$A^2 \int_{-a}^{+a} \sin^2 \frac{n\pi}{2a}(x+a)\mathrm{d}x = 1$$

归一化因子为

$$A = \frac{1}{\left[\int_{-a}^{+a} \sin^2 \frac{n\pi}{2a}(x+a)\,\mathrm{d}x\right]^{1/2}} = \frac{1}{\sqrt{a}}$$

归一化后的波函数为

$$\Psi_n(x) = \begin{cases} \frac{1}{\sqrt{a}}\sin \frac{n\pi}{2a}(x+a) & |x| < a \\ 0 & |x| \geqslant a \end{cases}$$

把 $x=a$ 的坐标代入,即可求得在该处的概率密度 $\Psi(a)\Psi^*(a)=0$，即对由上述波函数描述的粒子，它不可能出现在 $x=a$ 处。

描述微观粒子行为的波函数，除满足归一化条件外，还必须同时满足下述三个条件：

1）单值性：即函数在整个空间单值。这是因为在某一时刻，在空间确定点，粒子的概率密度是唯一确定的。

2）有界性：即函数在整个空间有限。这是因为粒子的概率不可能无穷大。

3）连续性：即函数在整个空间连续。这是因为粒子的波动性，粒子将在整个空间连续分布。

以上三个条件被称为波函数的**标准化条件**。

上面介绍的是自由粒子波函数的表达式。如粒子受到外场的作用，其动量就要发生变化，对应的波函数就不能取平面简谐波的形式，而要采用较复杂的函数形式。要想得到具体的表达式，需要建立波函数所满足的方程再求解。

18.6.2　薛定谔方程

如前所述，微观粒子具有波动性，要进一步了解其运动规律，便需要知道相应波的运动规律。本节将采取从特殊到一般的方法找出这个规律。

设有一质量为 m、动量大小为 p、能量为 E 的自由粒子，沿 x 轴运动，则波函数由式（18-36）表示，即

$$\Psi(x,\ t) = \Phi_0 \mathrm{e}^{-\mathrm{i}\frac{2\pi}{h}(Et-px)}$$

把上式分别对 x 求两阶偏导数，对 t 求一阶偏导数，则分别有

$$\frac{\partial^2 \Psi}{\partial x^2} = -\frac{4\pi^2 p^2}{h^2}\Psi \tag{18-38a}$$

$$\frac{\partial \Psi}{\partial t} = -\frac{\mathrm{i}2\pi}{h}E\Psi \tag{18-38b}$$

考虑到自由粒子的能量 E 就是其动能 E_k，当自由粒子的速度远小于光速时，不计相对论效应，其动量和动能间的数量关系有 $p^2=2mE_k$。所以由式（18-38a）、式（18-38b）可得

$$-\frac{h^2}{8\pi^2 m}\frac{\partial^2 \Psi}{\partial x^2} = \mathrm{i}\frac{h}{2\pi}\frac{\partial \Psi}{\partial t} \tag{18-38c}$$

令 $\hbar = h/2\pi$，则式（18-38c）改写为

$$-\frac{\hbar^2}{2m}\frac{\partial^2 \Psi}{\partial x^2} = \mathrm{i}\hbar\frac{\partial \Psi}{\partial t} \tag{18-39}$$

式(18-39)就是作一维运动的自由粒子的薛定谔方程。

对于一个处在势场中的非自由粒子,若其势能为 U,则粒子的总能量 E 为其动能 E_k 和势能 U 之和,即

$$E = \frac{p^2}{2m} + U$$

把上式代入式(18-38b),并利用式(18-38a),可得

$$-\frac{\hbar^2}{2m}\frac{\partial^2 \Psi}{\partial x^2} + U\Psi = \mathrm{i}\hbar\frac{\partial \Psi}{\partial t} \tag{18-40}$$

式（18-40）是在势场中作一维运动的粒子的薛定谔方程。此方程描述了一个质量为 m 粒子，在势能为 U 的势场中，其状态随时间而变化的规律。

若粒子的势能 U 仅是坐标的函数，而与时间无关。就可以把式（18-36）所表示的波函数分成坐标函数与时间函数的乘积，即

$$\Psi(x,\ t) = \Phi(x)f(t) \tag{18-41a}$$

下面我们将通过分离变量法，来导出定态薛定谔方程，具体方法如下。

把上式代入式（18-40），并两边同除以 $\Phi(x)f(t)$ 可得

$$\frac{\mathrm{i}\hbar\dfrac{\partial f(t)}{\partial t}}{f(t)}=\frac{-\dfrac{\hbar^2}{2m}\dfrac{\partial^2\Phi(x)}{\partial^2 x}}{\Phi(x)}+U(x)$$

上方程左边仅是时间 t 的函数，而右边仅是坐标 x 的函数，因等号两边的变量不同，所以方程两边只有等于同一常量时才能成立。令该常量为 E（后面将表明此常量就是粒子的总能量），可将原方程分离成两个独立的方程

$$\mathrm{i}\hbar\frac{\mathrm{d}f(t)}{\mathrm{d}t}=Ef(t) \tag{18-41b}$$

$$-\frac{\hbar^2}{2m}\frac{\partial^2\Phi(x)}{\partial x^2}+U(x)\Phi(x)=E\Phi(x) \tag{18-41c}$$

由于式（18-41c）中不含时间，故该方程被称为**定态薛定谔方程**。至此分离变量法结束，分离变量法是解偏微分方程的基本方法之一。

不难求得方程（18-41b）的解为

$$f(t)=c\mathrm{e}^{-\frac{\mathrm{i}}{\hbar}Et}$$

把上式代入式（18-41a），并把积分常数 c 归入 $\Phi(x)$ 中，得波函数

$$\Psi(x,t)=\Phi(x)\mathrm{e}^{-\frac{i}{\hbar}Et} \tag{18-42}$$

由式（18-42）可见，当势能 U 不随时间 t 变化时，粒子在空间的概率分布

$$|\Psi|^2=\Psi(x,t)\Psi^*(x,t)=\Phi(x)\Phi^*(x)$$

和时间 t 无关，因而定态具有稳定的概率分布，而且系统的能量也是一个与时间无关的常数 E。

以上讨论的是一维的情况，若粒子是在三维势场中运动，则把方程（18-41c）推广成

$$\left[-\frac{\hbar^2}{2m}\left(\frac{\partial^2}{\partial x^2}+\frac{\partial^2}{\partial y^2}+\frac{\partial^2}{\partial z^2}\right)+U(x,y,z)\right]\Phi(x,y,z)=E\Phi(x,y,z)$$

为书写简洁，引入拉普拉斯算符 ∇^2 和哈密顿算符 $\hat{H}$

$$\nabla^2=\frac{\partial^2}{\partial^2 x}+\frac{\partial^2}{\partial^2 y}+\frac{\partial^2}{\partial^2 z},\qquad \hat{H}=-\frac{\hbar^2}{2m}\nabla^2+U$$

则一般的定态薛定谔方程可写为

$$\hat{H}\Phi = E\Phi \tag{18-43}$$

如果一个算符 $\hat{F}$ 作用在一个函数 u 上，所得的结果就等于一个常数 k 和这个函数的乘积，即

$$\hat{F}u = ku \tag{18-44}$$

则称 k 为算符 $\hat{F}$ 的本征值，函数 u 为算符 $\hat{F}$ 的本征函数，方程（18-44）为算符 $\hat{F}$ 的本征方程。在一般情况下，本征值可以是实数，也可以是虚数，因力学量都是实数，所以与力学量对应算符的本征值必须是实数。由此可见，方程（18-43）就是哈密顿算符 $\hat{H}$ 的本征方程，波函数 Φ 就是哈密顿算符 $\hat{H}$ 的本征函数，因哈密顿算符 $\hat{H}$ 对应着系统的能量，所以其本征值 E 就是系统的能量。

薛定谔方程表达了波函数的时空变化关系。它和物理学中的其他方程（牛顿运动方程、麦克斯韦方程）一样，其正确性只能由实验来验证。令人欣慰的是，把薛定谔方程应用于原子和分子等许多问题上，都获得了显著的成功。这无疑表明，该方程确实反映了实物粒子的运动规律。奥地利物理学家薛定谔（E. Schrödinger，1887—1961）和英国物理学家狄拉克（P. A. M. Dirac，1902—1984）因此分享了 1933 年诺贝尔物理学奖。下面通过几个典型的例子，介绍薛定谔方程对具体模型的应用。

18.6.3　一维无限深势阱

粒子被限制在势阱中运动，是某种实际情形（如金属内部自由电子的运动）的一种近似。应用定态薛定谔方程处理这一问题，对加深理解能量量子化和薛定谔方程的意义，熟悉薛定谔方程的求解步骤都有着积极的意义。

设一质量为 m 的粒子处在势能为 U 的势场中，并沿 x 轴作一维运动。粒子的势能 U 满足

区域Ⅰ：$U(x)=0 \qquad 0<x<a$

区域Ⅱ、Ⅲ：$U(x)\to\infty \quad x\leqslant 0,\ x\geqslant a$

这种势场被称为一维无限深方势阱，如图 18-19 所示。

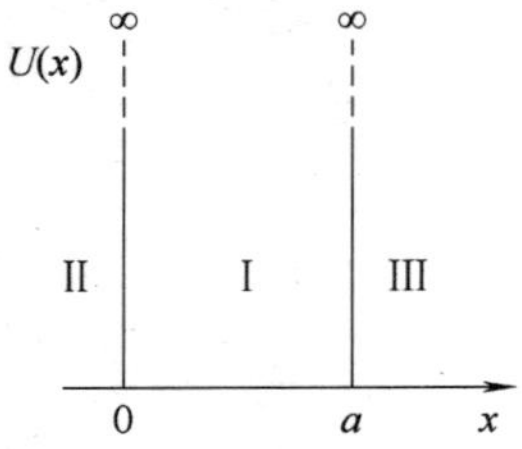

图 18-19　一维无限深方势阱

在经典描述中，粒子在势阱中作匀速运动。粒子可以具有任何速度，因而可以具有任何能量。无限高势壁是理想的刚性壁，这将使粒子完全弹性地反射而来回运动。因此，在某一区域 $\mathrm{d}x$ 内，找到粒子的概率正比于粒子在 $\mathrm{d}x$ 内所停留的时间 $\mathrm{d}x/u$，其中 u 是粒子的速度大小。由于 u 是常数，粒子的经典概率分布函数在阱内正好是常数 $1/a$。那么从量子力学的角度来看，粒子的能量和在势阱内的概率分布又具有什么样的形式呢?

因为势壁无限高，具有有限能量的粒子，只能在区域Ⅰ中运动而不能越出壁外。所以在区域Ⅱ和Ⅲ中不能找到粒子，故有

$$\Phi_{\mathrm{II}}(x)=\Phi_{\mathrm{III}}(x)=0$$

而在区域Ⅰ中，$U(x)=0$，由式（18-41c）可得，粒子的定态薛定谔方程为

$$-\frac{\hbar^2}{2m}\frac{\mathrm{d}^2\Phi}{\mathrm{d}x^2}=E\Phi$$

令 $k^2=2mE/\hbar^2$，则上方程改写成

$$\frac{\mathrm{d}^2\Phi}{\mathrm{d}x^2}+k^2\Phi=0 \tag{18-45a}$$

方程（18-45a）的通解为

$$\Phi(x)=A\sin kx+B\cos kx \tag{18-45b}$$

式中，A、B 为积分常数，可由边界条件和归一化条件来确定。

由 $x=0$ 处的边界条件 $\Phi(0)=0$ 得 $B=0$，所以解的形式为

$$\Phi(x)=A\sin kx \tag{18-45c}$$

再由 $x=a$ 处的边界条件 $\Phi(a)=0$ 得

$$\Phi(a)=A\sin ka=0$$

因 $A\neq 0$（否则波函数无意义），只能是 $ka=n\pi$，即 k 只能取下式限制的分立值，即

$$k=n\frac{\pi}{a}\qquad (n=1,\ 2,\ 3,\ \cdots) \tag{18-45d}$$

把上式代入式（18-45c），则得到所求的波函数

$$\Phi_n(x)=A\sin\frac{n\pi x}{a}\qquad(0\leqslant x\leqslant a,\ n=1,\ 2,\ 3,\ \cdots)\tag{18-45e}$$

式中，n 为量子数。把式（18-45d）代入 $k^2=2mE/\hbar^2$，便自然地得到量子化的能量值

$$E_n=n^2\frac{\pi^2\hbar^2}{2ma^2}\qquad(n=1,\ 2,\ 3,\ \cdots)\tag{18-45f}$$

式（18-45f）表明，粒子的能量只能取分立值，即能量是量子化的。

在经典描述中，处于势阱中的粒子，其能量最小值等于零，也就是粒子在势阱中静止不动。而式（18-45f）却表明，势阱中粒子的最小能量为 $E_1=\pi^2\hbar^2/2ma^2$，并不是零。E_1 是粒子的基态能，也称为零点能。零点能的存在，表明粒子不可能在势阱中静止不动，这是局限于有限区域中运动粒子的共同特点。为什么会有零点能？静止的粒子有完全确定的位置和动量，而微观粒子却不可能同时有确定的坐标和动量，因而粒子不应静止于势阱中。势阱中粒子位置的不确定度量 Δx 等于势阱的宽度 a，粒子动量的不确定度 Δp 可由不确定关系求得 $\Delta p\geqslant h/a$，而粒子的动量不能小于 Δp，所以 $p\geqslant h/a$，因此，粒子的能量 $E=p^2/2m\geqslant h^2/2ma^2$。$E_1$ 和 $h^2/2ma^2$ 同数量级。由此可见，不确定关系要求局限于势阱中的粒子能量 $E\geqslant E_1$。

式（18-45e）中的积分常数 A 可由归一化条件

$$\int_{-\infty}^{+\infty}\Phi\Phi^*\,\mathrm{d}x=\int_0^a A^2\sin^2\left(\frac{n\pi x}{a}\right)\mathrm{d}x=1$$

确定，计算得 $A=\sqrt{2/a}$，于是，此问题的归一化波函数为

$$\Phi_n(x)=\sqrt{\frac{2}{a}}\sin\frac{n\pi x}{a}\qquad(0\leqslant x\leqslant a\quad n=1,\ 2,\ 3,\ \cdots)\tag{18-45g}$$

图 18-20a、b 分别给出了在一维无限深方势阱中，粒子在前四个能级的波函数和概率密度。从图 18-20b 可见，粒子在势阱中各处的概率密度并不是均匀分布的，这和经典描述的很不相同。

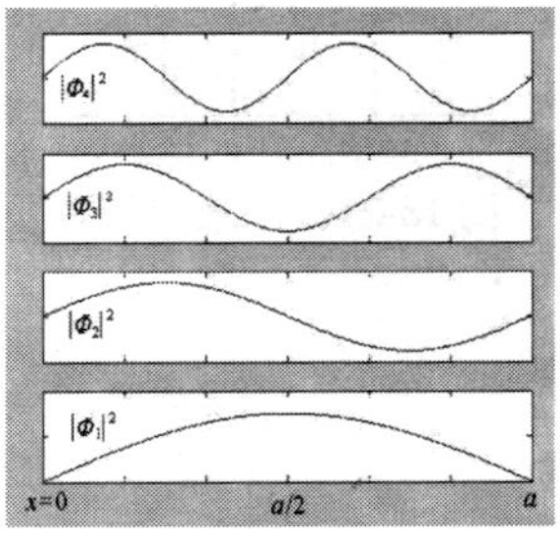

（a）

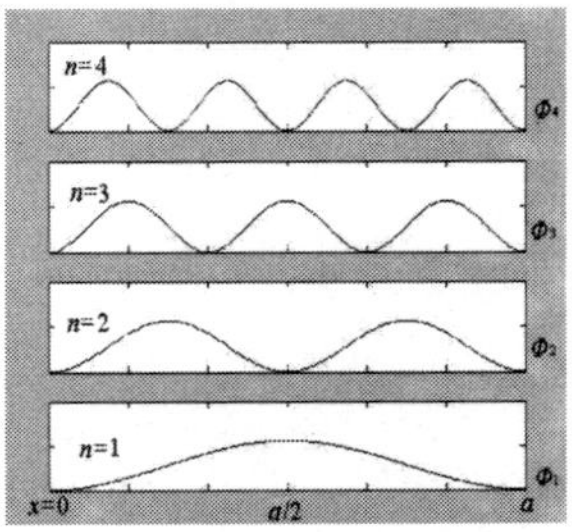

（b）

图 18-20　一维无限深势阱中粒子的波函数和概率密度

按经典描述，粒子在势阱内运动不受限制，粒子在阱内各处出现的概率也应当是相等的。从图中还可看出，随着量子数 n 的增大，概率分布曲线的峰值个数也增多，且两峰之间的距离将随 n 的增大而变小。不难想象，当 n 很大时，相邻两峰将彼此靠得很近。这就非常接近于经典描述中粒子在势阱内均匀分布的情况了。

从上述讨论可见，经典物理可看成是量子数 $n\to\infty$ 时，量子物理的特殊情况，这也和当质点的速度值 $v \ll c$ 时，牛顿力学可看是相对论力学的特殊情况一样。正如玻尔在提出氢原子理论之后所指出的："任何一个新理论的极限，必须与旧理论一致。"

18.6.4　势垒和隧道效应

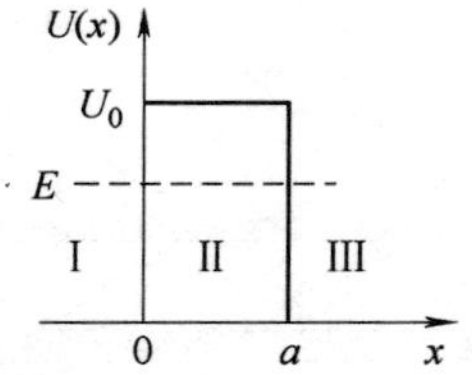

图 18-21　一维方势垒

势垒贯穿或隧道效应是一个量子现象。势垒是实际情况的近似，如在两金属间夹一层很薄的绝缘层，电子在两边的金属内是自由的，但不容易通过绝缘层。因此，从能量角度看，对电子而言，这一绝缘层相当于图 18-21 所示的一维方势垒，其势能可以写成

$$U(x)=\begin{cases}U_0 & 0<x<a\\ 0 & x\leqslant 0,\ x\geqslant a\end{cases}\qquad(18\text{-}46a)$$

若有一质量为 m、能量为 E（$E<U_0$）的粒子，从 $x<0$ 的区域沿 x 轴运动而遇到势垒，该粒子的运动情况如何呢？

按经典力学的观点，因为粒子的能量为其动能和势能之和，在区域Ⅰ，粒子的能量 $E<U_0$，所以粒子的动能为负，粒子肯定被弹回，根本不可能穿过该势垒而进入区域Ⅱ到达区域Ⅲ。而按量子力学的观点，微观粒子具有波动性，应用薛定谔方程来描述该粒子的行为。设Ⅰ、Ⅱ和Ⅲ三个区域的波函数分别为 $\Phi_1(x)$、$\Phi_2(x)$和 $\Phi_3(x)$，依式（18-41c），三个波函数分别满足如下三个方程：

$$-\frac{\hbar^2}{2m}\frac{\mathrm{d}^2\Phi_1(x)}{\mathrm{d}x^2}=E\Phi_1(x)\qquad(x\leqslant 0)$$

$$-\frac{\hbar^2}{2m}\frac{d^2\Phi_2(x)}{dx^2}+U_0\Phi_2(x)=E\Phi_2(x)\qquad(0<x<a)$$

$$-\frac{\hbar^2}{2m}\frac{d^2\Phi_3(x)}{dx^2}=E\Phi_3(x)\qquad(x\geqslant a)$$

令 $k_1=\sqrt{2mE}/\hbar$，$k_2=\sqrt{2m(U_0-E)}/\hbar$，并分别代入上述方程，整理得

$$\frac{d^2\Phi_1(x)}{dx^2}+k_1\Phi_1(x)=0\qquad(x\leqslant a)$$

$$\frac{d^2\Phi_2(x)}{dx^2}-k_2^2\Phi_2(x)=0\qquad(0<x<a)$$

$$\frac{d^2\Phi_3(x)}{dx^2}+k_1^2\Phi_3(x)=0\qquad(x\geqslant a)$$

上面三个方程的解分别是

$$\Phi_1(x)=A_1e^{ik_1x}+A_2e^{-ik_1x}\tag{18-46b}$$

$$\Phi_2(x)=B_1e^{k_2x}+B_2e^{-k_2x}\tag{18-46c}$$

$$\Phi_3(x)=C_1e^{ik_1x}+C_2e^{-ik_1x}\tag{18-46d}$$

把式（18-46b）和式（18-46d）的两边同乘上时间因子 $e^{-\frac{i}{\hbar}Et}$ 即得

$$\Phi_1(x)e^{-\frac{i}{\hbar}Et}=A_1e^{ik_1x}e^{-\frac{i}{\hbar}Et}+A_2e^{-ik_1x}e^{-\frac{i}{\hbar}Et}\tag{18-46e}$$

$$\Phi_3(x)e^{-\frac{i}{\hbar}Et}=C_1e^{ik_1x}e^{-\frac{i}{\hbar}Et}+C_2e^{-ik_1x}e^{-\frac{i}{\hbar}Et}\tag{18-46f}$$

对照式（18-36）可知，式（18-46e）中右边第一项表示沿 x 轴正向传播的平面波，即入射波；第二项表示沿 x 轴负向传播的平面波，即反射波。在区域Ⅰ，入射波和反射波都存在，所以在该区域描述粒子状态的波函数 $\Phi_1(x,t)$ 是沿相反方向传播的两列平面波的叠加。

在区域Ⅲ，由于不存在反射波，故式（18-46f）中 $C_2=0$。因此，在该区域描述粒子状态的波函数 $\Phi_3(x,t)$ 是沿 x 轴正方向传播的平面波，即透射波。

由上述讨论可见，区域Ⅱ和Ⅲ中的波函数均不为零，原来在区域Ⅰ的粒子有通过区域Ⅱ进入区域Ⅲ的可能，这种现象就

扫描隧穿显微镜（STM）

STM 的主要构件是一根利用特殊工艺加工的金属探针，针非常尖锐，只有一个原子大小的尺寸。图 18-22 为 STM 示意图。

在样品的表面有一表面势垒阻止其内部的电子向外运动。但表面内的电子能以一定的概率穿过这表面势，在表面外形成一层电子云。该电子云的密度随与表面的距离增大而按指数规律迅速减小。样品表面的微结构就决定了这层电子云在样品外表面的分布，STM 就是通过显示这层电子云的分布来考察样品表面的微结构的。

使用 STM 时，先将探针 T 靠近样品 S，直至两者的电子云略有重叠。这时在探针和样品间加上电压，电子便会通过电子云形成隧穿电流。因隧穿电流对探针与样品表面间的距离极为敏感，当探针在样品表面上方扫描时，把隧穿电流经电流放大器 A 放大后输入反馈装置 B，从而利用控制压电管 P，使针尖 T 与样品 S 表面间保持恒定。把探针扫描和起伏运动的数据送入计算机处理，就可以在荧光屏 D 或绘图机上显示样品表面的三维图像。其放大倍数可达 1 亿倍。

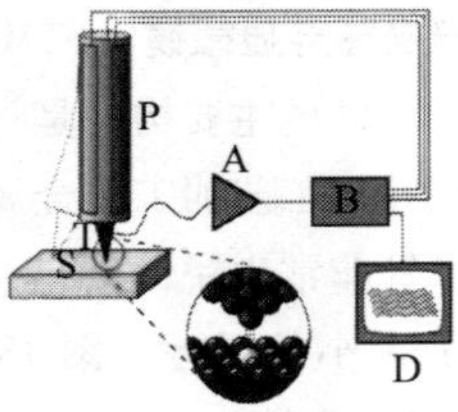

图 18-22　STM 示意图

好像粒子在势垒壁上“开凿”隧道而钻出，故称其为**隧道效应**。

经计算可以得到粒子的穿透概率为

$$T=\frac{|C_1|^2}{|A_1|^2}=e^{-\frac{2}{\hbar}\sqrt{2m(U_0-E)}a} \tag{18-46g}$$

式中，A_1 是入射波振幅，C_1 是透射波振幅。从上式可见，当粒子的能量 E 一定时，势垒越高（U_0 越大）或越宽（a 越大），粒子穿透的概率越小；而势垒的高度和宽度一定时，粒子的能量 E 越大，粒子穿透的概率越大。

隧道效应缘于微观粒子的波粒二象性，这已为许多实验所证实。隧道效应的一个重要应用就是**扫描隧穿显微镜**（STM），它是根据隧道效应对势垒高度和宽度的变化十分敏感这一原理研制的。其发明者德国物理学家宾宁（G. Binnig，1947—）和瑞士物理学家罗勒尔（H. Rohrer，1933—）因此分享了 1986 年诺贝尔物理学奖。

图 18-23　量子围栏

目前用 STM 已对石墨、硅、超导体以及纳米材料等的表面状况进行了观察，都得到了很好的结果。STM 不但可以作为“眼”来观察材料的表面微观结构，而且还可以作为“手”来摆弄单个原子。用它的探针可以吸住一个孤立的原子，并把该原子移到另一处。这就迈出了人类用单个原子这样的“砖块”来建造“大厦”即各种理想材料的第一步。图 18-23 是 IBM 实验室的科学家们精心制作的“量子围栏”的计算机照片。他们在 4K 的温度下，用 STM 的针尖一个个地把 48 个铁原子移栽到了一块精制的铜表面上，围成了一个圆圈，圈内形成了一个势阱，此势阱把该处铜表面运动的电子圈了起来。图中圈内的圆形波就是这些电子的波动图景，其大小及图形和量子力学的预言符合得非常好，是对量子力学最直观的证实。

18.7　氢原子的量子理论

把量子理论应用到原子体系上，进而发展起来的原子的量子理论，是人们对物质世界认识的一个划时代的里程碑。1924

年，薛定谔在他的第一篇论文里，用薛定谔方程对氢原子问题进行处理，获得了氢原子和类氢原子的精确解。用这种方法不仅使人们知道了量子数 n、l 和 m_l 的来由、取值以及它们与角动量和能量量子化的关系，而且还能给出波函数及电子的概率分布。以这些解为基础，还可以求得复杂原子的近似解。

本节中，因涉及一些特殊的微分方程，所以我们的注意力主要集中在处理问题的思路和一些结论上，而不是在数学上的细节。

18.7.1　氢原子的薛定谔方程

若忽略核的大小和运动，氢原子可看成是一个电子在核的球对称库仑场中的运动。电子的动能为 $p^2/2m$，势能为

$$U(r) = -\frac{ze^2}{4\pi\varepsilon_0 r}$$

其中 r 为电子到核的距离。为了使结果还可以应用于类氢原子，可令式中的原子序数 $z \geqslant 1$。氢和类氢原子中电子的库仑势曲线如图 18-24 所示，它构成了一个势阱。核外电子被束缚在该势阱中，其电子运动具有分立的能态。

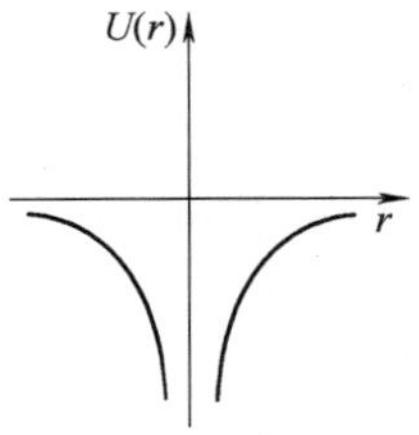

图 18-24　氢和类氢原子的库仑势曲线

因为势能 $U(r)$ 是球对称的，且和时间无关，属定态问题，采用球坐标下定态薛定谔方程来描写核外电子的运动。

球坐标下拉普拉斯算符 ∇^2 为

$$\nabla^2 = \frac{1}{r^2}\frac{\partial}{\partial r}\left(r^2\frac{\partial}{\partial r}\right) + \frac{1}{r^2\sin\theta}\frac{\partial}{\partial\theta}\left(\sin\theta\frac{\partial}{\partial\theta}\right) + \frac{1}{r^2\sin^2\theta}\frac{\partial^2}{\partial\varphi_2}$$

把上式代入哈密顿算符，利用式（18-43）可得三维空间定态薛定谔方程的球坐标形式为

$$-\frac{\hbar^2}{2m}\left[\frac{1}{r^2}\frac{\partial}{\partial r}\left(r^2\frac{\partial\Phi}{\partial r}\right) + \frac{1}{r^2\sin\theta}\frac{\partial}{\partial\theta}\left(\sin\theta\frac{\partial\Phi}{\partial\theta}\right) + \frac{1}{r^2\sin^2\theta}\frac{\partial^2\Phi}{\partial\varphi^2}\right] - \frac{e^2}{4\pi\varepsilon_0 r}\Phi = E\Phi \tag{18-47a}$$

方程（18-47a）中波函数 $\Phi = \Phi(r, \theta, \varphi)$，是核外电子运动的波函数。这一方程描写了氢原子中电子的运动。

解方程（18-47a），并利用波函数必须满足的标准化条件，

既可求出波函数，又可很自然地得出量子化的能量和角动量。

18. 7. 2　分离变量法

一般采用分离变量法求解方程（18-47a）。因为库仑势中不含变量 θ 和 φ，故可将波函数 $\Phi(r, \theta, \varphi)$ 分离成 $R(r)$ 和 $Y(\theta, \varphi)$ 的乘积，即

$$\Phi(r,\theta,\varphi) = R(r)Y(\theta,\varphi)$$

把上式代入式（18-47a）中，并两边同除以 $R(r)Y(\theta, \varphi)$，化简后有

$$\frac{1}{R}\frac{\mathrm{d}}{\mathrm{d}r}\left(r^2\frac{\mathrm{d}R}{\mathrm{d}r}\right)+\frac{2mr^2}{\hbar^2}\left(E+\frac{e^2}{4\pi\varepsilon_0 r}\right)$$
$$= -\frac{1}{Y}\left[\frac{1}{\sin\theta}\frac{\partial}{\partial\theta}\left(\sin\theta\frac{\partial Y}{\partial\theta}\right)+\frac{1}{\sin^2\theta}\frac{\partial^2 Y}{\partial\varphi^2}\right]$$

上式左边仅是 r 的函数，而右边只是 θ 和 φ 的函数，两边的变量不同，要在各变量的变化过程中始终相等，两边只能都等于同一常数。把此常数记为 $l(l+1)$（稍后将看到 l 是角量子数），则上述方程分离成两个方程

$$\frac{\mathrm{d}}{\mathrm{d}r}\left(r^2\frac{\mathrm{d}R}{\mathrm{d}r}\right)+\frac{2mr^2R}{\hbar^2}\left(E+\frac{e^2}{4\pi\varepsilon_0 r}\right)=l(l+1)R \qquad (18\text{-}47\mathrm{b})$$

$$-\left[\frac{1}{\sin\theta}\frac{\partial}{\partial\theta}\left(\sin\theta\frac{\partial Y}{\partial\theta}\right)+\frac{1}{\sin^2\theta}\frac{\partial^2 Y}{\partial\varphi^2}\right]=l(l+1)Y \qquad (18\text{-}47\mathrm{c})$$

为进一步分离方程（18-47c），再令 $Y(\theta, \varphi) = \Theta(\theta)\phi(\varphi)$，将其代入方程（18-47c），并两边同除以 $\Theta(\theta)\phi(\varphi)$，化简可得

$$-\frac{\sin\theta}{\Theta}\frac{\partial}{\partial\theta}\left(\sin\theta\frac{\partial\Theta}{\partial\theta}\right)-l(l+1)\sin\theta=\frac{1}{\phi}\frac{\partial^2\phi}{\partial\varphi^2}$$

同理，上述方程两边的变量不同，等式要成立，只能同时等于一个常数，令此常数为 $-m_l^2$（稍后将看到 m_l 是磁量子数），则上述方程又分离成

$$\sin\theta\frac{\mathrm{d}}{\mathrm{d}\theta}\left(\sin\theta\frac{\mathrm{d}\Theta}{\mathrm{d}\theta}\right)+l(l+1)\sin^2\theta\Theta=m_l^2\Theta$$

$$\frac{\partial^2\phi}{\partial\varphi^2}=-m_l^2\phi$$

到此偏微分方程（18-47a）已分离成下面三个常微分方程，即

$$\frac{\mathrm{d}}{\mathrm{d}r}\left(r^2\frac{\mathrm{d}R}{\mathrm{d}r}\right)+\frac{2mr^2R}{\hbar^2}\left(E+\frac{e^2}{4\pi\varepsilon_0 r}\right)-l(l+1)R=0 \quad (18\text{-}47\mathrm{d})$$

$$\frac{1}{\sin\theta}\frac{\mathrm{d}}{\mathrm{d}\theta}\left(\sin\theta\frac{\mathrm{d}\Theta}{\mathrm{d}\theta}\right)+\left[l(l+1)-\frac{m_l^2}{\sin^2\theta}\right]\Theta=0 \quad (18\text{-}47\mathrm{e})$$

$$\frac{\mathrm{d}^2\phi}{\mathrm{d}\varphi^2}+m_l^2\phi=0 \quad (18\text{-}47\mathrm{f})$$

18.7.3　三个量子数

原则上，我们可以求解上面三个方程，从而得到有关的波函数 Φ。由于数学运算较繁琐，我们只讨论求解后所得出的一些重要结论。

1. 能量量子化和主量子数 n

对径向方程（18-47d），要想方程有合理的解，氢原子的能级 E 的取值必须是量子化的，其值只能为

$$E_n=-\frac{1}{n^2}\left(\frac{me^4}{8\varepsilon_0^2h^2}\right) \quad (18\text{-}48)$$

式中，$n=1,2,3,\cdots$称为**主量子数**。由此可见，主量子数 n 决定了氢原子中电子能量的最主要部分（进一步的研究表明其能量还与角量子数有关）。$n=1$ 时，氢原子处于基态；$n>1$ 时，氢原子处于激发态；$n\to\infty$ 时，氢原子核外的电子已脱离核的束缚，氢原子处于离子态。对比式（18-48）和式（18-29），我们惊奇地发现，两式竟然完全一致，由此不得不感叹玻尔氢原子理论的奇妙，它居然和理论求解的结果吻合得如此天衣无缝！

2. 角动量量子化和角量子数 l

对角向方程（18-47e），要想方程有合理的解，要求氢原子中电子的角动量的大小必须为

$$L=\sqrt{l(l+1)}\hbar \quad (18\text{-}49)$$

式中，$l=0,1,2,3,\cdots,(n-1)$，称为**角量子数**。由此可见，角量子数 l 决定了氢原子中电子角动量的大小，对电子的能量也有一定的影响。由式（18-49）和角量子数 l 的取值可

见，电子的角动量 L 不能取任意值，它与能量一样，也是量子化的。

对氢原子中电子的角动量应注意如下三点。第一，在量子理论中，已没有轨道的概念，此处所述的角动量，只是一种形象的描述而已。第二，式（18-49）和玻尔氢原子理论所得的 $L=nh/2\pi$ 有所不同，前者的最小值为零，而后者的最小值为 $h/2\pi$，而实验表明，前者是正确的。第三，角量子数 l 并不是独立的，它还受主量子数 n 的限制。如当 $n=1$ 时，l 只能取 0，对应的角动量为零。

3. 空间量子化和磁量子数 m_l

式（18-49）只能给出角动量的大小，而角动量是一矢量，要完全确定氢原子中电子的角动量，还必须知道它在空间的方位。求解方程（18-47f），可得角动量 L 在空间某特定方向（如 z 轴）上的分量 L_z 为

$$L_z = m_l\hbar \tag{18-50}$$

式中，$m_l=0,\ \pm1,\ \pm2,\ \pm3,\ \cdots,\ \pm l$，称为**磁量子数**，它决定了角动量在某特定方向分量的大小。由式（18-50）和磁量子数 m_l 的取值可见，电子的角动量在某特定方向分量的大小 L_z 不能取任意值，它与能量一样，也是量子化的。称此现象为空间量子化。

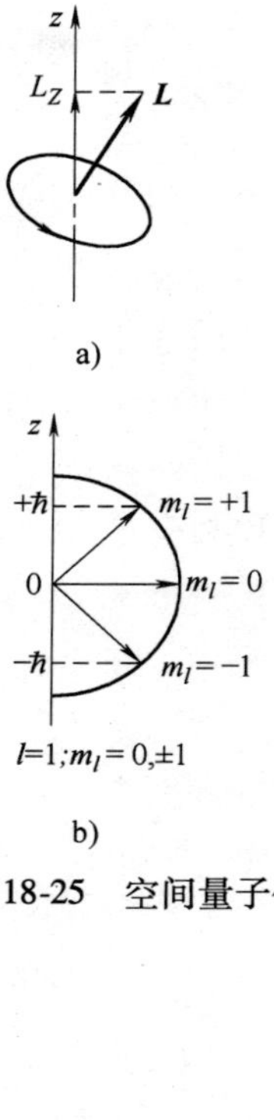

图 18-25　空间量子化

需要注意的是，磁量子数 m_l 受角量子数 l 的限制，且 l 越大，m_l 的可能值也越多，如图 18-25 所示。

通过上面的讨论我们得到，描述氢原子中电子状态的波函数与量子数 n、l 和 m_l 有关，即

$$\Phi_{n,l,m_l}(r,\theta,\varphi)=R_{n,l}(r)\Theta_{l,m_l}(\theta)\phi_{m_l}(\varphi)$$

而在空间(r,θ,φ)附近 $\mathrm{d}V$ 体积元中发现电子的概率为

$$\Phi_{n,l,m_l}(r,\theta,\varphi)\Phi^*_{n,l,m_l}(r,\theta,\varphi)\mathrm{d}V$$

在球坐标中，体积元 $\mathrm{d}V=r^2\sin\theta\mathrm{d}r\mathrm{d}\theta\mathrm{d}\varphi$，所以

$$\begin{aligned}&\Phi_{n,l,m_l}(r,\theta,\varphi)\Phi^*_{n,l,m_l}(r,\theta,\varphi)\mathrm{d}V\\&=|R_{n,l}(r)|^2r^2\mathrm{d}r|\Theta_{l,m_l}(\theta)|^2\sin\theta\mathrm{d}\theta|\phi_{m_l}(\varphi)|^2\mathrm{d}\varphi\end{aligned}$$

设波函数已归一化，则上式对 θ 和 φ 积分后所得的 $|R_{n,l}(r)|^2 4\pi r^2\mathrm{d}r$ 表示在 r 到 $r+\mathrm{d}r$ 的球壳范围内发现电子的概

率；同理，上式对 r 和 φ 积分后所得的 $|\Theta_{l,m_l}(\theta)|^2\sin\theta\mathrm{d}\theta$ 表示在 θ 到 $\theta+\mathrm{d}\theta$ 之间发现电子的概率；上式对 r 和 θ 积分后所得的 $|\phi_{m_l}(\varphi)|^2\mathrm{d}\varphi$ 表示在 φ 到 $\varphi+\mathrm{d}\varphi$ 之间发现电子的概率。对方程（18-47f）的进一步求解可以得到 $|\phi_{m_l}(\varphi)|^2=1/2\pi$，而与 φ 无关。这就说明氢原子中电子的分布与 φ 的变化无关，即对 z 轴具有旋转对称性。

量子力学所描绘的氢原子到底是一幅怎样的图像呢？若能拍摄氢原子中电子处于不同状态、不同时刻的照片，比较这些照片，就会发现，在不同时刻，电子在原子核周围不同的位置。把这些照片重叠起来，就会出现围绕原子核周围的“电子云”。电子云的形状随原子所处的状态不同而变化，有的如圆形，有的如美丽的花瓣，如图 18-26 所示。

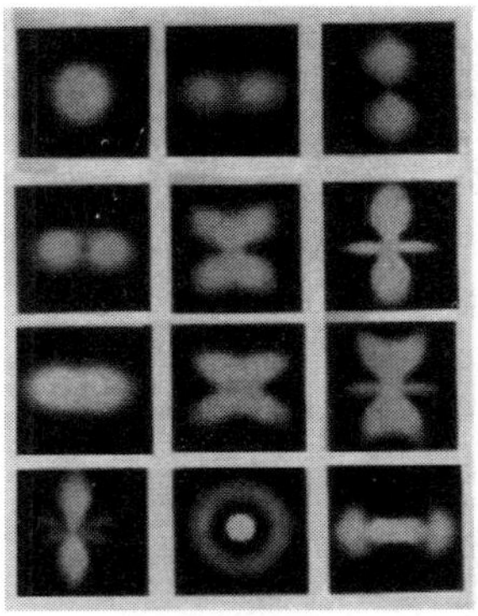
图 18-26　氢原子的电子云

18.7.4　电子的自旋和自旋量子数

上面简单地介绍了量子力学基本的概念，讨论了微观粒子的一些特有的属性和规律，使我们对微观粒子的运动规律有了一些初步的认识。量子力学不仅建立了关于微观粒子运动规律的理论，而且对实践有重大的指导作用，为半导体、电子学、高能物理等领域提供了必要的理论基础。

然而，量子力学也存在局限性，量子力学在说明、解释微观现象方面是很成功的，但是对另一些现象，如光谱在磁场中的分裂、光谱的精细结构等，却无法解释。这是因为电子除空间运动外，还有内部运动——**自旋**。因此，电子除有轨道角动量外，还有自旋角动量，而薛定谔方程中并没有包括电子的自旋。1928 年，由狄拉克建立起来的相对论量子力学成功地解释了自旋现象。

1922 年，美国实验物理学家斯特恩（O. Stern，1888—1969）和德国实验物理学家盖拉赫（W. Gerlach，1889—1979）为检验电子角动量量子化，设计了如下实验（即斯特恩-盖拉赫实验）。在高温炉 O 中，银被加热成由银原子组成的蒸气，飞出的银原子经过准直屏后形成银原子束。此银原子束经过一不均匀磁场后，射到玻璃板上沉积下来，最终形成了两条对称的

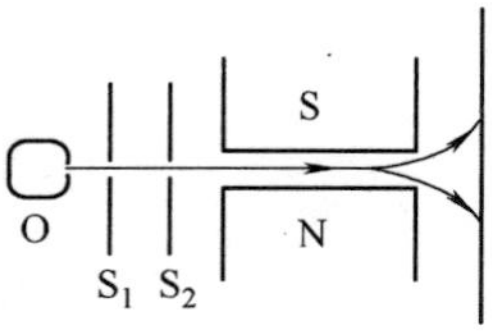

图 18-27　斯特恩-盖拉赫实验

沉积痕迹，如图 18-27 所示。对这一结果，当时无法解释。因为若银原子的角量子数为 l，则其轨道角动量在空间的取向应为 $2l+1$ 个，对应的轨道磁矩在空间的取向也是 $2l+1$，银原子通过磁场后，在玻璃板上沉积的痕迹应是奇数条，而决非偶数条。后来发现这些银原子处于基态，即 $l=0$，按式（18-49）知，其轨道角动量为零，故其轨道磁矩也是零，此银原子束经过磁场时将不受磁力矩的作用，玻璃板上的痕迹应该是一条。

为了解释上实验结果，1925 年，荷兰物理学家乌伦贝克（G. E. Uhlenberck，1900—1988）和哥德斯密特（S. A. Goudsmit，1902—1978）提出了电子自旋的假设：

1）每个电子都具有自旋角动量 $\boldsymbol{S}$，其值为

$$S=\sqrt{s(s+1)}\hbar \tag{18-51a}$$

式中，s 称为**自旋量子数**，只有一个值，即 $s=1/2$。因此，自旋角动量的大小只能是

$$S=\sqrt{\frac{3}{4}}\hbar \tag{18-51b}$$

2）自旋角动量在空间取向也是量子化的，在外磁场方向上的分量为

$$S_z=m_s\hbar \tag{18-51c}$$

取外磁场方向为 z 轴的正方向，其中 m_s 称为**自旋磁量子数**。自旋磁量子数只能取

$$m_s=\pm\frac{1}{2} \tag{18-51d}$$

因此，自旋角动量在外磁场方向上的分量只能取两个值，即

$$S_z=\pm\frac{1}{2}\hbar \tag{18-51e}$$

取正表示与外磁场方向相同，取负表示与外磁场方向相反。

电子自旋的假设，充分利用了类比的方法。在模型上，假设类比了地球的轨道运动和自转运动；在自旋角动量取值和空间取向上，假设类比了电子的轨道角动量取值和空间取向。需要说明的是，当时此假设完全是唯象的。直到 1928 年，英国物理学家狄拉克（P. A. M. Dirac，1902—1984）建立起相对论量

子力学，才成功解释了自旋现象。狄拉克因此和薛定谔共享 1933 年诺贝尔物理学奖。

电子自旋概念引入后，使光谱的精细结构和斯特恩-盖拉赫实验得到圆满解释。

由于电子具有自旋，因此，要确定原子中电子的状态，需要如下四个量子数。

主量子数 n：主量子数的取值为 1，2，3，…，决定电子能量的主要部分；

角量子数 l：角量子数的取值为 0，1，2，3，…，$n-1$，决定电子在核外运动的轨道角动量的大小，对电子的能量有一定的影响；

磁量子数 m_l：磁量子数的取值为 0，±1，±2，±3，…，$\pm l$，决定电子在核外运动的轨道角动量在特定方向上的分量；

自旋磁量子数 m_s：自旋磁量子数的取值只有 ±1/2 两个，决定电子自旋角动量在特定方向上的分量。

18.7.5　原子中电子的分布

前面已提到，确定原子中一个电子的状态需要四个量子数（n，l，m_l，m_s）。1916 年，德国化学家柯塞尔（W. Kossel，1888—1956）对多电子原子系统的核外电子提出了形象化的**壳层分布模型**。他认为主量子数不同的电子，分布在不同的壳层上，对 $n=1$，2，3，4，5，…的电子，分别称为 K，L，M，N，O，…壳层的电子；主量子数相同而角量子数不同的电子，分布在不同的支层上，即在每一壳层中具有相同角量子数的电子组成支层，通常把 $l=1$，2，3，4，…的支层用相应的字母 s，p，d，f，…表示。一般地说，壳层的主量子数 n 越小，其能级就越低；同一壳层中，角量子数 l 较小，其能量也较低。至于这些核外电子在不同支层上的分布情况，还应遵从下面两条重要原理。

1. 泡利不相容原理

1925 年，奥地利理论物理学家泡利（W. Pauli，1900—1958）提出了著名的**泡利不相容原理：原子中不能有两个或更**

多的电子具有完全相同的四个量子数。也就是说，每一个量子态（n，l，m_l，m_s 都确定的态）只能有一个电子。这一原理无疑给当时许多正在探讨原子内电子分布问题的物理学家提供了一把金钥匙，并进而得以阐明元素的周期表。这一原理提出至今近百年，但它仍是量子力学和量子统计等微观领域的重要基础之一。泡利因此荣获 1945 年诺贝尔物理学奖。

泡利不相容原理限制了某一确定量子态（n，l，m_l，m_s 都确定）所具有的电子数目，由该原理可以得出下面几点结论：

1）具有相同 n，l，m_l，m_s 四个量子数的电子只有一个。

2）具有相同 n，l，m_l 三个量子数的电子最多只有两个。

3）具有相同 n，l 两个量子数的电子最多只有 $2(2l+1)$ 个。

这是因为对于同一个角量子数 l，磁量子数 m_l 有 $2l+1$ 个不同的值；而对每一个 m_l，自旋磁量子数 m_s 又有两个不同的值 $+1/2$ 和 $-1/2$。

4）具有相同主量子数 n 的电子最多有 $2n^2$ 个。

这是因为 n 确定后，l 有 0，1，2，3，…，$n-1$ 共 n 个不同的取值，所以，具有相同主量子数 n 的电子最多有

$$N_n = \sum_{l=0}^{n-1} 2(2l+1) = \frac{2+2[2(n-1)+1]}{2}n = 2n^2$$

由此可以方便地计算每一壳层及每一支层中可容纳电子的最大数目。例如，在 $n=1$ 的 K 层上，最多能容纳两个电子，记为 $1s^2$，在 $n=2$ 的 L 层上，最多能容纳 8 个电子，其中，s 支层上有两个电子，记为 $2s^2$，而 p 支层上有六个电子，记为 $2p^6$，依此类推。当各壳层达到了它们所能容纳的最大电子数目时，就称它们为**满壳层或闭合壳层**。

2. 能量最低原理

原子系统处于正常状态时，每个电子都趋向于占有最低的能级。体系能量最低时，体系最稳定。能量基本上取决于主量子数 n。n 越小，能量越低，所以一般来说，电子按主量子数 n 从小到大的顺序依次填充。又由于原子的能级虽然主要由主量子数决定，但也和其他量子数有关，所以按能量最低原理，电

子又不完全是按照 K, L, M, N, O, …等主壳层顺序填充，而是按能量从低到高依次填充。我国科学家、中国稀土之父徐光宪（1920—）根据大量实验事实，总结出一条计算原子能级能量的简洁方法：即对原子的外层电子，能量的高低可以用 $(n+0.7l)$ 值的大小来衡量。此值越大，则能级越高。例如，$5s$ 和 $4d$ 两个状态，对 $5s$ 的 $n+0.7l=5+0.7\times0=5$，而和 $4d$ 的 $n+0.7l=4+0.7\times2=5.4$，所以有 $E(4d)>E(5s)$，即电子要先填 $5s$ 而后才能填 $4d$。

分析表明，当支层完全填满时，该原子特别稳定。由于此时各支壳层的电子都成对，故各支层的自旋角动量为零，相应的总的轨道角动量也为零。这就使得该原子很难与其他原子结合而显得特别稳定。He、Ne、Kr 等原子就是实例。

18.8　激光

激光（Laser）是受激辐射光放大（light amplification by stimulated emission of radiation）的简称，是 20 世纪 60 年代发展起来的一门新兴科学技术，它是现代物理学的一项重大成果。

激光具有亮度高、方向性强、单色性优和相干性好等特点。由于激光的这些优异特点，自 1960 年第一台红宝石激光器诞生以来，激光理论、技术和应用等各方面都得到了惊人的发展，并带动了激光光谱学、非线性光学和光化学等新兴学科的发展。下面对激光的产生机理、特点及其应用作一简要介绍。

18.8.1　激光产生的基本原理

1. 自发辐射和受激辐射

自发辐射　原子在没有外界干预的情况下，原子中的电子会由处于高能级 E_2 的激发态，自动跃迁至低能级 E_1，这种跃迁称为**自发跃迁**。由自发跃迁而引起的光辐射称为**自发辐射**。如图 18-28 所示。自发辐射所发射光子的频率为 $\nu=(E_2-E_1)/h$。白炽灯、荧光灯、高压水银灯等普通光源，它们的发光过程就是自发辐射。这些光源的发光物质中，各原子在进行自发辐

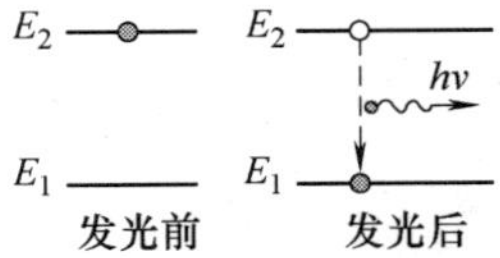

图 18-28　自发辐射

射时所发的光，是彼此独立的，无论是频率、振动状态还是相位都不一定相同。所以自发辐射所发的光并不是相干光。

受激吸收　当原子中的电子处于低能级 E_1 时，若外来光子的能量 $h\nu$ 恰好等于激发态的高能级 E_2 与低能级 E_1 的能量差，即 $h\nu = E_2 - E_1$，则原子中的电子就会吸收该光子的能量而从低能级 E_1 跃迁到高能级 E_2。这一过程称为**受激吸收**。如图 18-29 所示。

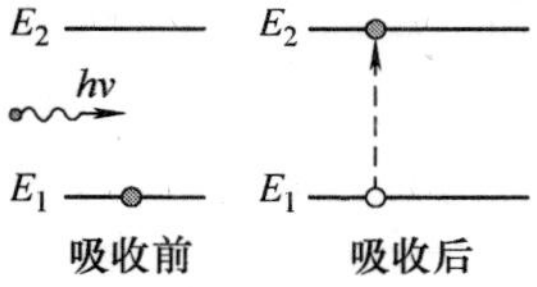

图 18-29　受激吸收

受激辐射　原子除有自发辐射和受激吸收外，还会有受激辐射。当原子中的电子处于高能级 E_2 时，若外来光子的频率恰好满足 $h\nu = E_2 - E_1$，此时，原子中处于高能级 E_2 的电子，会在此外来光子的诱发下向低能级 E_1 跃迁，并发射与外来光子特征完全一样的光子。这一过程称为**受激辐射**，如图 18-30 所示。由此可见，在受激辐射中，通过一个光子的作用，就能得到两个特征完全相同的光子。这一现象称为**光放大**。在受激辐射中，各原子所发出的光同频率、同相位、同偏振态，所以，由受激辐射得到的放大了的光是**相干光**，称之为**激光**。

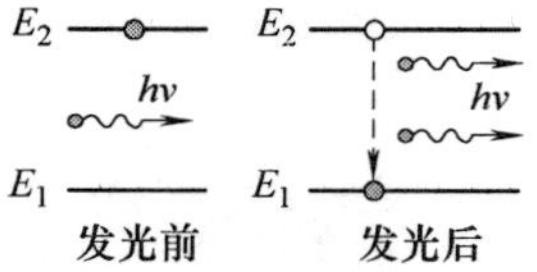

图 18-30　受激辐射

2. 粒子数反转

在一般情况下，物质在热平衡时，处于低能级的电子数较处于高能级的要多。所以，在正常情况下，光通过物质时，物质发生受激吸收的概率要大于受激辐射的概率。从宏观来看，光通过物质时表现出来的是光吸收。由玻耳兹曼统计分布律可知，在温度为 T 的平衡态时，原子中处于能级 E_i 的电子数目 N_i 为

$$N_i = C\mathrm{e}^{-E_i/kT}$$

式中，k 是玻耳兹曼常数。由上式可知，原子中电子处于 E_1 和 E_2 的数目之比为

$$N_1/N_2 = \mathrm{e}^{-(E_1-E_2)/kT}$$

因 $E_2 > E_1$，所以 $N_1 > N_2$，这表明，处于低能级的电子数大于高能级的电子数。这种分布称为电子数的正常分布。因为在正常情况下，处于低能级的电子数比处于高能级的电子数多，所以从整体来看，受激吸收过程较受激辐射过程要占优势。这就是在正常情况下，难以产生连续受激辐射的原因。由此可以看

出，要使光通过物质后获得光放大，就必须使处于高能级上的电子数大于低能级上的，即 $N_2 > N_1$。这种分布与正常的分布相反，故称为**粒子数反转**。由以上讨论可见，实现粒子数反转，是得到光放大的必要条件。

要实现并维持粒子数反转，必须具备以下两个条件。其一，必须有能量输入体系，从外界输入能量，把处于低能态的原子激发到高能态，这一过程称为**激励**（或**泵浦**）；其二，工作物质内必须存在亚稳态能级。能否实现粒子数反转，仅靠外界进行激励是不够的，还必须选择能实现粒子数反转的工作物质。我们知道，原子可长时间处于基态，而处于激发态的时间（即激发态寿命）一般很短，只有 10^{-8}s 左右，所以激发态是不稳定的。除基态和激发态外，有些物质还具有**亚稳态**，它不如基态稳定，但比激发态要稳定得多。如图 18-31 所示，E_1 为基态能级，E_2 为亚稳态能级，E_3 为激发态能级。利用外来能量进行激励的结果，使处于基态 E_1 的大量原子跃迁到激发态 E_3 能级上。由于 E_3 能级的寿命很短，其上的原子很快就跃迁到 E_2 亚稳态能级上。亚稳态 E_2 的平均寿命较激发态长得多，不会立即以自发辐射的方式返回基态，只要源源不断地提供激励能量，处于亚稳态 E_2 上的原子数就会越来越多，最终超过处于基态 E_1 的原子数，于是在能级 E_1 和 E_2 之间实现了粒子数反转。此时若受到频率 $\nu = (E_2 - E_1)/h$ 的光子的作用，在 E_2 和 E_1 之间就会产生以受激辐射为主的跃迁。

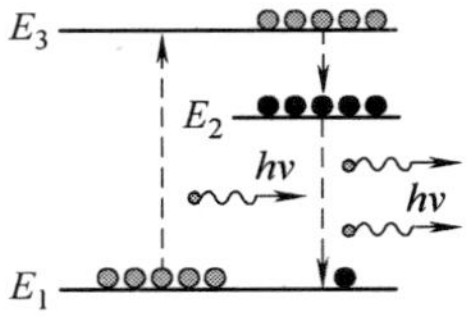

图 18-31　粒子数反转

并不是所有的物质都具有亚稳态能级，因而不是一切物质都可作为激光器的工作物质。在氦原子、氖原子、氩原子和二氧化碳等物质中都存在亚稳态能级，只有存在亚稳态的工作物质，才能实现粒子数反转。

3. 光学谐振腔

实现粒子数反转以后，还不一定能形成激光，因为最能引起受激辐射的最初的光子来自能级 E_1 和 E_2 之间自发辐射。如前所述，自发辐射产生的光子，它们的初相和传播方向都是无规则的。因此，由这些光子所引起的受激辐射，所产生的光虽然频率相等，但其相位、传播方向也是随机的。为了能产生激光，必须使其中某一方向、某一频率（波长）的受激辐射能够不断加强，而其他方向、频率（波长）的辐射受到抑制，为达到此目的而设的装置称为**光学谐振腔**。

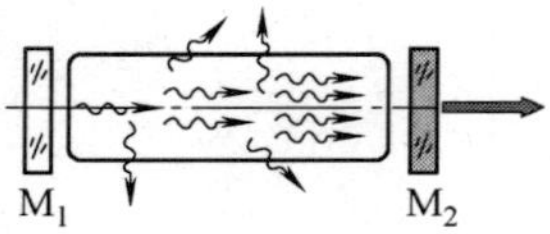

图 18-32　光学谐振腔

光学谐振腔由两个反射镜 M_1 和 M_2 组成，其中 M_1 是全反射镜，M_2 是部分反射镜（其反射率约为 50% ~60%），它们相互平行，工作物质置于谐振腔中，反射镜与工作物质的轴线垂直，如图 18-32 所示。

当工作物质受激励实现粒子数反转后，它们要以自发辐射的形式跃迁回基态并辐射出相位、偏振态和传播方向各不相同的光子。在谐振腔内，那些偏离工作物质轴向传播的光子很快从工作物质的侧面逸出腔外。而沿着轴向运动的光子，由于受到两端反射镜的反射而在腔内形成振荡，每往返一次都会激发工作物质产生轴向受激辐射，于是沿轴向运动的光子数不断增加，在谐振腔内形成沿轴向的频率、相位和偏振状态完全一致的激光束，从部分反射镜 M_2 输出。所以激光的方向性很好。

此外，光在谐振腔内传播时，形成以反射镜为节点的驻波，由驻波条件可知，被加强的光必须满足 $l=k\lambda/2$，其中 l 是谐振腔的长度，即半波长的整数倍等于两反射镜面距离的光波才能得到放大。所以，谐振腔起到选频的作用，使输出的激光频率宽度很窄，以确保激光的单色性。

18.8.2　激光的特性及应用

激光具有如下特点。

（1）**方向性强**　激光具有很强的方向性，这是由于谐振腔对光束方向有选择作用，只允许沿轴线方向的光得到放大。激光方向性强的优点可以用于定位、导航和测距等。

（2）**单色性好**　激光的谱线宽度 $\Delta\nu$ 很小，即单色性很好。利用这一优点，可以将激光的波长作为度量标准进行精密测量。

（3）**能量高**　激光器发出的激光具有极高的能量密度和极高的功率。激光在短时间内可以产生极高的温度，因而几乎能加工任何材料，为机械加工、焊接、热处理和化学工艺开拓了新的途径。

（4）**相干性好**　激光的发光过程是受激辐射，所以激光具有绝好的相干性，在光通信和光学信息处理等方面得到了广泛的应用。

随着激光技术的不断发展，它的应用也日益广泛。下面就几方面作简要介绍。

（1）**激光加工**　利用激光束能量在空间、时间上高度集中的特点，可以把激光束通过透镜聚焦于工件上，使工件局部因受几千摄氏度甚至上万摄氏度以上的高温而迅速熔化或汽化。整个过程仅需 0.3 ~ 1.0ms，相当于一个微型爆炸。此方法可在工业上用于打孔、切割、焊接和表面处理等。由于激光加工的特点是能进行无接触加工和微型加工，对工件加工点的热影响小，加工速度快，质量好，所以特别适合于微电子元件的制造。

（2）**激光手术**　利用聚焦激光束的上述效应，激光外科手术已应运而生。激光外科手术的优点是切口小、流血少、痛觉轻、无接触感染。如在眼科中，激光首先被用来治疗视网膜脱落症，通过眼球本身将激光聚焦在视网膜上，把脱落的视网膜“焊”在眼底上。对微血管较丰富的肝脏进行手术时，由于激光束的烧灼作用，可以阻止连续出血。还可以用激光直接照射癌肿瘤，杀死癌细胞而不损伤周围的正常组织。

（3）**激光测量**　利用激光方向性好的特点，可以进行测距、定位准直、导航等。例如，利用激光脉冲回波法可测量月球和地球之间的距离：先在月球上安置一些角反射器，然后用激光望远镜瞄准角反射器并发射在几十纳秒中功率高达 10^9W 的激光脉冲；当这样的脉冲激光束到达月球时，光束的直径还不到 2000m，仍有足够的光被反射器反射回地球，被灵敏的接收器接收。于是，根据所测出的两脉冲的时间间隔，就能确定月、地之间的距离，其精度可达 30cm，这是以前光学测距望尘莫及的。

（4）**激光分离同位素**　随着核电技术的发展，需要将 ^{235}U 的含量由天然铀中所占的 0.7% 提高到 3% 左右。为了进行同位素分离，以前多采用扩散法与电磁法。扩散法分离效率低，电磁法分离能耗大。而采用激光分离法，可使 ^{235}U 单位产值的能耗降低 1 ~ 2 个数量级。

（5）**激光冷却原子**　众所周知，组成物质的分子或原子都在不停地运动，其平均速率可达 $10^2 m \cdot s^{-1}$。长期以来，由于原子有如此快的运动速度，科学家们一直难以对它进行更深入的观察和研究。20 世纪 80 年代初，美籍华人朱棣文（1948—）设想了用几个方向的激光束对原子进行照射，来达到冷却原子、减慢原子运动速度的目的。因为激光束是由大量光子组成的，此时的原子仿佛掉进了一个“光子海”中，无论原子向哪个方向运动，都会受到巨大的光压。如此大的光压，会迫使原子的运动速度减慢到如同一条小虫在蠕动时的速度，此时原子的温度也会随之冷却下来，人们就有足够长的时间来观察和研究原子的状态。利用这一技术可制成更精密的原子钟和高灵敏度的原子干涉仪。在生物科技方面，科学家们应用这项技术还设计出一种“激光镊子”的操作工具，它利用聚焦的激光束和物质的作用，使光子把动能传递给被作用的粒子。利用这一方法，能对尺寸为 10nm ~ 10μm 的粒子进行捕捉、定位和操作。利用“激光镊子”和“激光刀”可对活细胞和它们的细胞器进行极细微的操作，即一束激光聚焦到细胞器上并将其固定住，起着一把镊子的作用，而用另一束激光作为一把解剖刀，在被固定的细胞器上进行十分精细的手术。“激光镊子”不仅可以捕捉细胞，还可以将细胞器移出或移入细胞。使用“激光刀”能使核仁基因失活、可切开细胞膜、能在细胞膜上打孔径约 10μm 的微孔，此孔又能在不到 1s 的时间内自行封闭。科学家利用激光打孔工艺向单个水稻胞插入基因，这些经遗传工程改性的细胞组成的整株植物，其每个细胞都携带了引进的基因。因此利用此方法，可以插入基因和删除基因。

“激光冷却原子”技术，不但使科学家获得了一个新的研究手段，而且将进一步推动人类社会的进步。朱棣文因开发出此技术荣获 1997 年诺贝尔物理学奖。

18.9　固体能带简介

前面介绍了如何用量子力学方法来描述孤立原子中单电子

的运动。那么，由大量原子、分子、离子聚集成固体以后，情况又怎样呢？它同样可以用量子力学来求解，但本节只给出所得的主要结论和相应的物理图像。

18.9.1　固体的能带

固体中原子的能级结构和孤立原子不同。当 N 个相同的原子彼此孤立时，电子分布于各分立能级的量子态中，其状态可用波函数和量子数表征。当这 N 个原子结合成晶体后，情况就要发生变化。这时电子除受原来的原子核作用外，还要受到其他原子核和其他电子的作用。于是价电子就不再属于哪一个原子，它可以从一个原子转移到另一个原子，可以在整个晶体中运动，为整个晶体中的原子所共有，成为**共有化**的电子。但内壳层电子受其他原子的影响较小，被共有化的电子主要是外壳层的价电子。

在一般情况下，被共有化的电子从一个原子转移到另一个原子。这种转移只发生在相同的壳层之间，在不同的壳层之间不会出现这种共有化的转移，因为处于相同壳层的电子具有相同的能量，而处于不同壳层的电子的能量各不相同。由于存在这种共有化运动，所以研究问题不应局限于单个原子，而应以整个固体作为研究对象。另外，由于电子受其他原子核及其他电子的作用，使原子的能级发生变化，原来处于相同能级上的电子不再具有相同的能量，即能级发生分裂。当 N 个原子结合成晶体后，原来每一个原子（孤立时）的能级都分裂成 N 个与原来能级很接近的新能级。由于晶体中原子的数目 N 非常巨大，同时新能级与原来的能级非常接近，所以在 N 个新能级中相邻的两能级之间能量差别相当小。N 个新能级具有一定的能量范围，故形象地称之为固体的**能带**，如图 18-33 所示。能带是能级分裂的结果。由于不同壳层的电子共有化的程度不同，能带宽度也不同。外壳层电子共有化程度显著，则能带较宽；而内壳层电子共有化程度不显著，则能带较窄。

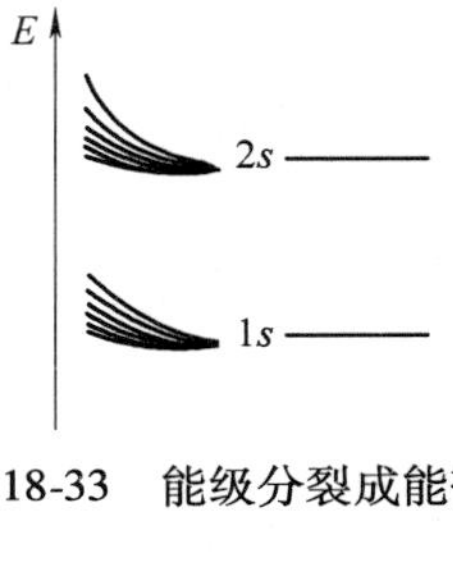

图 18-33　能级分裂成能带

晶体中每个能带可容纳多少个电子呢？由 N 个原子组成的晶体，其 s（$1s$，$2s$，$3s$，…）能带是由 N 个原子的 s 能带分裂而成的，根据泡利不相容原理，该能带最多可容纳 $2N$ 个电子。同理 p（$1p$，$2p$，$3p$，…）能带是由 N 个原子的 p 能级分裂而成的，最多可容纳 $6N$ 个电子。而由 N 个原子组成的晶体，在 l 确定的一条能带中最多可容纳的电子数为 $2(2l+1)N$。即每个能带所能容纳的电子数不能超过这个能带对应的原子能级所能容纳电子数的 N 倍。

如果能带中的每个能级完全被电子填满，这种能带被称为**满带**。在正常状态下，原子内壳层能带都会被填满，当 N 个原子结合成晶体后，由该能级分裂的能带如果不和其他能带重叠，一般都是满带。由于在满带中所有的量子态都已被电子占满，即使给晶体加上外电场，电子也不会产生定向运动。若有一电子从原有能态向能带中其他能态转移，则必有电子沿相反方向转移而与之抵消，宏观上不产生电流，因此，满带中电子不能起到导电的作用。

原子外壳层能级可能未被电子填满，当结合成晶体后，相应的能带就还有空着的能态。这种能带称为**未满带**，也称为**导带**。那么，一部分电子吸收了电场能量，从能带中能量较低的能态转向未被填充的能量较高的能态，从而形成电流。金属中的自由电子指的就是导带中的电子。

若某能带中所有的能级都没有被电子填充，则该能带为**空带**。在未被激发的正常情况下，原子的激发态能级分裂的能带往往没有电子填入，是空带。空带也称为**导带**，因在外界某因素激发下，满带上的电子可能进入空带，则在外电场的作用下，电子吸收了电场能量在空带内向能量较高的能级转移，表现出导电性。总之，满带中的电子无导电性，而未满带和进入空带中的电子具有导电性。

18.9.2　导体　半导体　绝缘体

由于晶体的能带结构及电子填充情况的不同，将导致晶体导电性能上的差异。

半导体和绝缘体的能带结构基本相同，它们都具有满带和空带。处于满带和空带之间的是**禁带**，它隔开了满带和空带。

这里，所不同的只是禁带的宽度，半导体的禁带比较窄，约为 0.1 ~ 2eV；而绝缘体的禁带一般很宽，约为 3 ~ 6eV，如图 18-34 所示。

由于半导体中禁带较窄，在常温下，满带中的电子被激发到空带的概率较大，用不大的激发能就可以使电子进入空带参与导电。而绝缘体就不同，在常温下，满带中的电子被激发到空带的概率很小，这是因为用一般的激发方法无法使电子获得相当于其禁带宽度的能量，所以在外电场的作用下，几乎没有电子参与导电，绝缘体基本上不具备导电性。

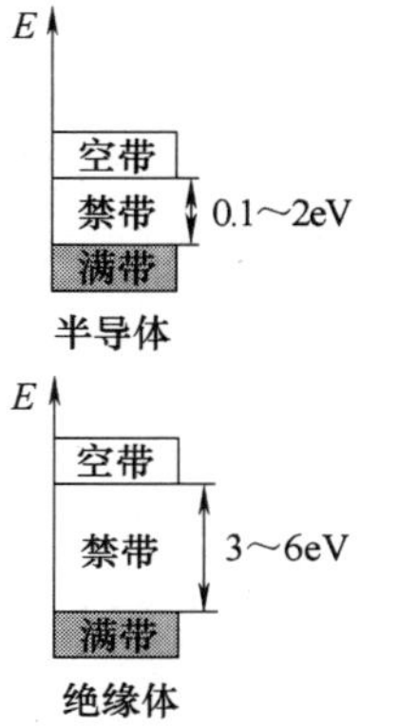

图 18-34　半导体和绝缘体的能带结构

导体的能带结构不同绝缘体和半导体，其结构大体可分成如图 18-35 所示的三种类型。

（1）**晶体中具有未满带**　一价金属就属于这种情况。如固体钠，钠原子的价电子处于 3*s* 能级，该能级可容纳两个价电子，而实际上只填入了一个价电子。N 个钠原子组成晶体后，3*s* 能带上可以容纳 $2N$ 个电子，但一价的金属只有 N 个价电子，因此只占据了二分之一能带，还有一半空着，故在外电场作用下表现出导电性。

（2）**晶体的满带与相邻的空带紧密相接或部分重叠**　如二价金属铍，价电子处于 2*s* 能级。该能级只能容纳两个电子，因此 2*s* 能带是满带。但是它的 2*s* 能带和 2*p* 能带部分重叠，合并的能带还有大量的空能级任由电子去占据，因此这种晶体是导体。

（3）**未满带与相邻的空带重叠**　在此情况下，未满带中的电子很容易在外电场的作用下，在原未满带中移动，或激发到重叠的空带中运动而形成电流。

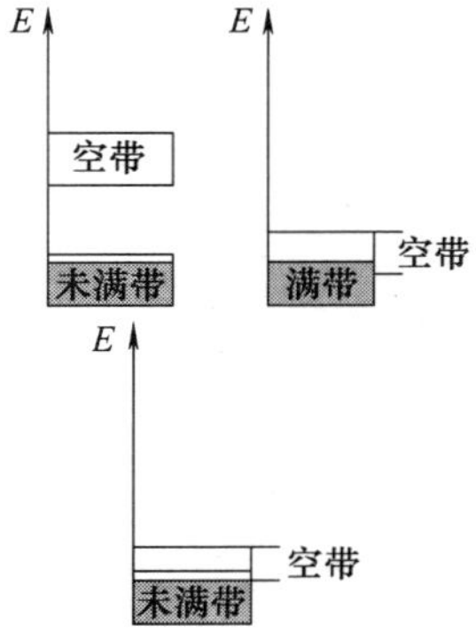

图 18-35　导体的能带

由此可见，在导体中参与导电的只是未满带中那些能量较大的电子，在外电场的作用下，它们进入同一能级中能量较高的空能级从而形成电流。而半导体情况就不同，由于半导体中禁带较窄，在常温下，满带中一部分电子受激发跃迁到空带。

18.9.3　半导体的导电机理

由于一部分电子从满带跃迁到空带，不但使空带具有导电性能，而且使满带也具有导电性能。在外电场作用下，进入空带的电子——**自由电子**可参与导电。另外，由于满带中电子进入空带，因而出现了空位，即**空穴**。满带中的其他电子在外电场作用下可以占据此空穴，同时又留下新的空穴，以致引起空穴移动。空穴处缺少电子显示出带正电性。每当一个电子移向空穴，相当于空穴反向移动。在外电场作用下，空穴作定向移动，其效果相当于带正电的粒子的定向运动。

总之，在外电场作用下，进入空带中的电子移动与满带中空穴的移动对产生电流的贡献是相同的，前者称为**电子导电**，后者称为**空穴导电**。

实验表明，半导体的性质与所含的杂质有关。半导体按其性质可分成**本征半导体**和**杂质半导体**。本征半导体也称为纯净半导体，其导电机理正如前面所述，是电子和空穴的混合导电。这种导电方式称为**本征导电**，参与本征导电的电子和空穴称为**本征载流子**。

在纯净半导体中加入少量其他元素（杂质），就构成了杂质半导体，其性质与本征半导体有很大的差别。杂质半导体一般又可分为 N 型（电子型）和 P 型（空穴型）两种。

N 型半导体又称为**施主杂质半导体**。如锗是四价元素，在组成晶体时，每个锗原子的四个价电子分别与四个相邻原子的四个价电子配对构成四个共价键。如果掺入少量的五价元素磷（或砷），磷（或砷）原子中的五个价电子中有四个和邻近锗原子组成共价键，还剩下一个电子，这个“剩余”的电子较共价键中的电子自由，它的能量处于满带和空带之间。量子力学证明，这些剩余电子使晶体能带结构在禁带中靠近空带下缘处增加了一个新的附加能级。由于这个附加能级与上邻空带的能量间隔很小，处于附加能级上的电子很容易被激发到空带中参与导电。这个附加能级称为**施主能级**。在这种半导体中，虽然杂质原子的数目不多，但是在常温下，甚至在较低温度下，施主能级中的电子就可以被激发到空带中去。因此，在常温下，导带中自由电子的浓度比同温度下纯净半导体导带中自由电子的浓度大得多。由于这种半导体的导电作用主要靠从施主能级被激发到空带中的杂质电子，故这种半导体称为 **N 型半导体**，如图 18-36a 所示。

若在纯净半导体中掺入少量的三价元素硼，这种杂质原子和邻近锗原子组成共价键时，还缺少一个电子，从而形成一个空缺状态，相当于出现了一个空穴，其他电子可能进入此空穴。理论计算表明，这种空缺状态使晶体能带结构在禁带中靠近满带的上缘处增加了一个新的附加能级。此附加能级与下邻满带的能量间隔很小，满带中的电子很容易进入含有空穴的附加能级。这个附加能级称为**受主能级**。在这种半导体中，空穴的浓度较纯净半导体中空穴的浓度大得多。由于这种半导体的导电作用主要取决于满带中空穴的运动，故这种半导体称为 **P 型半导体**，如图 18-36b 所示。

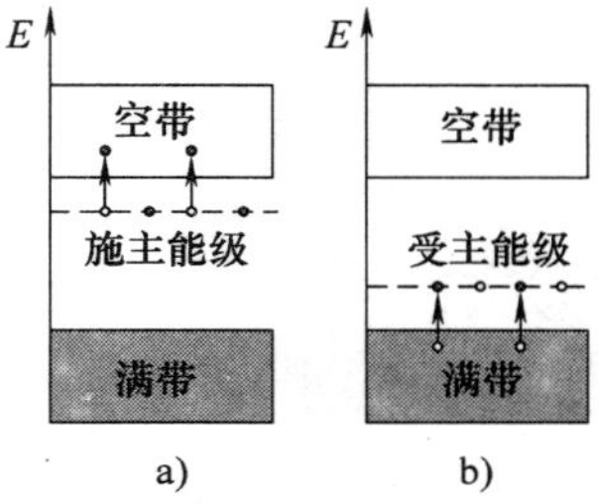

图 18-36　杂质半导体的能带结构

由此可见，杂质对半导体的导电性能起十分重要的作用，半导体的性能对杂质含量的变化十分敏感，因此对半导体内掺入杂质的成分及含量必须进行精确地控制。

18.9.4　P-N 结

若在一片本征半导体的两侧分别掺入适量的高、低价杂质，就构成了一个 P-N 结。

P-N 结是晶体管和集成电路的基本结构。P-N 结指的是 P 型半导体和 N 型半导体的交界区域。由于在 P 型半导体中，空穴的密度大于 N 型半导体中空穴的密度，而在 N 型半导体中，电子的密度大于 P 型半导体中电子的密度，因此在交界区域形成一部分电子从 N 型半导体向 P 型半导体区域扩散，同时空穴由 P 型半导体向 N 型半导体扩散。又由于 P 型半导体接受了额外的电子，变成带负电，而 N 型半导体则变成带正电。在两者交界区形成一个电偶极层，即 P-N 结。在图 18-37 中，电偶极层所产生的电场将阻止载流子进一步扩散，最后到达平衡，此时在 P-N 结内存在一个稳定电势差 U_0，此电势差称为接触电势差，相当于存在一个势垒，如果载流子继续扩散必须克服这个势垒。该势垒阻止 N 型区中的电子进入 P 型区，同时也阻止 P 型区中的空穴进入 N 型区，因此也称这种电偶极层为**阻挡层**。

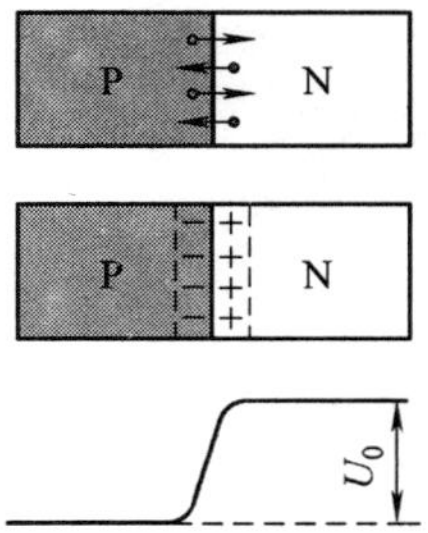

图 18-37　P-N 结

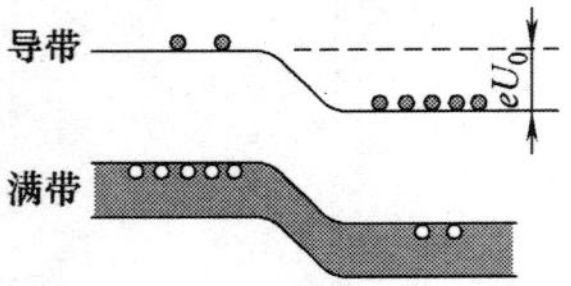

图 18-38　P-N 结附近的能带

由于在 P-N 结处存在接触电势差 U_0，而 P 型侧较 N 型侧电势低，因此，P 型导带中的电子比 N 型导带中的电子能量大，其差值为 eU_0。这使得 P-N 结附近的能带发生了形变，如图 18-38 所示。由此可见，要使 P 型区的空穴和 N 型区的电子能进入极性相反的另一区域，必须从外界吸收能量。例如，用光照射 P-N 结，使 P 区、P-N 结区、N 区由于吸收光子的能量而产生电子-空穴对，在电偶极层内的电场作用下，电子移向 N 区，而空穴移向 P 区。结果使 P-N 结的 P 侧带上正电，N 侧带上负电，从而建立一个与原来接触电势差 U_0 相反的电势差。此电势差称为**光生电势差**。因此在光的照射下，P-N 结便成了一个电池，即光电池，它在卫星、航天器中有着十分重要的实用价值。P-N 结除了制作光电池外，还可制成各种光敏二极管、光敏晶极管等，广泛用于自动控制和传感技术中。

习　题　18

18-1　有两个相同的物体，只是颜色不同：一个是黑色，另一个是白色。把它们同时置于盛夏的烈日下，问哪一个温度升高得较快？若使它们的温度相同后，把它们同时移到荫凉处，又问哪一个温度下降得较快？

18-2　热核爆炸中，火球的瞬间温度高达 10^7K。试估算其辐射峰值波长和该波长的能量子是多少？

18-3　若黑体在加热过程中，其单色辐出度的峰值波长由 690nm 变化到 500nm，问总辐出度增加了几倍？

18-4　钨和钡的逸出功分别是 4.52eV 和 2.50eV，分别计算两者的截止频率，哪一种金属可以作为可见光范围内的光电管阴极材料？

18-5　波长为 200nm 的光照射到铝的表面，已知铝的逸出功为 4.20eV。求（1）出射最快光电子的能量是多少？（2）遏止电压是多少？（3）铝的截止频率是多少？（4）如果入射光强为 $2.00\text{W}\cdot\text{m}^{-2}$，单位时间打到单位面积上平均光子数为多少？

18-6　当正常人的眼睛接收 550nm 的可见光时，每秒光子数大于 100 个时就有光的感觉，问与此情况下光相应的功率是多少？

18-7　在康普顿效应中，入射光子波长为 5.0×10^{-3}nm，求当光子的散射角为 30°、90°时，散射光子的波长。

18-8　已知 X 光光子能量为 0.60MeV，在康普顿散射之后，波长变化了 20%，求反冲电子的能量。

18-9　试计算氢原子光谱中莱曼系的最短和最长波长，并指出是否为可见光。

18-10　用能量为 12.09eV 的电子轰击氢原子，将产生哪些谱线？

18-11　已知碱金属原子 Li 的电离能是 5.40eV，求其原子基态光谱项值。

18-12　对处于第一激发态的氢原子，如果用可见光照射，能否使之电离？

18-13　试证明基态氢原子中，电子运动时的等效电流为 1.056×10^{-3}A，并计算在氢原子核处，此电流所产生的磁感应强度为多大？

18-14　已知 α 粒子的静止质量为 6.68×10^{-27}kg，求速率为 5000km · s^{-1} 的 α 粒子的德布罗意波长。

18-15　一电子显微镜的加速电压为 40kV，原来静止的电子经此电压加速后，求其德布罗意波长。

18-16　若电子和光子的波长均为 0.20nm，问它们的动量和动能各是多少？

18-17　电子位置的不确定量为 5.0×10^{-2}nm，其速率的不确定量为多少？

18-18　一质量为 40.0g 的子弹，以 1.00×10^{3}m · s^{-1} 的速率飞行。(1) 求其德布罗意的波长；(2) 若测量子弹位置的不确定量为 0.10mm，求其速率的不确定量。

18-19　某电子产品制造商声称其电磁波频率计可定时每秒读一次，精确度为 0.01Hz，试判断该制造商的话是否可信？为什么？

18-20　已知一维运动粒子的波函数为

$$\Psi(x)=\begin{cases}Axe^{-\lambda x} & x\geqslant0\\0 & x\leqslant0\end{cases}$$

其中 $\lambda>0$。试求：(1) 归一化常数 A 和归一化波函数；(2) 该粒子的概率密度；(3) 在何处找到粒子的概率最大？其值为多少？

18-21　设有一电子在宽度为 0.20nm 的一维无限深的方势阱中运动。(1) 计算电子在最低能级的能量；(2) 当电子处于第一激发态 ($n=2$) 时，在势阱何处出现的概率最小，其值为多少？

18-22　在线度为 1.0×10^{-5}m 的细胞中，有许多质量为 $m=1.0\times10^{-17}$kg 的生物粒子。若将生物粒子作为微观粒子处理，试估算该粒子的 $n=100$ 和 $n=101$ 的能级和能级差各是多大。

18-23　一电子被限制在宽度为 1.0×10^{-10}m 的一维无限深势阱中运

动。求（1）要使电子从基态跃迁到第一激发态所需的能量？（2）在基态时，电子处在 $x_1 = 0.090 \times 10^{-10}$ m 与 $x_2 = 0.110 \times 10^{-10}$ m 之间的概率为多大？（3）在第一激发态时，电子处在 $x_1 = 0$ 与 $x_2 = 0.25 \times 10^{-10}$ m 之间的概率为多大？

18-24　在描述原子内电子状态的量子数 n、l、m_l 中，求：

（1）当 $n=5$ 时，l 的可能取值是哪些？

（2）当 $l=5$ 时，m_l 的可能取值是哪些？

（3）当 $l=4$ 时，n 的最小可能取值是哪些？

（4）当 $n=3$ 时，电子可能状态数为多少？

18-25　氢原子中的电子处于 $n=4$、$l=3$ 的状态，求：

（1）该电子的角动量 L 的值为多少？

（2）此角动量 $\boldsymbol{L}$ 在 z 轴上的分量有哪些可能的值？

（3）角动量 $\boldsymbol{L}$ 与 z 轴的夹角的可能取值是哪些？

18-26　已知氢原子基态的径向波函数为

$$R(r) = (4r_1^{-3})^{1/2} e^{-r/r_1}$$

式中，r_1 为玻尔第一轨道半径。求电子处于玻尔第二轨道半径（$r_2 = 4r_1$）和玻尔第一轨道半径处的概率密度的比值。

附录　习题参考答案

第 10 章

10-1　略

10-2　5.13×10^{20}

10-3　$\dfrac{\mu_0 I}{2R}\left(\dfrac{1}{4}+\dfrac{1}{\pi}\right)$

10-4　$\dfrac{9\mu_0 I}{2\pi a}$

10-5　$\dfrac{\mu_0 I}{2R}(\boldsymbol{i}+\boldsymbol{j})$

10-6　$\dfrac{\mu_0 I}{4\pi R}$，方向垂直纸面向外

10-7　4.7×10^{-5} T，方向与 I_1 和 I_2 的连线成 4.86°夹角向上

10-8　$\dfrac{\mu_0 I}{4\pi}\theta\left(\dfrac{1}{r_2}-\dfrac{1}{r_1+r_2}\right)$，方向垂直纸面向外

10-9　11.6T

10-10　$\dfrac{\mu_0 I}{2\pi a}\ln\dfrac{a+b}{b}$

10-11　$\dfrac{\mu_0 Ir}{2\pi R^2}(r\leqslant R)$，$\dfrac{\mu_0 I}{2\pi r}(r>R)$

10-12　$0(r<R_1)$，$\dfrac{\mu_0 I}{2\pi r}(R_2>r>R_1)$，$0(r>R_2)$

10-13　$0(r<R_1)$，$\dfrac{\mu_0 I(r^2-R_1^2)}{2\pi r(R_2^2-R_1^2)}(R_2>r>R_1)$，

$\dfrac{\mu_0 I}{2\pi r}(r>R_2)$

10-14　$\dfrac{\mu_0 j}{2}$，方向：板上平行板面向左；板下平行板面向右

10-15　$\dfrac{\mu_0 I}{\pi^2 R}$

10-16　$\dfrac{\mu_0\omega Q}{2\pi R}$

10-17　$-\dfrac{\pi R^2 B}{2}$

10-18　$\dfrac{\mu_0 Ib}{2\pi}\ln\dfrac{a+d}{d}$

10-19　$\dfrac{\mu_0 I}{4\pi}$

10-20　$T=3.57\times10^{-10}$ s，$h=4.71\times10^{-3}$ m，$r=1.3\times10^{-3}$ m

10-21　$\dfrac{82}{495\pi R}\mu_0 Iev$，方向垂直轴线向外

10-22　$F_{AB}=\dfrac{\mu_0 I_1 I_2}{2\pi}$，方向垂直 AB 向左；

$F_{BC}=\dfrac{\sqrt{2}\mu_0 I_1 I_2}{2\pi}\ln2$，方向垂直 BC 斜向上；

$F_{CA}=\dfrac{\mu_0 I_1 I_2}{2\pi}\ln2$，方向垂直 CA 向下

10-23　$2RBI$，方向垂直直径向上

10-24　$2s\rho g\tan\theta/I$

10-25　$\dfrac{1}{4}\omega R^2 Q$，$\dfrac{1}{4}\omega R^2 QB$

10-26　（1）略，（2）$1.82\times10^3\,\text{m}\cdot\text{s}^{-1}$

第 11 章

11-1　$\dfrac{\mu_0\mu_{r1} Ir}{2\pi R^2}(r\leqslant R)$，$\dfrac{\mu_0\mu_{r2} I}{2\pi r}(r>R)$

11-2　（1）$7.57\,\text{A}\cdot\text{m}^2$，（2）$11.4\,\text{N}\cdot\text{m}$

11-3 1.257×10^{-6}T

11-4 （1）$3.0\times10^{3}\mathrm{A\cdot m^{-1}}$，$3.0\times10^{3}\mathrm{A\cdot m^{-1}}$；

（2）2.65；

（3）$4.95\times10^{3}\mathrm{A\cdot m^{-1}}$，0

11-5 （1）$\dfrac{\mu_0 Ir}{2\pi R_1^2}$，$0(r\leqslant R_1)$；$\dfrac{\mu_0\mu_r I}{2\pi r}$，$(\mu_r-1)\dfrac{I}{2\pi r}$ $(R_2>r>R_1)$；$\dfrac{\mu_0\mu_r I(R_3^2-r^2)}{2\pi r(R_3^2-R_2^2)}$，$0(R_3>r>R_2)$；0，$0(r>R_3)$；

（2）$(\mu_r-1)I/2\pi R_2$

11-6 4.78×10^{3}

11-7 $\left(\dfrac{\mu}{\mu_0}-1\right)\dfrac{NI}{2\pi r}$

第 12 章

12-1 （1）2.8×10^{-2}V；（2）2.0×10^{-2}A

12-2 5.65×10^{-7}V，逆时针

12-3 5.02×10^{-3}V，逆时针

12-4 2.96V，2.96×10^{-3}A

12-5 $\mathscr{E}_{ab}=\left(\dfrac{\pi}{8}-\dfrac{1}{4}\right)B\omega r^2$，$\mathscr{E}_{ac}=\dfrac{\pi}{4}B\omega r^2$

12-6 $\mathscr{E}_{OA}=0$，$\mathscr{E}_{AB}=-\dfrac{\mu_0 Iv}{2\pi}\ln2$，$\mathscr{E}_{BO}=\dfrac{\mu_0 Iv}{2\pi}\ln2$

12-7 $0<t\leqslant a/v$：$\mathscr{E}=-Bva$；$a/v<t\leqslant2a/v$：$\mathscr{E}=0$；$2a<t\leqslant3a/v$：$\mathscr{E}=Bav$；$t>3a/v$：$\mathscr{E}=0$

12-8 （1）$\mathscr{E}_{BA}=8.0$V，$\mathscr{E}_{DC}=4.0$V；（2）0

12-9 $F_a=0$，$F_b=4.0\times10^{-23}$N，

$F_c=5.3\times10^{-23}$N，均为逆时针方向

12-10 $223\mathrm{T\cdot s^{-1}}$

12-11 （1）$\mathscr{E}_{AB}=\dfrac{\sqrt3}{4}R^2\times10^{-2}$V，$\mathscr{E}_{DC}=\dfrac{\sqrt3}{16}R^2\times10^{-2}$V，$\mathscr{E}_{AD}=0$，$\mathscr{E}_{CB}=0$

（2）$\dfrac{3\sqrt3}{16}R^2\times10^{-2}$V，方向为逆时针

12-12 （1）1.57×10^{-3}A；（2）0

12-13 7.4×10^{-4}H，3.7×10^{-3}H

12-14 $\dfrac{N^2\mu_0 h}{2\pi}\ln\dfrac{b}{a}$

12-15 $\dfrac{N\mu_0 c}{2\pi}\ln\dfrac{a+b}{a}$

12-16 6.28×10^{-6}H

12-17 （1）$\dfrac{N\mu_0 h}{2\pi}\ln\dfrac{b}{a}$；（2）$\dfrac{N\mu_0 h}{2\pi}\ln\dfrac{b}{a}\omega I_0\cos\omega t$

12-18 $\dfrac{\mu_0 I^2}{2\pi^2 a^2}$

12-19 $\dfrac{\mu I^2}{4\pi(b^2-a^2)}\left(\dfrac{b^3-3a^2}{4}+\dfrac{a^4}{b^2-a^2}\ln\dfrac{b}{a}\right)$

12-20 $\dfrac{\mu_0\mu_r I^2}{4\pi}\ln\dfrac{R_2}{R_1}$

12-21 $6.19\times10^{7}\mathrm{J\cdot m^{-3}}$

12-22 $\dfrac{\mu_0 I^2}{16\pi}$

12-23 （1）$88.5\mathrm{A\cdot m^{-2}}$；（2）2.78A；

（3）2.78×10^{-6}T

12-24 $\dfrac{B^2a^2r^2\omega d}{\rho}$

第 13 章

13-1 （1）$A=0.20$m，$\nu=5$Hz，$\omega=10\mathrm{rad\cdot s^{-1}}$，$T=0.20$s，$\varphi=\pi/3$；

（2）$x=0.10$m，$v=-5.44\mathrm{m\cdot s^{-1}}$，$a=-98.6\mathrm{m\cdot s^{-2}}$

13-2 （1）5.0N，沿 x 轴负向；

（2）$-10\cos(5t-\pi/3)$，10N

13-3 （1）是，$2\pi\sqrt{\dfrac{R}{g}}$；（2）否

13-4 （1）略；

（2）a）$2\pi\sqrt{\dfrac{2m}{k}}$，b）$\pi\sqrt{\dfrac{2m}{k}}$

13-5 $\sqrt2\omega$

13-6　$x = a\cos\dfrac{2\pi}{T}t$ (SI)

13-7　$\dfrac{\pi}{3}$，$4.0\times10^{-2}\cos\left(10t+\dfrac{\pi}{3}\right)$ (SI)

13-8　$x=0.05\cos(7t+0.64)$ (SI)

13-9　(1) $0.10\cos\left(\dfrac{5\pi}{6}t+\dfrac{2\pi}{3}\right)$(m)；(2) 1.2s

13-10　0.5s

13-11　(1) $\dot{\theta}_{max}=0.040\pi^2\ \mathrm{rad\cdot s^{-1}}$；

(2) $\dot{\theta}=0.020\sqrt{3}\pi^2\ \mathrm{rad\cdot s^{-1}}$

13-12　(1) π；(2) $-\pi/2$；(3) $\pi/3$

13-13　$\dfrac{1}{2}\sqrt{\dfrac{3g}{l}}$，　$2\pi\sqrt{\dfrac{l}{3g}}$

13-14　$\omega=\sqrt{\dfrac{kR^2}{J+mR^2}}$

13-15　$T=\pi\sqrt{\dfrac{2l}{g}}$

13-16　$T=2\pi\sqrt{\dfrac{2R}{g}}$

13-17　(1) $F=-mg-16\pi^2 mA\cos(4\pi t)$；

(2) $A_0=6.21\mathrm{cm}$

13-18　$x=0.204\cos(2t+\pi)$ (m)

13-19　$x=2.5\times10^{-2}\cos(40t+\pi/2)$ (SI)

13-20　(1) 周期变长；

(2) $\dfrac{m_2 g}{k}\sqrt{1+\dfrac{2kh}{(m_1+m_2)g}}$；

(3) $x=\dfrac{m_2 g}{k}\sqrt{1+\dfrac{2kh}{(m_1+m_2)g}}\times$

$\cos\left[\sqrt{\dfrac{k}{m_1+m_2}}t+\arctan\sqrt{\dfrac{2kh}{(m_1+m_2)g}}\right]$

13-21　略

13-22　4.4×10^{-4}J

13-23　$x_1=1.0\times10^{-2}\cos(2t+\pi/6)$ (SI)

13-24　(1) 1.0×10^{-1}m；(2) 0

13-25　84°16′

13-26　略

13-27　略

13-28　21s

13-29　略

13-30　略

第 14 章

14-1　略

14-2　负方向，0.20m，0.25Hz，$5\pi\ \mathrm{m\cdot s^{-1}}$，$20\pi$ m

14-3　(1) 4πm，5.0Hz，$20\pi\ \mathrm{m\cdot s^{-1}}$，0.2s；

(2) $x=0$ 处质点的振动规律，图略

14-4　a 质点向下运动，b 质点向上运动，c 质点静止，d 质点向下运动，图略

14-5　a) $y=A\cos\left(\omega t-\dfrac{x}{\lambda}2\pi+\varphi\right)$(SI)；

b) $y=A\cos\left(\omega t+\dfrac{x}{\lambda}2\pi+\varphi\right)$(SI)；

c) $y=A\cos\left(\omega t-\dfrac{x-l}{\lambda}2\pi+\varphi\right)$(SI)

P 点的振动方程均为：

$y_P=A\cos\left(\omega t-\dfrac{b}{\lambda}2\pi+\varphi\right)$(SI)

14-6　(1) $y=0.3\cos4\pi\left(t+\dfrac{x}{20}\right)$ (SI)；

(2) $y=0.3\cos4\pi\left(t+\dfrac{x-5}{20}\right)$ (SI)

14-7　(1) $y=A\cos\left[200\pi\left(t-\dfrac{x}{400}\right)-\dfrac{\pi}{2}\right]$ (SI)；

(2) $y=A\cos\left(200\pi t-\dfrac{\pi}{2}\right)$ (SI)；

(3) 50π

14-8　(1) $y=0.3\cos2\pi\left(t-\dfrac{x}{100}\right)$ (SI)；

(2) $y=0.3\cos\left[2\pi\left(t+\dfrac{x}{100}\right)+\pi\right]$(SI)

14-9　(1) $y=0.1\cos\left(500\pi t+\dfrac{x}{10}\pi+\dfrac{\pi}{3}\right)$ (SI)；

（2）$y=0.1\cos\left(500\pi t-\frac{11\pi}{12}\right)$(SI)，

$40.6\mathrm{m\cdot s^{-1}}$

14-10　$y=0.5\cos(0.5\pi t+0.5\pi)$（SI）

14-11　$y=0.4\cos\left(\frac{\pi}{6}t+\frac{\pi}{6}x-\frac{\pi}{6}\right)$（SI）

14-12　$y=0.1\cos\left[2\pi\left(\frac{t}{0.4}-\frac{x}{2}\right)+\frac{\pi}{2}\right]$（SI）

14-13　（1）$y_P=A\cos\left(\frac{\pi}{2}t+\pi\right)$（SI）；

（2）$y=A\cos\left(\frac{\pi}{2}t+\frac{x-d}{\lambda}2\pi+\pi\right)$（SI）；

（3）$y_O=A\cos\left(\frac{\pi}{2}t\right)$（SI）

14-14　略

14-15　（1）$1.58\times10^5\mathrm{W\cdot m^{-2}}$；（2）$3.79\times10^3\mathrm{J}$

14-16　（1）$3.0\times10^{-5}\mathrm{J\cdot m^{-3}}$，$6.0\times10^{-5}\mathrm{J\cdot m^{-3}}$；（2）$4.62\times10^{-7}\mathrm{J}$

14-17　$6.41\times10^{-6}\mathrm{J\cdot m^{-3}}$，$2.18\times10^{-3}\mathrm{W\cdot m^{-2}}$

14-18　不能，能

14-19　0.63m

14-20　减弱，加强

14-21　AB之间因干涉而静止的点到A点的距离为1m，3m，5m，…，29m；AB两侧无干涉而静止的点

14-22　0.57m

14-23　（1）$y=A\cos2\pi\left(\frac{t}{T}-\frac{x}{\lambda}\right)$（SI）；

（2）$y=2A\cos2\pi\frac{t}{T}\cos2\pi\frac{x}{\lambda}$（SI）

14-24　865.6Hz，723.3Hz，826.2Hz

第 15 章

15-1　（1）条纹变窄；（2）条纹变宽；（3）条纹变窄

15-2　500nm

15-3　4.660mm

15-4　6.64μm

15-5　$4.50\times10^{-5}\mathrm{m}$

15-6　$r_1+1.41r_2+1.33r_3$

15-7　1.53

15-8　（1）$1.04\times10^{-7}\mathrm{m}$；（2）553nm，黄绿色

15-9　$1.15\times10^{-7}\mathrm{m}$

15-10　560nm

15-11　$2.02\times10^{-5}\mathrm{m}$

15-12　$3.93\times10^{-4}\mathrm{m}$

15-13　$3.38\times10^{-5}\mathrm{rad}$

15-14　1.40

15-15　$1.51\times10^{-5}℃^{-1}$

15-16　1.215

15-17　545.9nm

15-18　34，45

15-19　535nm

15-20　$\lambda/2(n-1)$

第 16 章

16-1　625nm

16-2　$5.46\times10^{-3}\mathrm{m}$，$2.73\times10^3\mathrm{m}$

16-3　$5.89\times10^{-3}\mathrm{rad}$，$6.75\times10^{-5}\mathrm{m}$

16-4　428.6nm

16-5　600nm，428.6nm

16-6　164m

16-7　0.108m

16-8　$9.76\times10^{-5}\mathrm{rad}$

16-9　$3.13\times10^{-7}\mathrm{rad}$，1.95m

16-10　$1.013\times10^{-6}\mathrm{m}$，不能看到第二级主极大

16-11　（1）486.6nm；（2）3

16-12　29.5mm

16-13　570nm，43.2°

16-14　（1）6；（2）7

16-15　0.303nm

第 17 章

17-1　61°52′

17-2　$2.25I_1$

17-3　54°44′，35°16′

17-4　1∶2

17-5　（1）$\frac{I_0}{8}\sin^2 2\alpha$；（2）$\frac{729I_0}{8000}\sin^2 2\alpha$；（3）略

17-6　2 片，互成 45°角

17-7　1.60

17-8　略

17-9　36.9°

17-10　48°26′，41°34′，互余

17-11　930.6nm

17-12　45°

17-13　607nm，531nm，472nm，425nm

第 18 章

18-1　黑色，黑色

18-2　0.2898nm，6.86×10^{-16}J

18-3　2.63 倍

18-4　1.09×10^{15}Hz，6.03×10^{14}Hz，钡

18-5　（1）2.00Ve；（2）2.00V；（3）1.01×10^{15}Hz；（4）2.01×10^{18}个

18-6　3.62×10^{-17}W

18-7　5.3×10^{-3}nm，7.4×10^{-3}nm

18-8　0.10MeV

18-9　91.1nm，121.4nm，均属紫外光不可见

18-10　102.5nm，121.5nm，655.9nm

18-11　$4.34\times10^{6}\text{m}^{-1}$

18-12　不能

18-13　12.5T

18-14　1.99×10^{-5}nm

18-15　6.2×10^{-12}m

18-16　$3.32\times10^{-24}\text{kg}\cdot\text{m}\cdot\text{s}^{-1}$，37.8eV，$3.32\times10^{-24}\text{kg}\cdot\text{m}\cdot\text{s}^{-1}$，6.23keV

18-17　$1.46\times10^{7}\text{m}\cdot\text{s}^{-1}$

18-18　（1）1.66×10^{-35}m；（2）$1.66\times10^{-28}\text{m}\cdot\text{s}^{-1}$

18-19　不可信，因不满足不确定关系

18-20　（1）$A=2\lambda^{3/2}$，$2\lambda^{3/2}xe^{-\lambda x}$；
（2）$4\lambda^3x^2e^{-2\lambda x}$；
（3）$x=\frac{1}{\lambda}$，$4\lambda e^{-2}$

18-21　（1）9.43eV；
（2）$x=0$、0.10nm、0.20nm，均为零 0

18-22　5.49×10^{-37}J，5.60×10^{-37}J，1.10×10^{-38}J

18-23　（1）113eV；（2）0.0138；（3）0.25

18-24　（1）0、1、2、3、4；
（2）0、±1、±2、±3、±4、±5；
（3）5；（4）18

18-25　（1）$2\sqrt{3}\hbar$
（2）0、$\pm\hbar$、$\pm2\hbar$、$\pm3\hbar$；
（3）30°、54.7°、73.2°、90°、106.8°、125.3°、150°；

18-26　0.0397

参 考 文 献

［1］ 张三慧．大学物理学［M］．3 版．北京：清华大学出版社，2009.

［2］ 哈里德，等．哈里德大学物理学［M］．腾小英，马廷均，李椿，改编．北京：机械工业出版社，2012.

［3］ 诸葛向彬．工程物理学［M］．杭州：浙江大学出版社，1999.

［4］ 程守洙，江之水．普通物理学［M］．5 版．北京：高等教育出版社，1998.

［5］ 马文蔚．物理学［M］．4 版．北京：高等教育出版社，1998.

［6］ 陈宜生，李增智．大学物理［M］．天津：天津大学出版社，1999.

［7］ 王少杰，顾牡．新编基础物理学［M］．北京：科学出版社，2009.

［8］ 徐绪笃，陈晓域，李洛．物理学教程［M］．北京：高等教育出版社，1988.

［9］ 朱苍磬，黄伯坚，戴小扬，等．物理学简明教程［M］．2 版．武汉：华中科技大学出版社，1997.

［10］ 李元杰．大学物理 CCBP 教程［M］．武汉：湖北科技出版社，2000.

［11］ 杨友梅，杨自觉，黄邦俊，等．大学物理［M］．成都：四川大学出版社，1978.

［12］ 李椿，章立源，钱尚武．热学［M］．北京：人民教育出版社，1978.

［13］ 母国光，战元令．光学［M］．北京：人民教育出版社，1978.

［14］ 谭树杰，王华．物理学上的重大实验［M］．北京：科学技术文献出版社，1987.

鸣　谢

本书部分用图和资料下载自百度，特此表示感谢！